数学分析讲义

（上）

董　昭　郑伟英　燕敦验　编著

科学出版社

北　京

内 容 简 介

　　《数学分析讲义》(上、下册) 是作者在中国科学院大学授课期间编写的，讲义内容主要参考了华东师范大学数学系编写的《数学分析》，以及国内外一些优秀的教材，并在此基础上作了一些补充. 讲义注重分析的几何直观性、理论的严谨和系统性、应用的深入性，以及与后续学科的衔接性.

　　本讲义适合高校数学和其他理科专业使用.

图书在版编目 (CIP) 数据

数学分析讲义. 上 / 董昭, 郑伟英, 燕敦验编著. —北京: 科学出版社, 2024. 8
　ISBN 978-7-03-077684-6

I. ①数⋯　II. ①董⋯　②郑⋯　③燕⋯　III. ①数学分析　IV. ①O17

中国国家版本馆 CIP 数据核字 (2024) 第 020807 号

责任编辑：李　欣　贾晓瑞 / 责任校对：彭珍珍
责任印制：赵　博 / 封面设计：无极书装

科 学 出 版 社 出版
北京东黄城根北街 16 号
邮政编码：100717
http://www.sciencep.com
保定市中画美凯印刷有限公司印刷
科学出版社发行　各地新华书店经销
*
2024 年 8 月第　一　版　开本：720×1000　1/16
2025 年 1 月第二次印刷　印张：25 1/2
字数：515 000
定价：88.00 元
(如有印装质量问题，我社负责调换)

前　言

本书《数学分析讲义》(上、下册) 是作者在中国科学院大学授课期间编写的,教材内容主要参考了华东师范大学数学系编写的《数学分析》,以及国内外一些优秀的教材,并在此基础上作了一些补充. 讲义注重分析的几何直观性、理论的严谨和系统性、应用的广泛性和深入性,以及与后续学科的衔接性,并在内容的叙述顺序上作了适当的调整. 本讲义有如下特色:

1. 微积分的思想——极限可以追溯到久远的古代, 从两千多年前到中世纪, 东、西方不断有人试图用某种分割的策略计算像求面积、求切线的问题. 但是这种方法必须面对如何分割、分割到什么程度的问题, 由此意识到如何定量描述难以捉摸的 "无穷小量" 和 "极限" 过程. 经过漫长的岁月, 牛顿和莱布尼茨在前人工作的基础上创立了 "微分法" 和 "积分法", 并发现了它们之间的联系——微积分基本定理 "牛顿-莱布尼茨" 公式. 经过伯努利兄弟、欧拉、柯西、黎曼、康托尔、勒贝格等的改进、扩展、提高, 形成了严格的现代的微积分理论, 成为当今数学的基础.

2. "微分法" 的导数、"积分法" 的积分的共同基础是极限, 极限的可行性来源于实数的 "完备性公理". 自然数、整数、分数是解决实际问题的直观提炼, 不足以描述极限. 在此基础上实数的产生充满了数学的极限思想. 课程从整数、有理数、序结构比较出发, 得出实数 "完备性公理" 的逻辑必要性; 奠定了极限概念的可行性基础. 然后导入与其等价的 "确界原理", 使得极限概念在数学上易操作. 在这个过程中, 强调实数 "完备性公理" 是核心基础, 极限是数学实现的基本手段.

3. "确界原理" 是微积分的重要技术, 贯穿微积分理论的各个部分, 如: 实数分析性质的 "闭区间套定理"、极限理论中的 "上、下极限"、函数性质分析中的 "函数的振幅与一致连续性"、积分理论中的 "达布定理"、"函数列的一致收敛" 等.

4. 微积分是其他数学分支的基础. 在定积分部分, 补充了几乎处处的概念, 使学生理解黎曼可积函数的易判断性和局限性, 同时为学生学习实分析等作铺垫; 在不定积分部分, 补充了可分离变量的常微分方程解法和热方程求解, 为学生学习常微分方程作准备. 在傅里叶级数部分, 补充了其展开区间趋于整个实轴的极限是傅里叶积分, 为同学们理解傅里叶分析提供过渡性基础.

5. 注重分析与几何的联系. 把二重积分和平面曲线积分、三重积分和空间曲线积分、曲面积分分别放在不同的两章, 强调格林公式与平面曲线积分的、高斯公式与空间曲面积分等的几何联系. 如: 增加了平面曲线旋转数计算公式等学科前沿知识.

6. 微积分理论源于分析实际问题, 为此课程增加具体实例. 如"冰块融化"及"汽车超速"等简单的实例, 以及具有强烈物理背景的"输运方程""欧拉系统下的一维流体方程""洛伦茨吸引子体积为零"等需要较深理论基础的实例. 展示了如何通过微积分知识解释生活、物理现象, 基于这些问题, 进一步介绍了当今数学前沿研究进展及所需要克服的困难.

7. 习题的配置从简单到复杂, 增加了部分从科研中提炼的问题.

在持续 9 年的教学实践中, 受到了中国科学院大学 2016—2024 届、中国人民大学 2019 届本科生, 以及中国科学院大学、中国人民大学的助教老师们的帮助, 特别是中国人民大学的刘双副教授、上海师范大学的陈立峰老师、中国科学院数学与系统科学研究院的苏厚齐博士后, 顾帆、唐斌、张桐、陈伟权、李镇乾、王丽坤、王琳等博士, 在此表示诚挚的感谢! 最后还要特别感谢山东大学数学学院李良攀教授的宝贵建议.

本书由中国科学院数学与系统科学研究院资助.

董　昭　郑伟英　燕敦验

2024 年 5 月

目　　录

第 1 章　实数与函数

逻辑符号:

- $\forall$ 任意的;
- $\exists$ 存在;
- $\exists!$ 存在唯一的;
- $:=$ 　定义为, 规定为;
- $\Longrightarrow$ 　推出, 蕴含;
- $\Longleftrightarrow$ 　等价于, 当且仅当.

1.1　集　　合

1. 集合: 具有某种特定性质的事物的总体

德国数学家康托尔 (Cantor, 1845—1918) 给出集合描述性的概念, 由**三个基本前提**构成:

- 集合可由任意不同事物集聚而成 (许多单个事物形成的整体);
- 集合由构成它的事物唯一确定 (集合中元素确定);
- 任何性质都定义了一个具有该性质的事物的全体 (集合中的元素具有一个共同性质).

2. 集合的元素

- 集合中的事物称为**元素** (或**元**), 不包含任何元素的集合称为**空集**, 记为 $\varnothing$.
- 元素 a 属于集合 A, 记作 $a \in A$; 元素 a 不属于集合 A, 记作 $a \notin A$.
- 含有限个元素的集合称为**有限集**, 否则称为**无限集**.

3. 集合的表示方法

- 列举法: 把集合的元素一一列举出来表示, 如

$$\{a, b, c, \cdots, z\}, \quad \text{自然数集 } \mathbb{N} = \{0, 1, 2, \cdots, n, \cdots\}.$$

- 描述法: $\{x \mid x \text{ 所具有的特征}\} = \{x : x \text{ 所具有的特征}\}$, 如

$$\{x^2 \mid x \text{ 为自然数}\}, \quad \text{复数集 } \mathbb{C} = \{x + yi : x, y \text{ 为实数}\}.$$

4. 集合之间的关系

定义 1.1 (子集)   设 A, B 为集合, 若 $x \in A$ 必有 $x \in B$, 则称 A 是 B 的子集, 或 A 包含于 B, B 包含 A, 记作 $A \subseteq B$. 特别地, $A \subseteq A$. 不包含任何元素的集合称为**空集**, 记为 $\varnothing$. 规定空集是任何集合的子集.

例如, $\{a, b, c\} \subseteq \{a, b, c, d, \cdots, z\}$.

定义 1.2 (相等)   若 $A \subseteq B$ 且 $B \subseteq A$, 称集合 A 与 B 相等, 记作 $A = B$.

例如, $A = \{1, 2\}$, $B = \{x \mid x^2 - 3x + 2 = 0\}$, 则 $A = B$.

集合之间有下列关系: $A \subseteq B, \ B \subseteq C \implies A \subseteq C$.

定义 1.3 (真子集)   若 $A \subseteq B$ 且 $A \neq B$, 则称 A 为 B 的**真子集**, 或 A 严格包含于 B, 记作 $A \subset B$.

例如, $\{a, b, c\} \subset \{a, b, c, d, \cdots, z\}$.

5. 集合之间的运算

并集: $A \cup B = \{a \mid a \in A \ \text{或} \ a \in B\}$;

交集: $A \cap B = \{a \mid a \in A \ \text{且} \ a \in B\}$;

差集: $A \setminus B = \{a \mid a \in A \ \text{且} \ a \notin B\}$;

补集: $A^c := I \setminus A$, 其中 I 为给定的全集, A 是 I 的子集.

如图 1.1 所示.

图 1.1

若集合 X 的子集 $A, B, A \cap B = \varnothing$, 则称 A, B **不交**. 显然

$$A \cap A^c = \varnothing, \quad A \cup A^c = X.$$

命题 1.1   设 A, B, C 是集合 X 的三个子集. 则

(1) 交换律: $A \cap B = B \cap A, \ A \cup B = B \cup A$.

(2) 分配律: $(A \cup B) \cap C = (A \cap C) \cup (B \cap C), \ (A \cap B) \cup C = (A \cup C) \cap (B \cup C)$.

(3) 结合律: $(A \cap B) \cap C = A \cap (B \cap C), \ (A \cup B) \cup C = A \cup (B \cup C)$.

(4) De Morgan 公式: $(A \cap B)^c = A^c \cup B^c, \ (A \cup B)^c = A^c \cap B^c, \ (A^c)^c = A$.

证明   只证 (4) 的第一个等式: $(A \cap B)^c = A^c \cup B^c$. 任取 $x \in (A \cap B)^c$, 由于

$$x \in (A \cap B)^c \iff x \notin A \cap B \iff x \notin A \ \text{或} \ x \notin B$$

$$\iff x \in A^c \ \text{或} \ x \in B^c \iff x \in A^c \cup B^c.$$

由此得证此等式. □

6. 集合的笛卡儿积

设 A, B 为两个集合, 由它们定义的二元素集合

$$A \times B := \{(a, b) : a \in A, \ b \in B\}$$

称为**笛卡儿积**, 又称为 "直积".

习　　题

1. 证明命题 1.1.

1.2 映　射

1.2.1 映射概念

定义 1.4　设 X, Y 为非空集合. 若存在对应规则 f, 使得对任 $x \in X$, 存在唯一的 $y \in Y$ 与之对应, 则称对应规则 f 为**映射**, 并记为 $y = f(x)$ 或

$$f : X \to Y, \quad x \mapsto f(x).$$

1.2.2 映射分类

定义 1.5　设 $f : X \to Y$ 为映射. 定义

- 满射: 若 $\forall y \in Y, \exists x \in X$, 使得 $y = f(x)$.
- 单射: 若 $\forall x_1, x_2 \in X$ 且 $x_1 \neq x_2$, 都有 $f(x_1) \neq f(x_2)$.
- 双射: 若 f 既是单射又是满射.
- 逆映射: 设 f 为双射. 则 $\forall y \in Y, \exists! \ x \in X$ 使得 $y = f(x)$. 由此确定了一个从 Y 到 X 的映射, 称为 f 的逆映射, 记为

$$f^{-1} : Y \to X, \quad f(x) \mapsto x.$$

- 复合映射: 设 $f : X \to Y$ 和 $g : Y \to Z$ 都是映射, 称映射

$$h : X \to Z, \quad x \mapsto g(f(x))$$

为 g 与 f 的复合映射, 记作 $h = g \circ f$.

例 1.1　满射 (非单射): $f : [-1, 1] \to [0, 1], f(x) = x^2$.

例 1.2　单射 (非满射): $f : [0, 1] \to [-1, 1], f(x) = \sqrt{x}$.

例 1.3　双射: $f : [0, 1] \to [0, 1], f(x) = \sqrt{x}$. 逆映射: $f^{-1} : [0, 1] \to [0, 1]$, $f^{-1}(x) = x^2$. 容易验证: $\forall x \in [0, 1]$,

$$\left(f^{-1} \circ f\right)(x) = f^{-1}(f(x)) = f^{-1}(\sqrt{x}) = \left(\sqrt{x}\right)^2 = x,$$
$$\left(f \circ f^{-1}\right)(x) = f(f^{-1}(x)) = f(x^2) = \sqrt{x^2} = x.$$

1.2.3 集合的势

定义 1.6 设 X, Y 为两个集合, 如果存在从 X 到 Y 的双射 (单射且满射), 则称 X 与 Y **等势**或有相同的**基数**, 记作 $\text{card}X = \text{card}Y$, 或 $X \sim Y(X$ 等价于 $Y)$.

例 1.4 无限集可以与其真子集等势, 如

$$X = \{\cdots, -2, -1, 0, 1, 2, \cdots\} \sim Y = \{\cdots, -4, -2, 0, 2, 4, \cdots\}.$$

但有限集不可能与其真子集等势. 这是具有有限元素的集合与无限元素的集合的本质区别.

命题 1.2

- 若 X 与 Y 的一个子集等势, 则 $\text{card}X \leqslant \text{card}Y$.
- 若 $\text{card}X \leqslant \text{card}Y$ 且 $\text{card}Y \leqslant \text{card}Z$, 则 $\text{card}X \leqslant \text{card}Z$.
- 若 $\text{card}X \leqslant \text{card}Y$ 且 $\text{card}Y \leqslant \text{card}X$, 则 $\text{card}X = \text{card}Y$.
- 对任意两个集合 X 和 Y, $\text{card}X \leqslant \text{card}Y$ 或 $\text{card}Y \leqslant \text{card}X$ 必成立其一.
- 若 $\text{card}X \leqslant \text{card}Y$ 且 $\text{card}X \neq \text{card}Y$, 则称 $\text{card}X < \text{card}Y$.

下面的定理说明没有最大势的集合.

定理 1.3 (康托尔定理) 设 X 为集合, $\mathcal{P}(X)$ 为其所有子集构成的集合, 则 $\text{card}X < \text{card}\mathcal{P}(X)$.

习　　题

1. 对有限集证明康托尔定理.
2. 对 $\{0, 1, 2, \cdots\}$ 证明康托尔定理.
3. 证明: 半圆周和其直径是等势的.

1.3 实　　数

1.3.1 实数的产生

自然数或称**正整数**表示在离散元素的集合中含有元素的个数, 是人类计数的起点; 随着实际计数需求的增加, 产生了加法运算及逆运算——减法, 由此出现了**整数**, 正整数集合扩充成了**整数集合**. 整数集合对加法运算及逆运算具有**封闭性**, 即在整数集合中进行加法运算和逆运算的结果还在整数集合中.

随着实际需求的推动, 产生了乘法运算及逆运算——除法, 出现了**有理数**, 整数集合扩充成了**有理数集合**. 在有理数集合中加法、减法、乘法、除法运算称为**四则运算**. 有理数集合对四则运算具有**封闭性**, 即在有理数集合中进行加法运算和逆运算、乘法及逆运算的结果还在有理数集合中. 直到公元前五六世纪, 科学历史上重要的学派毕达哥拉斯学派认为用有理数集合中的元素足以表示现实中的

量. 但毕达哥拉斯学派的希帕索斯发现了些不能用有理数表示的量. 例如, 根据勾股定理, 也称毕达哥拉斯定理, 边长为 1 的等腰直角三角形的斜边长度是 $\sqrt{2}$, 不是有理数! 数学上把这类数称为**无理数**. 这是第一次数学危机. 约在公元前 370 年, 柏拉图的学生欧多克索斯 (Eudoxus, 约公元前 408—前 355) 解决了关于无理数的问题. 他纯粹用公理化方法创立了新的比例理论, 微妙地处理了这个问题, 他的处理办法, 被欧几里得《几何原本》第二卷 (比例论) 收录, 并且和戴德金于 1872 年绘出的无理数的现代解释基本一致.

现代的数学告诉我们, 无理数的个数远多于有理数, 有理数集合是 "可数的", 无理数集合是 "不可数的". 有理数集合和无理数集合的并集称为**实数集**, 其中的元素称为**实数**.

由于有理数在四则运算下是封闭的, **无理数**不能通过有理数的四则运算产生. 随后发现无理数可以通过有理数列取极限运算得到, 如下面三个具体实例:

(1) 设 $a_1 = 1$, $a_2 = \dfrac{1}{1+1}$, $a_3 = \dfrac{1}{1+\dfrac{1}{1+1}}$, $\cdots$. 这列有理数收敛到无理数

$\dfrac{\sqrt{5}-1}{2}$. (利用数列性质计算.)

(2) 设 $a_n = \displaystyle\sum_{k=0}^{n} \dfrac{1}{k!}$, 当 $n \to +\infty$ 时, a_n 趋于 e. (利用数列或级数性质计算.)

(3) 设 $a_n = \displaystyle\sum_{k=1}^{n} \dfrac{1}{k^2}$, 当 $n \to +\infty$ 时, a_n 趋于 $\dfrac{\pi^2}{6}$. (利用傅里叶级数计算.)

这说明 (i) 有理数列极限不一定是有理数; (ii) 无理数可以通过有理数列取极限得到.

事实上, 对 (1) 设 a_n 是这列有理数的第 n 项, 则 $a_{n+1} = \dfrac{1}{1+a_n}$. 由于 a_n 是单调增加有界, 所以当 n 趋于无穷时, a_{n+1}, a_n 趋于实数 a, 于是有 $a = \dfrac{1}{1+a}$, 解得 $a = \dfrac{\sqrt{5}-1}{2}$. 这里用到 "单调增加有界数列有极限" 等价于下面介绍的 "实数完备化公理". 现代数学分析是建立在具有这个性质的实数集基础上.

下面将证明: 实数集对四则运算和极限运算是**封闭的**. 实数集的这个特征是数学分析的基础. 为了数学基础的坚实, 十九世纪末的戴德金、康托尔等人对实数集做了公理化定义, 并在有理数基础上构造了实数集. 现代数学分析就是建立在这个**实数集**基础上的.

1.3.2　无理数逼近

本节给出无理数的有理数近似逼近.

定义 1.7 (数轴)　取定直线 L, 在直线 L 上任取一点 O 作为原点, 任取另一点 p, 从点 O 到点 p 的方向记为 "正方向", 这两点之间的距离作为尺度单位 1, 称这样的直线为 **数轴**.

在数轴上位于原点两侧, 距离原点正整数倍的点的距离是整数. 利用直尺和圆规作图 (乘、除运算), 可以标出有理数在数轴上的对应位置. 但无理数不能用直尺和圆规标出对应位置.

对于无理数点 r, 可以用下面十进制方法 "逼近" 其在数轴上的位置: 为了叙述简单, 假设 $r \in (0, 1)$.

(1) 用 $\dfrac{1}{10}, \dfrac{2}{10}, \cdots, \dfrac{9}{10}$ 将 $(0, 1)$ 等分. 由于 r 是无理数, 所以必然存在 i_1, 使得 $r \in \left(\dfrac{i_1}{10}, \dfrac{i_1 + 1}{10} \right)$, 取 $r_1 = \dfrac{i_1}{10}$, 则 $|r - r_1| < \dfrac{1}{10}$.

(2) 用 $\dfrac{1}{10^2}, \dfrac{2}{10^2}, \cdots, \dfrac{9}{10^2}$ 将 $\left(\dfrac{i_1}{10}, \dfrac{i_1 + 1}{10} \right)$ 等分. 同理, 必然存在 i_2, 使得 $r - r_1 \in \left(\dfrac{i_2}{10^2}, \dfrac{i_2 + 1}{10^2} \right)$, 取 $r_2 = \dfrac{i_1}{10} + \dfrac{i_2}{10^2}$, 则 $|r - r_2| < \dfrac{1}{10^2}$.

(3) 如此下去, 得到有理数列 $r_n = \dfrac{i_1}{10} + \dfrac{i_2}{10^2} + \cdots + \dfrac{i_n}{10^n} \in \left(\dfrac{i_n}{10^n}, \dfrac{i_n + 1}{10^n} \right)$, $|r - r_n| < \dfrac{1}{10^n}, \cdots$. 由于 r 是无理数, 所以有无穷多个 i_n 不是零, i_n 关于 n 不是周期的 (见 1.3.4 节习题第 3 题). 这说明无理数 r 可以用有理数数列 r_n 逼近. 用这种方法, 可以标出任何无理数 r 在数轴上的位置, 用极限或级数可以表示为

$$r = \lim_{n \to +\infty} \left[\frac{i_1}{10} + \frac{i_2}{10^2} + \cdots + \frac{i_n}{10^n} \right] = \sum_{k=1}^{+\infty} \frac{i_k}{10^k}.$$

一个自然的问题是: 整数、有理数、无理数所确定的在数轴上的点是否 "充满" 整个数轴? 换句话说, 是否还有其他的 "数" 不在上述三类数中? 答案是否定的! 集合论的理论告诉我们, 通过 "极限方式" 从有理数构造出来的 "实数" 会充满整个数轴. 下面用公理化方式给出了 "实数" 的本质描述.

注 1.8 (p 进位制)　上面用整数 10 等分产生十进位小数. 实际上, 对于任意正整数 $p > 1$, 可产生 p 进位小数. 特别地 $p = 2$ 是二进位表示, 在计算机的逻辑设计中起重要作用.

设 $r \in [0, 1]$. 用 $\dfrac{1}{p}, \dfrac{2}{p}, \cdots, \dfrac{p-1}{p}$ 将 $[0, 1]$ 等分成 p 份, 则存在 $p_1, 1 \leqslant p_1 \leqslant p - 1, r \in \left[\dfrac{p_1 - 1}{p}, \dfrac{p_1}{p} \right]$ 或 $r \in \left[\dfrac{p_1}{p}, \dfrac{p_1 + 1}{p} \right], \left| r - \dfrac{p_1}{p} \right| \leqslant \dfrac{1}{p}$. 把 $\left[\dfrac{p_1 - 1}{p}, \dfrac{p_1}{p} \right]$ 或

$\left[\dfrac{p_1}{p}, \dfrac{p_1+1}{p}\right]$ 视为 $[0,1]$, 如此重复下去, 得到一列 $\left[\dfrac{p_n-1}{p}, \dfrac{p_n}{p}\right]$ 或 $\left[\dfrac{p_n}{p}, \dfrac{p_n+1}{p}\right]$,

$1 \leqslant p_n \leqslant p-1$, $\left| r - \dfrac{p_1}{p} - \dfrac{p_2}{p^2} - \cdots - \dfrac{p_n}{p^n} \right| \leqslant \dfrac{1}{p^n}$. 则 $r_n := \dfrac{p_1}{p} + \dfrac{p_2}{p^2} + \cdots + \dfrac{p_n}{p^n}, n = 1, 2, \cdots$ 逼近 r.

若 $\exists N$, 使得对 $\forall n > N, p_n = 0$ 或 p_n 关于 n 是周期的, 则 r 是有理数, 否则是无理数.

1.3.3 公理化定义

微积分是建立在实数集的基础上. 本节给出实数的公理化定义.

定义 1.9 满足如下四个公理系统的集合叫**实数集**, 记作 $\mathbb{R}$, 称其元素为**实数**.

1. 加法公理

(1) 加法运算 "+": 对任意 $x, y \in \mathbb{R}$, 存在 $x + y \in \mathbb{R}$ 与之对应, 称为 x, y 的和;

(2) 存在零元 $0 \in \mathbb{R}$, 使得对任 $x \in \mathbb{R}$, $x + 0 = 0 + x = x$;

(3) 对任意 $x \in \mathbb{R}$, 存在负元 $-x \in \mathbb{R}$, 使得 $x + (-x) = (-x) + x = 0$;

(4) 交换律和结合律:

$$x + y = y + x, \quad (x+y) + z = x + (y+z), \quad \forall x, y, z \in \mathbb{R}.$$

2. 乘法公理

(1) 乘法运算 "$\cdot$": 对任意 $x, y \in \mathbb{R}$, 存在 $x \cdot y \in \mathbb{R}$ 与之对应, 称为 x, y 的积;

(2) 存在单位元 $1 \in \mathbb{R}$, 使得对任 $x \in \mathbb{R}$, $x \cdot 1 = 1 \cdot x = x$;

(3) 对任意 $x \in \mathbb{R}$, $x \neq 0$, 存在逆元 $x^{-1} \in \mathbb{R}$, 使得 $x \cdot x^{-1} = x^{-1} \cdot x = 1$;

(4) 交换律和结合律: $x \cdot y = y \cdot x, (x \cdot y) \cdot z = x \cdot (y \cdot z), \forall x, y, z \in \mathbb{R}$;

(5) 分配律: $(x + y) \cdot z = x \cdot z + y \cdot z, \forall x, y, z \in \mathbb{R}$.

3. 序公理 $\mathbb{R}$ 中的元素有顺序关系 "$\leqslant$", 满足

(1) $x \leqslant x$;

(2) $\forall x, y \in \mathbb{R}$, 必有 $x \leqslant y$ 或 $y \leqslant x$;

(3) $x \leqslant y$ 且 $y \leqslant x \Rightarrow x = y$;

(4) $x \leqslant y$ 且 $y \leqslant z \Rightarrow x \leqslant z$;

(5) $x \leqslant y$ 且 $z \in \mathbb{R} \Rightarrow x + z \leqslant y + z$;

(6) $0 \leqslant x$ 且 $0 \leqslant y \Rightarrow 0 \leqslant x \cdot y$.

4. 完备性公理 设 X, Y 为 $\mathbb{R}$ 的非空子集, 若对任意 $x \in X, y \in Y$, 有 $x \leqslant y$, 则存在 $c \in \mathbb{R}$, 使得 $x \leqslant c \leqslant y$.

推论 1.4　实数集的推论:

- 零元唯一: $0_1 = 0_1 + 0_2 = 0_2$.
- 负元唯一: 设 $x + x_1 = 0, x + x_2 = 0$, 则

$$x_1 = x_1 + 0 = x_1 + (x + x_2) = (x_1 + x) + x_2 = 0 + x_2 = x_2.$$

- 单位元唯一: $1_1 = 1_1 \cdot 1_2 = 1_2$.
- 逆元唯一: $x_1 = x_1 \cdot 1 = x_1 \cdot (x \cdot x_2) = (x_1 \cdot x) \cdot x_2 = 1 \cdot x_2 = x_2$.
- 若 $x > 0$, 则 $-x < 0$. 否则 $0 < x + (-x) = 0$, 矛盾!
- $\forall x \in \mathbb{R}, x \cdot 0 = 0 \cdot x = 0$. $x \cdot 0 = x \cdot (0 + 0) = x \cdot 0 + x \cdot 0 \Longrightarrow 0 = x \cdot 0$.
- 设 $x, y \in \mathbb{R}$, 若 $x \cdot y = 0$, 则 $x = 0$ 或 $y = 0$. 否则, 设 $y \neq 0$. 则 $x = 0 \cdot y^{-1} = 0$.
- $0 < 1$: 否则 $0 \leqslant -1$. 令 $x > 0$, 则 $0 = x \cdot 0 \leqslant x \cdot (-1) = -x$. 这与 $-x < 0$ 矛盾!
- $x < 0, y > 0 \Longrightarrow x \cdot y < 0$. 否则, 因为 x, y 均不为零, 则 $x \cdot y > 0$. 因 $0 \leqslant (-x) \cdot y = -(x \cdot y)$, 矛盾!

注 1.10　关于实数集的说明:

- 实数集概念的四个要点: **加法、乘法、序、完备性**.
- 由加法公理, 0 在实数集合里. 由乘法公理, 1 在实数集里. 再利用加法公理和乘法公理, "自然数"、"整数" 和 "有理数" p/q $(p, q$ 是整数$)$ 在实数集合里. 不是整数和有理数的数称为 "实数", 其存在性由完备性公理确定. 这些新增加的 "实数" 等同于中学教材中的实数.
- 满足上述 1—4 的实数集是存在的, 可以从有理数集构造, 即戴德金分割 ([1] 上册).
- 基于有理数集合所扩张成的实数集合是唯一的 ([12]).
- 定义 1.9 中的数轴是实数的集合表示方式. 完备性公理保证了实数充满了整个数轴.

1.3.4　基本实数子集

本节从实数公理化角度分析自然数集、整数集、有理数集、实数集的特征.

定义 1.11

- 自然数集 $\mathbb{N} = \{0, 1, 2, 3, \cdots, n, \cdots\}$, $\mathbb{N}^* = \{1, 2, \cdots, n, \cdots\}$.
- 整数集 $\mathbb{Z} = \{n, -n \mid n \in \mathbb{N}\}$.
- 有理数集 $\mathbb{Q} = \{m \cdot n^{-1} \mid m, n \in \mathbb{Z}$ 且 $n \neq 0\}$.
- 无理数集 $\mathbb{R} \backslash \mathbb{Q}$.

- 正实数集 $\mathbb{R}_+ = \{x \in \mathbb{R},\ x > 0\}$; 负实数集 $\mathbb{R}_- = \{x \in \mathbb{R},\ x < 0\}$.

明显地, 自然数集 $\mathbb{N}$、整数集 $\mathbb{Z}$、有理数集 $\mathbb{Q}$、无理数集 $\mathbb{R}\backslash\mathbb{Q}$ 均是无限集.

定义 1.12 (可数集)　设 X 为一个集合.

(1) 如果存在从 X 到自然数集合 $\mathbb{N}$ 的满、单射, 则称 X 为**可数集**.

(2) 如果存在从 X 到自然数集合 $\mathbb{N}$ 的有限子集的满、单射, 则称 X 为**有限集**.

(3) 既不是有限集, 也不是可数集的集合称**不可数集**.

命题 1.5　X 是可数集当且仅当可以表示成 $X = \{a_0, a_1, \cdots, a_n, \cdots\}$.

1.3.4.1　整数集

整数集是自然数通过**加**、**减**运算得到的. 下面的两个命题很容易证明.

命题 1.6　整数集 $\mathbb{Z}$

(1) 满足加法公理;

(2) 不满足乘法公理;

(3) 满足序公理;

(4) 满足完备性公理: 有上 (下) 界的整数子集有唯一最大 (小) 整数.

命题 1.7　整数集 $\mathbb{Z}$ 是可数集.

例 1.5　任意给定正整数 n, 对任意整数 m, 存在唯一整数 k, 使得 $(k-1)n \leqslant m < kn$.

证明　由整数除法, 有 $\dfrac{m}{n} = k - \alpha$, $k \in \mathbb{Z}$, $\alpha \in (0, 1]$. 所以 $k - 1 \leqslant \dfrac{m}{n} = k - \alpha < k$, 由此知道 $(k-1)n \leqslant m < kn$.　　　　□

定理 1.8 (算术基本定理)　除 1 外的任何正整数都可以表示成素数之积, 且在不考虑排列次序的意义下表示唯一.

1.3.4.2　有理数集

有理数集是整数通过**加**、**减**、**乘**、**除**运算得到.

命题 1.9　有理数集 $\mathbb{Q}$

(1) 满足加法公理;

(2) 满足乘法公理;

(3) 满足序公理;

(4) 不满足完备性公理.

证明　(1)—(3) 很容易证明, 只需证 (4).

$\sqrt{2}$ 是无理数: 否则, 设 $\sqrt{2} = \dfrac{m}{n}$, m, n 互素. 则 $m^2 = 2n^2$. 从而 m 可以被 2 整除. 设 $m = 2k$, 则 $n^2 = 2k^2$. 则 n 也被 2 整除. 这于与 m, n 互素矛盾.

定义有理数集的子集如下:

$$X = \{x \in \mathbb{Q} \mid x < \sqrt{2}\}, \quad Y = \{y \in \mathbb{Q} \mid y > \sqrt{2}\}.$$

显然 $\forall x \in X, \ \forall y \in Y, x \leqslant y$.

用反证法证明 (4): 假设 $\mathbb{Q}$ 满足完备性公理. 则存在 $c \in \mathbb{Q}$, 使得

$$x \leqslant c \leqslant y, \quad \forall x \in X, \ \forall y \in Y. \tag{1.1}$$

由于 c 是有理数, 所以 $c \neq \sqrt{2}$. 若 $c < \sqrt{2}$, 由有理数集合在实数集合中的稠密性 (由下面命题 1.13) 知道, 可以找到 $\bar{x} \in \mathbb{Q}$ 满足 $c < \bar{x} < \sqrt{2}$. 根据 X 的定义知道 $\bar{x} \in X$. 这与(1.1) 矛盾. 若 $c > \sqrt{2}$, 亦可推出矛盾. 所以 $\mathbb{Q}$ 不满足完备性公理. $\qquad\square$

命题 1.10 有理数集 $\mathbb{Q}$ 是可数集.

证明 只需证明正有理数集合是可数的, 为此把正实轴分成可数个区间 $[n, n+1), n \in \mathbb{N}$. 把每个区间 $[n, n+1), n \in \mathbb{N}$ 中的有理数表示出来. 为此列出 $[0,1)$ 中的所有有理数如下:

$$0,$$
$$\frac{1}{2},$$
$$\frac{1}{3}, \quad \frac{2}{3},$$
$$\frac{1}{4}, \quad \frac{2}{4}, \quad \frac{3}{4},$$
$$\cdots\cdots$$
$$\frac{1}{n}, \quad \frac{2}{n}, \quad \frac{3}{n}, \quad \cdots, \quad \frac{n-1}{n},$$
$$\cdots\cdots$$

把这些有理数重排成一行, 并去掉相同的数, 得知 $\mathbb{Q} \cap [0,1) =: \mathbb{Q}_1$ 是可数集. 设 $\mathbb{Q}_n = \{n + r, \ r \in \mathbb{Q}_1\}, n \geqslant 2$. 可知每个 $\mathbb{Q}_n, n \geqslant 1$ 是可数集, 并且 $\mathbb{Q} = \bigcup_{k=1}^{\infty} \mathbb{Q}_k$. 将 $\bigcup_{n=1}^{\infty} \mathbb{Q}_n$ 中的数按**对角线排法**如下: 记 $\mathbb{Q}_1$ 中的第一项为 a_0, 第二项为 a_1; $\mathbb{Q}_2$ 中第一项为 a_2; $\mathbb{Q}_1$ 中的第三项为 a_3, $\mathbb{Q}_2$ 中第二项为 a_4; $\mathbb{Q}_3$ 中第一项为 a_5, 如此排列可穷尽 $\mathbb{Q}$. 因此可以对 $\mathbb{Q}$ 中所有数进行标号, 记为 $a_n, n \in \mathbb{N}$. 所以 $\mathbb{Q}$ 是可数集.

由于负有理数是正有理数的相反数, 所以也是可数的. 因此, 作为正、负有理数的并集合有理数也是可数的. $\qquad\square$

例 1.6　任意给定正有理数 n, 对任意有理数 m, 存在唯一整数 k, 使得 $(k-1)n \leqslant m < kn$.

证明　证明与例 1.5 相同. □

1.3.4.3　实数集

实数集由整数通过**加、减、乘、除、极限**运算得到.

命题 1.11　实数集 $\mathbb{R}$

(1) 满足加法公理;

(2) 满足乘法公理;

(3) 满足序公理;

(4) 满足完备性公理.

事实上, 例 1.5 和例 1.6 对实数也成立.

定理 1.12 (阿基米德原理)　任意给定的正实数 h. 对任意实数 x, 存在唯一的整数 k, 使得 $(k-1)h \leqslant x < kh$.

证明　由于整数集合 $\mathbb{Z}$ 没有上界, 集合 $A := \left\{ n \in \mathbb{Z} : \dfrac{x}{h} < n \right\}$ 是整数集 $\mathbb{Z}$ 的非空有下界子集. 利用命题 1.6(4), 非空有下界的整数集 $\mathbb{Z}$ 的子集有唯一的最小整数, 记为 k, 则 $k \in A$. 由 A 的定义, $\dfrac{x}{h} < k$. 由于 k 是使得这个不等式成立的最小整数, 所以 $k-1 \leqslant \dfrac{x}{h}$, 于是 $(k-1)h \leqslant x < kh$. □

命题 1.13　有理数集在实数中稠: 对任意 $x, y \in \mathbb{R}, x < y$, 存在 $c \in \mathbb{Q}$, 使得 $x < c < y$.

证明　任取 $x, y \in \mathbb{R}, x < y$. 只需构造一个有理数 c, 使得 $x < c < y$.

(1) 取 $h = 1$, 对 $\dfrac{1}{y-x}$ 用阿基米德原理, $\exists! \, N \in \mathbb{N}$ 使得 $N - 1 \leqslant \dfrac{1}{y-x} < N$. 令 $d = \dfrac{1}{N}$, 则 $\dfrac{1}{y-x} < \dfrac{1}{d}$.

(2) 取 $h = d$, 对 x 利用阿基米德原理, $\exists! \, k \in \mathbb{N}$ 使得 $(k-1)d \leqslant x < kd$.

下面证明 $kd < y$. 用反证法: 假设 $kd \geqslant y$. 由 (2) 中的不等式知道, $-(k-1)d \geqslant -x$. 这两个不等式相加得到 $d \geqslant y - x$, 这与 $\dfrac{1}{y-x} < \dfrac{1}{d}$ 矛盾! 由于 kd 是有理数, 取 $c = kd$. 定理得证. □

思考　用定理 1.11 的方法, 能否证明: 整数集在有理数集中稠?

记号　设 $a \in \mathbb{R}$, 用 $[a]$ 记 a 的整数部分, (a) 记 a 的小数部分, 则 $a = [a] + (a)$. 例如

$$5 = 5 + 0, \quad [5] = 5, \quad (5) = 0;$$

$$2.5 = 2 + 0.5, \quad [2.5] = 2, \quad (2.5) = 0.5;$$
$$0.3 = 0 + 0.3, \quad [0.3] = 0, \quad (0.3) = 0.3.$$

设 $a, b \in \mathbb{R}$, 记 $\min\{a, b\}$ 为 a, b 中的最小元, $\max\{a, b\}$ 为 a, b 中的最大元.

定理 1.14 (狄利克雷 (Dirichlet) 定理)　设 $\alpha \in \mathbb{R}$. 对任意的 $N \in \mathbb{N}^*$, 存在 $n \in \{1, \cdots, N\}$ 使得 $n\alpha$ 与整数的距离小于等于 $\dfrac{1}{N}$, 即 $|\min\{(n\alpha), 1 - (n\alpha)\}| \leqslant \dfrac{1}{N}$. 若 α 是无理数, 严格不等号 "<" 成立.

证明　将 $[0, 1]$ 等分成 N 份, 将其看成 N 个抽屉. 考虑 $N + 1$ 个小数 $(0\alpha), (\alpha), (2\alpha), \cdots, (N\alpha)$. 由抽屉原理, 必有两个数 $(k_1\alpha), (k_2\alpha)$ 落在同一个抽屉中, 由此知道 $|(k_1\alpha) - (k_2\alpha)| \leqslant \dfrac{1}{N}$. 由于 $(k_2 - k_1)\alpha = ([k_2\alpha] - [k_1\alpha]) + (k_2\alpha) - (k_1\alpha)$, 不妨设 $k_2 > k_1$, 所以 $(k_2 - k_1)\alpha$ 与整数 $[k_2\alpha] - [k_1\alpha]$ 的距离小于等于 $\dfrac{1}{N}$. 显然 $n := k_2 - k_1 \in \{1, \cdots, N\}$ 满足定理结论的要求.

若 α 是无理数, 由于 $n\alpha = [n\alpha] + (n\alpha), n\alpha$ 是无理数, 所以 $(n\alpha) = n\alpha - [n\alpha]$ 是无理数, 因此 $(k_1\alpha), (k_2\alpha)$ 不会是同一个抽屉的端点, 于是有

$$|(k_1\alpha) - (k_2\alpha)| < \frac{1}{N}. \qquad \square$$

例 1.7　设 α 是无理数. 证明集合 $\{(n\alpha), n \in \mathbb{Z}\}$ 在 $[0, 1]$ 中稠密.

证明　不妨假设 $\alpha > 0$ 是无理数, $n > 0$. 任意给定 $x, y \in [0, 1], x < y$, 选取 $N \in \mathbb{N}^*$, $\dfrac{1}{N} < y - x$, 由狄利克雷定理, 存在 $n \in \{1, \cdots, N\}$, 有 $\min\{(n\alpha), 1 - (n\alpha)\} < \dfrac{1}{N}$.

(1) 若 $(n\alpha) < \dfrac{1}{N}$, 则对 $k = 1, 2, \cdots, \dfrac{1}{[(n\alpha)]}$, $k(n\alpha) < 1$. 由于集合 $\left\{(kn\alpha) \middle| k = 1, 2, \cdots, \dfrac{1}{[(n\alpha)]}\right\}$ 中每个相邻元距离至多是 $(n\alpha)$, 且 $(n\alpha) < \dfrac{1}{N} < y - x$, 所以 (x, y) 中含有一个元素 $(k_0 n\alpha), k_0 \in \left\{1, 2, \cdots, \dfrac{1}{[(n\alpha)]}\right\}$.

(2) 若 $1 - (n\alpha) < \dfrac{1}{N}$, 则对 $k = 1, 2, \cdots, \dfrac{1}{[1 - (n\alpha)]}$, $k(1 - (n\alpha)) < 1$. 由于集合 $\left\{(kn\alpha) \middle| k = 1, 2, \cdots, \dfrac{1}{[1 - (n\alpha)]}\right\}$ 中每个相邻元距离至多是 $1 - (n\alpha)$, 且 $1 - (n\alpha) < \dfrac{1}{N} < y - x$, 所以 (x, y) 中含有一个元素 $(k_0 n\alpha), k_0 \in \left\{1, 2, \cdots, \dfrac{1}{[1 - (n\alpha)]}\right\}$. $\qquad \square$

复数域 $\mathbb{C} = \{(a+ib) : a, b \in \mathbb{R}\}$. i 是虚数单位, $i^2 = -1$.

定理 1.15 (代数基本定理)　复数域上 n 次多项式在复数域内有且仅有 n 个根.

代数基本定理的证明可以通过多种途径进行, 其中一些著名的证明包括:

达朗贝尔的证明: 法国数学家达朗贝尔是第一个尝试证明代数基本定理的人, 但他的证明是不完整的.

欧拉的证明: 欧拉也给出了一个证明, 但这个证明同样存在缺陷.

拉格朗日的证明: 拉格朗日在 1772 年重新证明了该定理, 但他的证明后来被发现是不严格的.

高斯的证明: 高斯在 1799 年的博士论文中给出了代数基本定理的第一个严格证明. 他的基本思想是通过分析多项式函数的根与系数之间的关系来证明.

刘维尔的证明: 刘维尔定理指出有界整函数一定是常数. 通过构造一个有界整函数 $1/f(z)$, 并利用刘维尔定理, 可以间接证明代数基本定理.

复变函数论的证明: 在复变函数论中, 通过分析多项式函数的解析性质和零点分布, 可以给出代数基本定理的一个优美证明. 尽管存在多种证明方法, 但没有一个纯粹的代数证明被广泛接受为标准. 此外, 许多数学家怀疑是否存在一个纯粹的代数证明. 代数基本定理在代数和整个数学中扮演着基础性的角色, 它表明任何复系数一元 n 次多项式方程在复数域上至少有一根, 并且有且只有 n 个根 (重根按重数计算).

习　　题

1. 设 p 是正整数, 且不是完全平方数, 证明: $\sqrt{p}$ 是无理数.

2. 证明: 正五边形的边长与对角线长之比是无理数.

3. 证明 1.3.2 节注 1.8: 对 $p = 10$, 如果存在正整数 N, 使得 $p_n = 0, n > N$ 或 p_n 关于 n 是周期的, 则 r 是有理数, 否则是无理数.

4. 证明: (1) 整数集合是可数集.　(2) 可数个可数集合的并还是可数集合.

5. 设 α 是有理数. 写出集合 $\{(n\alpha), n \in \mathbb{Z}\}$ 在 $[0, 1]$ 中的项.

6. 证明: 下列陈述等价:

(1) 对任意 $x, y \in \mathbb{R}, x < y$, 存在 $c \in \mathbb{Q}$, 使得 $x < c < y$.

(2) 对任意无理数 $x \in \mathbb{R}$ 及任意给定的 $\varepsilon > 0$, 存在 $c \in \mathbb{Q}$, 使得 $|c - x| < \varepsilon$.

7. 用狄利克雷定理证明: 有理数在实数中稠.

8. 证明: 无理数集合是不可数集. (提示: 对实数集用反证法和对角线排法.)

9. 证明**狄利克雷逼近定理**: 对 $\forall \alpha, N \in \mathbb{R}, N > 1, \exists p, q \in \mathbb{Z}, 1 \leqslant q \leqslant N, |q\alpha - p| \leqslant \dfrac{1}{N}$.

(提示: 可用抽屉原理证明.)

10. 证明: 在复数域内 $x^n + 1 = 0$ 只有 n 个复根.(提示: $e^{2k\pi i} + 1 = 0, k \in \mathbb{N}$.)

1.3.5　区间和邻域

由 1.3.2 节知道, 实数可以通过数轴上的点表示, 实数 a 到原点的距离称为 a 的**绝对值**, 即

$$|a| = \begin{cases} a, & a \geqslant 0, \\ -a, & a < 0. \end{cases}$$

绝对值 $|a|$ 具有下列性质:

- $|a| = 0$ 当且仅当 $a = 0$.
- $-|a| \leqslant a \leqslant |a|$.
- $|a \cdot b| = |a| \cdot |b|$.
- 三角不等式: $\forall\, a, b \in \mathbb{R}$, $|a| - |b| \leqslant |a \pm b| \leqslant |a| + |b|$.

定义 1.13 (有界集)　设 A 是实数集的子集合. 如果存在实数 M, 使得 $|a| \leqslant M, a \in A$, 则称集合 A 有界. 若 $a \leqslant M, a \in A$, 则称集合 A 有上界. 若 $a \geqslant M, a \in A$, 则称集合 A 有下界.

定义 1.14 (区间)　设 $a, b \in \mathbb{R}$, $a < b$, 则称

- $(a, b) := \{x \mid a < x < b\}$ 为开区间;
- $[a, b] := \{x \mid a \leqslant x \leqslant b\}$ 为闭区间;
- $[a, b) := \{x \mid a \leqslant x < b\}$ 为上半开区间;
- $(a, b] := \{x \mid a < x \leqslant b\}$ 为下半开区间.

以上区间称为**有限区间**, 区间长度为 $b - a$. 称以下区间为**无限区间**

- $[a, +\infty) := \{x \mid a \leqslant x\}$;
- $(-\infty, b) := \{x \mid x < b\}$;
- $(-\infty, +\infty) := \mathbb{R}$.

定义 1.15 (邻域)　对任意给定的 $\delta > 0$, 称 $U(x_0, \delta) := (x_0 - \delta,\ x_0 + \delta) = \{x \in \mathbb{R}, |x - x_0| < \delta\}$ 为 x_0 的 δ-**邻域**, 或记作 $U_\delta(x_0)$, 称 x_0 为邻域的中心, δ 为邻域的半径.

定义 1.16 (空心邻域)　对任意给定的 $\delta > 0$, 称 $U^\circ(x_0, \delta) := (x_0 - \delta,\ x_0) \cup (x_0,\ x_0 + \delta) = \{x \in \mathbb{R}, 0 < |x - x_0| < \delta\}$ 为 x_0 的**空心** δ-**邻域**, 或记作 $U^\circ_\delta(x_0)$.

注 1.17　邻域用来考虑函数在 x_0 附近的局部性质. 对任给定 $x \neq x_0$, 都可以取充分小的正数 δ, 使得 $x \notin U(x_0, \delta)$.

下面的例题给出证明两个实数相等的一种方法.

例 1.8　若 $a, b \in \mathbb{R}$. 则 $a = b$ 的充分必要条件是: 对任意正数 ε, 有 $|a - b| < \varepsilon$.

证明　$\Longrightarrow$: 显然成立.

$\Longleftarrow$: 用反证法. 若 $a \neq b$, 则 $|a - b| > 0$, 取 $\varepsilon = \dfrac{|a - b|}{2}$, 则 $|a - b| = 2\varepsilon > \varepsilon$, 与题设矛盾!　　　　　　　　　　　　　　　　　　　　　　　　　　　　□

习　　题

1. 设 $a, b \in \mathbb{R}$. 若对任意的 $\varepsilon > 0$, 都有 $a < b + \varepsilon$, 则 $a \leqslant b$. 举例说明能否得到 $a < b$?

2. 设 $a, b \in \mathbb{R}, |a - b| > 1$, 证明: 存在整数 n, 使得 n 在 a, b 之间.

3. 证明: (1) $|a_1 - a_3| \leqslant |x - a_1| + |x - a_2| + |x - a_3|$;　(2) $|\sqrt{a^2 + b^2} - \sqrt{a^2 + c^2}| \leqslant |b - c|$.

4. 证明下列不等式:

(1) 若 $a > -1, n \in \mathbb{N}^*$, 则 $(1 + a)^n \geqslant 1 + na$.

(2) 若 $a_n > -1, n \in \mathbb{N}^*$ 且同号, 则 $(1 + a_1)(1 + a_2) \cdots (1 + a_n) \geqslant 1 + a_1 + a_2 + \cdots + a_n$.

1.3.6　确界原理

本节给出实数集完备性公理的等价描述, 它是数学分析中的重要工具.

定义 1.18 (确界)　设 $X \subset \mathbb{R}$ 为非空集合.

(1) 若存在 $c \in \mathbb{R}$, 使任意 $x \in X$, 都满足 $x \leqslant c (x \geqslant c)$, 则称 c 是集合 X 上 (下) 界.

(2) 若对 X 的任意上 (下) 界 c', 都有 $c \leqslant c' (c \geqslant c')$, 则称 c 是 X 的最小上 (大下) 界, 或上 (下) **确界**, 记为 $\sup X (\inf X)$.

命题 1.16　设 $c, d \in \mathbb{R}$.

(1) $c = \sup X \Longleftrightarrow$ (i) $\forall x \in X$, $x \leqslant c$; (ii) $\forall \varepsilon > 0$, $\exists x \in X$, 使得 $x > c - \varepsilon$.

(2) $d = \inf X \Longleftrightarrow$ (i) $\forall x \in X$, $d \leqslant x$; (ii) $\forall \varepsilon > 0$, $\exists x \in X$, 使得 $x < d + \varepsilon$.

证明　只证 (1), (2) 类似可证.

$\Longrightarrow$: 由定义知道, c 是集合 X 的最小上界, 所以, (1) 的 (i),(ii) 满足.

$\Longleftarrow$: 用反证法. 假设 c 满足 (i),(ii), 但不是 X 的最小上界. 设 $c' < c$ 是 X 的上界. 取 $\varepsilon = \dfrac{c - c'}{2}$. 由 (1) 的 (ii) 知道, $\exists x \in X$, 使得 $x > c - \varepsilon$. 由此得到 $x > c - \dfrac{c - c'}{2} = \dfrac{c + c'}{2} > c'$. 这与 c' 是集合 X 的上界矛盾.　　　□

例 1.9　几个例子:

- $(0, 1), [0, 1], \{1, 3, 5, 7\}$ 都是有界集, 上确界分别是 1, 1, 7, 下确界分别是 0, 0, 1.

- $(-\infty, 0)$ 的上确界是 0、无下界, $(0, +\infty)$ 的下确界是 0、无上界.

- $(a, b), (a, b]$. 上确界是 b, 下确界是 a.

- $\mathbb{Z}, \mathbb{Q}, \mathbb{R}$ 无上、下界, 有时也称上确界是 $+\infty$, 下确界是 $-\infty$.

例 1.10　证明集合 $X := \{x \in \mathbb{Q} \mid x^2 < 2\}$ 的上确界是 $\sqrt{2}$.

证明   显然 $\sqrt{2}$ 是集合 X 的上界. 对任意 $\varepsilon > 0$, 由阿基米德原理 (取 $h = 1, x = \varepsilon^{-1}$), 必存在正整数 n, 使得 $\varepsilon^{-1} < n$. 由于 $n\sqrt{2} - (n\sqrt{2} - n\varepsilon) = n\varepsilon > 1$, 从而必存在整数 m, 使得

$$n\sqrt{2} - n\varepsilon < m < n\sqrt{2} \quad \Longrightarrow \quad x := \frac{m}{n} \in \mathbb{Q}, \quad \sqrt{2} - \varepsilon < x < \sqrt{2}.$$

故 $\sqrt{2}$ 是 X 的上确界. $\square$

实数的完备性公理保证了有界实数集上、下确界的存在性.

定理 1.17 (确界原理)   实数集的任何非空有上 (下) 界的子集必有上 (下) 确界.

证明   (仅证上确界情形) 设集合 X 有上界. 令 Y 是 X 的上界组成的集合, 即

$$Y = \{y \in \mathbb{R} : x \leqslant y, \ \forall \, x \in X\}.$$

由实数的完备性公理, 存在 $c \in \mathbb{R}$, 使得

$$x \leqslant c \leqslant y, \quad \forall \, x \in X, y \in Y.$$

从而 c 是 X 的上界, Y 的下界. 结合 Y 的定义, 知道 $c \in Y$, 所以 c 是 Y 的最大下界, 即 Y 的下确界. 再利用集合 Y 的定义知道 c 为 X 的最小上界, 即上确界. $\square$

思考   有界的有理数集在有理数集合内是否必有上、下确界?

定理 1.17 表明, 实数完备性公理隐含确界原理. 事实上: 确界原理也隐含实数完备性公理.

定理 1.18   实数的完备性公理与确界原理等价.

证明   只需证明: 若实数集满足确界原理, 则实数集满足完备性公理. 即设 X, Y 是实数集合 $\mathbb{R}$ 的非空子集, 且具有性质: 对于任何 $x \in X$, $y \in Y$, 有 $x \leqslant y$.

要证明: 存在 $c \in \mathbb{R}$, 使得对何 $x \in X$, $y \in Y, x \leqslant c \leqslant y$.

由于对任何 $x \in X, y \in Y$, 有 $x \leqslant y$, 所以 Y 中的元素是 X 的上界, 即 X 有上界. 由上确界原理, 存在 $\sup X$, 使得

(1) $x \leqslant \sup X$, $x \in X$.

(2) 对任意 $x' < \sup X$, 存在 $x \in X$, 使得 $x' < x$.

下面证明 $\forall \, y \in Y$, $\sup X \leqslant y$. 否则存在 $y \in Y$, $y < \sup X$. 由 (2) 知道, 存在 $x \in X$, 使得 $y < x$. 这与定理的前提假设矛盾. 所以 $c := \sup X$ 即为定理所求. $\square$

例 1.11　设单调增加有界数列: $a_1 \leqslant a_2 \leqslant \cdots \leqslant a_n \leqslant \cdots < M$, $M \in \mathbb{R}$, 则 $a := \sup\{a_n, n \in \mathbb{N}^*\} \in \mathbb{R}$ 具有性质: 对 $\forall \varepsilon > 0$, 存在 $N \in \mathbb{N}$, 当 $n \geqslant N$ 时, $|a_n - a| < \varepsilon$.

证明　由确界定理可知 $\{a_n\}$ 上确界在 $\mathbb{R}$ 中存在. 由上确界定义, 对任意 $\varepsilon > 0$, $a - \varepsilon$ 不是 $\{a_n\}$ 的最小上界. 故存在 $N \in \mathbb{N}$, 使得 $a_N > a - \varepsilon$. 由 $\{a_n\}$ 的单调增加性知: 对 $\forall n > N$,

$$a - \varepsilon \leqslant a_N \leqslant a_n < a + \varepsilon,$$

即对 $\forall n > N, |a_n - a| < \varepsilon$. 　□

注 1.19　例 1.11 中的性质就是数列 $\{a_n\}$ 收敛到 a 的定义.

定义 1.20　若 $\sup X, \inf X \in X$, 则称其为集合 X 的**最大 (小) 元**. 常分别记为 $\max X, \min X$.

显然, 有限个实数构成的集合一定有最大、最小元.

例 1.12　几个例子:
- $(0,1)$, $[0,1]$, $\{1,3,5,7\}$ 最大元分别是: 无, 1, 7; 最小元分别是: 无, 0, 1.
- $(-\infty, 0)$, $(0, +\infty)$ 无最大、最小元.
- (a,b) 无最大、最小元. $(a,b]$ 最大元是 b, 无最小元.
- $\mathbb{Z}, \mathbb{Q}, \mathbb{R}$ 无最大、最小元.

例 1.13　设 S 为有上界数集. 则存在 S 中的单调增加数列 $\{a_n\}$: $a_1 \leqslant a_2 \leqslant \cdots \leqslant a_n \leqslant \cdots$, 使得

$$|a_n - \sup S| < \frac{1}{n}, \quad n \in \mathbb{N}.$$

特别地, 如果 $\sup S \notin S$, 则该数列可选为严格增数列: $a_1 < a_2 < \cdots < a_n < \cdots$.

证明　记 $a = \sup S$.

(1) 若 $a \in S$, 取 $a_n = a$ 即可.

(2) 若 $a \notin S$, 由上确界定义, 对 $\forall \varepsilon > 0, \exists x \in S$, 使得 $x > a - \varepsilon$. 由于 $a \notin S$, 所以

$$a - \varepsilon < x < a.$$

取 $\varepsilon_1 = 1, \exists a_1 \in S, a - \varepsilon_1 < a_1 < a$.

取 $\varepsilon_2 = \min\left\{\dfrac{1}{2}, a - a_1\right\} > 0, \exists a_2 \in S, a - \varepsilon_2 < a_2 < a$. 则 $a_2 > a - \varepsilon_2 \geqslant a - (a - a_1) = a_1$.

　……

取 $\varepsilon_n = \min\left\{\dfrac{1}{n}, a - a_{n-1}\right\} > 0$, $\exists\, a_n \in S, a - \varepsilon_n < a_n < a.$ 则 $a_n > a - \varepsilon_n \geqslant$
$a - (a - a_{n-1}) = a_{n-1}.$

······

由此得到严格递增数列 $\{a_n\} \subset S$, 满足

$$a - \varepsilon_n < a_n < a < a + \varepsilon_n, \quad \text{即 } |a_n - a| < \varepsilon_n \leqslant \dfrac{1}{n}. \qquad \square$$

对下确界也有类似的结论: 设 S 为有下界数集. 则存在单调下降数列 $\{a_n\} \subset$
S, 使得 $|a_n - a| < \dfrac{1}{n}$. 特别地, 如果 $\inf S \notin S$, 则该数列可选为严格下降数列.

习　　题

1. 证明: 命题 1.16、定理 1.17 下确界情况.
2. 证明: 区间 (a, b) 的上、下确界分别是: b, a.
3. 求 $X = \{x \in \mathbb{Q} \mid 0 < x^2 + 2x \leqslant 1\}$ 的上、下确界以及最大、最小元.
4. 叙述并证明例 1.13 的下确界情况.

1.4 函　　数

1.4.1 函数概念

函数是连接实际问题与数学的桥梁, 是描述数量之间关系的基本工具.

定义 1.21　设 D 为非空集合, Y 是实数集合. 若存在对应规则 f, 使得对任意 $x \in D$, 存在唯一的 $y \in Y$ 与之对应, 则称对应规则 f 为**函数**, 并记为 $y = f(x)$ 或

$$f: D \to Y, \quad x \mapsto y.$$

D 称为函数 f 的**定义域**, 记为 $D(f)$. $f(D) := \{f(x) : x \in D\}$ 称为函数 f 的**值域**, 记为 $R(f)$. 称 x 为函数的自变量, y 为函数的因变量 (因 x 而变的量), 如图 1.2.

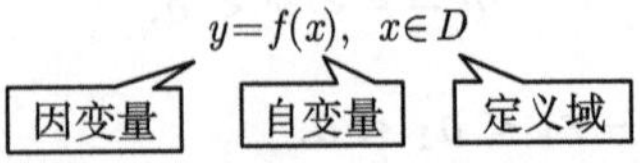

图 1.2

定义 1.22　称二元笛卡儿积的子集合 $D(f) \times R(f) := \{(x, y) : y = f(x), x \in D(f)\}$ 为函数的**图像**.

定义 1.23 称函数 f_1, f_2 相等, 如果 $D(f_1) = D(f_2)$, $f_1(x) = f_2(x)$, $\forall\ x \in D(f_1)$.

例 1.14 考察函数 $y = f(x) = 3x^2 + 1$:

- 定义域: $D(f) = \mathbb{R}$;
- 值域: $R(f) = [1, +\infty)$;
- 图像: 平面 $\mathbb{R} \times \mathbb{R}$ 上过点 $(0, 1), (\pm 1, 4)$, 开口向上, 关于 y 轴对称的抛物线.

例 1.15 函数 $f = x$ 与 $g = \dfrac{x^2}{x}$ 是否相同? 不同! 因为 $D(f) = \mathbb{R}$, $D(g) = \mathbb{R} \backslash \{0\}$.

注 1.24 函数的定义域可以分为:

- 自然定义域: 使得函数值 $f(x) \in \mathbb{R}$ 的 x 的全体;
- 在问题背景限制下, 函数值存在的自变量取值全体.

1.4.2 四则运算

函数的四则运算来源于实数的四则运算. 给定两个函数 $f, D(f)$ 和 $g, D(g)$, 设 $D = D(f) \cap D(g) \neq \varnothing$. 定义两个函数的和、差、积、商运算如下:

- 和函数: $(f + g)(x) := f(x) + g(x)$, $x \in D$;
- 差函数: $(f - g)(x) := f(x) - g(x)$, $x \in D$;
- 积函数: $(fg)(x) := f(x)g(x)$, $x \in D$;
- 商函数: $(f/g)(x) := f(x)/g(x)$, $x \in D(f) \cap \{x : x \in D(g),\ g(x) \neq 0\}$.

1.4.3 反函数

定义 1.25 设 f 是函数, 且对任意 $x_1 \neq x_2$, 都有 $f(x_1) \neq f(x_2)$. 则 $\forall\ y \in f(D), \exists!\ x \in D$, 使得 $y = f(x)$. 这个由 $f(D)$ 到 D 的对应关系, 称为 $y = f(x)$ 的**反函数**. 记作

$$x = f^{-1}(y), \quad y \in f(D).$$

习惯上, 我们用 x 作自变量, y 作因变量, 因此反函数也写成 $y = f^{-1}(x)$.

注 1.26 关于反函数的几点说明:

- 反函数 f^{-1} 的定义域是函数 f 的值域, f^{-1} 的值域是函数 f 的定义域, 即

$$D\left(f^{-1}\right) = R(f), \quad R\left(f^{-1}\right) = D(f).$$

如函数 $f(x) = x^2$, $D(f) = [0, +\infty)$ 的反函数是 $f^{-1}(x) = \sqrt{x}$, $D(f^{-1}) = f(D)$. 但函数 $g(x) = x^2$, $D(g) = (-\infty, +\infty)$ 的反函数不存在.

• 若函数 $y = f(x)$ 单调增加 (减少), 则反函数 $y = f^{-1}(x)$ 存在, 也是单调增加 (减少).

• 函数 $y = f(x)$ 与其反函数 $y = f^{-1}(x)$ 的图形关于直线 $y = x$ 对称. 如函数 $y = e^x$, $x \in \mathbb{R}$ 与函数 $y = \ln x$, $x \in \mathbb{R}_+$ 互为反函数. 它们都是单调递增的, 图形关于直线 $y = x$ 对称 (图 1.3).

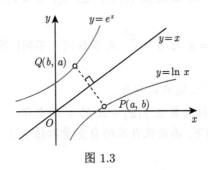

图 1.3

求反函数的步骤:

(1) 利用表达式 $y = f(x)$, 解方程得到 $x = f^{-1}(y)$;

(2) 交换变量 x 和 y, 得到 $y = f^{-1}(x)$.

例 1.16   求 $y = x^2$, $x \geqslant 0$ 的反函数.

解   (1) 解方程可知: $x = \sqrt{y}$.

(2) 交换 x 和 y: $y = \sqrt{x}$.   □

1.4.4 复合函数

定义 1.27   设 $y = f(u)$, $u = g(x)$ 是两个函数, 且 $R(g) \cap D(f) \neq \varnothing$. 则在集合

$$D := \{ x \in D(g) \mid g(x) \in D(f) \}$$

上, 可以确定一个函数 $y = f(g(x))$, 称为 f 与 g 的**复合**, 记作 $f \circ g$, 即

$$(f \circ g)(x) := f(g(x)), \quad x \in D.$$

注 1.28   关于复合函数的几点说明:

• 要求 $R(g) \cap D(f) \neq \varnothing$ 必不可少, 否则定义域为空集的函数是没有意义的. 例如: $y = \sqrt{u}$, $u = 2 - \sin x$ 可定义复合函数 $y = \sqrt{2 - \sin x}$. 但 $y = \sqrt{u}$, $u = \sin x - 2$ 不能构成实数域上的复合函数 (可以构成复数域上的复合函数).

- 两个以上的函数也可构成复合函数. 例如, 考察函数组

$$\begin{cases} y = \sqrt{u}, & u > 0, \\ u = \cot v, & v \neq k\pi,\ k \in \mathbb{Z}, \\ v = \dfrac{1}{2}x. \end{cases}$$

可定义复合函数

$$y = \sqrt{\cot \frac{x}{2}}, \quad x \in \bigcup_{k \in \mathbb{Z}} (2k\pi, 2k\pi + \pi].$$

习 题

1. 设函数 $f(x) = \dfrac{1-x}{1+x}$, 求: $f(x)$ 的反函数和复合函数 $f(f(x))$.

2. 设函数 $f(x) = \dfrac{x}{x-1}$, $x \neq 0, 1$. 求: $f(f(f(x)))$, $f\left(\dfrac{1}{f(x)}\right)$.

3. 求函数 $f(x) = \ln(x + \sqrt{1 + x^2})$ 的反函数.

4. 设对 $\forall\, x, y \in \mathbb{R}$, 函数 $f(x+y) = f(x) + f(y)$. 证明: $f(x) = f(1)x$ 对所有有理数 x 成立.

5. 设 $f(x) = \dfrac{x}{\sqrt{1+x^2}}$. 定义: $f_1(x) = f(x)$, $f_2(x) = f(f(x))$, $\cdots$, $f_n(x) = \underbrace{f(f(\cdots f(x)\cdots))}_{n \uparrow f}$,

求: $f_n(x)$. (提示: 用数学归纳法)

6. 设 f, g 是 D 上的有界函数. 证明:

(1) $\inf\{f(x) + g(x) : x \in D\} \leqslant \inf\{f(x) : x \in D\} + \sup\{g(x) : x \in D\}$.

(2) $\sup\{f(x) : x \in D\} + \inf\{g(x) : x \in D\} \leqslant \sup\{f(x) + g(x) : x \in D\}$.

7. 设 f, g 是 D 上的非负有界函数. 证明:

(1) $\inf\{f(x) : x \in D\} \cdot \inf\{g(x) : x \in D\} \leqslant \inf\{f(x) \cdot g(x) : x \in D\}$.

(2) $\sup\{f(x) \cdot g(x) : x \in D\} \leqslant \sup\{f(x) : x \in D\} \cdot \sup\{g(x) : x \in D\}$.

8. 设 f 是 D 上的有界函数. 证明:

(1) $\sup\{|f(x) - f(x')| : x, x' \in D\} = \sup\{f(x) - f(x') : x, x' \in D\}$.

(2) $\sup\{f(x) - f(x') : x, x' \in D\} = \sup\{f(x) : x \in D\} - \inf\{f(x) : x \in D\}$.

1.5 函数的简单分类

1.5.1 初等函数

1.5.1.1 基本初等函数

- 常值函数: $f(x) = C$(常数), $D(f) = \mathbb{R}$.

- 幂函数: $f(x) = x^\alpha$, 若 $\alpha \geqslant 0$, $D(f) = \mathbb{R}$ 或 $\mathbb{R}\backslash\mathbb{R}_-$; 若 $\alpha < 0$, $D(f) = \mathbb{R}\backslash\{0\}$ 或 $\mathbb{R}_+$.

- 指数函数: $f(x) = a^x$, $a > 0$, $D(f) = \mathbb{R}$.

- 对数函数: $f(x) = \log_a x$, $a > 0, a \neq 1$, $D(f) = \mathbb{R}_+$. 记 $\ln x = \log_e x$, $\log x = \log_{10} x$. 指数函数和对数函数互为反函数: $\log_a a^x = x, a^{\log_a x} = x$.

- 三角函数

$$f(x) = \sin x, \quad D(f) = \mathbb{R},$$
$$f(x) = \cos x, \quad D(f) = \mathbb{R},$$
$$f(x) = \tan x = \frac{\sin x}{\cos x}, \quad D(f) = \mathbb{R}\backslash\left\{\left(k + \frac{1}{2}\right)\pi \;\middle|\; k \in \mathbb{Z}\right\},$$
$$f(x) = \cot x = \frac{\cos x}{\sin x}, \quad D(f) = \mathbb{R}\backslash\{k\pi \mid k \in \mathbb{Z}\},$$
$$f(x) = \sec x = \frac{1}{\cos x}, \quad D(f) = \mathbb{R}\backslash\left\{\left(k + \frac{1}{2}\right)\pi \;\middle|\; k \in \mathbb{Z}\right\},$$
$$f(x) = \csc x = \frac{1}{\sin x}, \quad D(f) = \mathbb{R}\backslash\{k\pi \mid k \in \mathbb{Z}\}.$$

- 反三角函数

$$f(x) = \arcsin x, \quad D(f) = [-1, 1], \quad R(f) = \left[-\frac{\pi}{2}, \frac{\pi}{2}\right],$$
$$f(x) = \arccos x, \quad D(f) = [-1, 1], \quad R(f) = [0, \pi],$$
$$f(x) = \arctan x, \quad D(f) = \mathbb{R}, \quad R(f) = \left(-\frac{\pi}{2}, \frac{\pi}{2}\right),$$
$$f(x) = \operatorname{arccot} x, \quad D(f) = \mathbb{R}, \quad R(f) = (0, \pi).$$

1.5.1.2　初等函数

定义 1.29　基本初等函数经过有限次四则运算、复合得到的函数, 称为**初等函数**.

下列函数也是常用的重要初等函数, 图像见图 1.4.

- 双曲正弦: $\sinh x = \dfrac{1}{2}(e^x - e^{-x})$, $D(\sinh) = \mathbb{R}$;

- 双曲余弦: $\cosh x = \dfrac{1}{2}(e^x + e^{-x})$, $D(\cosh) = \mathbb{R}$;

- 双曲正切: $\tanh x = \dfrac{\sinh x}{\cosh x}$, $D(\tanh) = \mathbb{R}$;

- 双曲余切: $\coth x = \dfrac{\cosh x}{\sinh x}$, $D(\coth) = \mathbb{R}\backslash\{0\}$;

- 双曲正割: $\mathrm{sech}\, x = \dfrac{1}{\cosh x}$, $D(\mathrm{sech}) = \mathbb{R}$;
- 双曲余割: $\mathrm{csch}\, x = \dfrac{1}{\sinh x}$, $D(\mathrm{csch}) = \mathbb{R}\backslash\{0\}$;
- 反双曲正弦: $\mathrm{arsinh}\, x = \ln\left(x + \sqrt{x^2+1}\right)$, $D(\sinh) = \mathbb{R}$;
- 反双曲余弦: $\mathrm{arcosh}\, x = \ln\left(x + \sqrt{x^2-1}\right)$, $D(\cosh) = [1, +\infty)$;
- 反双曲正切: $\mathrm{artanh}\, x = \dfrac{1}{2}\ln\dfrac{1+x}{1-x}$, $D(\tanh) = (-1, 1)$.

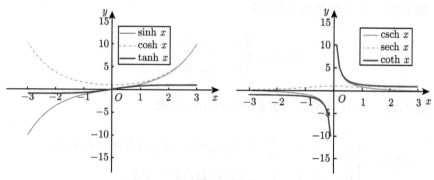

图 1.4

例 1.17 反双曲正弦函数的推导.

解 设 $y = \sinh x$, $f(x) = e^x$. 则

$$y = \frac{1}{2}\left(f(x) - \frac{1}{f(x)}\right) \Longrightarrow f^2(x) - 2yf(x) = 1 \Longrightarrow f(x) = y \pm \sqrt{1+y^2}\,.$$

因为 $f(x) = e^x > 0$, 可知 $x = \ln\left(y + \sqrt{1+y^2}\right)$. 所以 $y = \sinh x$ 的反函数为 $y = \ln\left(x + \sqrt{1+x^2}\right)$, 其定义域为 $\mathbb{R}$. $\qquad\square$

1.5.2 其他函数

初等函数只是很少一部分函数, 更多的是其他类型函数.

例 1.18 符号函数 (图 1.5 左)

$$y = \mathrm{sgn}\, x := \begin{cases} -1, & x < 0, \\ 0, & x = 0, \\ 1, & x > 0. \end{cases}$$

例 1.19 取整函数 (图 1.5 右):

$$y = [x] := n, \quad n \leqslant x < n+1, \ n \in \mathbb{Z}.$$

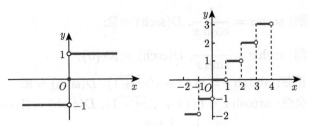

图 1.5　左: 符号函数; 右: 取整函数

例 1.20　ℝ 上的狄利克雷函数

$$D(x) = \begin{cases} 1, & x \in \mathbb{Q}, \\ 0, & x \in \mathbb{R} \backslash \mathbb{Q}. \end{cases}$$

例 1.21　$[0,1]$ 区间上的黎曼 (Riemann) 函数

$$R(x) = \begin{cases} \dfrac{1}{q}, & 若 \ x = \dfrac{p}{q}, \ 其中 p, q \in \mathbb{N}_+ 且 \ p/q 为既约真分数, \\ 0, & 若 \ x = 1, 0, \ 或 \ (0,1) 内的无理数. \end{cases}$$

例 1.22　隐函数. 考察方程 $2^x = ax + 2$, $a \leqslant 0$ 的解.

解　方程解由曲线 $y = 2^x$ 和直线 $y = ax + 2$ 的唯一交点 (x_a, y_a) 给出, x_a 为方程的解 (图 1.6). 则映射

$$f: (-\infty, 0] \to \mathbb{R}, \quad a \mapsto x_a$$

定义了函数 $x_a = f(a)$. 函数 f 不能用初等函数表示. 因此称为由方程确定的隐函数.

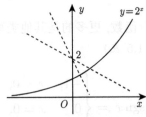

图 1.6　交点可以看作光源 $(0,2)$ 发出的光线对曲线 $y = 2^x$ 进行扫描　　　□

如何在一般条件下判定隐函数存在性、可微性等, 见下册隐函数存在定理.

定义 1.30　设 I 是区间, $x = f(t), y = g(t), t \in I$. 则点集 $\{(x,y)\} = \{(f(t), g(t)), t \in I\}$ 是曲线, 也称由参数方程定义的函数曲线.

例 1.23 *参数方程*

$$x = a(t - \sin t), \quad y = a(1 - \cos t), \quad a > 0$$

可以确定一条摆线, 从而确定了 $y = f(x)$ 的函数关系 (图 1.7).

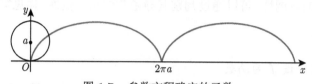

图 1.7 参数方程确定的函数

习　题

1. 利用欧拉公式 $e^{ix} = \cos x + i \sin x$ 推导三角函数的和、差、倍公式.
2. 推导反双曲余弦和反双曲正切函数的表达式.
3. 粗略画出狄利克雷函数和黎曼函数的图像.

1.6　函数的某些特征

我们主要考虑定义域和值域均在实数集 $\mathbb{R}$ 内的函数, 即

$$D(f) \subset \mathbb{R}, \quad R(f) \subset \mathbb{R}.$$

1.6.1　单调性

定义 1.31 设区间 I 包含于函数 f 的定义域.

• 若 $\forall\, x_1, x_2 \in I$, $x_1 \neq x_2$, 有 $(x_1 - x_2)[f(x_1) - f(x_2)] > 0$, 称 f 是 I 上的严格单调增函数.

• 若 $\forall\, x_1, x_2 \in I$, $x_1 \neq x_2$, 有 $(x_1 - x_2)[f(x_1) - f(x_2)] < 0$, 称 f 是 I 上的严格单调减函数.

• 若 $\forall\, x_1, x_2 \in I$, 有 $(x_1 - x_2)[f(x_1) - f(x_2)] \geqslant 0$, 称 f 是 I 上的单调增函数.

• 若 $\forall\, x_1, x_2 \in I$, 有 $(x_1 - x_2)[f(x_1) - f(x_2)] \leqslant 0$, 称 f 是 I 上的单调减函数.

如图 1.8 所示.

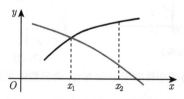

图 1.8 单调增函数和单调减函数

例 1.24　函数 $y = x^2$ 在 $(-\infty, 0)$ 上是单调减函数, 在 $(0, +\infty)$ 上是单调增函数.

例 1.25　常值函数 $y = 1$ 在 $(-\infty, +\infty)$ 上既是单调非减函数, 又是单调非增函数.

判定函数的单调性, 可以通过判别其导函数的正、负性, 详见第 7 章.

1.6.2　有界性

定义 1.32　设 f 为函数.

- 若 $\exists M \in \mathbb{R}$, 使得 $\forall x \in D(f)$, $f(x) \leqslant M$, 则称 f **有上界**; 否则称 f **无上界**.
- 若 $\exists M \in \mathbb{R}$, 使得 $\forall x \in D(f)$, $f(x) \geqslant M$, 则称 f **有下界**; 否则称 f **无下界**.
- 若 $\exists M_1, M_2 \in \mathbb{R}$, 使得 $\forall x \in D(f)$, $M_1 \leqslant f(x) \leqslant M_2$, 则称 f **有界**; 否则称 f **无界**.

命题 1.19　设 f 为函数.

- f **有界**的充分必要条件是: $\exists M > 0$, $\forall x \in D(f)$, $|f(x)| \leqslant M$.
- f **无界**的充分必要条件是: $\forall M > 0$, $\exists x \in D(f)$, $|f(x)| > M$.

例 1.26　函数 $y = e^x$ 在 $\mathbb{R}$ 上是有下界、无上界的函数. 函数 $y = \sin x$ 在 $\mathbb{R}$ 上是有界函数.

例 1.27　$y = \dfrac{1}{x}$ 在 0 的空心邻域内无界, 在 $(-\infty, -\delta) \cup (\delta, +\infty)$, $\delta > 0$ 内有界.

1.6.3　奇偶性

定义 1.33　设 D 是关于原点对称的非空集合, 函数 f 的定义域为 D.

- 若 $\forall x \in D$, $f(-x) = f(x)$, 则称 f 为偶函数.
- 若 $\forall x \in D$, $f(-x) = -f(x)$, 则称 f 为奇函数 (图 1.9).

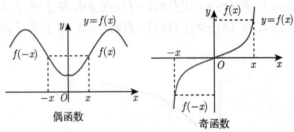

图 1.9　偶函数的图像关于 y 轴对称; 奇函数的图像关于原点对称

例 1.28　$y = \cos x$ 在 $\mathbb{R}$ 上是偶函数, $y = \sin x$ 在 $\mathbb{R}$ 上是奇函数.

1.6.4 周期性

定义 1.34 若存在 $T > 0$, 使得对任意 $x \in D(f)$, 都有 $f(x+T) = f(x)$, 则称 f 为周期函数, 称 T 为函数 f 的一个周期. 函数 f 的周期一般指最小正周期.

例 1.29 $y = |\sin x|$ 为以 π 为周期的函数, 任意 $m\pi$, $m \in \mathbb{Z}$ 均为函数的周期. 函数的最小正周期为 π, 所以是以 π 为周期的周期函数 (图 1.10).

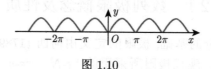

图 1.10

注 1.35 不是所有周期函数都有最小正周期. 例如:

- 常值函数 $f(x) = C$, 所有实数 $T \in \mathbb{R}$ 均为 f 的周期.
- 狄利克雷函数

$$f(x) = \begin{cases} 1, & \text{当 } x \text{ 为有理数}, \\ 0, & \text{当 } x \text{ 为无理数}. \end{cases}$$

所有有理数 $T \in \mathbb{Q}$ 均为函数 f 的周期.

习 题

1. 证明: $(-a, a)$ 上的任何函数均可表示为一个奇函数与偶函数的和.
2. 设 f, g 是定义在 $\mathbb{R}$ 上的函数. 问:
 (1) 若 f, g 是有界函数, $f \circ g$ 是否有界?
 (2) 若 f, g 仅有一个是有界函数, $f \circ g$ 是否有界? 并举例说明.
3. 构造 $\mathbb{R}$ 上奇、偶函数 $f(x)$ 使得 $f(x) = 1 + \sin x$, $x \in [0, 2\pi]$.
4. 证明: $\mathbb{R}$ 上的函数 f 若以任何正数为周期, 则为常值函数.
5. 证明: $\sin x^2$ 不是周期函数.

第 2 章 数列极限

2.1 数列极限概念及性质

极限理论是微积分的基础, 极限的定义由柯西 (1789—1857)、魏尔斯特拉斯 (1815—1897) 给出. 现代极限所采用的 "$\varepsilon\text{-}N$" "$\varepsilon\text{-}\delta$" 语言由魏尔斯特拉斯给出.

2.1.1 数列极限概念

定义 2.1 以自然数子集 $\mathbb{N}^*$ 为定义域, 值域在 $\mathbb{R}$ 中的函数称为实数列. 简记为 $\{a_n\}_{n\geqslant 1}$, 或 $\{a_n\}$. a_n 称实数列的**一般项**. 本书中, 实数列简称**数列**.

定义 2.2 设 $\{a_n\}$ 为数列. 若存在实数 a 使得 $\forall\, \varepsilon > 0$, $\exists\, N := N(a, \varepsilon) \in \mathbb{N}$, 满足对 $\forall\, n > N$, 都有 $|a_n - a| < \varepsilon$, 则称数列 $\{a_n\}$ **收敛**. 此时, 称 a 为数列 $\{a_n\}$ 的极限, 或称数列 $\{a_n\}$ 收敛于 a. 记作 $\lim\limits_{n\to\infty} a_n = a$ 或 $a_n \to a, n \to \infty$. 否则称数列 $\{a_n\}$ **发散**.

注 2.3 关于极限的几点说明:

- 称其为 $\varepsilon\text{-}N$ 定义, N 依赖于 ε 和 a, 但不依赖于变化的 a_n.
- 数列 $\{a_n\}$ 收敛于 a: 对 $\forall\, \varepsilon > 0, \exists\, N = N(a, \varepsilon) \in \mathbb{N}, \forall\, n > N$, 都有 $a_n \in U(a, \varepsilon)$.
- 数列 $\{a_n\}$ 不收敛于 a: $\exists\, \varepsilon > 0, \forall\, N \in \mathbb{N}, \exists\, n > N$, 都有 $a_n \in U^c(a, \varepsilon)$.
- 数列 $\{a_n\}$ 发散: 对 $\forall\, a \in \mathbb{R}, \exists\, \varepsilon > 0, \forall\, N \in \mathbb{N}, \exists\, n > N$, 都有 $a_n \in U^c(a, \varepsilon)$.
- 在不影响叙述的严格性下, 符号 $N(a, \varepsilon)$ 有时简记为 N.

例 2.1 用数列极限的定义证明: $\lim\limits_{n\to\infty} \dfrac{1 + (-1)^n}{n} = 0$.

证明 $\forall\, \varepsilon > 0$, 只要 $\dfrac{2}{n} < \varepsilon$, 就有

$$\left| \frac{1 + (-1)^n}{n} - 0 \right| \leqslant \frac{2}{n} < \varepsilon.$$

因此, 我们可以取 $N = 1 + \left[\dfrac{2}{\varepsilon}\right] \in \mathbb{N}$, 则当 $n > N$ 时,

$$\frac{2}{n} < \frac{2}{N} = \frac{2}{1 + \left[\dfrac{2}{\varepsilon}\right]} < \frac{2}{\left(\dfrac{2}{\varepsilon}\right) + \left[\dfrac{2}{\varepsilon}\right]} = \frac{2}{\dfrac{2}{\varepsilon}} = \varepsilon. \qquad \square$$

例 2.2 证明: 当 $|q| < 1$ 时, $\lim\limits_{n\to\infty} q^n = 0$.

证明 $q = 0$ 情况是明显的. 假设 $q \neq 0$. $\forall\, \varepsilon < 1$, 取 $N = 1 + \left[\dfrac{\ln\varepsilon}{\ln|q|}\right] \in \mathbb{N}$. 则当 $n > N$ 时,

$$|q^n| < |q|^N < |q|^{\frac{\ln\varepsilon}{\ln|q|}} = |q|^{\log_{|q|}\varepsilon} = \varepsilon. \qquad \square$$

例 2.3 证明: $\lim\limits_{n\to\infty} n^{\frac{1}{n}} = 1$.

证明 设 $a_n = \sqrt[n]{n} - 1 (> 0)$, 则 $n = (1 + a_n)^n > 1 + \dfrac{n(n-1)}{2} a_n^2$, 所以 $0 < a_n^2 < \dfrac{2}{n}$. 对任意 $\varepsilon > 0$, 取 $N = \left[\dfrac{2}{\varepsilon^2}\right] + 1$, 当 $n > N$ 时

$$0 < a_n < \sqrt{\frac{2}{n}} < \sqrt{\frac{2}{N}} < \varepsilon. \qquad \square$$

例 2.4 若 $\lim\limits_{n\to\infty} a_n = a$, 则 $\lim\limits_{n\to\infty} \dfrac{a_1 + a_2 + \cdots + a_n}{n} = a$.

证明 因为 $\lim\limits_{n\to\infty} a_n = a$, $\forall\, \varepsilon > 0$, $\exists\, N_1 = N_1(\varepsilon) \in \mathbb{N}$, 使得

$$|a_n - a| < \frac{\varepsilon}{2}, \quad \forall\, n > N_1.$$

记 $M = |a_1 + \cdots + a_{N_1} - N_1 a|$. 则

$$\left|\frac{a_1 + \cdots + a_n}{n} - a\right| = \left|\frac{a_1 + \cdots + a_n - na}{n}\right|$$

$$\leqslant \left|\frac{a_1 + \cdots + a_{N_1} - N_1 a}{n}\right| + \left|\frac{(a_{N_1+1} - a) + \cdots + (a_n - a)}{n}\right|$$

$$< \frac{M}{n} + \frac{\varepsilon}{2}.$$

取 $N = \max\left(N_1, \left[\dfrac{2M}{\varepsilon}\right] + 1\right)$. 则 $\forall\, n > N$, $\dfrac{M}{n} < \dfrac{M}{N} \leqslant \dfrac{\varepsilon}{2}$, 因此

$$\left|\frac{a_1 + \cdots + a_n}{n} - a\right| < \frac{M}{n} + \frac{\varepsilon}{2} < \varepsilon, \quad \forall\, n > N. \qquad \square$$

介绍一个求和符号: $\sum\limits_{k=1}^{n} a_k = a_1 + \cdots + a_n$, 则例 2.4 可表示成

$$\lim_{n\to\infty} \frac{1}{n} \sum_{k=1}^{n} a_k = a.$$

定理 2.1 数列 $\{a_n\}$ 收敛于 a 的充分必要条件是: 对任意给定的 $\varepsilon > 0$, 数列 $\{a_n\}$ 在 $U(a, \varepsilon)$ 之外只有有限项.

证明 必要性: 若数列 $\{a_n\}$ 收敛于 a, 则对任意给定的 ε, 存在 $N \in \mathbb{N}$, 使得对一切 $n > N$, 有 $|a_n - a| < \varepsilon$. 因此, 在 $U(a, \varepsilon)$ 之外数列 $\{a_n\}$ 最多只有 N 项.

充分性: 对任意给定的 ε, 若数列 $\{a_n\}$ 在 $U(a, \varepsilon)$ 之外只有有限项, 不妨设最大项是 a_N, 则对 $n > N$, 有 $|a_n - a| < \varepsilon$. □

例 2.5 证明: (1) $\{n^2\}$ 发散; (2) $\{(-1)^n\}$ 发散.

证明 (1) 任意给定 $a \in \mathbb{R}$. 取 $\varepsilon_0 = 1$, 数列 $\{n^2\}_{n \geqslant 1}$ 所有满足 $n > a + 1$ 的项均落在 $U(a, \varepsilon_0)$ 之外. 由于 $\{n^2\}$ 有无穷多项满足 $n > a + 1$, 由定理 2.1, $\{n^2\}$ 发散.

(2) 当 $a = 1$, 取 $\varepsilon_0 = \dfrac{1}{2}$. 则在 $U(a, \varepsilon_0)$ 之外有 $\{(-1)^n\}$ 的所有奇数项;

当 $a = -1$, 取 $\varepsilon_0 = \dfrac{1}{2}$, 则在 $U(a, \varepsilon_0)$ 之外有 $\{(-1)^n\}$ 的所有偶数项;

当 $a \neq \pm 1$, 取 $\varepsilon_0 = \dfrac{1}{2} \min\{|a-1|, |a+1|\}$, 则在 $U(a, \varepsilon_0)$ 之外有 $\{(-1)^n\}$ 的所有项;

由定理 2.1, $\{(-1)^n\}$ 发散. □

例 2.6 设 $\lim\limits_{n\to\infty} a_n = a$, $\lim\limits_{n\to\infty} b_n = b$. 作数列 $\{c_n\} := \{a_1, b_1, \cdots, a_n, b_n, \cdots\}$. 证明: 数列 $\{c_n\}$ 收敛的充分必要条件是: $a = b$.

证明 充分性: 因为 $a = b$, $\lim\limits_{n\to\infty} a_n = \lim\limits_{n\to\infty} b_n$, 所以对任意给定的 $\varepsilon > 0$, 数列 $\{a_n\}, \{b_n\}$ 落在 $U(a, \varepsilon)$ 之外至多有有限项, 由定理 2.1 知 $\{c_n\}$ 收敛.

必要性: 设 $\lim\limits_{n\to\infty} c_n = c$. 由定理 2.1, 对任意给定的 $\varepsilon > 0$, 数列 $\{c_n\}$ 落在 $U(c, \varepsilon)$ 之外至多有有限项. 所以, 数列 $\{a_n\}, \{b_n\}$ 落在 $U(c, \varepsilon)$ 之外至多有有限项. 由定理 2.1 知 $\lim\limits_{n\to\infty} a_n = c = \lim\limits_{n\to\infty} b_n$. □

定义 2.4 若 $\lim\limits_{n\to\infty} a_n = 0$, 则称 $\{a_n\}$ 为**无穷小量**.

命题 2.2 数列 $\{a_n\}$ 收敛到 a 的充分必要条件是: $\{a_n - a\}$ 为无穷小量.

习　题

1. 用 ε-N 语言写出数列 $\{a_n\}$ 不收敛到 a.

2. 用 ε-N 定义证明

(1) $\lim\limits_{n\to\infty} \dfrac{n}{n+1} = 1$.

(2) $\lim\limits_{n\to\infty} \dfrac{\sin n}{n} = 0$.

(3) $\lim\limits_{n\to\infty} \dfrac{n!}{n^n} = 0$.

(4) $\lim\limits_{n\to\infty} \arctan n = \dfrac{\pi}{2}$.

3. 证明: 数列 $\left\{\sin\dfrac{n\pi}{2}\right\}$ 发散.

4. 用定义证明下列数列是无穷小量:

(1) $\left\{\dfrac{n}{n^2+1}\right\}$.

(2) $\left\{\dfrac{1}{2^n}\right\}$.

(3) $\left\{\dfrac{1+2+\cdots+n}{n^3}\right\}$.

(4) $\left\{\dfrac{3^n}{n!}\right\}$.

5. 设 k 是一正整数, 证明: $\lim\limits_{n\to\infty} a_n = a$ 的充分必要条件是 $\lim\limits_{n\to\infty} a_{n+k} = a$.

6. 若 $\lim\limits_{n\to\infty} a_{2n+1} = \lim\limits_{n\to\infty} a_{2n} = a$, 则 $\lim\limits_{n\to\infty} a_n = a$.

7. $\{a_n\}$ 是无穷小量, $\{b_n\}$ 是有界数列, 证明: $\{a_n b_n\}$ 是无穷小量.

8. 证明: 若 $\lim\limits_{n\to\infty} a_n = a$, 则 $\lim\limits_{n\to\infty} |a_n| = |a|$. 当且仅当 a 为何值时反之也成立.

9. 设 $\lim\limits_{n\to\infty} a_n = a$. 用 ε-N 定义证明:

$$\lim_{n\to\infty} \frac{a_1 + 2a_2 + \cdots + na_n}{1 + 2 + \cdots + n} = a. \text{ (提示: 先证 } a = 0 \text{ 情形.)}$$

10. 设 $a_n \geqslant 0$, $n \in \mathbb{N}$, $\lim\limits_{n\to\infty} \dfrac{a_n}{n} = 0$. 证明: $\lim\limits_{n\to\infty} \dfrac{\sup\limits_{1\leqslant k\leqslant n} a_k}{n} = 0$.

2.1.2　数列极限性质

本节给出收敛数列的四则运算等基本性质, 它们是微积分的基础.

性质 2.3　收敛数列的极限是唯一的.

证明　若 $\lim\limits_{n\to\infty} a_n = a$, $\lim\limits_{n\to\infty} a_n = b$, 则必有 $a = b$. 否则, 取 $\varepsilon = \dfrac{1}{4}|a-b| > 0$.
由极限定义, 存在 $N \in \mathbb{N}$, 当 $n > N$ 时,

$$|a_n - a| < \varepsilon, \quad |a_n - b| < \varepsilon.$$

由此导致

$$|a - b| \leqslant |a_n - a| + |a_n - b| < 2\varepsilon = \frac{1}{2}|a - b|,$$

矛盾! 所以 $a = b$. □

性质 2.4 收敛数列有界.

证明 设 $\lim\limits_{n\to\infty} a_n = a$. 取 $\varepsilon = 1$, 存在 $N \in \mathbb{N}, \forall\, n > N$, 有 $|a_n - a| < 1$. 从而

$$|a_n| \leqslant \max\{|a_1|, \cdots, |a_N|, 1 + |a|\}, \quad \forall\, n \geqslant 1.$$ □

性质 2.5 (保号性) 设 $\lim\limits_{n\to\infty} a_n = a$.

- 若 $a > 0 (a < 0)$, 则 $\exists\, N \in \mathbb{N}$, 使得 $\forall\, n > N$, $a_n > 0 (a_n < 0)$;
- 若 $\exists\, N \in \mathbb{N}$, 使得 $a_n \geqslant 0 (a_n \leqslant 0)$, $\forall\, n > N$, 则 $a \geqslant 0 (a \leqslant 0)$.

证明 我们只证明第一个结论. 由于 $\lim\limits_{n\to\infty} a_n = a > 0$, 可选取 $\varepsilon \in (0, a)$ 利用数列极限定义, $\exists\, N \in \mathbb{N}$, $\forall\, n > N$, $|a_n - a| < \varepsilon$. 由此得到

$$a_n - a \geqslant -|a_n - a| > -\varepsilon \implies a_n > a - \varepsilon > 0.$$ □

推论 2.6 设 $\lim\limits_{n\to\infty} a_n = a$.

- 若 $a > b$, 则 $\exists\, N \in \mathbb{N}$, 使得 $\forall\, n > N$, 有 $a_n > b$;
- 若 $\exists\, N \in \mathbb{N}$, 使得 $\forall\, n > N, a_n \geqslant b$, 则有 $a \geqslant b$.

性质 2.7 数列 $\{a_n\}$ 是否收敛, 与它的有限项无关. 即在数列中增加、减少、改变有限项的值, 不改变 $\{a_n\}$ 的收敛性、极限值.

性质 2.8 (四则运算) 若 $\lim\limits_{n\to\infty} a_n = a$, $\lim\limits_{n\to\infty} b_n = b$, 则

(1) $\lim\limits_{n\to\infty} (a_n \pm b_n) = a \pm b$;   (2) $\lim\limits_{n\to\infty} (a_n b_n) = ab$;   (3) $\lim\limits_{n\to\infty} \dfrac{a_n}{b_n} = \dfrac{a}{b}, b \neq 0$.

证明 (1) $\forall\, \varepsilon > 0$, $\exists\, N \in \mathbb{N}$, 使得

$$|a_n - a| < \frac{\varepsilon}{2}, \quad |b_n - b| < \frac{\varepsilon}{2}, \quad \forall\, n > N.$$

故

$$|(a_n \pm b_n) - (a \pm b)| \leqslant |a_n - a| + |b_n - b| < \varepsilon, \quad \forall\, n > N.$$

即 $\lim\limits_{n\to\infty} (a_n \pm b_n) = a \pm b$.

(2) 因为收敛数列有界, 故存在 $M > 0$, 使得对任意 n 都有 $|b_n| < M$. 另外对任意 $\varepsilon > 0$, 存在 $N \in \mathbb{N}$, 使得

$$|a_n - a| < \frac{\varepsilon}{2M}, \quad |b_n - b| < \frac{\varepsilon}{2|a| + 2}, \quad \forall\, n > N.$$

从而

$$|a_n b_n - ab| \leqslant |a_n b_n - ab_n| + |ab_n - ab| \leqslant M \cdot |a_n - a| + |a| \cdot |b_n - b| < \varepsilon.$$

故 $\lim\limits_{n \to \infty} (a_n b_n) = ab$.

(3) 存在 $N_0 \in \mathbb{N}$, 使得

$$|b_n - b| < \frac{|b|}{2} \quad \Longrightarrow \quad |b_n| > \frac{|b|}{2}, \quad \forall\, n > N_0.$$

因为

$$\left| \frac{a_n}{b_n} - \frac{a}{b} \right| = \frac{|a_n b - ab_n|}{|b_n b|} \leqslant \frac{|a_n b - ab| + |ab - ab_n|}{|b_n b|}$$

$$\leqslant 2\frac{|a| + |b|}{b^2} \left(|a_n - a| + |b_n - b| \right),$$

由于 $\lim\limits_{n \to \infty} a_n = a$, $\lim\limits_{n \to \infty} b_n = b$, 所以对 $\forall\, \varepsilon > 0, \exists\, N > N_0$, 使得对 $\forall\, n > N$,

$$\frac{|a| + |b|}{b^2} |a_n - a| < \frac{\varepsilon}{4}, \quad \frac{|a| + |b|}{b^2} |b_n - b| < \frac{\varepsilon}{4}.$$

从而 $\left| \dfrac{a_n}{b_n} - \dfrac{a}{b} \right| < \varepsilon$. 故 $\lim\limits_{n \to \infty} \dfrac{a_n}{b_n} = \dfrac{a}{b}$. □

例 2.7 求极限 $\lim\limits_{n \to \infty} \dfrac{n^2 - n + 1}{2n^2 + 3n - 2}$.

解

$$\lim_{n \to \infty} \frac{n^2 - n + 1}{2n^2 + 3n - 2} = \lim_{n \to \infty} \frac{1 - \dfrac{1}{n} + \dfrac{1}{n^2}}{2 + \dfrac{3}{n} - \dfrac{2}{n^2}} = \frac{1}{2}. \qquad \square$$

例 2.8 设 $|a| < 1$, $|b| < 1$. 求极限 $\lim\limits_{n \to \infty} \dfrac{1 + a + \cdots + a^n}{1 + b + \cdots + b^n}$.

解 因为 $1 + a + \cdots + a^n = \dfrac{1 - a^{n+1}}{1 - a}$, 有

$$\lim_{n \to \infty} \frac{1 + a + \cdots + a^n}{1 + b + \cdots + b^n} = \frac{1 - b}{1 - a} \cdot \lim_{n \to \infty} \frac{1 - a^{n+1}}{1 - b^{n+1}} = \frac{1 - b}{1 - a}. \qquad \square$$

习　题

1. 回答下列问题并说明理由:

(1) 若 $\{a_n\}, \{b_n\}$ 都发散, 对 $\{a_n + b_n\}$ 与 $\{a_n b_n\}$ 的收敛性能否作出肯定结论?

(2) 若 $\{a_n\}$ 收敛, $\{b_n\}$ 发散, 问 $\{a_n \pm b_n, \ a_n b_n, \ \dfrac{a_n}{b_n}, b_n \neq 0\}$ 的敛散性如何?

(3) 若 $\lim\limits_{n \to \infty} a_n = 0$ 收敛, $\{b_n\}$ 发散, 这时 $\{a_n b_n\}$ 的敛散性如何?

(4) 若 $\{a_{2n}\}$ 与 $\{a_{2n+1}\}$ 都收敛, 问 $\{a_n\}$ 是否必收敛?

2. 证明: 性质 2.5, 推论 2.6, 性质 2.7.

3. 若 $\exists N \in \mathbb{N}$, 使得 $a_n \geqslant 0, \ \forall n > N, \lim\limits_{n \to \infty} a_n = a$. 是否有 $a > 0$, 并举例.

4. 求下列数列的极限:

(1) $\lim\limits_{n \to \infty} \dfrac{3n^2 + 2n + 4}{n^2 + 4n + 1}$;

(2) $\lim\limits_{n \to \infty} \sqrt{n}(\sqrt{n+1} - \sqrt{n})$;

(3) $\lim\limits_{n \to \infty} \dfrac{3^n + n^3}{3^{n+1} + (n+1)^3}$;

(4) $\lim\limits_{n \to \infty} (\sqrt[n]{1} + \sqrt[n]{2} + \cdots + \sqrt[n]{9})$;

(5) $\lim\limits_{n \to \infty} \left(\dfrac{1}{1 \cdot 2} + \dfrac{1}{2 \cdot 3} + \cdots + \dfrac{1}{n(n+1)} \right)$;

(6) $\lim\limits_{n \to \infty} \left(1 - \dfrac{1}{1+2} \right) \left(1 - \dfrac{1}{1+2+3} \right) \cdots \left(1 - \dfrac{1}{1+2+\cdots+n} \right)$.

5. 设数 $\{a_n\}$ 满足 $\lim\limits_{n \to \infty} \dfrac{a_1 + a_2 + \cdots + a_n}{n} = a \in \mathbb{R}$, 证明: $\lim\limits_{n \to \infty} \dfrac{a_n}{n} = 0$.

2.1.3　两个判别方法

利用数列的特性, 可以建立两个简单但重要的判定数列收敛法则.

2.1.3.1　单调收敛定理

定义 2.5　单调数列:

• 若对任意 $n \in \mathbb{N}$, 都有 $a_n \leqslant a_{n+1}$, 则称数列 $\{a_n\}$ 单调增加; 都有 $a_n < a_{n+1}$, 则称数列 $\{a_n\}$ 严格单调增加.

• 若对任意 $n \in \mathbb{N}$, 都有 $a_n \geqslant a_{n+1}$, 则称数列 $\{a_n\}$ 单调减少; 都有 $a_n > a_{n+1}$, 则称数列 $\{a_n\}$ 严格单调减少.

定义 2.6　若存在实数 M, 使得 $a_n \leqslant M(a_n \geqslant M), \forall n \geqslant 1$, 则称数列 $\{a_n\}$ 是有上 (下) 界数列. 同时有上、下界的数列称有界数列.

定理 2.9 (单调收敛定理)　单调有上 (下) 界数列收敛于其上 (下) 确界.

证明　只证明单调减少的情形. 设数列 $\{a_n\}$ 单调减少且有下界. 由确界定理可知 $\{a_n\}$ 必有下确界, 记为 $a = \inf\{a_n\}$. 对任意 $\varepsilon > 0, a + \varepsilon$ 不是 $\{a_n\}$ 的下界. 故存在 $N \in \mathbb{N}$, 使得 $a_N < a + \varepsilon$. 由 $\{a_n\}$ 的单调性知

$$a \leqslant a_n \leqslant a_N < a + \varepsilon, \quad \forall\, n > N.$$

即

$$|a_n - a| < \varepsilon, \quad \forall\, n > N.$$

从而数列 $\{a_n\}$ 收敛于 a. □

例 2.9 证明极限 $e := \lim\limits_{n\to\infty}\left(1+\dfrac{1}{n}\right)^n$ 存在, 且 $e = \lim\limits_{n\to\infty}\sum\limits_{k=0}^{n}\dfrac{1}{k!} := \sum\limits_{k=0}^{\infty}\dfrac{1}{k!}$.

证明 (1) 将 $a_n = \left(1+\dfrac{1}{n}\right)^n$ 展开, 得

$$a_n = \sum_{k=0}^{n}\mathrm{C}_n^k\left(\frac{1}{n}\right)^k = \sum_{k=0}^{n}\frac{1}{k!}\frac{n}{n}\times\frac{n-1}{n}\times\cdots\times\frac{n+1-k}{n}.$$

单调增加: 由于 $\dfrac{n-1}{n} < \dfrac{n}{n+1}, \cdots, \dfrac{n+1-k}{n} < \dfrac{n+2-k}{n+1}$, $k > 1$,

$$a_n < \sum_{k=0}^{n}\frac{1}{k!}\frac{n+1}{n+1}\times\frac{n}{n+1}\times\cdots\times\frac{(n+1)+1-k}{n+1}$$

$$< \sum_{k=0}^{n+1}\frac{1}{k!}\frac{n+1}{n+1}\times\frac{n}{n+1}\times\cdots\times\frac{(n+1)+1-k}{n+1}$$

$$= a_{n+1}.$$

有上界:

$$a_n < \sum_{k=0}^{n}\frac{1}{k!} < 2 + \sum_{k=2}^{n}\frac{1}{k(k-1)}$$

$$= 2 + \left(1-\frac{1}{2}\right) + \left(\frac{1}{2}-\frac{1}{3}\right) + \cdots + \left(\frac{1}{n-1}-\frac{1}{n}\right)$$

$$= 3 - \frac{1}{n} < 3.$$

由单调收敛定理知数列收敛.

(2) 对任意固定的 $K \in \mathbb{Z}$, 对任意 $\forall\, n > K$, 利用 (1) 的等式

$$a_n = \sum_{k=0}^{n}\frac{1}{k!}\frac{n}{n}\times\frac{n-1}{n}\times\cdots\times\frac{n+1-k}{n}$$

$$\geqslant \sum_{k=0}^{K} \frac{1}{k!} \frac{n}{n} \times \frac{n-1}{n} \times \cdots \times \frac{n+1-k}{n}.$$

由 (1) 的结论和极限的四则运算, 不等式两边同时令 $n \to \infty$

$$e = \lim_{n \to \infty} a_n \geqslant \sum_{k=0}^{K} \frac{1}{k!},$$

令 $K \to +\infty$, 有 $e \geqslant \sum_{k=0}^{\infty} \frac{1}{k!}$. 由 (1) 的有界性部分的不等式, 知道 $e \leqslant \sum_{k=0}^{\infty} \frac{1}{k!}$. □

例 2.10 证明数列

$$\sqrt{2}, \sqrt{2+\sqrt{2}}, \cdots, \sqrt{2+\sqrt{2+\sqrt{2+\sqrt{\cdots}}}}, \cdots$$

收敛, 并求其极限.

解 (1) 数列 $\{a_n\}$ 有界: 设 $a_n = \underbrace{\sqrt{2+\sqrt{2+\sqrt{2+\sqrt{\cdots}}}}}_{n\text{个}}$. 由于 $a_1 = \sqrt{2} < $

2, 所以

$$a_2 = \sqrt{2+\sqrt{2}} < \sqrt{4} \leqslant 2.$$

假设 $a_n < 2$, 则

$$a_{n+1} = \sqrt{2+a_n} < \sqrt{4} \leqslant 2.$$

由数学归纳法知道, 数列 $\{a_n\}$ 是有界数列.

(2) 数列 $\{a_n\}$ 单调增加: 由 (1),

$$a_{n+1} - a_n = \sqrt{2+a_n} - a_n = \frac{2+a_n-a_n^2}{\sqrt{2+a_n}+a_n} = \frac{(1+a_n)(2-a_n)}{\sqrt{2+a_n}+a_n} > 0,$$

所以, 数列 $\{a_n\}$ 是单调增加的.

由单调收敛定理, 数列 $\{a_n\}$ 有极限. 由于 $a_{n+1}^2 = 2 + a_n$, 所以

$$a^2 = \lim_{n \to \infty} a_{n+1}^2 = \lim_{n \to \infty} (2+a_n) = 2 + \lim_{n \to \infty} a_n = 2 + a.$$

解得 $a = -1, a = 2$. $a = -1$ 不可能, 所以 $\lim_{n \to \infty} a_n = 2$. □

例 2.11 设 $f(x)$ 为 $\mathbb{R} \to \mathbb{R}$ 的函数, 若存在 z 满足 $z = f(z)$, 则称 z 为 f 的**不动点**. 设 $a > 0$, 用数列收敛的方法证明函数 $f(x) = \sqrt{a+x}$ 存在不动点.

证明 取 $x_0 \in [0, \sqrt{a}]$. 令 $x_n = \sqrt{a + x_{n-1}}$, $\forall n \geqslant 1$. 注意到

$$x_1 = \sqrt{a + x_0} \geqslant \sqrt{a} \geqslant x_0, \quad x_1 = \sqrt{a + x_0} \leqslant \sqrt{a + \sqrt{a}} \leqslant \sqrt{a} + 1.$$

所以

$$x_0 < x_1 < \sqrt{a} + 1.$$

下面用数学归纳法证明: $x_n \leqslant x_{n+1} \leqslant \sqrt{a} + 1$.

(i) $x_0 \leqslant x_1 \leqslant \sqrt{a} + 1$ (前面已证).

(ii) 归纳假设对任 $n(\geqslant 2)$ 都有 $x_{n-1} \leqslant x_n \leqslant \sqrt{a} + 1$. 则

$$x_n = \sqrt{a + x_{n-1}} \leqslant \sqrt{a + x_n} = x_{n+1},$$

$$x_{n+1} = \sqrt{a + x_n} \leqslant \sqrt{a + \sqrt{a} + 1} \leqslant \sqrt{a} + 1.$$

从而 $\{x_n\}$ 为单调增加有上界数列. 从而有极限, 且

$$x = \lim_{n \to \infty} x_n = \lim_{n \to \infty} \sqrt{a + x_{n-1}} = \sqrt{a + x}.$$

即 f 的不动点存在, 并且是数列 $\{x_n\}$ 的极限. $\qquad\square$

2.1.3.2 迫敛定理

定理 2.10 (迫敛定理) 设 $\exists N_0 \in \mathbb{N}$, $\forall n > N_0$, $b_n \leqslant a_n \leqslant c_n$. 若 $\lim\limits_{n \to \infty} b_n = \lim\limits_{n \to \infty} c_n = a$, 则 $\lim\limits_{n \to \infty} a_n = a$.

证明 因 $\lim\limits_{n \to \infty} b_n = \lim\limits_{n \to \infty} c_n = a$, 所以对 $\forall \varepsilon, \exists N_1 N_2 \in \mathbb{N}$, 若 $n > \max\{N_0, N_1, N_2\}$, $b_n, c_n \in U(a, \varepsilon)$. 取 $N = \max\{N_0, N_1, N_2\}$, 由于对 $n > N$, 有 $b_n \leqslant a_n \leqslant c_n$, 所以 $a_n \in U(a, \varepsilon)$, 由定理 2.1, $\lim\limits_{n \to \infty} a_n = a$. $\qquad\square$

例 2.12 $\lim\limits_{n \to \infty} \left(\sqrt{n + 1} - \sqrt{n} \right) = 0$.

证明 由于 $0 < \sqrt{n + 1} - \sqrt{n} = \dfrac{1}{\sqrt{n + 1} + \sqrt{n}} < \dfrac{1}{\sqrt{n}}$, 又 $\lim\limits_{n \to \infty} \dfrac{1}{\sqrt{n}} = 0$, 由迫敛定理得证. $\qquad\square$

例 2.13 $\lim\limits_{n \to \infty} \dfrac{n}{q^n} = 0, q > 1$.

解 由于 $q > 1$, 设 $r = q - 1 > 0$. 因为

$$q^n = (1 + r)^n = \sum_{k=0}^{n} \mathrm{C}_n^k r^k > \mathrm{C}_n^2 r^2 = \frac{n(n-1)}{2} r^2,$$

所以

$$\frac{n}{q^n} < \frac{n}{\dfrac{n(n-1)}{2}r^2} = \frac{2}{(n-1)r^2}.$$

由迫敛定理, $\lim\limits_{n\to\infty}\dfrac{n}{q^n}=0.$ □

例 2.14　求 $\lim\limits_{n\to\infty}\left(1-\dfrac{1}{n}\right)^{\frac{1}{n}}.$

解　对 $n>2, \dfrac{1}{n}<1-\dfrac{1}{n}$, 所以

$$\frac{1}{n^{\frac{1}{n}}} = \left(\frac{1}{n}\right)^{\frac{1}{n}} < \left(1-\frac{1}{n}\right)^{\frac{1}{n}} < 1.$$

由于 $\lim\limits_{n\to\infty}n^{\frac{1}{n}}=1$, 由迫敛定理, $\lim\limits_{n\to\infty}\left(1-\dfrac{1}{n}\right)^{\frac{1}{n}}=1.$ □

例 2.15　求 $\lim\limits_{n\to\infty}\left(\dfrac{1}{\sqrt{n^2+1}}+\dfrac{1}{\sqrt{n^2+2}}+\cdots+\dfrac{1}{\sqrt{n^2+n}}\right).$

解　由于

$$\frac{n}{\sqrt{n^2+n}} < \frac{1}{\sqrt{n^2+1}}+\frac{1}{\sqrt{n^2+2}}+\cdots+\frac{1}{\sqrt{n^2+n}} \leqslant \frac{n}{\sqrt{n^2+1}},$$

以及 $\lim\limits_{n\to\infty}\dfrac{n}{\sqrt{n^2+n}}=\lim\limits_{n\to\infty}\dfrac{n}{\sqrt{n^2+1}}=1$, 由迫敛定理,

$$\lim_{n\to\infty}\left(\frac{1}{\sqrt{n^2+1}}+\frac{1}{\sqrt{n^2+2}}+\cdots+\frac{1}{\sqrt{n^2+n}}\right)=1.$$ □

例 2.16　设 $a_1,a_2,\cdots,a_m$ 都是正实数. 证明:

$$\lim_{n\to\infty}(a_1^n+\cdots+a_m^n)^{1/n}=\max(a_1,a_2,\cdots,a_m).$$

证明　由于

$$\max(a_1,a_2,\cdots,a_m)\leqslant(a_1^n+\cdots+a_m^n)^{1/n}\leqslant m^{1/n}\max(a_1,a_2,\cdots,a_m),$$

$1\leqslant\lim\limits_{n\to\infty}m^{1/n}\leqslant\lim\limits_{n\to\infty}n^{1/n}=1.$ 由迫敛定理, 结论成立. □

例 2.17　已知不等式 $\sin x\leqslant x, x\in[0,1]$. 求极限 $\lim\limits_{n\to\infty}\sin\left(\pi\sqrt{n^2+1}\right).$

解 注意到

$$\sin\left(\pi\sqrt{n^2+1}\right) = \sin\left(n\pi + \pi\sqrt{n^2+1} - n\pi\right)$$

$$= \sin(n\pi)\cos\left(\pi\sqrt{n^2+1} - n\pi\right) + \cos(n\pi)\sin\left(\pi\sqrt{n^2+1} - n\pi\right)$$

$$= \cos(n\pi)\sin\frac{\pi}{\sqrt{n^2+1}+n}.$$

所以, 当 $n > 2$ 时,

$$\left|\sin\left(\pi\sqrt{n^2+1}\right)\right| \leqslant \sin\frac{\pi}{\sqrt{n^2+1}+n} \leqslant \frac{\pi}{\sqrt{n^2+1}+n} \to 0.$$

故 $\lim\limits_{n\to\infty}\sin\left(\pi\sqrt{n^2+1}\right) = 0.$ □

习　题

1. 求下列数列的极限.

(1) $\lim\limits_{n\to\infty}\left(1 - \dfrac{1}{n}\right)^{\frac{1}{n}}.$

(2) $\lim\limits_{n\to\infty}\left(1 + \dfrac{1}{2} + \cdots + \dfrac{1}{n}\right)^{\frac{1}{n}}.$

(3) $\lim\limits_{n\to\infty}\left(2\sin^2 n + 3\cos^2 n\right)^{\frac{1}{n}}.$

(4) $\lim\limits_{n\to\infty}\left(\dfrac{1}{n^2} + \dfrac{1}{(n+1)^2} + \cdots + \dfrac{1}{(2n)^2}\right).$

(5) $\lim\limits_{n\to\infty}\sum\limits_{k=n^2}^{(n+1)^2}\dfrac{1}{\sqrt{k}}.$

(6) $\lim\limits_{n\to\infty}\dfrac{1}{n!}\sum\limits_{k=1}^{n}k!.$

(7) $\lim\limits_{n\to\infty}\dfrac{1}{2}\cdot\dfrac{3}{4}\cdot\cdots\cdot\dfrac{2n-1}{2n}.$

(8) $\lim\limits_{n\to\infty}\left[(n^2+1)^{\frac{1}{8}} - (n+1)^{\frac{1}{4}}\right].$

(9) $\lim\limits_{n\to\infty}\left[(n+1)^{\alpha} - n^{\alpha}\right], 0 < \alpha < 1.$

(10) $\lim\limits_{n\to+\infty}\left(\dfrac{1}{\sqrt{n^2-1}} - \dfrac{1}{\sqrt{n^2-2}} - \cdots - \dfrac{1}{\sqrt{n^2-n}}\right).$

(11) $\lim\limits_{n\to\infty}\left(\dfrac{1}{2} + \dfrac{3}{2^2} + \cdots + \dfrac{2n-1}{2^n}\right).$

(12) $\lim\limits_{n\to\infty}\left(1 - \dfrac{1}{2^2}\right)\left(1 - \dfrac{1}{3^2}\right)\cdots\left(1 - \dfrac{1}{n^2}\right).$

(13) $\lim\limits_{n\to\infty}(1+x)\left(1+x^2\right)\cdots\left(1+x^{2^n}\right),$ 其中 $|x| < 1.$

2. 设 $a_1 = 1$, $a_2 = \dfrac{1}{1+1}$, $a_3 = \dfrac{1}{1 + \dfrac{1}{1+1}}$, $\cdots$. 证明: $\lim\limits_{n \to +\infty} a_n = \dfrac{\sqrt{5}-1}{2}$.

3. 求下列极限.

(1) $\lim\limits_{n \to \infty} \left(1 + \dfrac{1}{n-2}\right)^n$.

(2) $\lim\limits_{n \to \infty} \left(\dfrac{1+n}{n-2}\right)^n$.

(3) $\lim\limits_{n \to \infty} \left(1 + \dfrac{1}{2n^2}\right)^{4n^2}$.

(4) $\lim\limits_{n \to \infty} \left(1 + \dfrac{k}{n}\right)^n$.

4. 若 $a_n > 0\ (n = 1, 2, \cdots)$, $\lim\limits_{n \to \infty} a_n = a > 0$, 求证: $\lim\limits_{n \to \infty} \sqrt[n]{a_n} = 1$.

5. 求极限 $\lim\limits_{n \to \infty} (a^n + b^n)^{\frac{1}{n}}$, $0 \leqslant a \leqslant b$.

6. 求极限 $\lim\limits_{n \to \infty} \left(\dfrac{\sqrt[n]{a} + \sqrt[n]{b} + \sqrt[n]{c}}{3} \right)$, $a, b, c > 0$.

7. 设 $\lim\limits_{n \to \infty} a_n = a$, 证明: $\lim\limits_{n \to \infty} \dfrac{[n a_n]}{n} = a$. $[x]$ 表示不超过 x 的最大整数.

8. 设 $a_n > 0\ (n = 1, 2, \cdots)$, $\lim\limits_{n \to \infty} a_n = a$, 证明: $\lim\limits_{n \to \infty} (a_1 a_2 \cdots a_n)^{\frac{1}{n}} = a$.

9. 利用上题结论证明

(1) $\lim\limits_{n \to \infty} a^{\frac{1}{n}} = 1\ (a > 0)$;

(2) 若 $a_n > 0\ (n = 1, 2, 3, \cdots)$, $\lim\limits_{n \to \infty} \dfrac{a_{n+1}}{a_n} = a$, 则 $\lim\limits_{n \to \infty} \sqrt[n]{a_n} = a$;

(3) $\lim\limits_{n \to \infty} (n!)^{-\frac{1}{n}} = 0$.

10. 若 $a_0 + a_1 + \cdots + a_p = 0$, 求证: $\lim\limits_{n \to \infty} (a_0 \sqrt{n} + a_1 \sqrt{n+1} + \cdots + a_p \sqrt{n+p}) = 0$.

11. 设 $a_1 = \sqrt{c}\ (c > 0)$, $a_{n+1} = \sqrt{c + a_n}$, $n = 1, 2, \cdots$. 求证 $\lim\limits_{n \to \infty} a_n$ 存在.

12. 证明: 若 $a_n > 0\ (n = 1, 2, 3, \cdots)$, $\lim\limits_{n \to \infty} \dfrac{a_n}{a_{n+1}} = l > 1$, 则 $\lim\limits_{n \to \infty} a_n = 0$.

13. 证明: 若单调数列有一子列收敛, 则原数列也必收敛.

14. 设 a, b, c 是三个给定的实数, 令 $a_0 = a, b_0 = b, c_0 = c$, 并归纳地定义:

$$\begin{cases} a_n = \dfrac{b_{n-1} + c_{n-1}}{2}, \\[2mm] b_n = \dfrac{c_{n-1} + a_{n-1}}{2}, \quad n = 1, 2, \cdots. \\[2mm] c_n = \dfrac{a_{n-1} + b_{n-1}}{2}, \end{cases}$$

证明:

$$\lim_{n \to \infty} a_n = \lim_{n \to \infty} b_n = \lim_{n \to \infty} c_n = \dfrac{1}{3}(a + b + c).$$

15. 设 $a, \sigma > 0, a_1 = \dfrac{1}{2}\left(a + \dfrac{\sigma}{a}\right), a_{n+1} = \dfrac{1}{2}\left(a_n + \dfrac{\sigma}{a_n}\right), n = 1, 2, \cdots$. 证明: $\{a_n\}$ 收敛于 $\sqrt{\sigma}$.

16. 设 $a_1 > b_1 > 0$, 记

$$a_n = \frac{a_{n-1} + b_{n-1}}{2}, \quad b_n = \sqrt{a_{n-1}b_{n-1}}, \quad n = 2, 3, \cdots.$$

证明: $\{a_n\}$ 与 $\{b_n\}$ 的极限都存在且相等.

17. 设 $a_1 > b_1 > 0$, 记

$$a_n = \frac{a_{n-1} + b_{n-1}}{2}, \quad b_n = \frac{2a_{n-1}b_{n-1}}{a_{n-1} + b_{n-1}}, \quad n = 2, 3, \cdots.$$

证明: $\{a_n\}$ 与 $\{b_n\}$ 的极限都存在且等于 $\sqrt{a_1 b_1}$.

18. 证明: 若 $\{a_n\}$ 为递增数列, $\{b_n\}$ 为递减数列, 且 $\lim\limits_{n \to \infty}(a_n - b_n) = 0$, 则 $\{a_n\}$ 与 $\{b_n\}$ 的极限都存在且相等.

19. 设数列 $\{a_n\}$ 适合 $0 < a_n < 1, (1 - a_n)a_{n+1} > \dfrac{1}{4}, n = 1, 2, \cdots$, 求证: $\lim\limits_{n \to \infty} a_n = \dfrac{1}{2}$.

20. 设 $0 < x < 1, F_n(x) = 1 + x^2 + x^4 + \cdots + x^{2^n}, n = 1, 2, \cdots$. 证明: $\lim\limits_{n \to \infty} F_n(x) = F(x)$, 且 $x^2 + F(x^2) = F(x)$.

21. 设 $n \in \mathbb{N}$. 证明:

(1) 数列 $a_n = \left(1 + \dfrac{1}{n}\right)^{n+1}$ 是严格递减的.

(2) $\left(1 + \dfrac{1}{n}\right)^n < e < \left(1 + \dfrac{1}{n}\right)^{n+1}$. $\left(\right.$提示: (1) 利用 $(1 + a)^n \geqslant 1 + na$; (2) 证明 $\dfrac{a_n}{a_{n+1}} > 1.\left.\right)$

2.1.4 数列上 (下) 极限

数列的敛散性是由其自身的性质决定的. 如果数列 $\{a_n\}$ 不具有单调性, 或没有收敛到相同极限值的两个控制收敛数列, 如数列 $\{(-1)^n\}$, 数列聚集在 $-1, 1$ 两点, 那么数列具有何种收敛性? 类似的聚集性是否是普遍现象? 与数列收敛有何种关系? 数列的上、下极限和聚点的概念可以回答这个问题. 由于收敛数列是有界数列, 下面首先分析有界数列. 为了分析方便, 将其推广到无界数列.

2.1.4.1 有界数列

设 $\{a_n\}$ 是有界数列. 定义 $\underline{a_n} := \inf\limits_{k \geqslant n}\{a_k\}$, $\overline{a_n} := \sup\limits_{k \geqslant n}\{a_k\}$, 则 $\underline{a_n} \leqslant \overline{a_n}$, $\{\underline{a_n}\}$ 是单调增加有界数列, $\{\overline{a_n}\}$ 是单调下降有界数列. 由单调收敛定理和数列极限性质, 存在 $\underline{a}, \overline{a} \in \mathbb{R}$, 使得 $\lim\limits_{n \to \infty} \underline{a_n} = \underline{a}$, $\lim\limits_{n \to \infty} \overline{a_n} = \overline{a}$, $\underline{a} \leqslant \overline{a}$.

定义 2.7 (上、下极限) 设 $\{a_n\}$ 是有界数列

(1) 数 $\underline{a}$ 称为数列 $\{a_n\}$ 的下极限, 记为 $\varliminf\limits_{n\to\infty} a_n = \underline{a}$ 或 $\liminf\limits_{n\to\infty} a_n = \underline{a}$.

(2) 数 $\overline{a}$ 称为数列 $\{a_n\}$ 的上极限, 记为 $\varlimsup\limits_{n\to\infty} a_n = \overline{a}$ 或 $\limsup\limits_{n\to\infty} a_n = \overline{a}$.

定理 2.11 有界数列 $\{a_n\}$ 极限存在的充分必要条件是: $\varlimsup\limits_{n\to\infty} a_n = \varliminf\limits_{n\to\infty} a_n$.

证明 充分性: 由于 $\inf\limits_{k\geqslant n}\{a_k\} \leqslant a_n \leqslant \sup\limits_{k\geqslant n}\{a_k\}$, 由迫敛定理, $\lim\limits_{n\to\infty} a_n = a$.

必要性: 若数列 $\{a_n\}$ 的极限存在, 记为 a. 则对任意给定的 $\varepsilon > 0$, 存在 $N \in \mathbb{N}$, 使得对任意的 $n > N$, $|a_n - a| < \dfrac{\varepsilon}{2}$. 即 $a - \dfrac{\varepsilon}{2} < a_n < a + \dfrac{\varepsilon}{2}$. 所以对 $n > N$,

$$a - \varepsilon < a - \frac{\varepsilon}{2} \leqslant \inf\limits_{k>n} a_k \leqslant \sup\limits_{k>n} a_k \leqslant a + \frac{\varepsilon}{2} < a + \varepsilon,$$

即 $\varlimsup\limits_{n\to\infty} a_n = \varliminf\limits_{n\to\infty} a_n$. $\qquad\square$

例 2.18 (1) $\varliminf\limits_{n\to\infty} \dfrac{(-1)^n}{n} = \varlimsup\limits_{n\to\infty} \dfrac{(-1)^n}{n} = 0$.

(2) $\varliminf\limits_{n\to\infty} (-1)^n = -1$, $\quad \varlimsup\limits_{n\to\infty} (-1)^n = 1$.

例 2.19 例 2.6: $\varliminf\limits_{n\to\infty} c_n = \min\{a,b\}$, $\quad \varlimsup\limits_{n\to\infty} c_n = \max\{a,b\}$.

例 2.20 若 $\lim\limits_{n\to\infty} b_n = b$, $\lim\limits_{n\to\infty} c_n = c$, $b_n \leqslant a_n \leqslant c_n$, $n \geqslant N$, 则 $b \leqslant \varliminf\limits_{n\to\infty} a_n \leqslant \varlimsup\limits_{n\to\infty} a_n \leqslant c$.

证明 由 $\lim\limits_{n\to\infty} b_n = b$ 知道, 对任意的 $\varepsilon > 0$, 存在 $N \in \mathbb{N}$, 当 $n > N$ 时, $|b_n - b| < \varepsilon$. 由此知道, 当 $n > N$ 时, $b - \varepsilon < b_n < b + \varepsilon$. 由条件知道

$$b - \varepsilon < a_n, \quad n \geqslant N.$$

由下极限的定义和 ε 的任意性, 有 $b \leqslant \varliminf\limits_{n\to\infty} a_n$. 同理证明另一部分. $\qquad\square$

例 2.21 若 $u_n > 0, n = 1, 2, \cdots$, $\lim\limits_{n\to\infty} \dfrac{u_{n+1}}{u_n} = \rho \in \mathbb{R}$, 则 $\lim\limits_{n\to\infty} \sqrt[n]{u_n} = \rho$.

证明 对任意 $\varepsilon > 0$, 存在 $N \in \mathbb{N}$, 当 $n > \mathbb{N}$ 时, $\left|\dfrac{u_{n+1}}{u_n} - \rho\right| \leqslant \varepsilon$. 所以

$$\rho - \varepsilon < \frac{u_{n+1}}{u_n} < \rho + \varepsilon \Longleftrightarrow (\rho - \varepsilon)u_n < u_{n+1} < (\rho + \varepsilon)u_n.$$

若 $\rho > 0$, 取 $\varepsilon \in (0, \rho)$, 则当 $n > \mathbb{N}$ 时,

$$(\rho - \varepsilon)^{n-N+1} u_N < u_{n+1} < (\rho + \varepsilon)^{n-N+1} u_N.$$

若 $\rho = 0$, 则当 $n > \mathbb{N}$ 时,

$$0 < u_{n+1} < (\rho + \varepsilon)^{n-N+1} u_N.$$

两边分别取上、下极限, 再利用 ε 的任意性得到, $\lim\limits_{n \to \infty} \sqrt[n]{u_n} = \rho$. $\qquad\square$

对不收敛的数列 $\{a_n\}$, 有可能有不同的收敛子数列. 例如数列 $\{(-1)^n\}$ 有两个收敛子列: $\{(-1)^{2k}\}_{k \geqslant 1}, \{(-1)^{2k-1}\}_{k \geqslant 1}$, 其收敛的极限分别是 ± 1. 即在 $-1, +1$ 的两个任意邻域内分别有数列 $\{(-1)^n\}$ 无穷项. 一般地,

定义 2.8 (聚点) 若对任意 $\varepsilon > 0, U(a, \varepsilon)$ 含数列 $\{a_n\}$ 的无穷多项, 则称 a 为数列 $\{a_n\}$ 的聚点.

下面的例题表明: 有界数列聚点是存在的.

例 2.22 对有界数列 $\{a_n\}$, $\varliminf\limits_{n \to \infty} a_n$, $\varlimsup\limits_{n \to \infty} a_n$ 是 $\{a_n\}$ 的聚点.

证明 仅证下极限情形. 记 $\underline{a} = \varliminf\limits_{n \to \infty} a_n$. 由下极限定义, 对 $\forall \varepsilon > 0$, 存在 $N \in \mathbb{N}$, 对 $\forall n > N$, 有

$$\underline{a} - \frac{\varepsilon}{2} < \inf_{k \geqslant n}\{a_k\} < \underline{a} + \frac{\varepsilon}{2},$$

对 $\inf\limits_{k \geqslant n}\{a_k\}$ 利用下确界的定义, 存在 $n_1 \geqslant N + 1$, 有 $\underline{a} - \varepsilon < a_{n_1} < \underline{a} + \varepsilon$. 由于

$$\underline{a} - \frac{\varepsilon}{2} < \inf_{k \geqslant n_1 + 1}\{a_k\} < \underline{a} + \frac{\varepsilon}{2}.$$

对 $\inf\limits_{k \geqslant n_1 + 1}\{a_k\}$ 利用下确界的定义, 存在 $n_2 > n_1$, 有 $\underline{a} - \varepsilon < a_{n_2} < \underline{a} + \varepsilon$.

$\cdots\cdots$

由此可构造数列 $\{a_{n_k}\}, n_1 < n_2 < \cdots < n_k < \cdots, k < n_k, k \to \infty$. $\underline{a} - \varepsilon < a_{n_k} < \underline{a} + \varepsilon$, 由聚点定义, $\underline{a}$ 是聚点. $\qquad\square$

上面构造的数列称为 $\{a_n\}$ 的子列. 一般地,

定义 2.9 设 $\{a_n\}$ 为数列. $n_1 < n_2 < \cdots < n_k < \cdots, k \leqslant n_k, k \to \infty$. 则数列 $\{a_{n_k}\}_{k \geqslant 1}$ 称为数列 $\{a_n\}$ 的子列.

特别地, 数列 $\{a_n\}$ 为数列本身的子列.

定理 2.12 a 是数列 $\{a_n\}$ 的聚点的充分必要条件是: 存在 $\{a_n\}$ 的子数列 $\lim\limits_{k \to \infty} a_{n_k} = a$.

证明 $\Longrightarrow$: 由于 a 是数列 a_n 的聚点, 所以对任意取定的 $\varepsilon_0 > 0, U(a, \varepsilon_0)$ 内含数列 $\{a_n\}$ 的无穷多项, 选取 $n_1 \geqslant 1$, $a_{n_1} \in U(a, \varepsilon_0)$. 由于 $U\left(a, \dfrac{\varepsilon_0}{2}\right)$ 内含数列 $\{a_n\}$ 的无穷多项, 选取 $n_2 \geqslant n_1 + 1$, $a_{n_2} \in U\left(a, \dfrac{\varepsilon_0}{2}\right)$. 如此依次选取 $n_k \geqslant n_{k-1} + 1$, $a_{n_k} \in U\left(a, \dfrac{\varepsilon_0}{k}\right)$, $k \in \mathbb{N}$.

对任意的 ε, 存在 $K, \dfrac{\varepsilon_0}{K} < \varepsilon$, 当 $k > K$ 时, 有 $|a_{n_k} - a| \leqslant \dfrac{\varepsilon_0}{k} < \dfrac{\varepsilon_0}{K} < \varepsilon$, 即
$\lim\limits_{k \to +\infty} a_{n_k} = a$.

$\Longleftarrow$: 利用极限和聚点定义直接得证.　　　　　　　　　　　　　　　□

命题 2.13　有界数列 $\{a_n\}$ 的聚点 $\in \left[\varliminf\limits_{n \to \infty} a_n, \varlimsup\limits_{n \to \infty} a_n \right]$. 区间端点分别是最小、最大聚点.

证明　设 a 是有界数列 $\{a_n\}$ 的聚点. 由定理 2.12, 存在 $\{a_n\}$ 的子数列 $\{a_{n_k}\}, \lim\limits_{k \to \infty} a_{n_k} = a$, 所以

$$\varliminf_{n \to \infty} a_n = \lim_{n \to \infty} \inf_{k \geqslant n} a_k \leqslant \lim_{n \to \infty} \inf_{k \geqslant n} a_{n_k} = a.$$

同理, $a \leqslant \varlimsup\limits_{n \to \infty} a_n$. 区间端点是聚点由例 2.22 得到.　　　　　　　□

例 2.23　设 α 是正无理数, 则数列 $\{(\alpha n)\}$ 的聚点是 $[0, 1]$.

证明　由例 1.7 得证.　　　　　　　　　　　　　　　　　　　　　□

例 2.24　数列 $\{\sin n\}$ 的聚点是 $[-1, 1]$.

证明　设 $\alpha_n = \left(\dfrac{n}{2\pi} \right)$. 则 $\dfrac{n}{2\pi} = \left[\dfrac{n}{2\pi} \right] + \alpha_n$. 由于 $\sin n = \sin(2\pi \alpha_n)$, 利用 $\sin x$ 在区间 $[0, 2\pi]$ 的连续性 (第 4 章), 值域是 $[-1, 1]$, 只需证明: $\{2\pi \alpha_n\}$ 在 $[0, 2\pi]$ 中稠密, 即 $\{\alpha_n\}$ 在 $[0, 1]$ 中稠密. 由于 $\dfrac{1}{2\pi}$ 是无理数, 这可由例 1.7 得证.　　　　　　　　　　　　　　　　　　　　　　　　　　　　□

命题 2.14　有界数列 $\{a_n\}$ 收敛的充分必要条件是: $\{a_n\}$ 的所有子列 $\{a_{n_k}\}_{k \geqslant 1}$ 收敛.

证明　充分性: 因为数列 $\{a_n\}$ 本身就是自身的一个子列, 结论成立.

必要性: 设 $\{a_{n_k}\}_{k \geqslant 1}$ 是 $\{a_n\}$ 的子列. 若 $\lim\limits_{n \to \infty} a_n = a$, 则对任意给定的 $\varepsilon > 0$, 存在 $N \in \mathbb{N}, \forall n > N$, 有 $|a_n - a| < \varepsilon$. 由于 $n_k \geqslant k$, 所以当 $k > N$ 时, $|a_{n_k} - a| < \varepsilon$, 即 $\lim\limits_{k \to \infty} a_{n_k} = a$.　　　　　　　　　　　　　□

注 2.10　事实上, 任何有界数列都有收敛子列, 这是**紧致性定理**, 也称 **Bolzano-Weierstrass 定理**. 该定理有多种方法证明, 我们在下节用**闭区间套定理**证明之. 再结合定理 2.12, 我们知道任何有界数列可以看成是若干收敛子列合并构成的.

2.1.4.2　无界数列

(1) 数列 $\{a_n\}$ 无上界: 则 $\bar{a}_n = \sup\limits_{k \geqslant n} \{a_k\} = +\infty$, 由此 $\lim\limits_{n \to \infty} \bar{a}_n = +\infty$. 另一方面, 由于 $\underline{a}_n = \inf\limits_{k \geqslant n} \{a_k\}$ 是单调增加数列, 所以 $\lim\limits_{n \to \infty} \underline{a}_n \leqslant +\infty$.

(2) 数列 $\{a_n\}$ 无下界: 则 $\underline{a}_n = \inf\limits_{k \geqslant n}\{a_k\} = -\infty$, 由此 $\lim\limits_{n\to\infty} \underline{a}_n = -\infty$. 另一方面, 由于 $\bar{a}_n = \sup\limits_{k \geqslant n}\{a_k\}$ 是单调下降数列, 所以 $\lim\limits_{n\to\infty} \bar{a}_n \geqslant -\infty$.

例 2.25 求数列的上、下极限. (1) n; (2) $(-1)^n n$; (3) $n^{(-1)^n}$.

解 (1)

$$\varliminf_{n\to\infty} n = \lim_{n\to\infty} \inf_{k \geqslant n} k = \lim_{n\to\infty} n = +\infty.$$

$$\varlimsup_{n\to\infty} n = \lim_{n\to\infty} \sup_{k \geqslant n} k = \lim_{n\to\infty} (+\infty) = +\infty.$$

(2)

$$\varliminf_{n\to\infty} (-1)^n n = \lim_{n\to\infty} \inf_{k \geqslant n} (-1)^k k = \lim_{n\to\infty} (-\infty) = -\infty.$$

$$\varlimsup_{n\to\infty} (-1)^n n = \lim_{n\to\infty} \sup_{k \geqslant n} (-1)^k k = \lim_{n\to\infty} (+\infty) = +\infty.$$

(3)

$$\varliminf_{n\to\infty} n^{(-1)^n} = \lim_{n\to\infty} \inf_{k \geqslant n} k^{(-1)^k} = \lim_{n\to\infty} 0 = 0.$$

$$\varlimsup_{n\to\infty} n^{(-1)^n} = \lim_{n\to\infty} \sup_{k \geqslant n} k^{(-1)^k} = \lim_{n\to\infty} (+\infty) = +\infty. \qquad \square$$

定义 2.11 (无穷大量) 若数列 $\{a_n\}$ 满足: 对任意的 $M > 0$, 存在 $N \in \mathbb{N}$, 使得当 $n > N$ 时, 有

(1) $a_n > M$, 则称数列 $\{a_n\}$ 发散到正无穷大, 记作 $\lim\limits_{n\to\infty} a_n = +\infty$ 或 $a_n \to +\infty$, $n \to \infty$.

(2) $a_n < -M$, 则称数列 $\{a_n\}$ 发散到负无穷大, 记作 $\lim\limits_{n\to\infty} a_n = -\infty$ 或 $a_n \to -\infty$, $n \to \infty$.

(3) $|a_n| > M$, 则称数列 $\{a_n\}$ 发散到无穷大, 记作 $\lim\limits_{n\to\infty} a_n = \infty$ 或 $a_n \to \infty$, $n \to \infty$.

此时, 分别称数列 $\{a_n\}_{n \geqslant 1}$ 为 **正无穷大量**、**负无穷大量**、**无穷大量**.

例 2.26 数列 $\{n\}_{n \geqslant 1}$, 是正无穷大量, $\left\{(-1)^n \dfrac{n^2+1}{n}\right\}_{n \geqslant 1}$ 是无穷大量.

定理 2.15 设数列 $\{a_n\}$(可以是无界数列), 广义实数 $\bar{\mathbb{R}} := \mathbb{R} \cup \{-\infty, +\infty\}$, $a \in \bar{\mathbb{R}}$. 则

(1) 数列 $\{a_n\}$ 在 $\bar{\mathbb{R}}$ 中存在上、下极限.

(2) $\varlimsup\limits_{n\to\infty} a_n = \varliminf\limits_{n\to\infty} a_n = a$ 的充要条件是: $\lim\limits_{n\to\infty} a_n = a$.

(3) 若 $b_n \leqslant a_n \leqslant c_n, \lim\limits_{n \to \infty} b_n = \lim\limits_{n \to \infty} c_n = a$, 则 $\lim\limits_{n \to \infty} a_n = a$.

例 2.27　若数列 a_n 满足 $a_{m+n} \leqslant a_n + a_m$, 则 $\lim\limits_{n \to \infty} \dfrac{a_n}{n} = \inf\limits_{n \geqslant 1} \left\{ \dfrac{a_n}{n} \right\}$.

解　任意固定 $k \in \mathbb{N}$. 当 $n \geqslant k$ 时, 有 $n = mk + l, m, l \in \mathbb{N}, 0 \leqslant l \leqslant k - 1$.

$$\frac{a_n}{n} = \frac{a_{mk+l}}{n} \leqslant \frac{a_{mk} + a_l}{n} \leqslant \frac{ma_k + a_l}{n} = \frac{m}{mk+l} a_k + \frac{1}{n} a_l = \frac{1}{k + \dfrac{l}{m}} a_k + \frac{1}{n} a_l.$$

所以

$$\varlimsup_{n \to \infty} \frac{a_n}{n} \leqslant \frac{a_k}{k},$$

由此知道

$$\varlimsup_{n \to \infty} \frac{a_n}{n} \leqslant \inf_{k \geqslant 1} \left\{ \frac{a_k}{k} \right\} \leqslant \varliminf_{k \to \infty} \frac{a_k}{k}.$$

由定理 2.15(1) 知道, 结论成立.　　　　　　　　　　　　　　　　　　□

2.1.4.3　Stolz 定理

定理 2.16 (Stolz 定理, $\dfrac{\cdot}{\infty}$ 型)　设 $\{b_n\}$ 是严格单调增加且趋于 $+\infty$ 的数列. 如果

$$\lim_{n \to \infty} \frac{a_{n+1} - a_n}{b_{n+1} - b_n} = A \in \mathbb{R} \cup \{-\infty, +\infty\},$$

则 $\lim\limits_{n \to \infty} \dfrac{a_n}{b_n} = A$.

证明　(1) 设 $A \in \mathbb{R}$.

$\forall \varepsilon > 0, \exists N \in \mathbb{N}$, 使得当 $n > N$ 时, 有

$$A - \varepsilon < \frac{a_{N+2} - a_{N+1}}{b_{N+2} - b_{N+1}} < A + \varepsilon,$$

$$A - \varepsilon < \frac{a_{N+3} - a_{N+2}}{b_{N+3} - b_{N+2}} < A + \varepsilon,$$

$$\cdots\cdots$$

$$A - \varepsilon < \frac{a_n - a_{n-1}}{b_n - b_{n-1}} < A + \varepsilon.$$

由于 $b_n - b_{n-1} > 0, n > 1$, 所以

$$(A - \varepsilon)(b_{N+2} - b_{N+1}) < a_{N+2} - a_{N+1} < (A + \varepsilon)(b_{N+2} - b_{N+1}),$$

$$(A - \varepsilon)(b_{N+3} - b_{N+2}) < a_{N+3} - a_{N+2} < (A + \varepsilon)(b_{N+3} - b_{N+2}),$$

$$\cdots\cdots$$

$$(A-\varepsilon)(b_n - b_{n-1}) < a_n - a_{n-1} < (A+\varepsilon)(b_n - b_{n-1}).$$

将上列不等式相加, 得到

$$(A-\varepsilon)(b_n - b_{N+1}) < a_n - a_{N+1} < (A+\varepsilon)(b_n - b_{N+1}).$$

由于 b_n 趋于 $+\infty$, 所以不妨假设 $b_n > 0, n > N$. 将 $\dfrac{1}{b_n}$ 乘以上面不等式, 并移项得到

$$(A-\varepsilon)\left(1 - \frac{b_{N+1}}{b_n}\right) + \frac{a_{N+1}}{b_n} < \frac{a_n}{b_n} < (A+\varepsilon)\left(1 - \frac{b_{N+1}}{b_n}\right) + \frac{a_{N+1}}{b_n}.$$

由于 $\lim\limits_{n\to\infty} b_n = +\infty$, 对上面不等式分别去上、下极限可得

$$A - \varepsilon \leqslant \varliminf_{n\to\infty} \frac{a_n}{b_n} \leqslant \varlimsup_{n\to\infty} \frac{a_n}{b_n} \leqslant A + \varepsilon.$$

令 $\varepsilon \to 0$, $\lim\limits_{n\to\infty} \dfrac{a_n}{b_n} = A$.

(2) 设 $A = +\infty$. 存在 $N \in \mathbb{N}$, 当 $n > N$ 时, $a_n - a_{n-1} > b_n - b_{n-1} > 0$, 所以 $\{a_n\}_{n>N}$ 也是严格增加数列且趋于 $+\infty$. 因此,

$$\lim_{n\to\infty} \frac{b_n - b_{n-1}}{a_n - a_{n-1}} = 0.$$

利用 (1), $\lim\limits_{n\to\infty} \dfrac{b_n}{a_n} = 0$, 即 $\lim\limits_{n\to\infty} \dfrac{a_n}{b_n} = +\infty$.

(3) 设 $A = -\infty$. 记 $c_n = -a_n$, 则

$$\lim_{n\to\infty} \frac{c_n - c_{n-1}}{b_n - b_{n-1}} = -\lim_{n\to\infty} \frac{a_n - a_{n-1}}{b_n - b_{n-1}} = +\infty.$$

由 (2) 知道

$$\lim_{n\to\infty} \frac{c_n}{b_n} = +\infty,$$

因而

$$\lim_{n\to\infty} \frac{a_n}{b_n} = -\infty. \qquad\qquad \square$$

定理 2.17 (Stolz 定理, $\dfrac{0}{0}$ 型) 设 $\{a_n\}$ 收敛到 0, $\{b_n\}$ 是严格单调减小且趋于 0 的数列. 如果

$$\lim_{n\to\infty}\frac{a_{n+1}-a_n}{b_{n+1}-b_n}=A\in\mathbb{R}\cup\{+\infty,-\infty\},$$

则 $\lim\limits_{n\to\infty}\dfrac{a_n}{b_n}=A$.

证明 类似前面定理证明, 请读者自证. □

例 2.28 设 $k\in\mathbb{N}$. 求 $\lim\limits_{n\to\infty}\dfrac{1^k+2^k+\cdots+n^k}{n^{k+1}}$.

解 设 $a_n=1^k+2^k+\cdots+n^k, b_n=n^{k+1}$.

$$\lim_{n\to\infty}\frac{a_{n+1}-a_n}{b_{n+1}-b_n}=\lim_{n\to\infty}\frac{(n+1)^k}{(n+1)^{k+1}-n^{k+1}}$$

$$=\lim_{n\to\infty}\frac{(n+1)^k}{n^k}\cdot\frac{1}{n\left[\left(1+\dfrac{1}{n}\right)^{k+1}-1\right]}=\frac{1}{k+1}.$$

最后的取极限是用到了

$$\left(1+\frac{1}{n}\right)^{k+1}-1=\left[\left(1+\frac{1}{n}\right)-1\right]\cdot\left[1+\left(1+\frac{1}{n}\right)+\cdots+\left(1+\frac{1}{n}\right)^k\right].\quad\square$$

习　题

1. 求下列数列的上、下极限.

(1) $\{1+(-1)^n\}$.

(2) $\left\{\dfrac{(-1)^n}{n}+\dfrac{1+(-1)^n}{2}\right\}$.

(3) $\{n^{(-1)^n}\}$.

(4) $\left\{\dfrac{2n}{n+1}\sin\dfrac{n\pi}{4}\right\}$.

(5) $\{(1+2^{(-1)^n n})^{\frac{1}{n}}\}$.

(6) $\left\{1+n\sin\dfrac{n\pi}{2}\right\}$.

2. 设 $a_1=1$, 又设 $a_{n+1}=a_n+\dfrac{1}{a_n}, n=1,2,\cdots$. 求证: $\lim\limits_{n\to\infty}a_n=+\infty$.

3. 求证: $\lim\limits_{n\to\infty}\left(\dfrac{1}{\sqrt{n+1}}+\dfrac{1}{\sqrt{n+2}}+\cdots+\dfrac{1}{\sqrt{n+n}}\right)=+\infty$.

4. 设有界数列 $\{a_n\},\{b_n\}$ 满足:

(1) 存在 $N \in \mathbb{N}$, 当 $n > N$ 时, $a_n \leqslant b_n$, 则

$$\varliminf_{n \to \infty} a_n \leqslant \varliminf_{n \to \infty} b_n, \quad \varlimsup_{n \to \infty} a_n \leqslant \varlimsup_{n \to \infty} b_n.$$

(2) 存在 $N \in \mathbb{N}$, 当 $n > N$ 时, $\alpha \leqslant a_n \leqslant \beta$, 则

$$\alpha \leqslant \varliminf_{n \to \infty} a_n \leqslant \varlimsup_{n \to \infty} a_n \leqslant \beta.$$

5. 证明: 若 $\{a_n\}$ 是递增数列, 则 $\varliminf_{n \to \infty} a_n = \varlimsup_{n \to \infty} a_n = \sup_{n \geqslant 1}\{a_n\}$.

6. 试证明下面诸式当两端有意义时成立.

(1) $\varliminf_{n \to \infty} (-a_n) = -\varlimsup_{n \to \infty} a_n$.

(2) $\varliminf_{n \to \infty} a_n + \varliminf_{n \to \infty} b_n \leqslant \varliminf_{n \to \infty} (a_n + b_n) \leqslant \varliminf_{n \to \infty} a_n + \varlimsup_{n \to \infty} b_n$.

(3) $\varlimsup_{n \to \infty} (a_n + b_n) \leqslant \varlimsup_{n \to \infty} a_n + \varlimsup_{n \to \infty} b_n$.

(4) 若 $\{a_n\}, \{b_n\}$ 是非负数列, 则

(i) $\varliminf_{n \to \infty} a_n \cdot \varliminf_{n \to \infty} b_n \leqslant \varliminf_{n \to \infty} a_n \cdot b_n \leqslant \varliminf_{n \to \infty} a_n \cdot \varlimsup_{n \to \infty} b_n$.

(ii) $\varlimsup_{n \to \infty} a_n \cdot b_n \leqslant \varlimsup_{n \to \infty} a_n \cdot \varlimsup_{n \to \infty} b_n$.

7. 设 $a_n > 0, n \in \mathbb{N}$. 证明: $\varliminf_{n \to \infty} \dfrac{a_{n+1}}{a_n} \leqslant \varliminf_{n \to \infty} \sqrt[n]{a_n} \leqslant \varlimsup_{n \to \infty} \sqrt[n]{a_n} \leqslant \varlimsup_{n \to \infty} \dfrac{a_{n+1}}{a_n}$.

8. 若 $a_n > 0$, 若 $\varlimsup_{n \to \infty} a_n \cdot \varlimsup_{n \to \infty} \dfrac{1}{a_n} = 1$, 则数列 $\{a_n\}$ 极限存在.

9. 设非负实数列 $\{a_n\}$ 满足 $a_{m+n} = a_m a_n$. 证明: $\{\sqrt[n]{a_n}\}$ 在 $\mathbb{R}$ 中有极限.

10. 设数列 $\{a_n\}$ 中的每一项都不为 0. 用 ε-N 定义证明:

(1) 若 $\{a_n\}$ 是无穷大量, 则 $\dfrac{1}{a_n}$ 是无穷小量.

(2) 若 $\dfrac{1}{a_n}$ 是无穷小量, 则 $\{a_n\}$ 是无穷大量.

11. 有界数列 $\{a_n\}$ 满足 $\lim_{n \to \infty} (a_{2n} + 2a_n) = 0$, 求证: $\lim_{n \to \infty} a_n = 0$.

12. 计算极限:

(1) $\lim_{n \to \infty} \dfrac{1 + \dfrac{1}{2} + \cdots + \dfrac{1}{n}}{\ln n}$.

(2) $\lim_{n \to \infty} \dfrac{1 + \sqrt{2} + \cdots + \sqrt{n}}{n\sqrt{n}}$.

13. 设 $\lim_{n \to \infty} a_n = a$, $\lim_{n \to \infty} b_n = b$, 证明: $\lim_{n \to \infty} \dfrac{a_1 b_n + a_2 b_{n-1} + \cdots + a_n b_1}{n} = ab$.

14. 设 $\lim_{n \to \infty} a_n = a$. 证明: $\lim_{n \to \infty} \dfrac{a_1 + 2a_2 + \cdots + na_n}{n^2} = \dfrac{a}{2}$.

15. 证明: 定理 2.15.

16. 证明: 定理 2.17.

17. 数列 $\{a_n\}$ 有界. $\underline{a} = \varliminf\limits_{n\to\infty} a_n$, $\bar{a} = \varlimsup\limits_{n\to\infty} a_n$, $S = \{a \in \mathbb{R} : 存在子列\ a_{n_k} \to a\,(k \to \infty)\}$. 若 $\lim\limits_{n\to\infty}(a_{n+1} - a_n) = 0$, $\underline{a} < \bar{a}$, 求证: $S = [\underline{a}, \bar{a}]$.

18. 证明: 若 E 是无上界的非空实数集, 则存在一递增数列 $\{a_n\} \subset E$, 使得 $\lim\limits_{n\to\infty} a_n = +\infty$.

2.2 实数域的基本性质

有七个与实数完备性公理等价的定理, 它们从不同角度阐述了实数完备性的本质特征, 是数学分析的理论基础, 在分析的各个分支起重要作用. 本节证明这些定理之间的等价关系.

2.2.1 闭区间套定理

定理 2.18 (闭区间套定理) 设 $I_n = [a_n, b_n]$ 是一列非空的闭区间, 满足 $I_1 \supset I_2 \supset \cdots \supset I_n \supset \cdots$, 则 $[\sup\{a_n\}, \inf\{b_n\}] = \bigcap_{n=1}^{\infty} I_n$. 进一步, 若对任意的 $\varepsilon > 0$, 存在闭区间 I_k, 区间长度 $|I_k| < \varepsilon$, 则 $\exists! \ c = \sup\{a_n\} = \inf\{b_n\} \in \bigcap_{n=1}^{\infty} I_n$.

证明 $\subseteq$: 由条件知道 $\{a_n\}$ 是单调增加有上界数列, $\{b_n\}_{n\geqslant 1}$ 是单调下降有下界数列. 由单调收敛定理知道, $\sup\{a_n\}, \inf\{b_n\}$ 存在, 并且 $a_n \leqslant \sup\{a_n\} \leqslant \inf\{b_n\} \leqslant b_n, n = 1, 2, \cdots$. 所以, $[\sup\{a_n\}, \inf\{b_n\}] \subseteq \bigcap_{n=1}^{\infty}[a_n, b_n]$.

$\supseteq$: 否则, 若存在 $x \in \bigcap_{n=1}^{\infty}[a_n, b_n]$, 但 $x \notin [\sup\{a_n\}, \inf\{b_n\}]$, 则 $x < \sup\{a_n\}$ 或 $x > \inf\{b_n\}$. 由确界定义, 前者蕴含存在 $a_n, x < a_n$, 后者蕴含存在 $b_n, x > b_n$, 这两种情况均与 $x \in \bigcap_{n=1}^{\infty}[a_n, b_n]$ 矛盾. 所以 $[\sup\{a_n\}, \inf\{b_n\}] \supseteq \bigcap_{n=1}^{\infty}[a_n, b_n]$.

定理的第二部分: 由定理条件, $\inf\{b_n\} - \sup\{a_n\} < \varepsilon$, 再利用 ε 的任意性得证. □

注 2.12 若 I_n 为非闭区间, 定理不一定成立. 如 $\left\{\left(0, \dfrac{1}{n}\right]\right\}$ 为半开区间套, 它们的交集是空集. 但 $\left\{\left(-\dfrac{1}{n}, \dfrac{1}{n}\right)\right\}$, 它们的交集是 $\{0\}$.

例 2.29 $[0, 1]$ 上的全体实数是不可数的.

证明 用反证法. 假设集合 $[0, 1]$ 是可数的. 则 $[0, 1] = \{a_1, a_2, \cdots, a_n, \cdots\}$.
第一步: 将区间 $[0, 1]$ 三等分, 则至少有一个区间不含 a_1, 记其为 I_1.
第二步: 将区间 I_1 三等分, 则至少有一个区间不含 a_1, a_2.
第三步: 如此继续下去, 得到一个闭区间套 $I_n, n \in \mathbb{N}^*$, I_n 不含点 $a_1, a_2, \cdots, a_n$.
由于 I_n 的长度是 $\dfrac{1}{3^n}$, 由闭区间套定理 $\exists! \ x^* \in I_n \subset [0, 1], n \in \mathbb{N}^*$. 由闭区间套 I_n 的构造方法知道, 对 $\forall n \in \mathbb{N}^*$, $\{a_k, 1 \leqslant k \leqslant n,\} \subset I_n^c$, 所以 $x^* \neq a_k, 1 \leqslant$

$k \leqslant n, \forall\, n \in \mathbb{N}^*$, 即 $x^* \notin \{a_1, a_2, \cdots, a_n, \cdots\}$, 这与 $[0,1] = \{a_1, a_2, \cdots, a_n, \cdots\}$ 矛盾. $\hfill\square$

2.2.2 紧致性定理

定理 2.19 (Bolzano-Weierstrass 定理) 有界数列必有收敛子列.

证明 设数列 $\{x_1, x_2, \cdots\}$ 有界, 则存在区间 $[a_1, b_1] \supset \{x_1, x_2, \cdots\}$.

第一步: 取 $x_{n_1} \in [a_1, b_1] \cap \{x_1, x_2, \cdots\}$.

第二步: 将区间等分为 $\left[a_1, \dfrac{a_1 + b_1}{2}\right]$ 和 $\left[\dfrac{a_1 + b_1}{2}, b_1\right]$, 其中必有一个子区间包含数列 $\{x_1, x_2, \cdots\}$ 的无穷多项, 不妨记为 $[a_2, b_2] \subset [a_1, b_1]$. 取 $x_{n_2} \in [a_2, b_2] \cap \{x_1, x_2, \cdots\}$ 且 $n_2 > n_1$.

第三步: 将 $[a_2, b_2]$ 等分为 $\left[a_2, \dfrac{a_2 + b_2}{2}\right]$ 和 $\left[\dfrac{a_2 + b_2}{2}, b_2\right]$, 其中必有一个子区间包含数列 $\{x_1, x_2, \cdots\}$ 的无穷多项, 不妨记为 $[a_3, b_3] \subset [a_2, b_2]$. 取 $x_{n_3} \in [a_3, b_3] \cap \{x_1, x_2, \cdots\}$ 且 $n_3 > n_2$.

第四步: 如此继续, 得到闭区间套 $\{[a_k, b_k]\}$ 和 $\{x_1, x_2, \cdots\}$ 的子数列 $\{x_{n_k}\}$, 满足

$$[a_{k+1}, b_{k+1}] \subset [a_k, b_k], \quad x_{n_k} \in [a_k, b_k], \quad b_{k+1} - a_{k+1} = 2^{-k}(b_1 - a_1), \quad k = 1, 2, \cdots.$$

由闭区间套定理, 存在唯一 $c \in \bigcap_{k=1}^{\infty}[a_k, b_k]$. 由于

$$|x_{n_k} - c| \leqslant b_k - a_k = 2^{-k}(b_1 - a_1), \quad \forall\, k > 0.$$

所以子列 $\{x_{n_k}\}$ 收敛于 c. $\hfill\square$

例 2.30 设数列 $\{a_n\}$, $\{b_n\}$ 都有界. 则存在正整数列 $\{n_k\}$, 满足对任 $k > 0$ 有 $n_k < n_{k+1}$, 且数列 $\{a_{n_k}\}$, $\{b_{n_k}\}$ 同时收敛.

证明 因为 $\{a_n\}$ 有界, 故存在子列 $\{a_{n_i}\}$ 收敛. 由于 $\{b_n\}$ 的对应子列 $\{b_{n_i}\}$ 有界, 所以存在子列 $\{b_{n_{i_k}}\} \subset \{b_{n_i}\}$ 收敛. 同时子列 $\{a_{n_{i_k}}\} \subset \{a_{n_i}\}$ 也收敛. 将子列下标 $\{n_{i_k}\}$ 记为 n_k 即得证. $\hfill\square$

定理 2.19 对一般有界无穷数集也成立.

定义 2.13 设集合 $A \subset \mathbb{R}, a \in \mathbb{R}$. 若对 $\forall\, \delta > 0, U(a, \delta)$ 都含 A 的无穷多点, 则称 a 是 A 的**聚点**.

例 2.31 (1) 区间中的每一点都是该区间的聚点.

(2) $\left\{\dfrac{1}{n} \,\middle|\, n \in \mathbb{N}\right\}$ 只有一个聚点 $a = 0$.

(3) 整数集 $\mathbb{Z}$ 没有聚点.

(4) 有理数集 $\mathbb{Q}$ 的聚点构成实数集.

推论 2.20   有界无穷实数集必有聚点.

证明   由于 A 是有界无穷实数集, 所以可以从中选出有界数列 $\{x_k\}$, 利用定理 2.9, 该数列有收敛子列. 由定义 2.13 知道, 这个收敛子列的极限点就是 A 的聚点.   □

2.2.3 柯西收敛准则

柯西收敛准则刻画了收敛数列的本质结构.

定义 2.14 (柯西列)   如果数列 $\{a_n\}$ 具有性质: $\forall \varepsilon > 0$, $\exists N \in \mathbb{N}$, 使得

$$|a_m - a_n| < \varepsilon, \quad \forall m, n > N,$$

则称 $\{a_n\}$ 为柯西列.

注 2.15 (柯西列的等价描述)   数列 $\{a_n\}$ 称为柯西列, 若 $\forall \varepsilon > 0$, $\exists N > 0$, 使得

$$|a_{n+p} - a_n| < \varepsilon, \quad \forall n > N, \forall p > 0.$$

定理 2.21 (柯西收敛准则) $\{a_n\}$ 是收敛数列 $\Longleftrightarrow$ $\{a_n\}$ 是柯西列.

证明 $\Longrightarrow$:   设数列 $\{a_n\}$ 收敛于 a, 则 $\forall \varepsilon > 0$, $\exists N > 0$, 使得

$$|a_m - a| < \frac{\varepsilon}{2}, \quad |a_n - a| < \frac{\varepsilon}{2}, \quad \forall m, n > N.$$

从而

$$|a_m - a_n| < |a_m - a| + |a_n - a| < \varepsilon, \quad \forall m, n > N.$$

$\Longleftarrow$:   设数列 $\{a_n\}$ 为柯西列, 则存在 $N \in \mathbb{N}$, 使得

$$|a_n - a_{N+1}| < 1, \quad \forall n > N \quad \Longrightarrow \quad |a_n| \leqslant 1 + |a_{N+1}|, \quad \forall n > N.$$

所以 $\{a_n\}$ 为有界数列, 从而存在收敛子列 $\{a_{n_k}\}$, 记 $\lim\limits_{k \to \infty} a_{n_k} = a$. 则 $\forall \varepsilon > 0$, $\exists N_1 > 0$, 使得

$$|a_{n_k} - a| < \frac{\varepsilon}{2}, \quad \forall k > N_1.$$

因为 $\{a_n\}$ 为柯西列, 存在 N_2, 使得

$$|a_n - a_m| < \frac{\varepsilon}{2}, \quad \forall m, n > N_2.$$

取 $N = \max\{N_1, N_2\} + 1$, 当 $n > N$ 时,

$$|a_n - a| \leqslant |a_n - a_{n_N}| + |a_{n_N} - a| < \varepsilon.$$

所以 $\lim\limits_{n \to \infty} a_n = a$.   □

例 2.32 设 $a_n = \sum\limits_{k=1}^{n} \dfrac{\sin k}{k^2}$. 证明: 数列 $\{a_n\}$ 收敛.

证明 我们证明 $\{a_n\}$ 为柯西列. 对 $\forall\, \varepsilon > 0$, 取 $N = [\varepsilon^{-1}] + 1$. 对任意 $n > m > N$, 由于

$$|a_m - a_n| = \left| \sum_{k=m+1}^{n} \frac{\sin k}{k^2} \right|$$
$$< \sum_{k=m+1}^{n} \frac{1}{k(k-1)}$$
$$= \frac{1}{m} - \frac{1}{m+1} + \frac{1}{m+1} - \frac{1}{m+2} + \cdots + \frac{1}{n-1} - \frac{1}{n}$$
$$< \frac{1}{m} < \varepsilon.$$

$\{a_n\}$ 为柯西列, 从而数列 $\{a_n\}$ 收敛. $\qquad\square$

例 2.33 设 $a_n = \sum\limits_{k=1}^{n} \dfrac{1}{k}$, 证明: 数列 $\{a_n\}$ 发散.

证明 令 $\varepsilon = \dfrac{1}{2}$. 对任意 $N > 2$, 取 $m = 2N+2$, $n = N$. 则

$$|a_m - a_n| = \left| \sum_{k=1}^{m} \frac{1}{k} - \sum_{k=1}^{n} \frac{1}{k} \right| = \sum_{k=N+1}^{2N+2} \frac{1}{k} \geqslant \sum_{k=N+1}^{2N+2} \frac{1}{2N+2} = \frac{N+1}{2N+2} = \frac{1}{2}.$$

故 $\{a_n\}$ 不是柯西列, 从而数列 $\{a_n\}$ 发散. $\qquad\square$

2.2.4 有限覆盖定理

定理 2.22 (有限覆盖定理) 若闭区间 $[a,b]$ 被开区间族 $\Sigma = \{\sigma \subset \mathbb{R} \mid \sigma$ 为开区间$\}$ 覆盖, 即

$$[a,b] \subset \bigcup_{\sigma \in \Sigma} \sigma,$$

则存在有限个开区间 $\{\sigma_1, \cdots, \sigma_n\} \subset \Sigma$, 使得 $[a,b] \subset \bigcup_{i=1}^{n} \sigma_i$.

证明 用反证法. 假设区间 $[a,b]$ 不能被 Σ 中有限个开区间所覆盖.

(1) 将 $[a,b]$ 等分, 则至少有一个闭区间不能被 Σ 中有限个开区间所覆盖, 记其为 $[a_1, b_1]$.

(2) 将 $[a_1, b_1]$ 等分, 则至少有一个闭区间不能被 Σ 中有限个开区间所覆盖, 记其为 $[a_2, b_2]$.

(3) 由此类推, 我们得到闭区间套 $\{[a_n, b_n] \mid n = 1, 2, \cdots\}$, 使得每一个闭区间都不能被 Σ 的有限个子集所覆盖, 并且 $b_n - a_n = \dfrac{b - a}{2^n}$.

由闭区间套定理知道, $\exists! \, c \in \bigcap_{n=1}^{\infty} [a_n, b_n]$. 因为 Σ 覆盖 $[a, b]$, 从而存在开区间 $\sigma_0 := (\alpha, \beta) \in \Sigma$ 使得 $c \in \sigma_0$. 因为 $\lim\limits_{n \to \infty} a_n = \lim\limits_{n \to \infty} b_n = c$, 由极限定义, 对充分小的 $\varepsilon > 0$, $\exists N \in \mathbb{N}, \forall \, n > N, a_n, b_n \in (c - \varepsilon, c + \varepsilon) \subset (\alpha, \beta) = \sigma_0$, 这与 $[a_n, b_n]$ 不能被 Σ 的有限子集覆盖矛盾. $\qquad\square$

注 2.16　两点说明:

● 若开区间 (a, b) 被开区间族 $\Sigma = \{\sigma\}$ 所覆盖. 则 (a, b) 未必能被 Σ 的有限子集所覆盖. 如

$$(0, 1) \subset \bigcup_{k=1}^{\infty} \sigma_k, \quad \sigma_k := \left(\frac{1}{k+1}, \frac{2}{k+1} \right).$$

但 $(0, 1)$ 不能被 $\{\sigma_k \mid k = 1, 2, \cdots\}$ 的任何有限子集所覆盖.

● 若闭区间 $[a, b]$ 被闭区间族 $\Sigma = \{\sigma\}$ 所覆盖, 则 $[a, b]$ 未必能被 Σ 的有限子集所覆盖. 如

$$[-1, 1] \subset \bigcup_{k=1}^{\infty} \sigma_k, \quad \sigma_1 = [-1, 0], \quad \sigma_k := \left[\frac{1}{k}, \frac{2}{k} \right], \quad k = 2, 3, \cdots.$$

但 $[-1, 1]$ 不能被 $\{\sigma_k \mid k = 1, 2, \cdots\}$ 的任何有限子集所覆盖.

2.2.5　基本性质等价

定理 2.23　在实数域上如下命题等价:

(1) 完备性公理;

(2) 确界原理;

(3) 单调有界数列必收敛;

(4) 闭区间套定理;

(5) 紧致性定理 (Bolzano-Weierstrass 定理);

(6) 有界无穷实数集必有聚点;

(7) 柯西收敛准则;

(8) 有限覆盖定理.

证明　已经证明的结论:

$$(1) \overset{\text{定理 1.16}}{\Longrightarrow} (2) \overset{\text{定理 2.10}}{\Longrightarrow} (3) \overset{\text{定理 2.18}}{\Longrightarrow}$$

$$(4) \overset{\text{定理 2.19}}{\Longrightarrow} (5) \overset{\text{定理 2.21}}{\Longrightarrow} (7). \quad (5) \overset{\text{推论 2.20}}{\Longrightarrow} (6).$$

下面要证明: (7) $\Longrightarrow$ (3) $\Longrightarrow$ (2), (5) $\Longleftrightarrow$ (8).

(7) $\Longrightarrow$ (3) (柯西收敛准则 $\Longrightarrow$ 单调收敛定理) 用反证法. 假设数列 $\{a_n\}$ 单调增加且有上界, 但发散. 由柯西收敛准则知道, $\{a_n\}$ 不是柯西列, 即

$$\exists \, \varepsilon_0 > 0 \text{ 使得 } \forall \, N > 0, \ \exists \, m_1 > n_1 > N, \ a_{m_1} - a_{n_1} > \varepsilon_0.$$

取 $N > m_1$, 对上述 ε_0, 再次利用 $\{a_n\}$ 不是柯西列, $\exists \, m_2 > n_2 > N$, $a_{m_2} - a_{n_2} > \varepsilon_0$. 由于数列 $\{a_n\}$ 单调增加, 所以

$$a_{m_2} - a_{n_1} = (a_{m_2} - a_{n_2}) + (a_{n_2} - a_{m_1}) + (a_{m_1} - a_{n_1}) > 2\varepsilon_0.$$

以此类推, 得到 $a_{m_k} - a_{n_1} > k\varepsilon_0$. 显然当 $k \to \infty$ 时, 数列 $\{a_{m_k}\}$ 无界. 矛盾!

(3) $\Longrightarrow$ (2) (单调收敛定理 $\Longrightarrow$ 有上界必有上确界) 设 A 为有上界的非空数集.

令 b_1 为 A 的一个上界, 取 $a_1 \in A$, 则 $a_1 \leqslant b_1$. 令 $c_1 = \dfrac{a_1 + b_1}{2}$. 若 c_1 为 A 的一个上界, 则取 $a_2 = a_1$, $b_2 = c_1$. 否则取 $a_2 = c_1, b_2 = b_1$. 于是得到 $a_2 \in A, b_2 \in A^c$, $a_2 < b_2$, $b_2 - a_2 \leqslant \dfrac{b_1 - a_1}{2}$.

对 $a_2 < b_2$ 进行同样的步骤, 得到 $a_3 \in A, b_3 \in A^c$, $a_3 < b_3$, $b_3 - a_3 \leqslant \dfrac{b_1 - a_1}{2^2}$.

由此类推, 我们得到单调增加数列 $\{a_n\} \subset A$, 单调减少数列 $\{b_n\} \subset A^c$, 数列 $\{a_n\}$ 有上界 b_1, 数列 $\{b_n\}$ 有下界 a_1, $b_n - a_n \leqslant \dfrac{b_1 - a_1}{2^n}$. 从而它们有极限, 并且

$$\lim_{n \to \infty} a_n = a = \lim_{n \to \infty} b_n.$$

此外, 由 $\{b_n\}, \{a_n\}$ 的构造和 $\lim\limits_{n \to \infty} a_n = a$ 知

$$x \leqslant b_n, \quad \forall \, x \in A, \, \forall \, n \geqslant 1 \quad \Longrightarrow \quad x \leqslant a, \quad \forall \, x \in A.$$

$$\forall \, \varepsilon > 0, \quad \exists \, N > 0, \quad \text{满足} \quad |a_n - a| < \varepsilon, \quad \forall \, n > N.$$

即

$$\exists \, a_{N+1} \in A, \quad a - \varepsilon < a_{N+1}.$$

所以 a 是 A 的上确界.

(5) $\Longrightarrow$ (8) (Bolzano-Weierstrass 定理 $\Longrightarrow$ 有限覆盖定理) 假设 Σ 为闭区间 $[a, b]$ 的开覆盖,

$$[a, b] \subset \bigcup_{\sigma \in \Sigma} \sigma,$$

但 Σ 的任何有限子集都不能覆盖 $[a, b]$. 则

$$\left[a, \frac{a+b}{2}\right], \quad \left[\frac{a+b}{2}, b\right]$$

中至少有一个不能被 Σ 的任何有限子集所覆盖, 记其为 $[a_1, b_1]$, 满足

$$[a_1, b_1] \subset [a, b], \quad b_1 - a_1 = \frac{b-a}{2}.$$

同理

$$\left[a_1, \frac{a_1+b_1}{2}\right], \quad \left[\frac{a_1+b_1}{2}, b_1\right]$$

中至少有一个不能被 Σ 的任何有限子集所覆盖, 记其为 $[a_2, b_2]$, 满足

$$[a_2, b_2] \subset [a, b], \quad b_2 - a_2 = \frac{b-a}{2^2}.$$

如此我们得到有界数列 $\{a_n\}$, $\{b_n\}$. $[a_n, b_n]$ 不能被 Σ 的任何有限子集所覆盖, 且 $[a_n, b_n] \subset [a, b]$, $b_n - a_n = \dfrac{b-a}{2^n}$. 由紧致性定理可知, 存在具有共同下标的收敛子列 $\{a_{n_k}\}$, $\{b_{n_k}\}$. 再由这两个数列的选取方法知道

$$\lim_{k \to \infty} a_{n_k} = c = \lim_{k \to \infty} b_{n_k} \quad \text{且} \quad a_{n_k} \leqslant c \leqslant b_{n_k}, \quad \forall k \geqslant 1.$$

所以 $c \in [a, b]$. 由条件知存在开区间 $\sigma \in \Sigma$, 使得 $c \in \sigma$. 再利用 $\lim\limits_{k \to \infty} a_{n_k} = c = \lim\limits_{k \to \infty} b_{n_k}$, 知道存在 $k > 0$, 使得 $[a_{n_k}, b_{n_k}] \subset \sigma$. 这与闭区间列 $\{[a_n, b_n]\}$ 构造的方式矛盾.

(8) $\Longrightarrow$ (5) (有限覆盖定理 $\Longrightarrow$Bolzano-Weierstrass 定理) 假设数列 $\{x_n\}$ 以 a, b 为上、下界, 但 $\{x_n\}$ 没有收敛子列, 所以没有聚点, 因此 $\forall y \in [a, b]$, $\exists \delta_y > 0$ 使得开区间 $(y - \delta_y, y + \delta_y)$ 中只含 $\{x_n\}$ 的有限项. 注意到

$$[a,b] \subset \bigcup_{y \in [a,b]} (y - \delta_y, y + \delta_y),$$

由有限覆盖定理, 存在有限个开区间使得

$$[a,b] \subset \bigcup_{i=1}^{m} (y_i - \delta_{y_i}, y_i + \delta_{y_i}).$$

但每个开区间 $(y_i - \delta_{y_i}, y_i + \delta_{y_i})$ 只包含数列 $\{x_n\}$ 的有限项, 所以 $\bigcup_{i=1}^{m}(y_i - \delta_{y_i}, y_i + \delta_{y_i})$ 也只包含数列 $\{x_n\}$ 的有限项. 由于 $\{x_n\} \subset [a,b]$, 所以 $\{x_n\} \subset \bigcup_{i=1}^{m}(y_i - \delta_{y_i}, y_i + \delta_{y_i})$, 这与其只包含 $\{x_n\}$ 的有限项矛盾. $\qquad\square$

习　题

1. 设 $b_n > b_{n+1}, n \geqslant 1$. 在下面三种情况下, 求 $\bigcap_{n=1}^{\infty}(a_n, b_n)$.

(1) (i) 设 $a_n < a_{n+1}$; (ii) $a_n = a_{n+1}$; (iii) $a_n \leqslant a_{n+1}$.

(2) 若 $\lim_{n \to \infty} a_n = \lim_{n \to \infty} b_n$, 问上述 (i)—(iii) 结论如何?

2. 设 $\{(a_n, b_n)\}$ 是一个严格开区间套, 即满足 $a_1 < a_2 < \cdots < a_n < b_n < \cdots < b_2 < b_1$, 且 $\lim_{n \to \infty}(b_n - a_n) = 0$. 证明: 存在唯一的一点 ξ, 使得 $a_n < \xi < b_n$, $n = 1, 2, \cdots$.

3. 对任意 $\varepsilon > 0, \exists N \in \mathbb{N}, \forall n > N$ 都有 $|a_n - a_N| < \varepsilon$, 问 $\{a_n\}$ 是不是柯西列?

4. (1) 数列 $\{a_n\}$ 满足 $|a_{n+p} - a_n| \leqslant \dfrac{p}{n}$ 对一切 $n, p \in \mathbb{N}$ 成立, 问 $\{a_n\}$ 是不是柯西列?

(2) $|a_{n+p} - a_n| \leqslant \dfrac{p}{n^2}$ 时又如何?

5. 数列 $\{a_n\}$ 满足: 若 $\forall \varepsilon > 0, \exists N \in \mathbb{N}$ 和 A, 使得当 $n > N$ 时成立 $|a_n - A| < \varepsilon$, 问 $\{a_n\}$ 是否收敛? 说明理由.

6. 设 $H = \left\{ \left(\dfrac{1}{n+2}, \dfrac{1}{n} \right) : n = 1, 2, \cdots \right\}$. 问:

(1) H 能否覆盖 $(0,1)$?

(2) 能否从 H 中选出有限个开区间覆盖 (i) $\left(0, \dfrac{1}{2}\right)$; (ii) $\left(\dfrac{1}{100}, 1\right)$?

7. 用确界原理证明有限覆盖定理.

8. 证明下列数列收敛.

(1) $a_n = 1 - \dfrac{1}{2^2} + \dfrac{1}{3^2} + \cdots + (-1)^{n-1}\dfrac{1}{n^2}$, $n \in \mathbb{N}^*$.

(2) $a_n = \dfrac{\sin 2x}{2(2 + \sin 2x)} + \dfrac{\sin 3x}{3(3 + \sin 3x)} + \cdots + \dfrac{\sin nx}{n(n + \sin nx)}$, $n \in \mathbb{N}^*$.

9. 设数列 $\{|a_2 - a_1| + |a_3 - a_2| + \cdots + |a_n - a_{n-1}|\}$ 有界, 证明 $\{a_n\}$ 收敛.

10. 若开区间族 $\mathcal{J}$ 覆盖有限闭区间 $[a,b]$, 证明: 存在 $\sigma > 0$, 使得对任意区间 $E \subset [a,b]$, $|E| < \sigma$, 必有 $\mathcal{J}$ 中的某个开区间 $I \supset E$ (σ 称为开覆盖族 $\mathcal{J}$ 的**勒贝格 (Lebesgue) 数**). (提示: 用反证法.)

11. 设 $f(x)$ 在 (a,b) 上有定义, 对 $\forall \xi \in (a,b), \exists \delta > 0$, 当 $x \in (\xi - \delta, \xi + \delta) \cap (a,b)$ 时, 有

$$f(x) < f(\xi),\ x < \xi;\quad f(\xi) < f(x),\ \xi < x.$$

证明: $f(x)$ 在 (a,b) 内严格增加. (提示: 证明对 $\forall \xi_1, \xi_2 \in (a,b), \xi_1 < \xi_2,\ f(\xi_1) < f(\xi_2)$. 为此在 $[\xi_1, \xi_2]$ 中每个点找出题设的开覆盖, 用有限覆盖定理确定有限个开覆盖. 保留以 ξ_1, ξ_2 为中心的开邻域 (没有就添加), 删去多余的开邻域. 每两个相邻的开邻域里选一个公共点, 整理后的 n 个子覆盖的中心点和 $n-1$ 个公共点顺次记为 $x_1, x_2, \cdots, x_{2n-1}$, 则 $\xi_1 = x_1 < x_2 < \cdots < x_{2n-1} = \xi_2$, 其中 x_{2i-1} 为中心, x_{2i} 为公共点, $i = 1, 2, \cdots, n$. 于是有 $f(\xi_1) = f(x_1) < f(x_2) < \cdots < f(x_{2n-1}) = f(\xi_2)$.)

2.3 数项级数

数项级数是数列极限的特殊情况, 除沿用数列极限的运算法则和判别收敛的方法外, 自身还有一些特殊性质和判别收敛的方法. 本节研究这些特殊性质及判别收敛方法.

2.3.1 数项级数概念和性质

例 2.34 设 $\{u_n\}$ 为等比数列, 首项 $u_1 = a$, 公比为 r. 设 $S_n = \sum_{i=1}^{n} u_i$. 则 $u_i = ar^{i-1}$,

$$S_n = \begin{cases} \sum_{i=1}^{n} ar^{i-1} = a\dfrac{1-r^n}{1-r}, & r \neq 1, \\ na, & r = 1. \end{cases}$$

当 $|r| < 1$ 时数列 S_n 收敛, 其极限记为 S; 当 $|r| \geqslant 1$ 时数列 S_n 发散. $\sum_{i=1}^{\infty} u_i := S$ 称为**几何级数**.

定义 2.17 给定数列 $\{u_n\}$, 称 $\sum_{n=1}^{\infty} u_n$ 为**数项级数**, 简称**级数**, u_n 称为数项级数的通项. 称 $S_n = \sum_{i=1}^{n} u_i$ 为级数**前 n 项部分和**, 简称**部分和**, $\{S_n\}$ 称为级数的部分和数列. 如果级数的通项 u_n 非负, 称其为**正项级数**.

定义 2.18 若部分和数列 $\{S_n\}$ 收敛于 S, 则称数项级数 $\sum_{n=1}^{\infty} u_n$ 收敛, S 称为数项级数的和, 记为 $S = \sum_{n=1}^{\infty} u_n$. 若 $\{S_n\}$ 不收敛, 则称 $\sum_{n=1}^{\infty} u_n$ 为发散级数.

定理 2.24 (级数的性质) (1) 线性性: 若级数 $\sum\limits_{n=1}^{\infty} u_n$, $\sum\limits_{n=1}^{\infty} v_n$ 收敛, 则对任意常数 $\alpha, \beta \in \mathbb{R}$, 级数 $\sum\limits_{n=1}^{\infty} (\alpha u_n + \beta v_n)$ 收敛, 且级数和为

$$\sum_{n=1}^{\infty} (\alpha u_n + \beta v_n) = \alpha \sum_{n=1}^{\infty} u_n + \beta \sum_{n=1}^{\infty} v_n \, .$$

(2) 对于级数 $\sum\limits_{n=1}^{\infty} u_n$, 去掉或增加有限项不影响级数的收敛性.

(3) (收敛的必要条件) 若级数 $\sum\limits_{n=1}^{\infty} u_n$ 收敛, 则 $\lim\limits_{n \to \infty} u_n = 0$.

(4) (结合律) 收敛级数的项任意加括号后仍收敛, 且和不变.

(5) (交换律) 设正项级数 $\sum\limits_{n=1}^{\infty} u_n = S$, 任意交换此级数各项次序后的级数 $\sum\limits_{n=1}^{\infty} u_n' = S'$. 则 $S = S'$. 特别地, 两个正项级数同敛散.

证明 (1), (2) 由级数定义是明显的. (3) $\lim\limits_{n \to \infty} a_n = \lim\limits_{n \to \infty} [S_n - S_{n-1}] = 0$.

(4) 设级数部分和数列 $S_n = \sum\limits_{i=1}^{n} u_i, n \geqslant 1$, 加括号后形成级数的部分和数列为 $S_k', k \geqslant 1$. 则

$$S_k' = (u_1 + \cdots + u_{n_1}) + (u_{n_1+1} + \cdots + u_{n_2}) + \cdots + (u_{n_{k-1}+1} + \cdots + u_{n_k}) = S_{n_k}.$$

所以加括号后形成的级数部分和数列 $\{S_n'\}$ 是未加括号部分和数列 $\{S_n\}$ 的子列, 所以收敛.

(5) 记级数 $S = \sum\limits_{n=1}^{\infty} u_n$, $S' = \sum\limits_{n=1}^{\infty} u_n'$ 的部分和分别为

$$S_n = \sum_{i=1}^{n} u_i \, , \quad S_n' = \sum_{i=1}^{n} u_{k_i} \, .$$

记 $N = \max\{k_1, k_2, \cdots, k_n\}$. 则 $S_n' \leqslant S_N \leqslant S$. 故数列 $\{S_n'\}$ 单调增加有上界, 所以 $S' \leqslant S$. 同理, 级数 $\sum\limits_{n=1}^{\infty} u_n$ 也可以看作是级数 $\sum\limits_{n=1}^{\infty} u_n'$ 交换各项次序得到的, 从而 $S \leqslant S'$, 所以 $S = S'$.

由于级数 $\sum\limits_{n=1}^{\infty} u_n$ 收敛当且仅当 $S < \infty$, 所以两个正项级数同敛散. $\quad\square$

注 2.19　(1) 级数加括号后的收敛性不能判定原级数的收敛性. 例如, 由定理 2.24(3) 知道, 级数

$$1 - 1 + 1 - 1 + \cdots + 1 - 1 + \cdots \text{ 发散.}$$

但适当加括号后得到的级数

$$(1 - 1) + (1 - 1) + \cdots + (1 - 1) + \cdots = 0 + 0 + \cdots + 0 + \cdots = 0, \text{ 收敛.}$$

这是由于数项级数是有限数项求和的极限, 有限数项加法运算法则不能直接推广到数项级数.

(2) 收敛级数具有结合律. 正项级数具有加法交换律, 但对一般数项级数加法交换律不成立. 其成立的条件在 2.3.4 节讨论.

例 2.35　证明下列级数的发散: (1) $\displaystyle\sum_{n=1}^{\infty} \frac{\left(n + \dfrac{1}{n}\right)^n}{n^{n+\frac{1}{n}}}$; (2) $\displaystyle\sum_{n=1}^{\infty} \ln\left(1 + \frac{1}{n}\right)$.

解　(1) 因为

$$\frac{\left(n + \dfrac{1}{n}\right)^n}{n^{n+\frac{1}{n}}} = \frac{\left(n + \dfrac{1}{n}\right)^n}{n^n} \frac{1}{\sqrt[n]{n}} \geqslant \frac{1}{\sqrt[n]{n}} \to 1, \quad n \to +\infty,$$

所以该级数发散.

(2) 因为

$$\sum_{k=n+1}^{2n+1} \ln\left(1 + \frac{1}{k}\right) = \ln(2n + 2) - \ln(n + 1) = \ln 2 .$$

所以该级数发散.　　　　　　　　　　　　　　　　　　　　　　　　　　　□

例 2.36　证明级数 $\dfrac{1}{\sqrt{2} - 1} - \dfrac{1}{\sqrt{2} + 1} + \dfrac{1}{\sqrt{3} - 1} - \dfrac{1}{\sqrt{3} + 1} + \cdots + \dfrac{1}{\sqrt{n} - 1} -$

$\dfrac{1}{\sqrt{n} + 1} + \cdots$ 发散.

解　考虑加括号后的级数

$$\left(\frac{1}{\sqrt{2} - 1} - \frac{1}{\sqrt{2} + 1}\right) + \left(\frac{1}{\sqrt{3} - 1} - \frac{1}{\sqrt{3} + 1}\right) + \cdots + \left(\frac{1}{\sqrt{n} - 1} - \frac{1}{\sqrt{n} + 1}\right) \cdots$$

一般项 $u_n = \dfrac{1}{\sqrt{n} - 1} - \dfrac{1}{\sqrt{n} + 1} = \dfrac{2}{n - 1}$. 由例 2.33 知道 $\displaystyle\sum_{k=1}^{\infty} u_n$ 发散, 由定理 2.24(4) 知原级数发散.　　　　　　　　　　　　　　　　　　　□

注 2.20 $\sum\limits_{k=1}^{\infty} \dfrac{1}{k}$ 称为**调和级数**, 是重要的发散级数, 由约翰·伯努利 (1667—1748) 给出.

定理 2.25 $\sum\limits_{n=1}^{\infty} u_n$ 收敛的充分必要条件是: $\forall\, \varepsilon > 0,\ \exists\, N(\varepsilon) \in \mathbb{N},\ \forall\, n > N,\ p \in \mathbb{N},\ \left| \sum\limits_{k=n}^{n+p} u_k \right| < \varepsilon.$

证明 对部分和数列用柯西收敛准则. □

例 2.37 证明级数 $\sum\limits_{n=1}^{\infty} \dfrac{1}{n^2}$ 收敛.

证明

$$
\begin{aligned}
&\frac{1}{(n+1)^2} + \frac{1}{(n+2)^2} + \cdots + \frac{1}{(n+p)^2} \\
&< \frac{1}{n(n+1)} + \frac{1}{(n+1)(n+2)} + \cdots + \frac{1}{(n+p-1)(n+p)} \\
&= \frac{1}{n} - \frac{1}{n+p} \\
&< \frac{1}{n},
\end{aligned}
$$

所以, 对任给的 $\varepsilon > 0$, 取 $N = \left[\dfrac{1}{\varepsilon}\right] + 1$, 使当 $n > N$ 及任意 $p \in \mathbb{N}$, 有

$$
\frac{1}{(n+1)^2} + \frac{1}{(n+2)^2} + \cdots + \frac{1}{(n+p)^2} < \varepsilon,
$$

定理 2.24, 级数 $\sum\limits_{n=1}^{\infty} \dfrac{1}{n^2}$ 收敛. □

注 2.21 事实上, $\sum\limits_{n=1}^{\infty} \dfrac{1}{n^p} < \infty,\ p > 1$. 证明放在 11.4 节.

定理 2.26 若级数 $\sum\limits_{n=1}^{\infty} |u_n|$ 收敛, 则级数 $\sum\limits_{n=1}^{\infty} u_n$ 收敛.

证明 利用柯西收敛准则证明. 因为级数 $\sum\limits_{n=1}^{\infty} |u_n|$ 收敛, $\forall\, \varepsilon > 0,\ \exists\, N(\varepsilon) \in \mathbb{N}$, 使得

$$
\sum_{k=n}^{m} |u_k| < \varepsilon, \quad \forall\, m > n > N(\varepsilon).
$$

从而

$$\left| \sum_{k=n}^{m} u_k \right| \leqslant \sum_{k=n}^{m} |u_k| < \varepsilon, \quad \forall\, m > n > N(\varepsilon).$$

所以级数 $\displaystyle\sum_{n=1}^{\infty} u_n$ 收敛. $\square$

由定理 2.26, 判断数项级数是否收敛, 一个重要方法是判断其各项加绝对值后形成的级数是否收敛. 这就转化为判定正项级数收敛问题, 在下节介绍.

习　题

1. 证明下列级数的收敛性, 并求其和.

(1) $\displaystyle\sum_{n=1}^{\infty} \frac{1}{n(n+2)}$.

(2) $\displaystyle\sum_{n=1}^{\infty} \left(\frac{1}{2^n} + \frac{1}{3^n} \right)$.

(3) $\displaystyle\sum_{n=1}^{\infty} (-1)^{n-1} \frac{1}{2^{n-1}}$.

(4) $\displaystyle\sum_{n=1}^{\infty} \frac{1}{n(n+1)(n+2)}$.

(5) $\displaystyle\sum_{n=1}^{\infty} (\sqrt{n+2} - 2\sqrt{n+1} + \sqrt{n})$.

(6) $\displaystyle\sum_{n=1}^{\infty} \frac{2n-1}{2^n}$.

2. 证明下列等式:

(1) $\displaystyle\sum_{n=1}^{\infty} \frac{2n+1}{n^2(n+1)^2} = 1$.

(2) $\displaystyle\sum_{n=1}^{\infty} \frac{1}{n(n+m)} = \frac{1}{m} \left(1 + \frac{1}{2} + \cdots + \frac{1}{m} \right)$, 其中 m 是正整数.

3. 若 $\displaystyle\sum_{n=1}^{\infty} a_n$, $\displaystyle\sum_{n=1}^{\infty} b_n$ 都是发散级数, 试问下列级数 $\displaystyle\sum_{n=1}^{\infty} (a_n + b_n)$, $\displaystyle\sum_{n=1}^{\infty} a_n b_n$ 的敛散性?

4. 设 $\displaystyle\sum_{n=1}^{\infty} a_n$ 收敛, 证明 $\displaystyle\sum_{n=1}^{\infty} (a_n + a_{n+1})$ 也收敛. 试举例说明, 逆命题不成立. 但是若 $a_n > 0$, 逆命题成立, 试证之.

5. 设数列 $\{na_n\}$ 与级数 $\displaystyle\sum_{n=1}^{\infty} n(a_n - a_{n+1})$ 都收敛, 证明级数 $\displaystyle\sum_{n=1}^{\infty} a_n$ 也收敛.

6. 设数列 $\{u_n\}$, $\displaystyle\lim_{n \to \infty} u_n = 0$. 设 $v_n = u_n + u_{n+1}$, $\displaystyle\sum_{n=1}^{\infty} v_n$ 收敛, 则级数 $\displaystyle\sum_{n=1}^{\infty} u_n$ 收敛, 并求和的关系. 若对固定的 $m \in \mathbb{N}$, $v_n = u_n + u_{n+1} + \cdots + u_{n+m}$, 结论是否还正确?

2.3.2　正项级数收敛判别法

本节介绍判定正项级数的比较、比式、根式判别法.

2.3.2.1 比较判别法

定理 2.27 (比较判别法) 设 $\sum\limits_{n=1}^{\infty} u_n, \sum\limits_{n=1}^{\infty} v_n$ 为正项级数, 且 $\exists N \in \mathbb{N}$ 使得对 $n > N, u_n \leqslant v_n$.

(1) 若 $\sum\limits_{n=1}^{\infty} v_n$ 收敛, 则 $\sum\limits_{n=1}^{\infty} u_n$ 收敛.

(2) 若 $\sum\limits_{n=1}^{\infty} u_n$ 发散, 则 $\sum\limits_{n=1}^{\infty} v_n$ 发散.

证明 由定理 2.24(2) 知道 $\sum\limits_{n=1}^{\infty} u_n, \sum\limits_{n=N+1}^{\infty} u_n$ 及 $\sum\limits_{n=1}^{\infty} v_n, \sum\limits_{n=N+1}^{\infty} v_n$ 具有相同的敛散性, 所以只需考虑级数 $\sum\limits_{n=N+1}^{\infty} u_n, \sum\limits_{n=N+1}^{\infty} v_n$. 设 $U_n = \sum\limits_{i=N+1}^{n} u_i, V_n = \sum\limits_{i=N+1}^{n} v_i$. 则 $U_n \leqslant V_n$. 所以, 若 $\sum\limits_{n=1}^{\infty} v_n$ 收敛, 则 U_n 单调增加有界, 故收敛; 若 $\sum\limits_{n=1}^{\infty} u_n$ 发散, 则 V_n 单调增加无界, 故发散. $\square$

例 2.38 考察级数 $\sum\limits_{n=1}^{\infty} \dfrac{1}{n^2 - n + 1}$ 的收敛性.

解 当 $n \geqslant 2$ 时, 有

$$\frac{1}{n^2 - n + 1} \leqslant \frac{1}{n^2 - n} \leqslant \frac{1}{(n-1)^2}.$$

因为正项级数 $\sum\limits_{n=2}^{\infty} \dfrac{1}{(n-1)^2}$ 收敛, 由定理 2.27 级数 $\sum\limits_{n=1}^{\infty} \dfrac{1}{n^2 - n + 1}$ 也收敛. $\square$

定理 2.28 (比较判别法的极限形式) 设 $\sum\limits_{n=1}^{\infty} u_n, \sum\limits_{n=1}^{\infty} v_n$ 为正项级数, 满足 $\lim\limits_{n \to \infty} \dfrac{u_n}{v_n} = \rho \in [0, +\infty]$.

(1) 若 $\rho \in (0, +\infty), \sum\limits_{n=1}^{\infty} u_n$ 和 $\sum\limits_{n=1}^{\infty} v_n$ 有相同的敛散性.

(2) 若 $\rho = 0, \sum\limits_{n=1}^{\infty} v_n$ 收敛, $\sum\limits_{n=1}^{\infty} u_n$ 收敛.

(3) 若 $\rho = \infty, \sum\limits_{n=1}^{\infty} v_n$ 发散, $\sum\limits_{n=1}^{\infty} u_n$ 发散.

证明 利用定理 2.27 容易证明. $\square$

定理 2.29 (比较判别法的上、下极限形式) 设 $\sum\limits_{n=1}^{\infty} u_n, \sum\limits_{n=1}^{\infty} v_n$ 为正项级数,

满足

$$\varlimsup_{n\to\infty}\frac{u_n}{v_n}=\overline{\rho},\quad \varliminf_{n\to\infty}\frac{u_n}{v_n}=\underline{\rho},\quad \overline{\rho},\underline{\rho}\in[0,+\infty].$$

(1) 若 $\underline{\rho},\overline{\rho}\in(0,+\infty)$, $\sum\limits_{n=1}^{\infty}u_n$ 和 $\sum\limits_{n=1}^{\infty}v_n$ 有相同的敛散性.

(2) 若 $\overline{\rho}=0$, $\sum\limits_{n=1}^{\infty}v_n$ 收敛, $\sum\limits_{n=1}^{\infty}u_n$ 收敛.

(3) 若 $\underline{\rho}=+\infty$, $\sum\limits_{n=1}^{\infty}v_n$ 发散, 级数 $\sum\limits_{n=1}^{\infty}u_n$ 发散.

证明　由 $\varlimsup\limits_{n\to\infty}\frac{u_n}{v_n}=\overline{\rho}$, $\varliminf\limits_{n\to\infty}\frac{u_n}{v_n}=\underline{\rho}$ 知道, 对 $\forall\,\varepsilon>0$, $\exists\,N\in\mathbb{N}$, $\forall\,n>N$,

$$\underline{\rho}-\varepsilon<\inf_{k\geqslant n}\left\{\frac{u_n}{v_n}\right\}\leqslant\frac{u_n}{v_n}\leqslant\sup_{k\geqslant n}\left\{\frac{u_n}{v_n}\right\}<\overline{\rho}+\varepsilon.$$

利用定理 2.27 容易证明. □

例 2.39　证明级数 $\sum\limits_{n=1}^{\infty}\frac{1}{2^n-n}$ 收敛.

证明　因为

$$\lim_{n\to\infty}\frac{\dfrac{1}{2^n-n}}{\dfrac{1}{2^n}}=\lim_{n\to\infty}\frac{2^n}{2^n-n}=1,$$

由例 2.34 知道级数 $\sum\limits_{n=1}^{\infty}\frac{1}{2^n}$ 收敛, 由定理 2.28, $\sum\limits_{n=1}^{\infty}\frac{1}{2^n-n}$ 收敛. □

例 2.40　已知 $\lim\limits_{n\to\infty}n\sin\left(\dfrac{1}{n}\right)=1$. 判定下列级数的敛散性.

(1) $\sum\limits_{n=1}^{\infty}\sin\dfrac{1}{n}$;　(2) $\sum\limits_{n=1}^{\infty}2^n\sin\dfrac{1}{3^n}$.

解　(1) 因为 (3.3 节例 3.13)

$$\lim_{n\to\infty}\frac{\sin\dfrac{1}{n}}{\dfrac{1}{n}}=1,$$

而级数 $\sum\limits_{n=1}^{\infty}\frac{1}{n}$ 发散, 由定理 2.28, 级数 $\sum\limits_{n=1}^{\infty}\sin\frac{1}{n}$ 发散.

(2) 因为

$$\lim_{n \to \infty} \frac{2^n \sin \dfrac{1}{3^n}}{\left(\dfrac{2}{3}\right)^n} = 1,$$

由例 2.34 知道级数 $\sum\limits_{n=1}^{\infty} \left(\dfrac{2}{3}\right)^n$ 收敛, 由定理 2.28 级数 $\sum\limits_{n=1}^{\infty} 2^n \sin \dfrac{1}{3^n}$ 收敛. □

对数列 $\{a_n\}_{n \in \mathbb{N}}$, 由于 $a_n = S_n - S_{n-1} = a_0 + \sum\limits_{k=1}^{n} (a_k - a_{k-1})$, 所以可以通过判别级数的收敛性得到数列的收敛性.

例 2.41 设 $a_n = 1 + \dfrac{1}{2} + \cdots + \dfrac{1}{n} - \ln n$. 证明 $\lim\limits_{n \to \infty} a_n$ 存在.

证明 设 $a_0 = 0$. 因为 $a_n = \sum\limits_{k=1}^{n} (a_k - a_{k-1})$ 是级数 $\sum\limits_{k=1}^{\infty} (a_k - a_{k-1})$ 的部分和, 而

$$\begin{aligned} a_k - a_{k-1} &= \frac{1}{k} - \ln \frac{k}{k-1} \\ &= \frac{1}{k} + \ln \frac{k-1}{k} \\ &= \frac{1}{k} + \ln \left(1 - \frac{1}{k}\right). \end{aligned}$$

利用不等式 $-2x^2 < x + \ln(1-x) < 0, x \in \left(0, \dfrac{3}{4}\right)$ (证明放在 7.1 节), 知当 $k \geqslant 2$ 时,

$$-\frac{2}{k^2} \leqslant a_k - a_{k-1} \leqslant 0.$$

由于 $\sum\limits_{k=2}^{\infty} \dfrac{1}{k^2}$ 收敛, 所以级数 $\sum\limits_{k=2}^{\infty} (a_k - a_{k-1})$ 收敛, 由此知道 $\{a_n\}$ 收敛. □

注 2.22 该数列极限称为**欧拉常数**, 等于 $0.5772156649\cdots$. 目前还不知道它是否是无理数.

例 2.42 设 $a_n = 1 + \dfrac{1}{\sqrt{2}} + \cdots + \dfrac{1}{\sqrt{n}} - 2\sqrt{n}$. 证明: $\lim\limits_{n \to \infty} a_n$ 存在.

证明 设 $a_0 = 0$. 因为 $a_n = \sum\limits_{k=1}^{n} (a_k - a_{k-1})$ 是级数 $\sum\limits_{k=1}^{\infty} (a_k - a_{k-1})$ 的部分和, 而

$$a_k - a_{k-1} = \frac{1}{\sqrt{k}} - 2(\sqrt{k} - \sqrt{k-1})$$

$$= \frac{1}{\sqrt{k}} - \frac{2}{\sqrt{k} + \sqrt{k-1}}$$

$$= -\frac{1}{\sqrt{k}(\sqrt{k} + \sqrt{k-1})^2}.$$

由于

$$\frac{a_k - a_{k-1}}{\frac{1}{k^{\frac{3}{2}}}} = -\frac{k^{\frac{3}{2}}}{\sqrt{k}(\sqrt{k} + \sqrt{k-1})^2} \to -\frac{1}{4},$$

且级数 $\sum\limits_{k=1}^{\infty} \frac{1}{k^{\frac{3}{2}}}$ 收敛, 所以级数 $\sum\limits_{k=1}^{\infty} (a_k - a_{k-1})$ 收敛, 因而 $\lim\limits_{n\to\infty} a_n$ 存在.　□

注 2.23　这里用到 $\sum\limits_{n=1}^{\infty} \frac{1}{n^p} < \infty$, $p > 1$. 证明见本节习题 12.

2.3.2.2　比式判别法

定理 2.30 (达朗贝尔 (D' Alembert) 判别法)　设 $\sum\limits_{n=1}^{\infty} u_n$ 为正项级数.

(1) 若存在 $r \in (0,1)$, $N > 0$, 使得 $\frac{u_{n+1}}{u_n} \leqslant r$, $\forall\, n > N$, 则级数收敛.

(2) 若存在 $N > 0$, 使得 $\frac{u_{n+1}}{u_n} \geqslant 1$, $\forall\, n > N$, 则级数发散.

证明　(1) 由于级数的收敛性与前有限项无关, 所以只需要考察 u_N 后面的项即可.

$$u_n = \frac{u_n}{u_{n-1}} \times \frac{u_{n-1}}{u_{n-2}} \times \cdots \times \frac{u_{N+2}}{u_{N+1}} \times u_{N+1} \leqslant r^{n-N-1} \cdot u_{N+1} = \frac{u_{N+1}}{r^{N+1}} \cdot r^n .$$

因为级数 $\sum\limits_{n=1}^{\infty} r^n$ 收敛, 所以 $\sum\limits_{n=1}^{\infty} u_n$ 收敛.

(2) 同样我们只需要考察 u_N 后面的项.

$$u_n = \frac{u_n}{u_{n-1}} \times \frac{u_{n-1}}{u_{n-2}} \times \cdots \times \frac{u_{N+2}}{u_{N+1}} \times u_{N+1} \geqslant u_{N+1} > 0 .$$

所以 $\lim\limits_{n\to\infty} u_n = 0$ 不成立, 故级数发散.　□

定理 2.31 (比式判别法的极限形式)　设 $\sum\limits_{n=1}^{\infty} u_n$ 为正项级数, $\lim\limits_{n\to\infty} \frac{u_{n+1}}{u_n} = \rho \in [0, +\infty]$.

(1) 若 $\rho \in [0, 1)$, 则级数收敛.

(2) 若 $\rho \in (1, +\infty]$, 则级数发散.

证明 (1) 因为 $\rho < 1$, 取 $\varepsilon = \dfrac{1-\rho}{2}$, 则存在 $N > 1$, 使得

$$\left|\frac{u_{n+1}}{u_n} - \rho\right| < \varepsilon, \quad \forall\, n > N \Longrightarrow \frac{u_{n+1}}{u_n} < \rho + \varepsilon = \frac{1+\rho}{2} < 1, \quad \forall\, n > N.$$

由达朗贝尔判别法, 级数 $\sum\limits_{n=1}^{\infty} u_n$ 收敛.

(2) 因为 $\rho > 1$, 取 $\varepsilon = \dfrac{\rho-1}{2}$, 则存在 $N > 1$, 使得

$$\left|\frac{u_{n+1}}{u_n} - \rho\right| < \varepsilon, \quad \forall\, n > N \Longrightarrow \frac{u_{n+1}}{u_n} > \rho - \varepsilon = \frac{\rho+1}{2} > 1, \quad \forall\, n > N.$$

数列 $\{u_n\}$ 为单调递增的正数列, 不收敛于零. 从而级数 $\sum\limits_{n=1}^{\infty} u_n$ 发散. $\qquad\square$

注 2.24 若 $\rho = 1$, 不能判定级数的敛散性. 如 $\sum\limits_{n=1}^{\infty} \dfrac{1}{n}$, $\sum\limits_{n=1}^{\infty} \dfrac{1}{n^2}$.

例 2.43 讨论级数的收敛性: (1) $\sum\limits_{n=1}^{\infty} \dfrac{a^n}{n!}$ $(a > 0)$; (2) $\sum\limits_{n=1}^{\infty} \dfrac{n!}{n^n}$.

解 (1) 设 $u_n = \dfrac{a^n}{n!}$. 由于 $\lim\limits_{n\to\infty} \dfrac{u_{n+1}}{u_n} = \lim\limits_{n\to\infty} \dfrac{a}{n+1} = 0$, 所以级数收敛.

(2) 设 $u_n = \dfrac{n!}{n^n}$. 由于 $\lim\limits_{n\to\infty} \dfrac{u_{n+1}}{u_n} = \lim\limits_{n\to\infty} \left(\dfrac{n}{n+1}\right)^n = \dfrac{1}{e} < 1$, 所以级数收敛. $\qquad\square$

例 2.44 判断下面级数的敛散性.

$$\frac{2}{1} + \frac{2\cdot 5}{1\cdot 5} + \frac{2\cdot 5\cdot 8}{1\cdot 5\cdot 9} + \cdots + \frac{2\cdot 5\cdot 8\cdots[2+3(n-1)]}{1\cdot 5\cdot 9\cdots[1+4(n-1)]} + \cdots.$$

解 由于

$$\lim\limits_{n\to\infty} \frac{u_{n+1}}{u_n} = \lim\limits_{n\to\infty} \frac{\dfrac{2\cdot 5\cdot 8\cdots[2+3n]}{1\cdot 5\cdot 9\cdots[1+4n]}}{\dfrac{2\cdot 5\cdot 8\cdots[2+3(n-1)]}{1\cdot 5\cdot 9\cdots[1+4(n-1)]}} = \lim\limits_{n\to\infty} \frac{2+3n}{1+4n} = \frac{3}{4} < 1,$$

由比较判别式的极限形式, 级数收敛. $\qquad\square$

例 2.45 判断级数 $\sum\limits_{n=1}^{\infty} nx^{n-1}, x \geqslant 0$ 的敛散性.

解 对 $x = 0$, 级数收敛. 对 $x \in (0, +\infty)$, 由于

$$\lim_{n \to \infty} \frac{u_{n+1}}{u_n} = \lim_{n \to \infty} \frac{(n+1)x^n}{nx^{n-1}} = x,$$

由比较判别式的极限形式, 当 $x \in [0, 1)$ 时级数收敛, $x \in (1, +\infty)$ 时级数发散. 当 $x = 1$ 时, 级数为 $\sum\limits_{n=1}^{\infty} n$, 显然发散. □

定理 2.32 (比式判别法的上、下极限形式) 设 $\sum\limits_{n=1}^{\infty} u_n$ 是正项级数.

(1) 若 $\overline{\lim\limits_{n \to \infty}} \dfrac{u_{n+1}}{u_n} = \overline{\rho} \in [0, 1)$, 级数收敛.

(2) 若 $\underline{\lim\limits_{n \to \infty}} \dfrac{u_{n+1}}{u_n} = \underline{\rho} \in (1, +\infty]$, 级数发散.

证明 (1) 由于 $\overline{\lim\limits_{n \to \infty}} \dfrac{u_{n+1}}{u_n} = \lim\limits_{n \to \infty} \sup\limits_{k \geqslant n} \dfrac{u_{k+1}}{u_k} = \overline{\rho} < 1$, 所以, 对任意的 $\varepsilon > 0$, $\overline{\rho} + \varepsilon < 1$ 存在 $N \in \mathbb{N}$, 使得当 $n \geqslant N$ 时,

$$\left| \sup_{k \geqslant n} \frac{u_{k+1}}{u_k} - \overline{\rho} \right| < \varepsilon < 1,$$

所以

$$\sup_{k \geqslant n} \frac{u_{k+1}}{u_k} < \overline{\rho} + \varepsilon < 1.$$

由比式判别法, 级数收敛.

(2) 与 (1) 的证明类似. □

注 2.25 定理 2.32 中 $\overline{\rho} = 1$ 时无法判断级数的敛散性.

2.3.2.3 根式判别法

定理 2.33 (根式判别法) 设 $\sum\limits_{n=1}^{\infty} u_n$ 为正项级数.

(1) 若存在 $r \in (0, 1)$ 和 $N \in \mathbb{N}$, 使得 $\sqrt[n]{u_n} \leqslant r$, $\forall n > N$, 则级数收敛.

(2) 若存在 $N \in \mathbb{N}$, 使得 $\sqrt[n]{u_n} \geqslant 1$, $\forall n > N$, 则级数发散.

证明 (1) $\forall n > N, u_n \leqslant r^n$, 由比较定理, $\sum\limits_{n=1}^{\infty} u_n$ 收敛.

(2) $\forall n > N, u_n \geqslant 1$, 由级数收敛的必要性知道, $\sum\limits_{n=1}^{\infty} u_n$ 发散. □

定理 2.34 (根式判别法的极限形式) 设 $\sum\limits_{n=1}^{\infty} u_n$ 为正项级数, $\lim\limits_{n \to \infty} \sqrt[n]{u_n} = \rho \in [0, +\infty]$.

(1) 若 $\rho \in [0,1)$, 级数收敛.

(2) 若 $\rho \in (1,+\infty]$, 级数发散.

注 2.26 若 $\rho = 1$, 不能判定级数的敛散性. 如 $\sum\limits_{n=1}^{\infty} \dfrac{1}{n}$, $\sum\limits_{n=1}^{\infty} \dfrac{1}{n^2}$.

例 2.46 判定级数 $\sum \dfrac{x^n}{1+x^{2n}}$, $x > 0$ 的敛散性.

解 因为 $\lim\limits_{n\to\infty} \sqrt[n]{1+x^{2n}} = \max\{1, x^2\}$, 所以

$$\lim_{n\to\infty} \sqrt[n]{u_n} = \lim_{n\to\infty} \sqrt[n]{\frac{x^n}{1+x^{2n}}} = \frac{x}{\max\{1, x^2\}}.$$

当 $x \neq 1$ 时, $\dfrac{x}{\max\{1, x^2\}} < 1$, 级数收敛. 当 $x = 1$ 时, $\dfrac{x}{\max\{1, x^2\}} = 1$, 直接判断级数发散. □

例 2.47 判别下列级数的敛散性.

(1) $\sum\limits_{n=1}^{\infty} \dfrac{(n!)^2}{(2n)!}$; (2) $\sum\limits_{n=1}^{\infty} \dfrac{n^2}{\left(2+\dfrac{1}{n}\right)^n}$.

解 (1) 因为

$$\lim_{n\to\infty} \frac{u_{n+1}}{u_n} = \lim_{n\to\infty} \frac{[(n+1)!]^2}{[2(n+1)]!} \cdot \frac{(2n)!}{(n!)^2} = \lim_{n\to\infty} \frac{(n+1)^2}{(2n+2)(2n+1)} = \frac{1}{4} < 1,$$

由比式判别法, 级数收敛.

(2) 因为

$$\lim_{n\to\infty} \sqrt[n]{u_n} = \lim_{n\to\infty} \frac{\sqrt[n]{n^2}}{\sqrt[n]{\left(2+\dfrac{1}{n}\right)^n}} = \lim_{n\to\infty} \frac{\sqrt[n]{n^2}}{2+\dfrac{1}{n}} = \frac{1}{2} < 1,$$

由根式判别法, 级数收敛. □

定理 2.35 (根式判别法的上、下极限形式) 设正项级数 $\sum\limits_{n=1}^{\infty} u_n$, $\varlimsup\limits_{n\to\infty} \sqrt[n]{u_n} = \overline{\rho}$, $\varliminf\limits_{n\to\infty} \sqrt[n]{u_n} = \underline{\rho}$.

(1) 若 $\overline{\rho} \in [0,1)$, 级数收敛.

(2) 若 $\underline{\rho} \in (1,+\infty]$, 则级数发散.

证明 只证明 (2). 由于

$$\varliminf_{n\to\infty} \sqrt[n]{u_n} = \underline{\rho} > 1,$$

所以, 对任意 $\varepsilon > 0, \underline{\rho} - \varepsilon > 1, \exists N \in \mathbb{N}, \forall n > N,$

$$\inf_{k \geqslant n} \{ \sqrt[n]{u_n} \} > \underline{\rho} - \varepsilon.$$

因此存在 $k_n > n, u_{k_n} > (\underline{\rho} - \varepsilon)^n > 1.$ 所以级数发散.　　　　　□

例 2.48　讨论级数

$$b + bc + b^2 c + b^2 c^2 + \cdots + b^n c^{n-1} + b^n c^n + \cdots, \quad 0 < b < c$$

的敛散性.

解　(1) 比式判别法: 由于

$$\frac{u_{n+1}}{u_n} = \begin{cases} b, & n \text{ 为奇数}, \\ c, & n \text{ 为偶数}. \end{cases}$$

所以,

$$\overline{\lim_{n \to \infty}} \frac{u_{n+1}}{u_n} = c, \qquad \underline{\lim_{n \to \infty}} \frac{u_{n+1}}{u_n} = b.$$

于是, 当 $c < 1$ 时, 级数收敛; 当 $b > 1$ 时, 级数发散; 当 $b < 1 < c$ 时, 比式判别法无法判断级数的敛散性.

(2) 根式判别法: 由于

$$\sqrt[2n-1]{u_{2n-1}} = \sqrt[2n-1]{b^n c^{n-1}}, \qquad \sqrt[2n]{u_{2n}} = \sqrt[2n]{b^n c^n},$$

所以

$$\lim_{n \to \infty} \sqrt[n]{u_n} = \sqrt{bc}.$$

于是, 当 $bc < 1$ 时, 级数收敛, 当 $bc > 1$ 时, 级数发散. 当 $bc = 1$ 时, 根式判别法无法判断级数的敛散性, 但由级数收敛的必要条件知道此种情况下级数发散.

(3) 级数部分和极限: 级数前 $2n$ 项和

$$\begin{aligned} S_{2n} &= b + bc + b^2 c + b^2 c^2 + \cdots + b^n c^{n-1} + b^n c^n \\ &= b(1 + c) + b^2 c(1 + c) + \cdots + b^n c^{n-1}(1 + c) \\ &= \frac{1+c}{c} (bc + b^2 c^2 + \cdots + b^n c^n) \\ &= \frac{1+c}{c} \frac{bc - (bc)^{n+1}}{1 - bc}, \end{aligned}$$

所以当 $bc < 1$ 时, 级数收敛到 $\dfrac{1+c}{c} \dfrac{1}{1-bc}$, 当 $bc > 1$ 时, 级数发散. 当 $bc = 1$ 时, 级数发散.　　　　　□

注 2.27 (1) 由例 2.48 知道, "根式判别法"比"比式判别法"适用范围广.

(2) 由于没有收敛最慢的级数, 所以没有判别所有级数收敛的比较判别法. 建立更为精细的比较判别法是一个无限的过程.

习 题

1. 讨论下列级数的敛散性.

(1) $\sum\limits_{n=1}^{\infty} \dfrac{1}{2n^2+3}$.

(2) $\sum\limits_{n=1}^{\infty} \left(\dfrac{n^2}{3n^2+1}\right)^n$.

(3) $\sum\limits_{n=1}^{\infty} \dfrac{1}{n} \sin \dfrac{1}{n}$.

(4) $\sum\limits_{n=1}^{\infty} \dfrac{1}{n^{1+\frac{1}{n}}}$.

(5) $\sum\limits_{n=3}^{\infty} \dfrac{1}{(\ln n)^{\ln \ln n}}$.

(6) $\sum\limits_{n=1}^{\infty} \dfrac{n^2}{3^n}$.

(7) $\sum\limits_{n=1}^{\infty} \dfrac{n^2}{\left(1+\dfrac{1}{n}\right)^n}$.

(8) $\sum\limits_{n=1}^{\infty} \dfrac{1}{2^n} \left(1+\dfrac{1}{n}\right)^{n^2}$.

(9) $\sum\limits_{n=1}^{\infty} \dfrac{x^n}{n!}$, $x \geqslant 0$.

(10) $\sum\limits_{n=1}^{\infty} \dfrac{n!x^n}{n^n}$, $x \geqslant 0$.

2. 若正项级数 $\sum\limits_{n=1}^{\infty} a_n$ 收敛, 证明 $\sum\limits_{n=1}^{\infty} a_n^2$ 也收敛. 但反之不然, 举例说明之.

3. 若 $\sum\limits_{n=1}^{\infty} a_n^2$, $\sum\limits_{n=1}^{\infty} b_n^2$ 收敛, 试证: $\sum\limits_{n=1}^{\infty} |a_n b_n|$, $\sum\limits_{n=1}^{\infty} (a_n+b_n)^2$ 收敛.

4. 设 $a_n \geqslant 0, n=1,2,\cdots$ 且 $\{na_n\}$ 有界, 证明 $\sum\limits_{n=1}^{\infty} a_n^2$ 收敛.

5. 设 $a_n \geqslant 0, n=1,2,\cdots$ 且级数 $\sum\limits_{n=1}^{\infty} a_n^2$ 收敛, 证明 $\sum\limits_{n=1}^{\infty} \dfrac{a_n}{n}$ 也收敛.

6. 设 $a_n > 0$ 且 $\dfrac{a_{n+1}}{a_n} > 1 - \dfrac{1}{n}$, $n=1,2,\cdots$. 证明 $\sum\limits_{n=1}^{\infty} a_n$ 发散.

7. 设正项级数 $\sum\limits_{n=1}^{\infty} a_n$ 收敛, 证明级数 $\sum\limits_{n=1}^{\infty} \sqrt{a_n a_{n+1}}$ 也收敛. 举例说明逆命题不成立. 但若 $\{a_n\}$ 是递减数列, 则逆命题也成立.

8. 求 $S = \sum\limits_{n=1}^{\infty} \dfrac{(-1)^n}{n}$.

9. 证明定理 2.34.

10. 设 $\sum\limits_{n=1}^{\infty} a_n$ 是一个发散的正项级数, 试证 $\sum\limits_{n=1}^{\infty} \dfrac{a_n}{1+a_n}$ 发散, $\sum\limits_{n=1}^{\infty} \dfrac{a_n}{1+n^2 a_n}$ 收敛.

11. 设 $\sum\limits_{n=1}^{\infty} a_n$ 的每一项都是正数, $\{S_n\}$ 是其部分和数列, 那么

(1) 若 $S = \sum\limits_{n=1}^{\infty} a_n < +\infty$, 则 $\sum\limits_{n=1}^{\infty} \dfrac{a_n}{S_n^\alpha} < +\infty$, $\alpha \in \mathbb{R}$;

(2) 若 $S = \sum\limits_{n=1}^{\infty} a_n = +\infty$, 则 $\sum\limits_{n=1}^{\infty} \dfrac{a_n}{S_n^\alpha} < +\infty, \alpha \geqslant 2$.

12. 设 a_n 是递减的正数列, 证明级数 $\sum\limits_{n=1}^{\infty} a_n$ 与级数 $\sum\limits_{n=1}^{\infty} 2^n a_{2^n}$ 同敛散. 利用此结果证明:

(1) $\sum\limits_{n=1}^{\infty} \dfrac{1}{n^\alpha}$, 当 $\alpha > 1$ 时, 收敛; 当 $\alpha \leqslant 1$ 时, 发散.

(2) $\sum\limits_{n=1}^{\infty} \dfrac{1}{n(\ln n)^\alpha}$, 当 $\alpha > 1$ 时, 收敛; 当 $\alpha \leqslant 1$ 时, 发散.

13. 设 $a_n, b_n > 0, n \in \mathbb{N}^*$. 从某项起, $\dfrac{a_{n+1}}{a_n} \leqslant \dfrac{b_{n+1}}{b_n}$. 则

(1) 若 $\sum\limits_{n=1}^{\infty} b_n$ 收敛, 则 $\sum\limits_{n=1}^{\infty} a_n$ 收敛.

(2) 若 $\sum\limits_{n=1}^{\infty} a_n$ 发散, 则 $\sum\limits_{n=1}^{\infty} a_n$ 发散.

利用此结果证明**高斯判别法**: 设正数列 $\{a_n\}$ 满足 $\lim\limits_{n \to +\infty} n \ln n \left[\dfrac{a_n}{a_{n+1}} - 1 - \dfrac{1}{n} - \dfrac{\alpha}{n \ln n} \right]$
$= 0$, 则当 $\alpha > 1$ 时, 级数 $\sum\limits_{n=1}^{\infty} a_n$ 收敛; 当 $\alpha < 1$ 时, 级数 $\sum\limits_{n=1}^{\infty} a_n$ 发散.

14. 证明: 从调和级数 $\sum\limits_{n=1}^{\infty} \dfrac{1}{n}$ 中划出所有分母中含有数字 9 的那些项之后, 所得的新级数是收敛的, 且其和不超过 80.

15. 设 $\sum\limits_{n=1}^{\infty} a_n$ 是一个收敛的正项级数, 试作一个收敛的正项级数 $\sum\limits_{n=1}^{\infty} b_n$, 使得 $\lim\limits_{n \to \infty} \dfrac{a_n}{b_n} = 0$. 这说明不存在收敛得最慢的正项级数.

2.3.3　一般级数收敛判别法

判别一般级数的敛散性较为复杂, 同正项级数一样, 除了级数收敛的必要条件和柯西判别法, 没有普遍适用的充分必要判别法. 但针对级数的特征, 还是有一些充分判别法.

2.3.3.1　交错级数的莱布尼茨判别法

定义 2.28　称 $\sum\limits_{n=1}^{\infty} (-1)^{n-1} a_n$, $a_n > 0$ 为**交错级数**.

引理 2.36　设 $\{a_n\}$ 为数列. 若 $\lim\limits_{n \to \infty} a_{2n-1} = \lim\limits_{n \to \infty} a_{2n}$, 则 $\lim\limits_{n \to \infty} a_n = \lim\limits_{n \to \infty} a_{2n}$.

证明 设 $\lim\limits_{n\to\infty} a_{2n-1} = \lim\limits_{n\to\infty} a_{2n} = a$. 则 $\forall \varepsilon > 0$, $\exists N > 0$, 使得

$$|a_{2m-1} - a| < \varepsilon, \quad |a_{2m} - a| < \varepsilon, \quad \forall m > N.$$

从而 $|a_n - a| < \varepsilon$, $\forall n > 2N$, 即 $\lim\limits_{n\to\infty} a_n = a$. $\qquad\square$

定理 2.37 (莱布尼茨判别法) 设交错级数 $\sum\limits_{n=1}^{\infty}(-1)^{n-1}a_n$ 满足如下条件:

(i) $a_n \geqslant a_{n+1}$, $\forall n > 1$;

(ii) $\lim\limits_{n\to\infty} a_n = 0$.

则如下结论成立:

(1) 级数 $S = \sum\limits_{n=1}^{\infty}(-1)^{n-1}a_n$ 收敛, $0 \leqslant S \leqslant a_1$;

(2) $0 \leqslant (-1)^{-n}(S - S_n) \leqslant a_{n+1}$.

证明 (1) 注意到

$$S_{2n+2} - S_{2n} = a_{2n+1} - a_{2n+2} \geqslant 0,$$
$$S_{2n} = a_1 - (a_2 - a_3) - \cdots - (a_{2n-2} - a_{2n-1}) - a_{2n} \leqslant a_1,$$

所以偶数项组成的部分和数列 S_{2n} 单调递增且有上界, 从而收敛. 进而奇数项组成的部分和数列 S_{2n-1} 也收敛, 即

$$\lim_{n\to\infty} S_{2n-1} = \lim_{n\to\infty} S_{2n} - \lim_{n\to\infty} a_{2n} = \lim_{n\to\infty} S_{2n}.$$

由引理 2.36 知数列 S_n 收敛, 即交错级数收敛, 且不超过数列通项 S_n 的上、下界 $0 \leqslant S \leqslant a_1$.

(2) 易知当 $n \in \mathbb{N}$ 时,

$$S - S_n = \sum_{k=n+1}^{\infty}(-1)^{k-1}a_k = \sum_{k=1}^{\infty}(-1)^{k+n-1}a_{k+n},$$

所以 $(-1)^{-n}(S - S_n) = \sum\limits_{k=1}^{\infty}(-1)^{k-1}a_{k+n}$. 由于 $\sum\limits_{k=1}^{\infty}(-1)^{k-1}a_{k+n}$ 是交错级数, 由 (1) 知道 $0 \leqslant (-1)^n(S - S_n) \leqslant a_{n+1}$. $\qquad\square$

例 2.49 对任意 $p > 0$, 级数 $\sum\limits_{n=1}^{\infty}\dfrac{(-1)^{n-1}}{n^p}$, $\sum\limits_{n=1}^{\infty}\dfrac{(-1)^{n-1}}{\ln^p n}$ 均收敛.

例 2.50 证明级数收敛: $\sum\limits_{n=1}^{\infty}(-1)^n\left[\dfrac{1}{n^2} + \dfrac{1}{n^2+1} + \cdots + \dfrac{1}{(n+1)^2-1}\right]$.

证明 方括号中共有 $2n+1$ 项. 对 $n \geqslant 1$, 考虑

$$
\begin{aligned}
a_n &= \frac{1}{n^2} + \frac{1}{n^2+1} + \cdots + \frac{1}{(n+1)^2-1} \\
&= \left[\frac{1}{n^2} + \frac{1}{n^2+1} + \cdots + \frac{1}{n^2+n-1} \right] + \left[\frac{1}{n^2+n} + \cdots + \frac{1}{n^2+2n} \right] \\
&< \frac{n}{n^2} + \frac{n+1}{n^2+n} \\
&= \frac{2}{n},
\end{aligned}
$$

又

$$
\begin{aligned}
a_n &= \frac{1}{n^2} + \frac{1}{n^2+1} + \cdots + \frac{1}{(n+1)^2-1} \\
&= \left[\frac{1}{n^2} + \frac{1}{n^2+1} + \cdots + \frac{1}{n^2+n} \right] + \left[\frac{1}{n^2+n+1} + \cdots + \frac{1}{n^2+2n} \right] \\
&> \frac{n+1}{n^2+n} + \frac{n}{n^2+2n} \\
&= \frac{1}{n} + \frac{1}{n+2} \\
&= \frac{2(n+1)}{n(n+2)} \\
&> \frac{2}{n+1}.
\end{aligned}
$$

由此得到

$$
a_{n+1} \leqslant \frac{2}{n+1} < a_n.
$$

由莱布尼茨判别法知道级数收敛.

2.3.3.2 一般级数收敛判别法

下面的分部求和公式是定积分中分部积分公式的离散形式. 对判别级数收敛起重要作用.

引理 2.38 设 $\{u_1, \cdots, u_n\}$, $\{v_1, \cdots, v_n\}$ 为两组实数, 令 $\sigma_k = \sum_{i=1}^{k} u_i$.

(1) (阿贝尔变换) $\sum_{k=1}^{n} u_k v_k = \sigma_n v_n - \sum_{k=1}^{n-1} \sigma_k (v_{k+1} - v_k)$.

(2) (阿贝尔引理) 设 $\{v_1, \cdots, v_n\}$ 为单调数组. 则有

$$\left| \sum_{k=1}^{n} u_k v_k \right| \leqslant 3 \max_{1 \leqslant k \leqslant n} |\sigma_k| \max_{1 \leqslant k \leqslant n} |v_k| .$$

证明 (1) 设 $\sigma_0 = v_0 = 0$, 注意到 $u_k = \sigma_k - \sigma_{k-1}$, 于是有

$$\sum_{k=1}^{n} u_k v_k + \sum_{k=1}^{n} \sigma_{k-1}(v_k - v_{k-1}) = \sum_{k=1}^{n} (\sigma_k - \sigma_{k-1})v_k + \sum_{k=1}^{n} \sigma_{k-1}(v_k - v_{k-1})$$

$$= \sum_{k=1}^{n} (\sigma_k v_k - \sigma_{k-1} v_{k-1})$$

$$= \sigma_n v_n,$$

所以

$$\sum_{k=1}^{n} u_k v_k = \sigma_n v_n - \sum_{k=1}^{n-1} \sigma_k (v_{k+1} - v_k) .$$

(2) 利用阿贝尔变换, 可得

$$\left| \sum_{k=1}^{n} u_k v_k \right| \leqslant |\sigma_n v_n| + \sum_{k=1}^{n-1} |\sigma_k| |v_{k+1} - v_k| \leqslant \max_{1 \leqslant k \leqslant n} |\sigma_k| \left[|v_n| + \sum_{k=1}^{n-1} |v_{k+1} - v_k| \right] .$$

利用 $\{u_1, \cdots, u_n\}$ 的单调性, 得到

$$|v_n| + \sum_{k=1}^{n-1} |v_{k+1} - v_k| = |v_n| + \left| \sum_{k=1}^{n-1} (v_{k+1} - v_k) \right| = |v_n| + |v_n - v_1| \leqslant 3 \max_{1 \leqslant k \leqslant n} |v_k|,$$

将之代入前一个不等式即得. $\qquad\square$

定理 2.39 设数列 $\{v_n\}$ 从某项开始单调. 若下列两个陈述之一成立:

(1) 阿贝尔判别法: (i) 级数 $\sum\limits_{n=1}^{\infty} u_n$ 收敛; (ii) 数列 $\{v_n\}$ 有界.

(2) 狄利克雷判别法: (i) 部分和数列 $\left\{ \sum\limits_{k=1}^{n} u_k \right\}_{n \geqslant 1}$ 有界; (ii) 数列 $\lim\limits_{n \to \infty} v_n = 0$,

则级数 $\sum\limits_{n=1}^{\infty} u_n v_n$ 收敛.

证明 只证明 (1), (2) 的证明类似. 由于去掉级数的有限项不改变其收敛性, 不妨设 $\{v_n\}$ 是单调数列, 上界为 M. 因为级数 $\sum\limits_{n=1}^{\infty} u_n$ 收敛,

$$\forall \varepsilon > 0, \ \exists N > 0, \ 使得 \quad \left| \sum_{k=n+1}^{m} u_k \right| < \frac{\varepsilon}{3M}, \quad \forall m > n > N.$$

利用阿贝尔引理可知

$$\left| \sum_{k=n+1}^{m} u_k v_k \right| \leqslant 3M \cdot \frac{\varepsilon}{3M} = \varepsilon, \quad \forall m > n > N.$$

利用级数收敛的柯西准则, 级数 $\sum\limits_{n=1}^{\infty} u_n u_n$ 收敛.   □

例 2.51 证明级数 $\sum\limits_{n=2}^{\infty} \dfrac{1}{\ln^2 n} \cos \dfrac{n^2 \pi}{n+1}$ 收敛.

证明 因为

$$\cos \frac{n^2 \pi}{n+1} = \cos \left((n-1)\pi + \frac{\pi}{n+1} \right) = (-1)^{n-1} \cos \frac{\pi}{n+1},$$

$$\sum_{n=2}^{\infty} \frac{1}{\ln^2 n} \cos \frac{n^2 \pi}{n+1} = \sum_{n=2}^{\infty} \frac{(-1)^{n-1}}{\ln^2 n} \cos \frac{\pi}{n+1},$$

由于交错级数 $\sum\limits_{n=2}^{\infty} \dfrac{(-1)^{n-1}}{\ln^2 n}$ 收敛, 数列 $\left\{ \cos \dfrac{\pi}{n+1} \right\}$ 单调有界, 利用阿贝尔判别法级数收敛.   □

例 2.52 讨论级数 $\sum\limits_{n=2}^{\infty} \dfrac{\sin n}{\ln n}$ 的收敛性.

证明 显然 $\left\{ \dfrac{1}{\ln n} \right\}$ 单调减少且趋于零. 另外,

$$\sum_{k=2}^{n} \sin k = \frac{1}{2\sin\frac{1}{2}} \sum_{k=2}^{n} 2\sin k \sin \frac{1}{2} = \frac{1}{2\sin\frac{1}{2}} \sum_{k=2}^{n} \left[\cos \left(k - \frac{1}{2} \right) - \cos \left(k + \frac{1}{2} \right) \right]$$

$$= \frac{1}{2\sin\frac{1}{2}} \left[\cos \frac{3}{2} - \cos \frac{2n+1}{2} \right] \leqslant \sin^{-1} \frac{1}{2}.$$

由狄利克雷判别法, 级数收敛.   □

例 2.53 设数列 $\{a_n\}$ 单调下降趋于 0. 则 $\sum\limits_{n=0}^{\infty} a_n \cos nx$, $\sum\limits_{n=0}^{\infty} a_n \sin nx$, $x \in (0, 2\pi)$ 收敛.

解 因为

$$2 \sin \frac{x}{2} \left(\frac{1}{2} + \sum_{k=1}^{n} \cos kx \right) = \sin \frac{x}{2} + \left(\sin \frac{3x}{2} - \sin \frac{x}{2} \right)$$
$$+ \cdots + \left[\left(\sin \left(\frac{n+1}{2} \right) x - \sin \left(\frac{n-1}{2} \right) x \right) \right]$$
$$= \sin \left(\frac{n+1}{2} \right) x,$$

当 $x \in (0, 2\pi)$ 时, $\sin \frac{x}{2} \neq 0$, 所以

$$\frac{1}{2} + \sum_{k=1}^{n} \cos kx = \frac{\sin \left(\dfrac{n+1}{2} \right) x}{2 \sin \dfrac{x}{2}}$$

有界, 即 $\sum\limits_{n=0}^{\infty} \cos nx$, $x \in (0, 2\pi)$ 部分和数列有界, 由狄利克雷判别法知级数 $\sum\limits_{n=0}^{\infty} a_n \cos nx$, $x \in (0, 2\pi)$ 收敛. 同理可证 $\sum\limits_{n=0}^{\infty} a_n \sin nx$ 收敛. $\qquad\square$

习　　题

1. 证明: 狄利克雷判别法.

2. 讨论下列级数的敛散性:

(1) $\sum\limits_{n=1}^{\infty} (-1)^{n-1} \dfrac{\sqrt{n}}{n+1}$.

(2) $\sum\limits_{n=1}^{\infty} (-1)^{n-1} \dfrac{1}{\sqrt[n]{n}}$.

(3) $\sum\limits_{n=1}^{\infty} \dfrac{\sin nx}{n}$.

(4) $\sum\limits_{n=1}^{\infty} (-1)^{n-1} \dfrac{\cos^2 n}{n}$.

(5) $\sum\limits_{n=1}^{\infty} \sin \left(\pi \sqrt{n^2 + 1} \right)$.

(6) $\sum\limits_{n=1}^{\infty} \left(1 + \dfrac{1}{2} + \cdots + \dfrac{1}{n} \right) \dfrac{\sin nx}{n}$.

3. 设 $a_n \leqslant c_n \leqslant b_n$, $n = 1, 2, \cdots$, 如果 $\sum\limits_{n=1}^{\infty} a_n$, $\sum\limits_{n=1}^{\infty} b_n$ 都是收敛级数, 证明 $\sum\limits_{n=1}^{\infty} c_n$ 也收敛. 如果 $\sum\limits_{n=1}^{\infty} a_n$, $\sum\limits_{n=1}^{\infty} b_n$ 都发散, 结论如何?

4. 求下列级数的和:

(1) $\sum\limits_{n=1}^{\infty} \dfrac{2n-1}{2^n}$.

(2) $\sum\limits_{n=1}^{\infty} ne^{-nx}$, $x > 0$.

(3) $\sum\limits_{n=1}^{\infty} \dfrac{1}{n(n+1)(n+2)}$.

(4) $\sum\limits_{n=0}^{\infty} \dfrac{x^{2^n}}{1 - x^{2^{n+1}}}$, $x \in (0, 1)$.

5. 设 $\{a_n\}$ 是递减正数列. 若 $\sum\limits_{n=1}^{\infty} a_n$ 收敛, 则必有 $\lim\limits_{n \to \infty} na_n = 0$.

6. 设 $a_n > 0, a_n > a_{n+1}$, $n = 1, 2, \cdots$, $\lim\limits_{n \to \infty} a_n = 0$. 证明 $\sum\limits_{n=1}^{\infty} (-1)^{n-1} \dfrac{a_1 + \cdots + a_n}{n}$ 收敛.

7. 设 $a_n > 0$, 证明 $\sum\limits_{n=1}^{\infty} \dfrac{a_n}{(1 + a_1) \cdots (1 + a_n)}$ 收敛.

8. 设 $\sum\limits_{n=1}^{\infty} a_n$ 和 $\sum\limits_{n=1}^{\infty} b_n$ 都是正项级数, 且当 $n > N, N \in \mathbb{N}$ 时 $b_n > 0$, 则

(1) 若 $\left\{ \dfrac{a_n}{b_n} \right\}_{n \geqslant N}$ 递减, 则 $\sum\limits_{n=1}^{\infty} b_n$ 收敛蕴含着 $\sum\limits_{n=1}^{\infty} a_n$ 收敛;

(2) 若 $\left\{ \dfrac{a_n}{b_n} \right\}_{n \geqslant N}$ 递增, 则 $\sum\limits_{n=1}^{\infty} b_n$ 发散蕴含着 $\sum\limits_{n=1}^{\infty} a_n$ 发散.

9. 如果 $\sum\limits_{n=1}^{\infty} \dfrac{a_n}{n^\alpha}$ 收敛, 那么对任意的 $\beta > \alpha$, $\sum\limits_{n=1}^{\infty} \dfrac{a_n}{n^\beta}$ 收敛.

10. 已知 $\sum\limits_{n=1}^{\infty} a_n$ 发散, 则 $\sum\limits_{n=1}^{\infty} \left(1 + \dfrac{1}{n} \right) a_n$ 也发散.

11. 证明 $\sum\limits_{n=1}^{\infty} \dfrac{(-1)^{[\sqrt{n}]}}{n}$ 收敛 (方括号表示取整数部分).

12. 构造收敛级数 $\sum\limits_{n=1}^{\infty} a_n$, 使得 $\sum\limits_{n=1}^{\infty} a_n^3$ 发散.

13. 设 $\{a_n\}$ 是正的递增数列, 证明 $\sum\limits_{n=1}^{\infty} \left(\dfrac{a_{n+1}}{a_n} - 1 \right)$ 收敛的充分必要条件是 $\{a_n\}$ 有界.

14. 为使 $\sum\limits_{n=1}^{\infty} (-1)^n \left[\dfrac{1}{n^2} + \dfrac{1}{n^2 + 1} + \cdots + \dfrac{1}{(n+1)^2 - 1} \right]$ 的近似值与真值误差小于 10^{-5}, 问至少需要多少项求和?

15. 设正项级数 $\sum\limits_{n=1}^{\infty} a_n$ 收敛. 证明: $\lim\limits_{n \to \infty} \dfrac{1}{n} \sum\limits_{k=1}^{n} ka_k = 0$.

16. (克罗内克引理) 设实数列 $a_n, b_n, b_n > 0$, $n \geqslant 1$, $\{b_n\}$ 单调增加, $\lim\limits_{n \to \infty} b_n = \infty$. 若

$\sum\limits_{n=1}^{\infty} a_n$ 收敛于有限实数, 则 $\lim\limits_{n\to\infty} \dfrac{1}{b_n} \sum\limits_{k=1}^{n} a_k b_k = 0$.

17. 设 $\sum\limits_{n=1}^{\infty} a_n^2 = \infty$. 证明: 存在数列 $\{b_n\}$, 使得 $a_n b_n \geqslant 0, n \geqslant 1, \sum\limits_{n=1}^{\infty} b_n^2 < \infty, \sum\limits_{n=1}^{\infty} a_n b_n = \infty$.

2.3.4 绝对和条件收敛级数

2.3.4.1 绝对和条件收敛级数的概念

定义 2.29 (1) 若级数 $\sum\limits_{n=1}^{\infty} |u_n|$ 收敛, 则称级数 $\sum\limits_{n=1}^{\infty} u_n$ **绝对收敛**.

(2) 若级数 $\sum\limits_{n=1}^{\infty} u_n$ 收敛, $\sum\limits_{n=1}^{\infty} |u_n|$ 发散, 则称级数 $\sum\limits_{n=1}^{\infty} u_n$ **条件收敛**.

注 2.30 **收敛级数全体 = 绝对收敛级数全体 ∪ 条件收敛级数全体**. 判别级数的敛散性是指判别级数的绝对收敛和条件收敛.

例 2.54 判别级数 $\sum\limits_{n=1}^{\infty} \dfrac{\cos n}{n}$ 的敛散性.

解 (1) **收敛性** 在例 2.53 中, 取 $a_n = \dfrac{1}{n}$, $x = 1$, 知道, 级数 $\sum\limits_{n=1}^{\infty} \dfrac{\cos n}{n}$ 收敛.

(2) **绝对收敛性** 在例 2.53 中, 取 $a_n = \dfrac{1}{2n}, x = 2$, 知道, 级数 $\sum\limits_{n=1}^{\infty} \dfrac{\cos 2n}{2n}$ 收敛. 因为

$$\left| \frac{\cos n}{n} \right| \geqslant \frac{\cos^2 n}{n} = \frac{1 + \cos 2n}{2n} .$$

由于级数 $\sum\limits_{n=1}^{\infty} \dfrac{1}{n}$ 发散, 所以级数 $\sum\limits_{n=1}^{\infty} \dfrac{|\cos n|}{n}$ 发散. □

2.3.4.2 绝对收敛级数的性质

1. 绝对收敛级数换序

例 2.55 条件收敛的级数不能改变求和项的次序. 考虑交错级数

$$S = \sum_{n=1}^{\infty} \frac{(-1)^{n+1}}{n} = 1 - \frac{1}{2} + \frac{1}{3} - \frac{1}{4} + \frac{1}{5} - \frac{1}{6} + \frac{1}{7} - \frac{1}{8} + \frac{1}{9} - \frac{1}{10} + \frac{1}{11} - \frac{1}{12} + \cdots,$$

调整求和顺序得到级数

$$\sum_{n=1}^{\infty} u_n = 1 - \frac{1}{2} - \frac{1}{4} + \frac{1}{3} - \frac{1}{6} - \frac{1}{8} + \frac{1}{5} - \frac{1}{10} - \frac{1}{12} + \cdots$$

$$+\frac{1}{2n-1}-\frac{1}{4n-2}-\frac{1}{4n}+\cdots,$$

则 $\displaystyle\sum_{n=1}^{\infty} u_n = \frac{1}{2}S$.

证明 设 $v_n = \dfrac{1}{2n-1} - \dfrac{1}{4n-2} - \dfrac{1}{4n}$. 由于

$$v_n = \frac{1}{2n-1}-\frac{1}{4n-2}-\frac{1}{4n} = \frac{1}{2n(4n-2)} > 0,$$

所以 $\displaystyle\sum_{n=1}^{\infty} v_n$ 是收敛的正项级数, 记其前 n 项和为 S_n'. 注意到 $\displaystyle\sum_{n=1}^{\infty} v_n$ 是 $\displaystyle\sum_{n=1}^{\infty} u_n$ 相邻三项相加得到的, 若记级数 $\displaystyle\sum_{n=1}^{\infty} u_n$ 的前 n 项和为 S_n, 则

$$S_{3n} = S_n', \quad S_{3n+1} = S_n' + \frac{1}{3n+1}, \quad S_{3n+2} = S_n' + \frac{1}{3n+1} - \frac{1}{3n+2}.$$

由此知道, $\displaystyle\lim_{n\to\infty} S_n = \lim_{n\to\infty} S_n'$. 即 $\displaystyle\sum_{n=1}^{\infty} u_n$ 收敛. 由于级数 $\displaystyle\sum_{n=1}^{\infty} u_n$ 的前 $3n$ 项和等于

$$S_n' = \left(1 - \frac{1}{2} - \frac{1}{4}\right) + \left(\frac{1}{3} - \frac{1}{6} - \frac{1}{8}\right) + \left(\frac{1}{5} - \frac{1}{10} - \frac{1}{12}\right) + \cdots$$

$$+ \left(\frac{1}{2n-1} - \frac{1}{4n-2} - \frac{1}{4n}\right)$$

$$= \frac{1}{2} - \frac{1}{4} + \frac{1}{6} - \frac{1}{8} + \cdots + \frac{1}{4n-2} - \frac{1}{4n}$$

$$= \frac{1}{2}\left(1 - \frac{1}{2} + \frac{1}{3} - \frac{1}{4} + \cdots + \frac{1}{2n-1} - \frac{1}{2n}\right).$$

所以 $\displaystyle\sum_{n=1}^{\infty} u_n = \lim_{n\to\infty} S_n' = \frac{1}{2}S$, 即调整求和顺序得到的级数和是原来级数和的一半.   □

注 2.31 例 2.55 具有普遍性. **黎曼定理**: 对任意给定的实数 $a \in \mathbb{R}, \pm\infty$, 通过改变**条件收敛级数**的求和顺序, 可使所改变的级数收敛到 $a, \pm\infty$. 参见文献 [2, p.373] 上册.

定理 2.40 (交换律) 若 $\displaystyle\sum_{n=1}^{\infty} u_n$ 绝对收敛, 则改其求和顺序后 $\displaystyle\sum_{n=1}^{\infty} u_n'$ 也绝对收敛, 且和不变.

证明 由条件, 级数 $\sum\limits_{n=1}^{\infty} |u_n|$ 收敛, 由定理 2.24(5) 知道 $\sum\limits_{n=1}^{\infty} |u_n'|$ 收敛, $\sum\limits_{n=1}^{\infty} |u_n|$ $= \sum\limits_{n=1}^{\infty} |u_n'|$. 利用级数收敛的性质知道, $\sum\limits_{n=1}^{\infty} u_n'$ 收敛.

由于 $\sum\limits_{n=1}^{\infty} (|u_n| - u_n), \sum\limits_{n=1}^{\infty} (|u_n'| - u_n')$ 均为正项级数, 再次利用前面的结论, 有 $\sum\limits_{n=1}^{\infty} (|u_n| - u_n) = \sum\limits_{n=1}^{\infty} (|u_n'| - u_n')$, 由级数的四则运算法则知道, $\sum\limits_{n=1}^{\infty} u_n = \sum\limits_{n=1}^{\infty} u_n'$.

$\square$

2. 绝对收敛级数乘法

设数项级数 $\sum\limits_{n=1}^{\infty} u_n, \sum\limits_{n=1}^{\infty} v_n$ 收敛, 前 n 项和分别为 $U_n = \sum\limits_{k=1}^{n} u_k, V_n = \sum\limits_{k=1}^{n} v_k$. 设 $U = \sum\limits_{n=1}^{\infty} u_n$, $V = \sum\limits_{n=1}^{\infty} v_n$. 由级数定义和极限四则运算, $U \cdot V = \lim\limits_{n \to} U_n \cdot V_n =$ $\lim\limits_{n \to \infty} \sum\limits_{l,k=1}^{n} u_l v_k$.

把 $U \cdot V$ 所有可能的乘积项列表 (表 2.1) 如下.

表 2.1

$u_1 v_1$	$u_1 v_2$	$u_1 v_3$	$\cdots$	$u_1 v_n$	$\cdots$
$u_2 v_1$	$u_2 v_2$	$u_2 v_3$	$\cdots$	$u_2 v_n$	$\cdots$
$u_3 v_1$	$u_3 v_2$	$u_3 v_3$	$\cdots$	$u_3 v_n$	$\cdots$
$\cdots$	$\cdots$	$\cdots$		$\cdots$	
$u_n v_1$	$u_n v_2$	$u_n v_3$	$\cdots$	$u_n v_n$	$\cdots$
$\cdots$	$\cdots$	$\cdots$		$\cdots$	

上面的乘积表明: 表格中的实数按如下 "正方形" 顺序相加 (表 2.2), 形成的部分和数列 (数项级数) 收敛, 并且积为 $U \cdot V$.

表 2.2

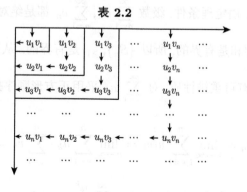

如果表 2.2 中的实数按不同顺序相加, 形成级数的部分和数列是否收敛 (表 2.3)? 例如按 "斜对角线" 排列的级数, 是否还收敛? 保持乘积不变?

表 2.3

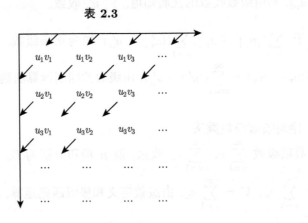

由例 2.54 我们知道一般情况是不对的. 但对绝对收敛级数是正确的.

定理 2.41 (柯西定理)   若级数 $U = \sum\limits_{n=1}^{\infty} u_n$, $V = \sum\limits_{n=1}^{\infty} v_n$ 都绝对收敛, 则对表 2.1 中所有的乘积项 $u_i v_j$ 按任何方式排列所得到的级数 $\sum\limits_{n=1}^{\infty} w_n$ 都收敛, 且等于 $U \cdot V$.

证明   设 $S_n = \sum\limits_{k=1}^{n} |w_k|$, $w_k = u_{i_k} v_{j_k}$, $k = 1, 2, \cdots, n$. 记 $m = \max\{i_1, \cdots, i_n; j_1, \cdots, j_n\}$,

$$U_m = |u_1| + \cdots + |u_m|, \quad V_m = |v_1| + \cdots + |v_m|,$$

则有 $S_n \leqslant U_m \cdot V_m$. 由定理条件, 级数 $\sum\limits_{n=1}^{\infty} u_n$, $\sum\limits_{n=1}^{\infty} v_n$ 都是绝对收敛, 因而 $\sum\limits_{n=1}^{\infty} |u_n|$, $\sum\limits_{n=1}^{\infty} |v_n|$ 的部分数列和是有界的, 所以 $\{S_n\}_{n \geqslant 1}$ 是有界的. 从而 $\sum\limits_{n=1}^{\infty} |w_n|$ 收敛. 由于绝对收敛级数具有可重排性质, 对 $\sum\limits_{n=1}^{\infty} w_n$ 采用正方形顺序排列,

$$\sum_{n=1}^{\infty} w_n = \lim_{n \to \infty} \sum_{l,k=1}^{n} u_l v_k = \lim_{n \to \infty} \sum_{k=1}^{n} u_k \cdot \sum_{k=1}^{n} v_k = U \cdot V. \qquad \square$$

例 2.56   用级数乘法验证公式 $e^n = \sum\limits_{k=0}^{\infty} \dfrac{n^k}{k!}$, $n \in \mathbb{N}$.

解 用数学归纳法:

(1) $n = 1$ 时公式成立. 由例 2.9 知道 $e = \sum\limits_{n=0}^{\infty} \dfrac{1}{n!}$.

(2) 假设 n 时公式成立, 证明 $n+1$ 时公式也成立. 由于 $e^n = \sum\limits_{k=0}^{\infty} \dfrac{n^k}{k!}$ 绝对收敛, 所以

$$e^{n+1} = e^n \cdot e = \lim_{N \to \infty} \sum_{i=0}^{N} \frac{n^i}{i!} \cdot \sum_{j=0}^{N} \frac{1}{j!} \qquad \text{(正方形顺序)}$$

$$= \lim_{N \to \infty} \sum_{k=0}^{N} \sum_{i=0}^{k} \frac{1}{i!(k-i)!} \cdot n^i \cdot 1^{k-i} \qquad \text{(对角线顺序)}$$

$$= \lim_{N \to \infty} \sum_{k=0}^{N} \frac{1}{k!} \sum_{i=0}^{k} \frac{k!}{i!(k-i)!} \cdot n^i \cdot 1^{k-i}$$

$$= \lim_{N \to \infty} \sum_{k=0}^{N} \frac{(n+1)^k}{k!}$$

$$= \sum_{k=0}^{\infty} \frac{(n+1)^k}{k!}.$$

由数学归纳法知道, 公式对任意正整数成立. □

习　题

1. 下列级数哪些是绝对收敛、条件收敛或发散:

(1) $\sum\limits_{n=1}^{\infty} \dfrac{\sin nx}{n^{\alpha}}$, $\alpha > 1$;

(2) $\sum\limits_{n=2}^{\infty} (-1)^n \dfrac{1}{n \ln n}$;

(3) $\sum\limits_{n=1}^{\infty} (-1)^{\frac{1}{2}n(n-1)} \dfrac{n^{10}}{a^n}$, $a > 1$;

(4) $\sum\limits_{n=2}^{\infty} \dfrac{\sin \frac{n\pi}{4}}{\ln n}$.

2. 讨论 $\sum\limits_{n=1}^{\infty} \ln \left[1 + (-1)^{n-1} \dfrac{1}{n^p} \right]$ $(p > 0)$ 的收敛性.

3. 判断 $\sum\limits_{n=1}^{\infty} \dfrac{(-1)^{n-1}}{n^{p+\frac{1}{n}}}$ 的收敛性.

4. 证明: 若 $\sum\limits_{n=1}^{\infty} a_n$ 收敛, $\sum\limits_{n=1}^{\infty} (b_{n+1} - b_n)$ 绝对收敛, 则 $\sum\limits_{n=1}^{\infty} a_n b_n$ 也收敛.

5. 重排级数 $\displaystyle\sum_{n=1}^{\infty}(-1)^{n-1}\frac{1}{n}$ 使其发散.

6. 证明: $\displaystyle\sum_{n=0}^{\infty}\frac{a^n}{n!}$ 与 $\displaystyle\sum_{n=0}^{\infty}\frac{b^n}{n!}$ 绝对收敛, 且它们的乘积等于 $\displaystyle\sum_{n=0}^{\infty}\frac{(a+b)^n}{n!}$.

7. 若 $\displaystyle\sum_{n=0}^{\infty}a_n$ 绝对收敛, $\displaystyle\lim_{n\to\infty}b_n=0$. 证明: $\displaystyle\lim_{n\to\infty}(a_1b_n+a_2b_{n-1}+\cdots+a_nb_1)=0$.

第 3 章 函数极限

3.1 函数极限概念

定义 3.1 (双侧极限) (1) 设函数 f 在 x_0 的空心邻域 $U^o(x_0, \delta_0) := (x_0 - \delta_0, x_0) \cup (x_0, x_0 + \delta_0)$ 中有定义, $A \in \mathbb{R}$. 若 $\forall\, \varepsilon > 0$, $\exists\, \delta := \delta(\varepsilon, x_0) < \delta_0$, 使得 $\forall\, x \in U^o(x_0, \delta)$, $|f(x) - A| < \varepsilon$, 则称当 $x \to x_0$ 时 $f(x)$ 有极限 A. 记作

$$\lim_{x \to x_0} f(x) = A \quad \text{或} \quad f(x) \to A, \quad \text{当} \quad x \to x_0.$$

(2) 设函数 f 在 ∞ 的空心邻域 $U^o(\infty, N_0) := (-\infty, -N_0) \cup (N_0, +\infty)$ 中定义, $A \in \mathbb{R}$. 若 $\forall\, \varepsilon > 0$, $\exists\, N := N(\varepsilon, \infty) > N_0$, 使得 $|f(x) - A| < \varepsilon$, $\forall\, x \in U^o(\infty, N_0)$, 则称当 $x \to \infty$ 时 $f(x)$ 有极限 A. 记作

$$\lim_{x \to \infty} f(x) = A \quad \text{或} \quad f(x) \to A, \quad \text{当} \quad x \to \infty.$$

注 3.2 几点说明:

- (1) 称为 ε-δ 定义, δ 依赖于 ε 和 x_0, 但不依赖于变化的 x.
- 定义 (1) 中的文字表达常用下列方式: $\forall\, \varepsilon > 0$, $\exists\, \delta := \delta(\varepsilon, x_0) < \delta_0$, 使得 $|f(x) - A| < \varepsilon$, $\forall\, x \in U^o(x_0, \delta)$.
- 函数 f 在 x_0 点的极限反映 f 在该点附近的行为, 即使函数 $f(x)$ 在点 x_0 处有定义, 也与 $f(x_0)$ 的无关, 即不一定有 $f(x_0) = A$. 如函数

$$y = f(x) = \begin{cases} 0, & x \neq 0, \\ 1, & x = 0. \end{cases}$$

则 $\lim\limits_{x \to x_0} f(x) = 0$, $\forall\, x_0 \in \mathbb{R}$.

- 在不影响表述的严格性下, 符号 $\delta(\varepsilon, x_0)$ 有时简记为 δ.

定义 3.3 (单侧极限)

(1) (左极限) 设函数 f 定义在 $(x_0 - \delta_0, x_0)$ 中. 若 $\forall\, \varepsilon > 0$, $\exists\, \delta := \delta(\varepsilon, x_0) < \delta_0$, 使得

$$|f(x) - A| < \varepsilon, \quad \forall\, x \in (x_0 - \delta, x_0).$$

则称当 $x \to x_0^-$ 时 $f(x)$ 的左极限是 A. 记作

$$\lim_{x \to x_0^-} f(x) = A \quad \text{或} \quad f(x) \to A, \quad \text{当} x \to x_0^-.$$

(2) (右极限) 设函数 f 在 x_0 定义在 $(x_0, x_0 + \delta_0)$ 中. 若 $\forall \varepsilon > 0$, $\exists \delta :=$ $\delta(\varepsilon, x_0) < \delta_0$, 使得

$$|f(x) - A| < \varepsilon, \quad \forall x \in (x_0, x_0 + \delta).$$

则称当 $x \to x_0^+$ 时 $f(x)$ 的左极限是 A. 记作

$$\lim_{x \to x_0^+} f(x) = A \quad \text{或} \quad f(x) \to A, \quad \text{当} x \to x_0^+.$$

(3) (在 $-\infty$ 点的极限) 设函数 f 定义在 $(-\infty, N_0)$ 中. 若 $\forall \varepsilon > 0$, $\exists N :=$ $N(\varepsilon, x_0) < N_0$, 使得

$$|f(x) - A| < \varepsilon, \quad \forall x \in (-\infty, N).$$

则称当 $x \to -\infty$ 时 $f(x)$ 的极限是 A. 记作

$$\lim_{x \to -\infty} f(x) = A \quad \text{或} \quad f(x) \to A, \quad \text{当} x \to -\infty.$$

(4) (在 $+\infty$ 点的极限) 设函数 f 定义在 $(N_0, +\infty)$ 中. 若 $\forall \varepsilon > 0$, $\exists N :=$ $N(\varepsilon, x_0) > N_0$, 使得

$$|f(x) - A| < \varepsilon, \quad \forall x \in (N, +\infty).$$

则称当 $x \to +\infty$ 时 $f(x)$ 的极限是 A. 记作

$$\lim_{x \to +\infty} f(x) = A \quad \text{或} \quad f(x) \to A, \quad \text{当} x \to +\infty.$$

定理 3.1　$\displaystyle\lim_{x \to x_0} f(x)$ 存在的充分必要条件: $\displaystyle\lim_{x \to x_0^-} f(x)$ 和 $\displaystyle\lim_{x \to x_0^+} f(x)$ 存在且相等. 对 $x_0 = \infty$ 情况也成立.

例 3.1　证明: $\displaystyle\lim_{x \to 0} x \cdot \sin \frac{1}{x} = 0$.

证明　对任 $\varepsilon > 0$, 取 $\delta = \varepsilon$, 则

$$\left| x \cdot \sin \frac{1}{x} - 0 \right| \leqslant |x| < \varepsilon, \quad \forall x \in U^o(0, \delta).$$

故函数当 $x \to 0$ 时的极限为零 (图 3.1).　　　　　　　　　　　　　　　　□

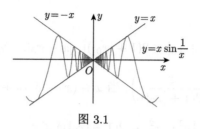

图 3.1

例 3.2 分段函数

$$y = f(x) = \begin{cases} -1, & x < 0, \\ 1, & x \geqslant 0 \end{cases}$$

在 $x_0 = 0$ 点的左右极限分别是: $\lim\limits_{x \to 0^-} f(x) = -1$, $\lim\limits_{x \to 0^+} f(x) = 1$.

例 3.3 求证: $\lim\limits_{x \to +\infty} \left(\sqrt{2x + x^2} - x \right) = 1$.

证明 注意到

$$\left| \sqrt{2x + x^2} - x - 1 \right| = 1 + x - \sqrt{2x + x^2} = \frac{1}{1 + x + \sqrt{2x + x^2}} < \frac{1}{x}, \quad \forall\, x > 0.$$

$\forall\, \varepsilon > 0, \exists\, N = \dfrac{1}{\varepsilon}$, 使得

$$\left| \sqrt{2x + x^2} - x - 1 \right| < \frac{1}{N} < \varepsilon, \quad \forall\, x > N.$$

由函数极限的定义知结论成立. $\qquad\qquad\square$

例 3.4 设 $x_0 > 0$. 用极限的定义证明:

(1) $\lim\limits_{x \to x_0} \sqrt{x} = \sqrt{x_0}$. (2) $\lim\limits_{x \to x_0} x^2 = x_0^2$.

证明 (1) 注意到

$$\left| \sqrt{x} - \sqrt{x_0} \right| = \frac{|x - x_0|}{\sqrt{x} + \sqrt{x_0}} < \frac{|x - x_0|}{\sqrt{x_0}}, \quad \forall\, x > 0.$$

$\forall\, \varepsilon > 0, \exists\, \delta = \varepsilon \sqrt{x_0}$, 当 $|x - x_0| < \delta$ 时,

$$\left| \sqrt{x} - \sqrt{x_0} \right| < \frac{\delta}{\sqrt{x_0}} = \varepsilon.$$

由函数极限的定义知结论成立.

(2) 注意到

$$\left|x^2 - x_0^2\right| = |x - x_0| \cdot |x + x_0| < 2(1 + |x_0|) \cdot |x - x_0|, \quad \forall\, x \in (x_0 - 1, x_0 + 1).$$

$\forall\, \varepsilon > 0, \exists\, \delta = \min\left(1, \dfrac{\varepsilon}{2(1 + |x_0|)}\right)$, 当 $x \in (x_0 - \delta, x_0 + \delta)$ 时,

$$\left|x^2 - x_0^2\right| < 2(1 + |x_0|)\delta \leqslant \varepsilon.$$

由函数极限的定义知结论成立. 　　　　　　　　　　　　　　　　　　　　□

例 3.5　用极限的定义证明: (1) $\lim\limits_{x \to x_0} \sin x = \sin x_0$. (2) $\lim\limits_{x \to +\infty} \arctan x = \dfrac{\pi}{2}$.

证明　(1) 注意到

$$|\sin x - \sin x_0| = 2\left|\sin\frac{x - x_0}{2} \cos\frac{x + x_0}{2}\right| \leqslant 2\left|\sin\frac{x - x_0}{2}\right| \leqslant |x - x_0|.$$

$\forall\, \varepsilon > 0, \exists\, \delta = \varepsilon$, 使得

$$|\sin x - \sin x_0| < |x - x_0| < \delta = \varepsilon, \quad \forall\, x \in (x_0 - \delta, x_0 + \delta).$$

由函数极限的定义知结论成立.

(2) 因为 $\tan x$ 为单调增函数, $\arctan x$ 也是单调增函数. $\forall\, \varepsilon > 0$, 不妨设 $\varepsilon < 1$, 取 $N = \cot\varepsilon > 0$. 则 $\forall\, x > N$, 有

$$
\begin{aligned}
\left|\arctan x - \frac{\pi}{2}\right| &= \frac{\pi}{2} - \arctan x \\
&< \frac{\pi}{2} - \arctan N \\
&= \frac{\pi}{2} - \arctan\cot\varepsilon \\
&= \arctan[\tan(\pi/2 - \arctan\cot\varepsilon)] \\
&= \arctan\frac{1}{\cot(\pi/2 - \arctan\cot\varepsilon)} \\
&= \arctan\frac{1}{\tan(\arctan\cot\varepsilon)} \\
&= \arctan\frac{1}{\cot\varepsilon} \\
&= \arctan(\tan\varepsilon) = \varepsilon.
\end{aligned}
$$

即

$$\left|\arctan x - \frac{\pi}{2}\right| < \varepsilon, \quad \forall\, x > N.$$

由函数极限的定义知结论成立. □

例 3.6 用极限的定义证明: (1) $\lim\limits_{x\to x_0}\ln x=\ln x_0, x_0>0$. (2) $\lim\limits_{x\to x_0}e^x=e^{x_0}$.

证明 (1) $\forall\,\varepsilon>0$, 我们要证

$$|\ln x-\ln x_0|=\left|\ln\frac{x}{x_0}\right|<\varepsilon.$$

这等价于证明

$$e^{-\varepsilon}<\frac{x}{x_0}<e^{\varepsilon}\Longleftrightarrow e^{-\varepsilon}-1<\frac{x-x_0}{x_0}<e^{\varepsilon}-1.$$

为此只需取 $\delta=x_0\min\{(1-e^{-\varepsilon}),e^{\varepsilon}-1\}$, 当 $x\in(x_0-\delta,x_0+\delta)$ 时,

$$|\ln x-\ln x_0|<\varepsilon,$$

由函数极限的定义知结论成立.

(2) 不妨设 $x>x_0$. $\forall\,\varepsilon>0$, 我们要证

$$|e^x-e^{x_0}|=|e^{x_0}(e^{x-x_0}-1)|<\varepsilon.$$

这等价于证明

$$|e^{x-x_0}-1|<\varepsilon e^{-x_0}\Longleftrightarrow\ln(1-\varepsilon e^{-x_0})<x-x_0<\ln(1+\varepsilon e^{-x_0}).$$

为此只需取 $\delta=\ln(1+\varepsilon e^{-x_0})$, 当 $x-x_0<\delta$ 时,

$$|e^x-e^{x_0}|=|e^{x_0}(e^{x-x_0}-1)|<\varepsilon.$$

类似证明 $x<x_0$ 情形. 由函数极限的定义知结论成立. □

定理 3.2 (函数收敛的柯西准则) 设函数 $f(x)$ 在 x_0 的某个空心邻域 $U^o(x_0,\delta_0)$ 内有定义, 则

$$\lim\limits_{x\to x_0}f(x)\ \text{存在}\ \Longleftrightarrow\ \forall\,\varepsilon>0,\ \exists\,\delta:=\delta(x_0,\varepsilon)<\delta_0,$$

$$\text{使得}\ |f(x)-f(y)|<\varepsilon,\ \forall\,x,y\in U^o(x_0,\delta).$$

证明 $\Longrightarrow$: 设 $\lim\limits_{x\to x_0}f(x)=A$, 则

$$\forall\,\varepsilon>0,\ \exists\,\delta:=\delta(x_0,\varepsilon)\in(0,\delta_0),\ \text{使得}\ |f(x)-A|<\frac{\varepsilon}{2},\ \forall\,x\in U^o(x_0,\delta).$$

从而

$$|f(x) - f(y)| \leqslant |f(x) - A| + |f(y) - A| < \varepsilon, \quad \forall\, x, y \in U^o(x_0, \delta).$$

$\Longleftarrow$: 由前提条件知道: $\forall\, \varepsilon,\ \exists\, \delta(\varepsilon) \in (0, \delta_0)$, 使得

$$|f(x) - f(y)| < \frac{\varepsilon}{2}, \quad x, y \in U^o(x_0, \delta(\varepsilon)).$$

任取数列 $\{x_n\} \subset U^o(x_0, \delta_0), x_n \to x_0$, 对上述的 $\delta(\varepsilon)$, $\exists\, N(x_0, \delta(\varepsilon))$, $\forall\, m, n > N(x_0, \delta(\varepsilon))$, 有

$$x_n, x_m \in U^o(x_0, \delta(\varepsilon)) \implies |f(x_m) - f(x_n)| < \frac{\varepsilon}{2},$$

故数列 $\{f(x_n)\}$ 为柯西列, 设 $\lim\limits_{n\to\infty} f(x_n) = A$. 所以对上述的 $\varepsilon, \delta(\varepsilon)$, 当 $x \in U^o(x_0, \delta(\varepsilon))$ 时, 并取 $n > N(x_0, \delta(\varepsilon))$, 则有

$$|f(x) - A| < |f(x) - f(x_n)| + |f(x_n) - A| < \frac{\varepsilon}{2} + |f(x_n) - A|,$$

令 $n \to +\infty$, 则

$$|f(x) - A| \leqslant \frac{\varepsilon}{2} < \varepsilon. \qquad \square$$

例 3.7 狄利克雷函数

$$D(x) = \begin{cases} 1, & x = \dfrac{p}{q},\ p < q,\ p, q\text{是互质正整数}, \\ 0, & x \in (0, 1)\text{中的无理数}. \end{cases}$$

证明: 对任何 $x_0 \in (0, 1)$, $\lim\limits_{x \to x_0} D(x)$ 不存在.

证明 任取 $x_0 \in (0, 1)$, 证明 $D(x)$ 在 x_0 点不收敛.

取 $\varepsilon = \dfrac{1}{2}$, 对包含 x_0 点的任意小的空心邻域 $U^o(x_0, \delta)$, 取 $x, y \in U^o(x_0, \delta)$, x 是有理数, y 是无理数, 则

$$|f(x) - f(y)| = 1 > \frac{1}{2}.$$

利用柯西判别准则, $D(x)$ 在 x_0 点不收敛. $\qquad \square$

例 3.8 黎曼函数

$$R(x) = \begin{cases} \dfrac{1}{q}, & x = \dfrac{p}{q}, p < q, p, q \text{ 是互质正整数}, \\ 0, & x = 0, 1, \text{或 } (0, 1)\text{中的无理数}. \end{cases}$$

证明: 对 $x_0 \in (0,1)$, $\lim\limits_{x \to x_0} R(x) = 0$.

证明 设 $x, x_0 \in (0,1)$,

$$R(x) = \begin{cases} \dfrac{1}{q}, & x = \dfrac{p}{q}, \ p < q, \ p, q \text{ 是互质的正整数}, \\ 0, & x \in (0,1) \text{是无理数}. \end{cases}$$

任给 $0 < \varepsilon < \dfrac{1}{2}$, 则满足

$$\begin{aligned} I := &\left\{ x \in (0,1) : R(x) = \frac{1}{q} \geqslant \varepsilon, \ x = \frac{p}{q}, \ p, q \text{ 是互质正整数} \right\} \\ = &\left\{ x \in (0,1) : q \leqslant \frac{1}{\varepsilon}, \ x = \frac{p}{q}, \ p, q \text{ 是互质正整数} \right\} \\ = &\{ x \in (0,1) : \text{满足上面大括号内要求的有理数 } x \text{ 只有有限个} \}. \end{aligned}$$

设这些有理数为 $x_1, \cdots, x_{k(\varepsilon)}, k(\varepsilon) \in \mathbb{N}$. 取 $\delta(\varepsilon) = \min\{|x_1 - x_0|, \cdots, |x_{k(\varepsilon)} - x_0|\}$.

(1) 若 x_0 是无理数, 则 $\delta(\varepsilon) > 0$. 于是对任何 $x \in U^o(x_0, \delta(\varepsilon))$, 若 x 为有理数, 则 $x \in I^c$, 从而 $R(x) < \varepsilon$, 若 x 为无理数, 由黎曼函数定义 $R(x) = 0$. 综合有对任何 $x \in U^o(x_0, \delta(\varepsilon))$, 总有

$$R(x) < \varepsilon.$$

此即 $\lim\limits_{x \to x_0} R(x) = 0$.

(2) 若 x_0 是有理数, 去掉 $\{x_1, \cdots, x_{k(\varepsilon)}, k(\varepsilon) \in \mathbb{N}\}$ 中可能等于 x_0 的有理数, 则 $\delta(\varepsilon) > 0$. 由于空心邻域 $U^o(x_0, \delta(\varepsilon))$ 不包含点 x_0, 余下的证明与 (1) 相同. □

下面定理揭示了函数极限与数列极限的关系.

定理 3.3 设函数 $f(x)$ 在 $x_0 \in \mathbb{R}, \pm\infty, \infty$ 的某空心邻域内有定义, 则如下两个条件等价:

(1) $\lim\limits_{x \to x_0} f(x)$ 存在;

(2) 对任意收敛于 x_0 的数列 $\{x_n\}$ 且 $x_n \neq x_0$, $\lim\limits_{n \to +\infty} f(x_n)$ 存在.

证明 只证明 $x_0 \in \mathbb{R}$ 情况. 其余类似.

(1) $\Longrightarrow$ (2) 设 $\lim\limits_{x \to x_0} f(x) = A$, 则

$$\forall \varepsilon > 0, \ \exists \delta > 0, \text{对} \forall x \in U^o(x_0, \delta), \ |f(x) - A| < \varepsilon.$$

因为 $\lim\limits_{n\to\infty} x_n = x_0$, 对上述的 δ, $\exists\, N(x_0,\delta) > 0$, 对 $\forall\, n > N(x_0,\delta)$, $|x_n - x_0| < \delta$. 从而

$$|f(x_n) - A| < \varepsilon, \quad \forall\, n > N(x_0,\delta).$$

(2) $\implies$ (1) 因为所有的数列 $\{f(x_n)\}$ 都收敛, 所以必收敛到同一个极限, 即 $\lim\limits_{n\to\infty} f(x_n) = A$. 假设 $\lim\limits_{x\to x_0} f(x) \neq A$. 从而

$$\exists\, \varepsilon > 0, \ \forall\, \delta > 0, \ \exists\, x \in U^o(x_0,\delta), \ \text{使得} \ |f(x) - A| > \varepsilon.$$

依次取 $\delta = \dfrac{1}{n}$, 可得

$$\exists\, x_n \in U^o\left(x_0, \frac{1}{n}\right), \ \text{使得} \ |f(x_n) - A| > \varepsilon, \quad n = 1, 2, \cdots.$$

显然这样的数列 $\{x_n\}$ 收敛于 x_0, 但数列 $\{f(x_n)\}$ 不收敛于 A. 与题设矛盾. $\square$

例 3.9   求证 $\lim\limits_{x\to 0} \sin\dfrac{1}{x}$ 不存在.

证明   取 $x_n = \dfrac{1}{2n\pi}$. 则 $x_n \to 0$ 且 $x_n \neq 0$, 并且

$$\sin\frac{1}{x_n} = \sin(2n\pi) = 0 \quad \implies \quad \lim\limits_{n\to\infty} \sin\frac{1}{x_n} = 0.$$

取 $y_n = \dfrac{1}{2n\pi + \dfrac{\pi}{2}}$. 则 $y_n \to 0$ 且 $y_n \neq 0$, 并且

$$\sin\frac{1}{y_n} = \sin\left(2n\pi + \frac{\pi}{2}\right) = 1 \quad \implies \quad \lim\limits_{n\to\infty} \sin\frac{1}{y_n} = 1.$$

所以 $\lim\limits_{n\to\infty} \sin\dfrac{1}{x_n} \neq \lim\limits_{n\to\infty} \sin\dfrac{1}{y_n}$. 故结论成立. $\square$

习　题

1. 用 ε-δ 语言证明:

(1) $\lim\limits_{x\to 3} x^2 = 9$.

(2) $\lim\limits_{x\to 1} \dfrac{x-1}{x^3-1} = \dfrac{1}{3}$.

(3) $\lim\limits_{x\to 0} \dfrac{3x+2}{x+1} = 2$.

(4) $\lim\limits_{x \to 1} \sqrt{3x+2} = \sqrt{5}$.

2. 设 $\lim\limits_{x \to x_0} f(x) = A$, 则 $\lim\limits_{x \to x_0} |f(x)| = |A|$. 当且仅当 A 为何值时反之也成立?

3. 叙述并证明 $\lim\limits_{x \to \infty} f(x) = A \in \mathbb{R}$ 的柯西收敛准则.

4. 用 "$\varepsilon\text{-}\delta$" 语言表示 "$\lim\limits_{x \to x_0} f(x) \neq A$".

5. 证明定理 3.1.

6. 证明定理 3.3 的其余情况.

3.2 函数极限性质

命题 3.4 (函数极限唯一性) 若 $\lim\limits_{x \to x_0} f(x) = A$, $\lim\limits_{x \to x_0} f(x) = B$, 则 $A = B$.

命题 3.5 (函数的局部有界性) (1) 若 $\lim\limits_{x \to x_0} f(x)$ 存在且有限, 则存在 $\delta > 0$, $M > 0$, 使得 $|f(x)| < M, \forall\, x \in U^o(x_0, \delta)$.

(2) 若 $\lim\limits_{x \to x_0^-} f(x)$ 存在且有限, 则存在 $\delta > 0, M > 0$, 使得 $|f(x)| < M, \forall\, x \in (x_0 - \delta, x_0)$.

(3) 若 $\lim\limits_{x \to x_0^+} f(x)$ 存在且有限, 则存在 $\delta > 0, M > 0$, 使得 $|f(x)| < M, \forall\, x \in (x_0, x_0 + \delta)$.

(4) 若 $\lim\limits_{x \to \infty} f(x)$ 存在且有限, 则存在 $N > 0, M > 0$, 使得 $|f(x)| < M, \forall\, |x| > N$.

(5) 若 $\lim\limits_{x \to +\infty} f(x)$ 存在且有限, 则存在 $N > 0, M > 0$, 使得 $|f(x)| < M, \forall\, x > N$.

(6) 若 $\lim\limits_{x \to -\infty} f(x)$ 存在且有限, 则存在 $N > 0, M > 0$, 使得 $|f(x)| < M, \forall\, x < -N$.

命题 3.6 (函数的局部保号性) (1) 设 $\lim\limits_{x \to x_0} f(x) = A$.

① 若 $A > 0$, 则存在 $\delta > 0$, 使得 $f(x) > 0, \forall\, x \in U^o(x_0, \delta)$.

② 若 $A < 0$, 则存在 $\delta > 0$, 使得 $f(x) < 0, \forall\, x \in U^o(x_0, \delta)$.

③ 若存在 $\delta > 0$, 使得 $f(x) \geqslant 0, \forall\, x \in U^o(x_0, \delta)$. 则 $A \geqslant 0$.

④ 若存在 $\delta > 0$, 使得 $f(x) \leqslant 0, \forall\, x \in U^o(x_0, \delta)$. 则 $A \leqslant 0$.

(2) 设 $\lim\limits_{x \to +\infty} f(x) = A$.

① 若 $A > 0$, 则存在 $N > 0$, 使得 $f(x) > 0, \forall\, x > N$.

② 若 $A < 0$, 则存在 $N > 0$, 使得 $f(x) < 0, \forall\, x > N$.

③ 若存在 $N > 0$, 使得 $f(x) \geqslant 0, \forall\, x > N$, 则 $A \geqslant 0$.

④ 若存在 $N > 0$, 使得 $f(x) \leqslant 0, \forall\, x > N$, 则 $A \leqslant 0$.

(3) 其他类型的极限也有类似性质.

证明 只证明两种情况, 其余类似.

(1) ① 对 $\varepsilon = \dfrac{A}{2}$, 存在 $\delta > 0$, 使得对任意 $x \in U^o(x_0, \delta)$

$$|f(x) - A| < \frac{A}{2} \implies f(x) > \frac{A}{2} > 0.$$

(2) ① 对 $\varepsilon = \dfrac{A}{2}$, 存在 $\delta > 0$, 使得对任意 $x \in U^o(x_0, \delta)$

$$|f(x) - A| < \frac{A}{2} \implies f(x) > \frac{A}{2} > 0. \qquad\qquad \square$$

注 3.4 (下述结论不正确) 设 $\lim\limits_{x \to x_0} f(x) = A$. 若存在 $\delta > 0$, 使得 $f(x) > 0, \forall\, x \in U^o(x_0, \delta)$, 则 $A > 0$. 如函数 $f = |x|$ 且 $x_0 = 0$.

下面给出函数极限的运算法则. 这里的 a 可以是 $x_0^{\pm}, x_0 \in \mathbb{R}, \infty$ 或 $\pm\infty$.

命题 3.7 (函数极限的四则运算) 设 $A, B \in \mathbb{R}, \lim\limits_{x \to a} f(x) = A, \lim\limits_{x \to a} g(x) = B$.

(1) 对任意常数 α, β, $\lim\limits_{x \to a} [\alpha f(x) + \beta g(x)] = \alpha A + \beta B$.

(2) $\lim\limits_{x \to a} f(x) \cdot g(x) = AB$.

(3) 若 $B \neq 0$, 则 $\lim\limits_{x \to a} \dfrac{f(x)}{g(x)} = \dfrac{A}{B}$.

证明 利用定理 3.3 可证. $\qquad\qquad\qquad\qquad\qquad\qquad\qquad\qquad\qquad\qquad \square$

例 3.10 求下列函数的极限:

(1) $\lim\limits_{x \to \infty} \dfrac{3x^5 - 2x + 1}{2x^5 + 16x^4}$; (2) $\lim\limits_{x \to 0} \dfrac{(1 + x)^m - 1}{x}$; (3) $\lim\limits_{x \to 0} \dfrac{\sqrt[k]{1 + x} - 1}{x}$.

解 (1) $\lim\limits_{x \to \infty} \dfrac{3x^5 - 2x + 1}{2x^5 + 16x^4} = \lim\limits_{x \to \infty} \dfrac{3 - \dfrac{2}{x^4} + \dfrac{1}{x^5}}{2 + \dfrac{16}{x}} = \dfrac{3}{2}$.

(2) $\lim\limits_{x \to 0} \dfrac{(1 + x)^m - 1}{x} = \lim\limits_{x \to 0} \dfrac{mx + \mathrm{C}_m^2 x^2 + \cdots + x^m}{x} = m$.

(3) $\lim\limits_{x \to 0} \dfrac{\sqrt[k]{1 + x} - 1}{x} = \lim\limits_{x \to 0} \dfrac{1}{x} \cdot \dfrac{(1 + x) - 1}{\sqrt[k]{(1 + x)^{k-1}} + \sqrt[k]{(1 + x)^{k-2}} + \cdots + 1} = \dfrac{1}{k}$. $\qquad \square$

例 3.11 设 $k \in \mathbb{N}$, 求极限 $\lim\limits_{x \to \infty} x\left[\left(\dfrac{x + 1}{x} \right)^{\frac{1}{k}} - 1 \right]$.

解 令 $u = x^{-1}$. 则

$$\lim\limits_{x \to \infty} x\left[\left(\dfrac{x + 1}{x} \right)^{\frac{1}{k}} - 1 \right] = \lim\limits_{u \to 0} \dfrac{(1 + u)^{\frac{1}{k}} - 1}{u} = \dfrac{1}{k}. \qquad\qquad \square$$

习 题

1. 证明命题 3.4, 命题 3.5 和命题 3.6 (任选一种情况).

2. 设 $\lim\limits_{x \to x_0} f(x) > a$, 求证: 当 x 足够靠近 x_0 但 $x \ne x_0$ 时, $f(x) > a$.

3. 设 $f(x_0^-) < f(x_0^+)$, 求证: $\exists\, \delta > 0, \forall\, x \in (x_0 - \delta, x_0), y \in (x_0, x_0 + \delta)$ 时有 $f(x) < f(y)$.

4. 求下列极限:

(1) $\lim\limits_{x \to 0} \dfrac{x^2 - 1}{2x^3 + x^2 + 1}$.

(2) $\lim\limits_{x \to 0} \dfrac{(x-1)^3 + (1-3x)}{x^2 + 2x^3}$.

(3) $\lim\limits_{x \to 0} \dfrac{\sqrt{1+x} - 1}{x}$.

(4) $\lim\limits_{x \to +\infty} \dfrac{(3x+2)^{30}(8x-1)^{20}}{(2x-1)^{50}}$.

(5) $\lim\limits_{x \to 1} \dfrac{x + x^2 + \cdots + x^m - m}{x - 1}$.

(6) $\lim\limits_{x \to 0} \dfrac{(1+mx)^n - (1+nx)^m}{x^2}$.

(7) $\lim\limits_{x \to 2^+} \dfrac{[x]^2 - 4}{x^2 - 4}$.

(8) $\lim\limits_{x \to 1^-} \dfrac{[2x]}{1 + x}$.

(9) $\lim\limits_{x \to 0} \dfrac{(1 - 2x^2)^{\frac{1}{3}} - 1}{x^2}$.

3.3 两个判别定理

定理 3.8 (单调收敛定理)

(1) 若 $f(x)$ 在 (a, x_0) 单调且有界, 则 $\lim\limits_{x \to x_0^-} f(x)$ 存在;

(2) 若 $f(x)$ 在 (x_0, b) 单调且有界, 则 $\lim\limits_{x \to x_0^+} f(x)$ 存在;

(3) 若 $f(x)$ 在 $(b, +\infty)$ 单调且有界, 则 $\lim\limits_{x \to +\infty} f(x)$ 存在;

(4) 若 $f(x)$ 在 $(-\infty, b)$ 单调且有界, 则 $\lim\limits_{x \to -\infty} f(x)$ 存在.

证明 (1) 不失一般性, 假设 $f(x)$ 在 (a, x_0) 单调增加且有界. 由确界原理, $A = \sup\{f(x), x \in (a, x_0)\} \in \mathbb{R}$. 由确界定义, 对 $\forall\, \varepsilon > 0, \exists\, \bar{x} \in (a, x_0)$, 使得 $A - \varepsilon < f(\bar{x}) \leqslant A$. 令 $\delta = x_0 - \bar{x}$, 结合函数的单调增加性, 对任意 $x \in (\bar{x}, x_0) = (x_0 - \delta, x_0)$, 都有

$$A - \varepsilon < f(\bar{x}) \leqslant f(x) \leqslant A.$$

即 $\lim\limits_{x \to x_0^-} f(x) = A$.

(2)—(4) 的证明类似. □

定理 3.9 (迫敛定理) 设 $x_0 \in \mathbb{R} \cup \{\pm\infty, \infty\}$, 函数 $f(x)$, $g_1(x)$, $g_2(x)$ 满足 $g_1(x) \leqslant f(x) \leqslant g_2(x)$, $x \in U^o(x_0)$. 若 $\lim\limits_{x \to x_0} g_1(x) = \lim\limits_{x \to x_0} g_2(x) = A$, 则 $\lim\limits_{x \to x_0} f(x) = A$.

证明 利用函数极限定义可证. □

例 3.12 求极限 $\lim\limits_{x \to +\infty} \left(\sqrt{x+1} - \sqrt{x-2} \right)$.

解 注意到

$$0 < \sqrt{x+1} - \sqrt{x-2} = \frac{3}{\sqrt{x+1} + \sqrt{x-2}} \leqslant \frac{3}{\sqrt{x}} \longrightarrow 0, \quad x \to +\infty.$$

所以由迫敛定理知结论成立. □

例 3.13 证明: $\lim\limits_{\theta \to 0} \dfrac{\sin \theta}{\theta} = 1$.

证明 由所求极限函数是偶函数 (图 3.2 左图), 不妨设 $\forall\, \theta \in \left(0, \dfrac{\pi}{2}\right)$, 如图 3.2 右图, 由图形中的面积比较, 可得到不等式

$$\sin \theta < \theta < \tan \theta \quad \Longrightarrow \quad 1 < \frac{\theta}{\sin \theta} < \frac{1}{\cos \theta} \quad \Longrightarrow \quad \cos \theta < \frac{\sin \theta}{\theta} < 1.$$

因为 $\lim\limits_{\theta \to 0} \cos \theta = 1$, 由迫敛定理可知结论成立.

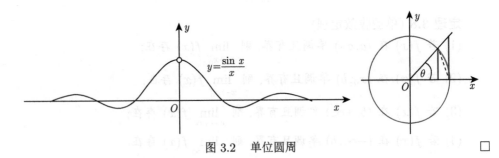

图 3.2　单位圆周

例 3.14 求 $\lim\limits_{x \to 0} \dfrac{1 - \cos x}{x^2}$.

解 $\lim\limits_{x \to 0} \dfrac{1 - \cos x}{x^2} = \dfrac{2 \sin^2 \dfrac{x}{2}}{x^2} = \dfrac{1}{2} \left(\dfrac{\sin \dfrac{x}{2}}{\dfrac{x}{2}} \right)^2 = \dfrac{1}{2}.$ □

例 3.15 $\lim\limits_{x\to\infty}\left(1+\dfrac{1}{x}\right)^x = e.$

证明 所证极限等价于

$$\lim_{x\to+\infty}\left(1+\frac{1}{x}\right)^x = e, \qquad \lim_{x\to-\infty}\left(1+\frac{1}{x}\right)^x = e.$$

(1) x 趋于正无穷情形: 由于 $\lim\limits_{n\to\infty}\left(1+\dfrac{1}{n+1}\right)^n = \lim\limits_{n\to\infty}\left(1+\dfrac{1}{n}\right)^{n+1} = e.$
令 $n = [x]$, 则

$$g_1(x) := \left(1+\frac{1}{[x]+1}\right)^{[x]} < \left(1+\frac{1}{x}\right)^x < \left(1+\frac{1}{[x]}\right)^{[x]+1} := g_2(x).$$

此即

$$\lim_{x\to\infty}\left(1+\frac{1}{x}\right)^x = e.$$

(2) x 趋于负无穷情形: 用 $-x$ 代替第二个极限中的 x, 只要证明

$$\lim_{x\to+\infty}\left(1-\frac{1}{x}\right)^{-x} = e.$$

利用 (1),

$$\lim_{x\to+\infty}\left(1-\frac{1}{x}\right)^{-x} = \lim_{x\to+\infty}\left(\frac{x}{x-1}\right)^x = \lim_{x\to+\infty}\left(1+\frac{1}{x-1}\right)^{(x-1)+1} = e.$$

$\square$

定理 3.10 (复合函数求极限) 设 $f(u)$ 定义在某个 $U^o(u_0)$, $u(x)$ 定义在某个 $U^o(x_0)$ 中, 并且当 $x\neq x_0$ 时 $u(x)\neq u_0$. 若 $\lim\limits_{x\to x_0} u(x) = u_0$, $\lim\limits_{u\to u_0} f(u) = A$, 则 $\lim\limits_{x\to x_0} f(u(x)) = A.$

证明 由 $\lim\limits_{u\to u_0} f(u) = A$, 知 $\forall\,\varepsilon > 0$, $\exists\,\delta_1 = \delta(u_0,\varepsilon) > 0$, 使得 $|f(u) - A| < \varepsilon$, $\forall\,u \in U^o(u_0,\delta_1)$. 由 $\lim\limits_{x\to x_0} u(x) = u_0$ 知, 对 δ_1, $\exists\,\delta_2 = \delta(x_0,\delta_1) > 0$, 使得 $|u(x) - u_0| < \delta_1$, $\forall\,x \in U^o(x_0,\delta_2)$. 因为 $x\neq x_0$ 时, $u(x)\neq u_0$, 所以 $u(x) \in U^o(u_0,\delta_1)$, $\forall\,x \in U^o(x_0,\delta_2)$. 从而 $|f(u(x)) - A| < \varepsilon$, $\forall\,x \in U^o(x_0,\delta_2)$. $\square$

例 3.16 求 (1) $\lim\limits_{x\to 1}\dfrac{\sin(1 - x^2)}{1 - x^2}$; (2) $\lim\limits_{x\to 0}\dfrac{\ln(1 + x)}{x}$.

解 (1) 令 $u = 1 - x^2, f(u) = \dfrac{\sin u}{u}$. 容易看出, 定理 3.10 的条件满足. 则

$$\lim_{x \to 1} u(x) = 0, \quad \lim_{u \to 0} \frac{\sin u}{u} = 1 \Longrightarrow \lim_{x \to 1} \frac{\sin(1 - x^2)}{1 - x^2} = \lim_{x \to 1} f(u(x)) = 1.$$

(2) 设 $f(u) = \ln u, u(x) = (1 + x)^{\frac{1}{x}}, x_0 = 0, u_0 = 1$, 容易看出, 定理 3.10 的条件满足. 则

$$\lim_{x \to 0} u(x) = e, \quad \lim_{u \to e} f(u) = 1 \Longrightarrow \lim_{x \to 0} \frac{\ln(1 + x)}{x} = \lim_{x \to 0} f(u(x)) = 1. \qquad \square$$

下面的两个例题说明定理 3.10 的条件是充分条件.

例 3.17 极限存在, 但 $\lim\limits_{x \to x_0} f(g(x)) \neq f(u_0)$. (说明定理 3.10 是复合函数极限存在的充分条件.)

解 如图 3.3 左图, 令 $f(u) = \begin{cases} 1, & u \neq 0, \\ 2, & u = 0. \end{cases}$ 则 $\lim\limits_{u \to 0} f(u) = 1$.

如图 3.3 右图, 令 $g(x) = \begin{cases} 0, & x \neq 0, \\ 1, & x = 0. \end{cases}$ 则 $\lim\limits_{x \to 0} g(x) = 0$. 但 $\lim\limits_{x \to 0} f(g(x)) = 2$.

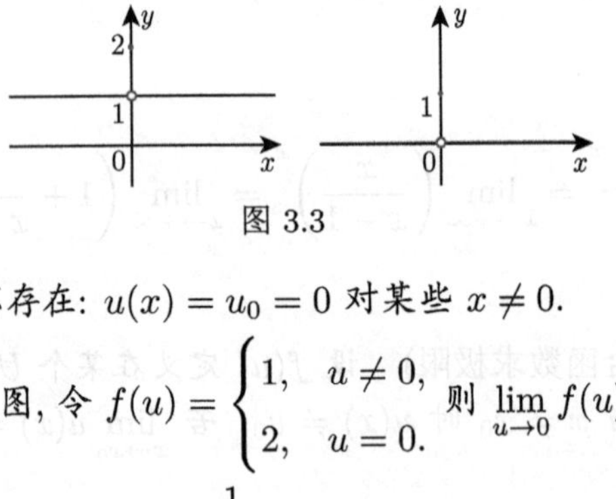

图 3.3

例 3.18 极限不存在: $u(x) = u_0 = 0$ 对某些 $x \neq 0$.

解 如图 3.4 左图, 令 $f(u) = \begin{cases} 1, & u \neq 0, \\ 2, & u = 0. \end{cases}$ 则 $\lim\limits_{u \to 0} f(u) = 1$.

如图 3.4 右图, 令 $g(x) = x \sin \dfrac{1}{x}$, 则 $\lim\limits_{x \to 0} g(x) = 0$, 但 $\lim\limits_{x \to 0} f(g(x))$ 不存在.

$$x_n = \frac{1}{n\pi}, \quad \lim_{n \to \infty} x_n = 0.$$

$$\forall n, \quad g(x_n) = 0, \quad \lim_{n \to \infty} f(g(x_n)) = 2.$$

$$t_n = \frac{1}{n\pi + \dfrac{\pi}{2}}, \quad \lim_{n \to \infty} t_n = 0.$$

$$\forall\, n,\quad g\left(t_n\right)\neq 0,\quad \lim_{n\to\infty} f\left(g\left(t_n\right)\right)=1.$$

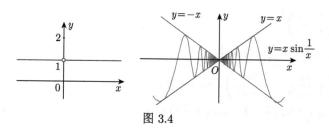

图 3.4

常用极限小结

$$\lim_{x\to 0}\frac{\sin x}{x}=1,\qquad\qquad \lim_{x\to 0}\frac{1-\cos x}{x^2}=\frac{1}{2},$$

$$\lim_{x\to 0}\frac{e^x-1}{x}=1,\qquad\qquad \lim_{x\to 0}\frac{a^x-1}{x}=\ln a,$$

$$\lim_{x\to 0}\frac{\ln(1+x)}{x}=1,\qquad\qquad \lim_{x\to 0}\frac{\log_a(1+x)}{x}=\frac{1}{\ln a},\qquad a>0,$$

$$\lim_{x\to 0}(1+x)^{\frac{1}{x}}=e,\qquad\qquad \lim_{x\to\infty}\left(1+\frac{1}{x}\right)^x=e,$$

$$\lim_{x\to 0}(1-x)^{\frac{1}{x}}=\frac{1}{e},\qquad\qquad \lim_{x\to\infty}\left(1-\frac{1}{x}\right)^x=\frac{1}{e},$$

$$\lim_{x\to 0}\frac{(1+x)^{\frac{1}{k}}-1}{x}=\frac{1}{k},\qquad \lim_{x\to 0}\frac{(1+x)^k-1}{x}=k,\qquad k\in\mathbb{N}.$$

习 题

1. 求下列极限

(1) $\displaystyle\lim_{x\to 0}\frac{\sin x^3}{(\sin x)^2}$.

(2) $\displaystyle\lim_{x\to 0}\frac{\tan x-\sin x}{x^3}$.

(3) $\displaystyle\lim_{x\to 0}\frac{\sin(\tan x)}{\tan x}$.

(4) $\displaystyle\lim_{x\to +\infty} x\sin\frac{1}{x}$.

(5) $\displaystyle\lim_{x\to 0}\frac{2^x-1}{x}$.

(6) $\displaystyle\lim_{x\to 0}\frac{\sqrt{1-\cos x^2}}{1-\cos x}$.

(7) $\displaystyle\lim_{x\to +\infty}\left(1-\frac{3}{x}\right)^{-x}$.

(8) $\lim\limits_{x\to 0}(1+2x)^{\frac{1}{x}}$.

(9) $\lim\limits_{x\to 0}(1+\tan x)^{\cot x}$.

(10) $\lim\limits_{x\to 0}\left(\dfrac{1+x}{1-x}\right)^{\frac{1}{x}}$.

(11) $\lim\limits_{n\to\infty}\cos\dfrac{x}{2}\cos\dfrac{x}{2^2}\cdots\cos\dfrac{x}{2^n}$.

(12) $\lim\limits_{x\to 1}\left(\dfrac{m}{1-x^m}-\dfrac{n}{1-x^n}\right),\ m,n\in\mathbb{N}^*$.

2. 证明: $\lim\limits_{x\to +\infty}(\sin\sqrt{x+1}-\sin\sqrt{x-1})=0$.

3. 设常数 $a_1,a_2,\cdots,a_n$ 满足 $\sum\limits_{k=1}^{n}a_k=0$, 求证: $\lim\limits_{x\to +\infty}\sum\limits_{k=1}^{n}a_k\sin\sqrt{x+k}=0$.

4. 设 f 在 $(0,+\infty)$ 上满足函数方程 $f(2x)=f(x)$, $\lim\limits_{x\to +\infty}f(x)=A\in\mathbb{R}$, 求证: $f=A$.

5. 设 f 是 $(-\infty,+\infty)$ 上的周期函数, 且 $\lim\limits_{x\to +\infty}f(x)=0$, 求证: $f=0$.

6. 设 f 和 g 是两个周期函数, 满足 $\lim\limits_{x\to +\infty}(f(x)-g(x))=0$, 证明: $f=g$.

7. 设函数 f 在 $(-\infty,x_0)$ 上递增, 并且存在一列数列 $\{x_n\}$ 适合 $x_n<x_0\ (n=1,2,\cdots)$, $x_n\to x_0$ 且使得 $\lim\limits_{n\to\infty}f(x_n)=A$, 求证: $\lim\limits_{x\to x_0^-}f(x)=A$.

8. 求极限 $\lim\limits_{n\to\infty}n\sin(2\pi n!e)$ 的值.

3.4 函数上 (下) 极限

设函数 $f(x),x\in U^o(x_0,\delta_0)$ 有界. 易知在 $(0,\delta_0)$ 上, $\inf\limits_{U^o(x_0,\delta)}\{f(x)\}$ 关于 δ 是单调下降函数, $\sup\limits_{U^o(x_0,\delta)}\{f(x)\}$ 关于 δ 是单调增加函数. 利用单调收敛定理, 当 δ 下降趋于 0 时, 它们的极限存在, 分别记为 $\varlimsup\limits_{x\to x_0}f(x)$, $\varliminf\limits_{x\to x_0}f(x)$.

定义 3.5 $\varlimsup\limits_{x\to x_0}f(x)$, $\varliminf\limits_{x\to x_0}f(x)$ 分别称为函数在 x_0 点的上、下极限.

定理 3.11 设函数 $f(x),x\in U^o(x_0,\delta_0)$. 则 $\lim\limits_{x\to x_0}f(x)=A\Longleftrightarrow\varlimsup\limits_{x\to x_0}f(x)=\varliminf\limits_{x\to x_0}f(x)=A$.

证明 $\Longrightarrow$: 由 $\lim\limits_{x\to x_0}f(x)=A$ 知道, 对 $\forall\varepsilon>0,\exists\bar\delta>0$, 对 $\forall x\in U^o(x_0,\bar\delta)$, 有

$$A-\varepsilon<f(x)<A+\varepsilon.$$

所以对 $\delta\in(0,\bar\delta)$,

$$A-\varepsilon\leqslant\inf\limits_{x\in U^o(x_0,\bar\delta)}\{f(x)\}\leqslant\inf\limits_{x\in U^o(x_0,\delta)}\{f(x)\}$$

$$\leqslant \sup_{x \in U^o(x_0, \delta)} \{f(x)\} \leqslant \sup_{x \in U^o(x_0, \bar{\delta})} \{f(x)\} \leqslant A + \varepsilon,$$

在不等式

$$A - \varepsilon \leqslant \inf_{x \in U^o(x_0, \delta)} \{f(x)\} \leqslant \sup_{x \in U^o(x_0, \delta)} \{f(x)\} \leqslant A + \varepsilon,$$

两端先令 δ 下降趋于 0, 再令 ε 趋于 0, 有 $\lim\limits_{\delta \to 0} \inf\limits_{x \in U^o(x_0, \delta)} \{f(x)\} = \lim\limits_{\delta \to 0} \sup\limits_{x \in U^o(x_0, \delta)} \{f(x)\} = A.$

$\Longleftarrow$: 由 $\lim\limits_{\delta \to 0} \inf\limits_{x \in U^o(x_0, \delta)} \{f(x)\} = \lim\limits_{\delta \to 0} \sup\limits_{x \in U^o(x_0, \delta)} \{f(x)\} = A$ 知, 对 $\forall \varepsilon > 0, \exists \delta_0$, 对 $\forall \delta < \delta_0$, 有

$$A - \varepsilon < \inf_{x \in U^o(x_0, \delta)} \{f(x)\} < \sup_{x \in U^o(x_0, \delta)} \{f(x)\} \leqslant A + \varepsilon,$$

所以对 $x \in U^o(x_0, \delta)$,

$$A - \varepsilon < \inf_{x \in U^o(x_0, \delta)} \{f(x)\} \leqslant f(x) \leqslant \sup_{x \in U^o(x_0, \delta)} \{f(x)\} < A + \varepsilon,$$

即 $\lim\limits_{x \to x_0} f(x) = A.$ 　　　　　　　　　　　　　　　　　　　　□

命题 3.12　设 $f(x), x \in U^o(x_0, \delta_0)$ 有界.

(1) $\varlimsup\limits_{x \to x_0} f(x) = \sup \left\{ \varlimsup\limits_{n \to \infty} f(x_n) : x_n \in U^o(x_0, \delta_0), \lim\limits_{n \to \infty} x_n = x_0 \right\}.$

(2) $\varliminf\limits_{x \to x_0} f(x) = \inf \left\{ \varliminf\limits_{n \to \infty} f(x_n) : x_n \in U^o(x_0, \delta_0), \lim\limits_{n \to \infty} x_n = x_0 \right\}.$

证明　只证明 (1).

"$\geqslant$": $\forall \delta > 0, \exists N \in \mathbb{N}, \forall n > N, x_n \in U^o(x_0, \delta)$,

$$\varlimsup_{n \to \infty} f(x_n) = \lim_{n \to \infty} \sup_{k \geqslant n} \{f(x_k)\} \leqslant \sup_{U^o(x_0, \delta)} \{f(x)\}.$$

在上述不等式两边同时令 δ 下降趋于 0, 得到

$$\varlimsup_{x \to x_0} f(x) \geqslant \varlimsup_{n \to \infty} f(x_n).$$

"$\leqslant$": 设 $\varlimsup\limits_{x \to x_0} f(x) = A$. 由上极限定义知道, 对 $\forall \varepsilon > 0, \exists \delta_1(\varepsilon) < \delta_0$, 对 $\forall \delta < \delta_1(\varepsilon)$, 有

$$A - \varepsilon < \sup_{U^o(x_0, \delta)} \{f(x)\} < A + \varepsilon,$$

取 $\delta_n = \dfrac{\delta_1(\varepsilon)}{n}, n \geqslant 2$, 有

$$A - \varepsilon < \sup_{U^o(x_0, \delta_n)} \{f(x)\} < A + \varepsilon,$$

由上确界定义知道, $\exists\, x_n \in U^o(x_0, \delta_n)$, 有

$$A - \varepsilon < f(x_n) < A + \varepsilon.$$

由数列 $\{x_n\}$ 的取法知道, $\lim\limits_{n\to\infty} x_n = x_0$, $A - \varepsilon \leqslant \varlimsup\limits_{n\to\infty} f(x_n) \leqslant A + \varepsilon$. 由上确界定义知道

$$A \leqslant \sup\left\{ \varlimsup_{n\to\infty} f(x_n) : x_n \in U^o(x_0, \delta_0), \lim_{n\to\infty} x_n = x_0 \right\}. \qquad \square$$

命题 3.13 设函数 $f(x) \leqslant g(x)$, $x \in U^o(x_0, \delta_0)$. 则

$$\varliminf_{x\to x_0} f(x) \leqslant \varliminf_{x\to x_0} g(x), \quad \varlimsup_{x\to x_0} f(x) \leqslant \varlimsup_{x\to x_0} g(x).$$

证明 直接利用上、下极限定义可证. $\square$

命题 3.14 设函数 $f(x), x \in U^o(x_0, \delta_0)$. $\delta \in (0, \delta)$. 则

(i) $f(x)$, $x \in U^o(x_0, \delta)$ 有上界的充分必要条件是: $\varlimsup\limits_{x\to x_0} f(x)$ 有限.

(ii) $f(x)$, $x \in U^o(x_0, \delta)$ 有下界的充分必要条件是: $\varliminf\limits_{x\to x_0} f(x)$ 有限.

证明 直接利用上、下极限定义可证. $\square$

类似可以定义 $x_0 = \pm\infty$, ∞, 上述定理、命题也成立.

习　题

1. 求当 $x \to 0$ 时函数 $f(x) = \sin\dfrac{1}{x}$ 的上、下极限.

2. 证明命题 3.12, 命题 3.13.

3. 设函数 f, g 定义在 $U^o(x_0)$ 上. 证明:

$$\varliminf_{x\to x_0} f(x) + \varliminf_{x\to x_0} g(x) \leqslant \varliminf_{x\to x_0} [f(x) + g(x)] \leqslant \varlimsup_{x\to x_0} f(x) + \varliminf_{x\to x_0} g(x).$$

4. 设 f 是定义在 $[0, \mathbb{R})$ 上的函数, 定义 $\varlimsup\limits_{x\to +\infty} f(x)$, $\varliminf\limits_{x\to +\infty} f(x)$, 并证明: 定理 3.11, 命题 3.13 对这种情况也成立.

5. 求 $f(x) = \sin x$ 当 $x \to +\infty$ 时的聚点.

3.5 无穷小 (大) 量

3.5.1 无穷小 (大) 量概念

定义 3.6　设 $x_0 \in \mathbb{R} \cup \{\pm\infty, \infty\}$, $f(x)$ 在 x_0 的某个空心邻域中有定义.

(1) 若 $\lim\limits_{x \to x_0} f(x) = 0$, 则称函数 $f(x)$ 为当 $x \to x_0$ 时是无穷小量.

(2) 若 $\lim\limits_{x \to x_0} f(x) = \infty$, 则称函数 $f(x)$ 为当 $x \to x_0$ 时是无穷大量.

类似可以定义正、负无穷大量.

注 3.7　(1) 无穷小量是一类函数. 任意一个非零实数, 无论它的绝对值多么小, 如 10^{-100}, 都不是无穷小量, 因为它不趋于零. 无穷大量也是如此.

(2) 无穷小量常记为 $o(1)$; 有界函数常记为 $O(1)$.

例 3.19　几个例子:

- 当 $x \to 0$ 时, x^2, $\sin(2x)$, $\ln(1-x)$, $e^{2x}-1$ 都是无穷小量;
- 当 $x \to 1$ 时, $\sin(\pi x)$, $\ln x$ 都是无穷小量;
- 当 $x \to +\infty$ 时, $\dfrac{1}{x}$, $\dfrac{1}{\ln x}$, 2^{-x} 都是无穷小量;
- 当 $x \to 0$ 时, $\dfrac{1}{x}$, $\ln|x|$ 是无穷大量、负无穷大量;
- 当 $x \to \infty$ 时, $x^2, \ln|x|$ 都是正无穷大量.

命题 3.15 (无穷小量与无穷大量的性质)　同一变化过程中,

(1) 无穷小量的和、差、积都是无穷小量.

(2) 无穷大量与无穷大量的乘积仍然是无穷大量.

(3) 无穷小量与有界变量的乘积仍然是无穷小量.

(4) 无穷大量的倒数是无穷小量, 非零无穷小量的倒数是无穷大量.

定理 3.16　设函数 $f(x)$, $x \in U^o(x_0, \delta_0)$, $A \in \bar{\mathbb{R}} := \mathbb{R} \cup \{\pm\infty\}$. 则

(1) $\varlimsup\limits_{x \to x_0}$, $\varliminf\limits_{x \to x_0} f(x)$ 在广义实数 $\bar{\mathbb{R}}$ 中存在.

(2) $\lim\limits_{x \to x_0} f(x) = A$ 的充分必要条件是: $\varlimsup\limits_{x \to x_0} f(x) = \varliminf\limits_{x \to x_0} f(x) = A$.

证明　证明类似数列情形.　　　　　　　　　　　　　　　　　　　□

3.5.2 无穷小量阶的比较

定义 3.8　设自变量 $x \to x_0 \in \mathbb{R} \cup \{\pm\infty, \infty\}$, $f(x)$, $g(x)$ 都是无穷小量, $g(x) \neq 0, x \in U^o(x_0)$.

- 若 $\lim\limits_{x \to x_0} \dfrac{f(x)}{g(x)} = 1$, 则称 $f(x)$ 与 $g(x)$ 是**等价无穷小量**, 记作 $f(x) \sim g(x)$.

- 若 $\lim\limits_{x \to x_0} \dfrac{f(x)}{g(x)} = 0$, 则称 $f(x)$ 是 $g(x)$ 是的**高阶无穷小量**, 记作 $f(x) = o(g(x))$.

- 若存在 $m > 0$, $M > 0$, 当 $x \to x_0$ 时, $m \leqslant \left| \dfrac{f(x)}{g(x)} \right| \leqslant M$ 成立, 则称 $f(x)$ 与 $g(x)$ 是**同阶无穷小量**, 记作 $f(x) = \mathcal{H}(g)$.

- 若存在 $M > 0$, 当 $x \to x_0$ 时, $\left| \dfrac{f(x)}{g(x)} \right| \leqslant M$ 成立, 则记作 $f(x) = O(g(x))$.

- 若存在 $m > 0$, 当 $x \to x_0$ 时, $m \leqslant \left| \dfrac{f(x)}{g(x)} \right|$ 成立, 则记作 $f(x) = \Omega(g(x))$.

例 3.20   当 $x \to 0$, 时, x, $\sin x$, $\ln(1+x)$, $e^x - 1$ 都是等价无穷小量, 因为

$$\lim_{x \to 0} \frac{\sin x}{x} = 1, \quad \lim_{x \to 0} \frac{\ln(1+x)}{x} = 1, \quad \lim_{x \to 0} \frac{e^x - 1}{x} = 1.$$

例 3.21   求当 $x \to 0$ 时, $1 - \cos x$, $(1+x)^{\frac{1}{k}} - 1$ 的等价无穷小量.

解   因为

$$\lim_{x \to 0} \frac{1 - \cos x}{x^2} = \frac{1}{2}, \quad \lim_{x \to 0} \frac{(1+x)^{\frac{1}{k}} - 1}{x} = \frac{1}{k},$$

所以

$$1 - \cos x \sim \frac{x^2}{2}, \quad (1+x)^{\frac{1}{k}} - 1 \sim \frac{x}{k}. \qquad \square$$

注 3.9   关于无穷小 (大) 量的注记.

(1) 除去零函数外, 有没有最高阶或最低阶的无穷小量? 解答: 没有! 如: 设 f 为无穷小量, 则 $f^2 = o(f)$ 为高阶无穷小量.

(2) 无穷大量和无界变量有什么区别?

① 无穷大量和无界变量都是处于某个变化过程中的函数;

② 无穷大量一定是无界变量, 反之不然! 如当 $x \to \infty$ 时, x^2 是无穷大量, $x^2 \sin x$ 是无界变量但非无穷大量.

3.5.3   无穷小量计算极限

定理 3.17   设函数 $f(x)$, $h_1(x)$, $h_2(x)$ 是 $U^o(x_0)$ 上的函数, $h_1(x) \neq 0$, $h_2(x) \neq 0$, $x_0 \in \mathbb{R} \cup \{\pm\infty, \infty\}$, $h_1(x) \sim h_2(x)$.

(1) 若 $\lim\limits_{x \to x_0} f(x) h_1(x) = A$, 则 $\lim\limits_{x \to x_0} f(x) h_2(x) = A$.

(2) 若 $\lim\limits_{x \to x_0} \dfrac{f(x)}{h_1(x)} = A$, 则 $\lim\limits_{x \to x_0} \dfrac{f(x)}{h_2(x)} = A$.

证明 只证 (1).

$$\lim_{x \to x_0} f(x)h_2(x) = \lim_{x \to x_0} f(x)h_1(x) \cdot \frac{h_2(x)}{h_1(x)} = \lim_{x \to x_0} f(x)h_2(x) \cdot \lim_{x \to x_0} \frac{h_1(x)}{h_1(x)} = A. \ \square$$

例 3.22 求 $\lim\limits_{x \to 0} \dfrac{(1 - \cos x) \sin(2x)}{\ln(1 + x^2)\,(e^x - 1)}$.

解 当 $x \to 0$ 时,

$$1 - \cos x \sim \frac{x^2}{2}, \quad \sin(2x) \sim 2x, \quad \ln(1 + x^2) \sim x^2, \quad e^x - 1 \sim x.$$

从而

$$\lim_{x \to 0} \frac{(1 - \cos x) \sin(2x)}{\ln(1 + x^2)\,(e^x - 1)} = \lim_{x \to 0} \frac{\dfrac{x^2}{2} \cdot (2x)}{x^2 \cdot x} = 1 \,. \hspace{2cm} \square$$

例 3.23 求 $\lim\limits_{x \to 0} \dfrac{\tan x \left[(1 - 2x^2)^{\frac{1}{3}} - 1\right]}{\arctan[x(1 - \cos 4x)]}$.

解 当 $x \to 0$ 时,

$$1 - \cos 4x \sim 8x^2, \quad (1 - 2x^2)^{\frac{1}{3}} - 1 \sim -\frac{2}{3}x^2, \quad \tan x \sim x \sim \arctan x.$$

从而

$$\begin{aligned}
\lim_{x \to 0} \frac{\tan x \left[(1 - 2x^2)^{\frac{1}{3}} - 1\right]}{\arctan\left[x(1 - \cos 4x)\right]} &= \lim_{x \to 0} \frac{x \left[(1 - 2x^2)^{\frac{1}{3}} - 1\right]}{x(1 - \cos 4x)} \\
&= \lim_{x \to 0} \frac{(1 - 2x^2)^{\frac{1}{3}} - 1}{1 - \cos 4x} \\
&= \lim_{x \to 0} \frac{-\dfrac{2}{3}x^2}{8x^2} \\
&= -\frac{1}{12} \,. \hspace{2cm} \square
\end{aligned}$$

例 3.24 求 $I = \lim\limits_{x \to 0} \dfrac{\ln(1 - 2x) \cdot \left(\sqrt{1 + x^2} - \sqrt{1 - 2x^2}\right)}{\sin(\tan x^2) \cdot \tan(\sin x)}$.

解 注意到当 $x \to 0$ 时,

$$\sin(\tan x) \sim \tan x \sim x, \quad \tan(\sin x^2) \sim \sin x^2 \sim x^2, \quad \ln(1 - 2x) \sim -2x,$$

从而

$$I = \lim_{x \to 0} \frac{(-2x) \cdot \left(\sqrt{1 + x^2} - \sqrt{1 - 2x^2} \right)}{x^3}$$

$$= -2 \lim_{x \to 0} \frac{\sqrt{1 + x^2} - \sqrt{1 - 2x^2}}{x^2}$$

$$= -2 \lim_{x \to 0} \frac{\sqrt{1 + x^2} - 1}{x^2} + 2 \lim_{x \to 0} \frac{\sqrt{1 - 2x^2} - 1}{x^2}$$

$$= -2 \lim_{x \to 0} \frac{x}{2x\sqrt{1 + x^2}} + 2 \lim_{x \to 0} \frac{-4x}{4x\sqrt{1 - 2x^2}}$$

$$= -3.$$ □

例 3.25   求 $\lim\limits_{x \to 0} \dfrac{\sqrt{\cos x} - (1 - 2x^2)^{\frac{1}{4}}}{\sin x^2}$.

解

$$\lim_{x \to 0} \frac{\sqrt{\cos x} - (1 - 2x^2)^{\frac{1}{4}}}{\sin x^2} = \lim_{x \to 0} \frac{\sqrt{\cos x} - (1 - 2x^2)^{\frac{1}{4}}}{x^2}$$

$$= \lim_{x \to 0} \frac{\sqrt{\cos x} - 1}{x^2} - \lim_{x \to 0} \frac{(1 - 2x^2)^{\frac{1}{4}} - 1}{x^2}$$

$$= \lim_{x \to 0} \frac{\cos x - 1}{x^2(\sqrt{\cos x} + 1)} - \lim_{x \to 0} \frac{(1 - 2x^2)^{\frac{1}{4}} - 1}{x^2}$$

$$= -\frac{1}{4} + 2 \lim_{x \to 0} \frac{(1 - 2x^2)^{\frac{1}{4}} - 1}{-2x^2}$$

$$= -\frac{1}{4} + \frac{1}{2} = \frac{1}{4}.$$ □

注 3.10   求极限过程中, 加减项不能随意用等价无穷小代替, 乘除项可以用等价无穷小代替.

错误做法:

$$\lim_{x \to 0} \frac{\tan x - \sin x}{x^3} = \lim_{x \to 0} \frac{x - x}{x^3} = \lim_{x \to 0} \frac{0 - 0}{x^3} = 0.$$

正确做法:

$$\lim_{x \to 0} \frac{\tan x - \sin x}{x^3} = \lim_{x \to 0} \tan x \frac{1 - \cos x}{x^3} = \lim_{x \to 0} x \cdot \frac{\frac{1}{2}x^2}{x^3} = \frac{1}{2}.$$

习　题

1. 求下列极限:

(1) $\lim\limits_{x \to 0} \dfrac{\sqrt{1+x^2}-1}{1-\cos x}$.

(2) $\lim\limits_{x \to 0} \dfrac{x \tan x}{1-\cos x}$.

(3) $\lim\limits_{x \to 0} \dfrac{\tan(\tan x)}{x}$.

(4) $\lim\limits_{x \to 0} \dfrac{\sqrt{1+x^4}-1}{1-\cos^2 x}$.

(5) $\lim\limits_{x \to 0} \dfrac{\sqrt{1+x+x^2}-1}{\sin 2x}$.

2. 设 $f(x) = o(1)$ $(x \to x_0)$. 证明: 当 $x \to x_0$ 时,

(1) $o(f(x)) + o(f(x)) = o(f(x))$.

(2) $o(cf(x)) = o(f(x))$, 其中 c 为常数.

(3) $g(x) \cdot o(f(x)) = o(f(x)g(x))$, 其中 $g(x)$ 为有界函数.

(4) $[o(f(x))]^k = o(f^k(x))$.

(5) $\dfrac{1}{1+f(x)} = 1 - f(x) + o(f(x))$.

3. 试举两个无穷小量, 它们不是等价、高阶、同阶无穷小量.

4. 证明: 当 $x \to x_0$ 时, (1) $O(O(f(x))) = O(f(x))$; (2) $O(f(x))O(g(x)) = O(f(x)g(x))$.

5. 设 f 是 $(x_0 - \delta, x_0 + \delta) \setminus \{x_0\}$ 上的递增函数. 证明:

$$\lim_{x \to x_0^+} f(x) = \varlimsup_{x \to x_0} f(x), \quad \lim_{x \to x_0^-} f(x) = \varliminf_{x \to x_0} f(x).$$

6. 设函数 f 定义在 $U^o(x_0)$ 上. 证明: $\varlimsup\limits_{x \to x_0} f(x) = -\varliminf\limits_{x \to x_0} \{-f(x)\}$.

7. 设 $\dfrac{f(x)}{x}$ 有界, 且 $f(2x) - f(x) = o(x)$ $(x \to 0)$. 证明: $f(x) = o(x)$ $(x \to 0)$.

8. 设 $f(x) = o(1)$ 且 $f(2x) - f(x) = o(x)$ $(x \to 0)$. 证明: $f(x) = o(x)$ $(x \to 0)$.

9. 设 f 是 $(a, +\infty)$ 上的函数, 在任意有限区间上有界, 满足 $\lim\limits_{x \to +\infty} (f(x+1) - f(x)) = A$.
证明: $\lim\limits_{x \to +\infty} \dfrac{f(x)}{x} = A$.

10. 设 f 满足 $f(x^2) = f(x), x \in (0, +\infty)$, $\lim\limits_{x \to 0^+} f(x) = \lim\limits_{x \to +\infty} f(x) = f(1)$. 证明:

$$f(x) = f(1), \quad x \in (0, +\infty).$$

11. 证明定理 3.16.

第 4 章 连续函数

4.1 连续函数的概念

数学分析中连续函数、导数的概念是柯西提出的.

4.1.1 连续函数的定义

讨论函数 $f(x)$ 在 x_0 的极限时, 只需在 x_0 的某个空心邻域 $U^\circ(x_0)$ 内进行, 不涉及 $f(x_0)$ 的存在性以及取值. 函数的连续性是讨论 $f(x_0)$ 和函数极限的关系, 须在 x_0 的某个实心邻域 $U(x_0)$ 内进行.

定义 4.1 (连续) 设 $f(x)$ 在 x_0 的实心邻域 $U(x_0, \delta_0)$ 内有定义, 若 $\lim\limits_{x \to x_0} f(x) = f(x_0)$, 则称函数 $f(x)$ 在 x_0 点连续.

定义 4.2 (左、右连续) 函数的左、右连续:

• 若 $f(x)$ 在 $(x_0 - \delta_0, x_0]$ 内有定义, 且 $\lim\limits_{x \to x_0^-} f(x) = f(x_0)$, 则称 $f(x)$ 在 x_0 左连续;

• 若 $f(x)$ 在 $[x_0, x_0 + \delta_0)$ 内有定义, 且 $\lim\limits_{x \to x_0^+} f(x) = f(x_0)$, 则称 $f(x)$ 在 x_0 右连续.

由例 3.5, 例 3.6 知道, $f(x) = \sin x, f(x) = \ln x$ 在其定义域内任何一点连续.

命题 4.1 $f(x)$ 在 x_0 连续 $\Longleftrightarrow$ $f(x)$ 在 x_0 左、右连续.

定义 4.3 (半连续) 设 $f(x)$ 在 $U(x_0, \delta_0)$ 内有定义.

• 若 $\forall \varepsilon > 0, \exists \delta := \delta(\varepsilon, x_0) < \delta_0$, 当 $x \in U(x_0, \delta)$ 时, 有 $f(x) < f(x_0) + \varepsilon$, 则称函数 $f(x)$ 在 x_0 点上半连续.

• 若 $\forall \varepsilon > 0, \exists \delta := \delta(\varepsilon, x_0) < \delta_0$, 当 $x \in U(x_0, \delta)$ 时, 有 $f(x_0) - \varepsilon < f(x)$, 则称函数 $f(x)$ 在 x_0 点下半连续.

例 4.1 设 $a, b \in \mathbb{R}$.

$$f(x) = \begin{cases} 1, & x \in (a, b), \\ 0, & x \notin (a, b), \end{cases} \qquad g(x) = \begin{cases} 1, & x \in [a, b], \\ 0, & x \notin [a, b]. \end{cases}$$

则

(1) 函数 $f(x)$ 在 $x \neq a, b$ 点连续, 在 a 点左连续, 在 b 点右连续; 在 a, b 点下半连续.

(2) 函数 $g(x)$ 在 $x \neq a, b$ 点连续, 在 a 点右连续, 在 b 点左连续; 在 a, b 点上半连续.

证明 (1) 只证函数 $f(x)$ 在 a 点左连续和下半连续.

左连续: 由于 $\lim\limits_{x \to a^-} f(x) = 0 = f(a)$, 所以 $f(x)$ 在 a 点左连续.

下半连续: 对任意给定的 $\varepsilon > 0$, 存在充分小的 a 的实心邻域 $U(a, \delta)$, 使得当 $x \in U(a, \delta)$ 时, $f(a) - \varepsilon = -\varepsilon < f(x)$, 所以函数 $f(x)$ 在 a 点下半连续.

(2) 的证明类似 (1). $\qquad\square$

命题 4.2 $f(x)$ 在 x_0 连续 $\Longleftrightarrow$ $f(x)$ 在 x_0 上、下半连续.

定理 4.3 设 $f(x)$ 在 x_0 的实心邻域 $U(x_0, \delta_0)$ 内有定义. 则下列断言等价:

(1) $f(x)$ 在 x_0 处上半连续;

(2) $\varlimsup\limits_{x \to x_0} f(x) \leqslant f(x_0)$;

(3) 对任意 $x_n \in U(x_0, \delta_0), x_n \to x_0, n \to \infty, \varlimsup\limits_{n \to \infty} f(x_n) \leqslant f(x_0)$.

对下半连续也有类似的结论.

证明 (1) $\Longrightarrow$ (2): 由上半连续定义, $\forall~\varepsilon > 0, \exists~\delta := \delta(\varepsilon, x_0) < \delta_0$, 当 $x \in U(x_0, \delta)$ 时, 有

$$f(x) < f(x_0) + \varepsilon,$$

对此不等式取上极限, 并利用 ε 的任意性, 得到 (2).

(2) $\Longrightarrow$ (3): 利用命题 3.12.

(3) $\Longrightarrow$ (1): 用反证法. 设 $f(x)$ 在 x_0 处不是上半连续, 则 $\exists~\varepsilon_0 > 0, \forall~\delta = \dfrac{1}{n}, \exists~x_n \in U\left(x_0, \dfrac{1}{n}\right)$, 使得

$$f(x_n) \geqslant f(x_0) + \varepsilon_0,$$

这与 (3) 的题设矛盾. $\qquad\square$

例 4.2 由例 3.5, 例 3.6 知道, 函数 $f(x) = \sin x$, $f(x) = \arctan x$, $f(x) = \ln x$, $f(x) = e^x$ 在其定义域内任何点连续.

例 4.3 由例 3.7, 例 3.8 知道狄利克雷函数 $D(x)$ 在 $(0, 1)$ 上不连续, 黎曼函数 $R(x)$ 在 $(0, 1)$ 上无理数点连续, 有理数点不连续.

注 4.4 沃尔泰拉 (1860—1940) 定理: 在区间 (a, b) 上不可能同时存在两个函数, 其中一个函数的连续点是另一个函数的不连续点, 反之亦然. 由这个定理和例 3.8 知道, 不存在在每个无理数点不连续, 但在每个有理数点连续的函数.

定义 4.5　设函数 $f(x), x \in I$.

(1) I 是开区间, $f(x)$ 在每一个 $x \in I$ 连续, 则称 $f(x)$ 在开区间 I 连续.

(2) I 是闭区间, $f(x)$ 在闭区间内部连续, 在端点右、左连续, 则称 $f(x)$ 在闭区间连续.

区间 I 上连续函数全体记作 $C(I)$. 类似定义区间上的左、右连续, 上半、下半连续.

4.1.2　间断点及其分类

连续的反面是间断, 二者有紧密联系. 这个子节分析间断点的类型.

定义 4.6　设 $f(x)$ 在某个空心邻域 $U^o(x_0)$ 内有定义. 如果 $f(x)$ 在 x_0 不连续, 则称函数 $f(x)$ 在 x_0 点**间断**, x_0 称为 $f(x)$ 的**间断点**.

间断点分类: 设 $f(x)$ 在 $U^o(x_0)$ 上有定义. x_0 是 $f(x)$ 的间断点.

1. 称 x_0 为 $f(x)$ 的**第一类间断点**, 如果左极限 $\lim\limits_{x \to x_0^-} f(x)$ 和右极限 $\lim\limits_{x \to x_0^+} f(x)$ 在 $\mathbb{R}$ 中都存在.

(1) 若 $\lim\limits_{x \to x_0^-} f(x) = \lim\limits_{x \to x_0^+} f(x)$, 则称 x_0 为**可去间断点**.

(2) 若 $\lim\limits_{x \to x_0^-} f(x) \neq \lim\limits_{x \to x_0^+} f(x)$, 则称 x_0 为**跳跃间断点**.

记 $f_-(x_0) = \lim\limits_{x \to x_0^-} f(x)$, $f_+(x_0) = \lim\limits_{x \to x_0^+} f(x)$. 称 $|f_-(x_0) - f_+(x_0)|$ 为 $f(x)$ 在 x_0 点的**跳跃度**.

2. 称 x_0 为 $f(x)$ 的**第二类间断点**, 若极限 $\lim\limits_{x \to x_0^-} f(x)$ 和 $\lim\limits_{x \to x_0^+} f(x)$ 在 $\mathbb{R}$ 中至少有一个不存在.

(1) 若 $\lim\limits_{x \to x_0^-} f(x)$ 和 $\lim\limits_{x \to x_0^+} f(x)$ 在 $\bar{\mathbb{R}}$ 中存在, 但至少有一个是无穷大, 则称 x_0 为 $f(x)$ 的**无穷大间断点**.

(2) 若 $\lim\limits_{x \to x_0^-} f(x)$ 和 $\lim\limits_{x \to x_0^+} f(x)$ 在 $\bar{\mathbb{R}}$ 中至少有一个不存在, 则称 x_0 为 $f(x)$ 的**振荡间断点**.

例 4.4　设 x_0 是 $f(x)$ 的可去间断点. 定义

$$F(x) = \begin{cases} f(x), & x \neq x_0, \\ f_+(x_0), & x = x_0, \end{cases}$$

则函数 $F(x)$ 在 x_0 点连续.

证明 由 $\lim\limits_{x \to x_0^-} F(x) = \lim\limits_{x \to x_0^-} f(x) = \lim\limits_{x \to x_0^+} f(x) = f_+(x_0) = F(x_0)$ 知, $F(x)$ 在 x_0 点连续. □

例 4.5 符号函数 (图 4.1):

$$f(x) = \operatorname{sgn} x = \begin{cases} -1, & x < 0, \\ 0, & x = 0, \\ 1, & x > 0. \end{cases}$$

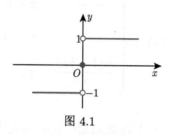

图 4.1

解 由于 $\lim\limits_{x \to 0^-} f(x) = -1$, $\lim\limits_{x \to 0^+} f(x) = 1$, 因此 $x = 0$ 为 $f(x)$ 的跳跃间断点, 跳跃度是 2. □

例 4.6 振荡函数 $f(x) = \sin\dfrac{1}{x}$ (图 4.2).

解 当 $x \to 0$ 时, $f(x)$ 在 -1 和 1 之间振荡, 但不收敛, 因此 $x = 0$ 为 $f(x)$ 的振荡间断点. □

图 4.2

例 4.7 指出下列函数的间断点 $f(x) = \arctan\dfrac{1}{x} + \dfrac{x^2 - 1}{x + 1} + e^{\frac{1}{x-1}}$.

解 函数 f 的间断点是: $x = 0, -1, 1$.

(1) $x = 0$ 是第一类的跳跃间断点: $\lim\limits_{x \to 0^-} \arctan\dfrac{1}{x} = -\dfrac{\pi}{2}$; $\lim\limits_{x \to 0^+} \arctan\dfrac{1}{x} = \dfrac{\pi}{2}$.

(2) $x = -1$ 是第一类可去间断点: $\lim\limits_{x \to -1^-} f(x) = \arctan(-1) - 2 + e^{-\frac{1}{2}} = \lim\limits_{x \to -1^+} f(x)$.

(3) $x = 1$ 是第二类的无穷大间断点: $\lim\limits_{x \to 1^+} f(x) = +\infty$. □

例 4.8　$\mathbb{R}$ 上的狄利克雷函数

$$D(x) = \begin{cases} 1, & x \in \mathbb{Q}, \\ 0, & x \in \mathbb{R}\backslash\mathbb{Q}. \end{cases}$$

$D(x)$ 只有第二类间断点.

例 4.9　确定常数 a, b 使得下述函数在点 $x = 0$ 处连续:

$$f(x) = \begin{cases} \dfrac{e^{ax} - 1}{x}, & x < 0, \\ 5, & x = 0, \\ \dfrac{\ln(1 - bx)}{x}, & x > 0. \end{cases}$$

解　由 $f(x)$ 在点 $x = 0$ 左连续知道: $\lim\limits_{x \to 0^-} = 5$, 所以 $\lim\limits_{x \to 0^-} \dfrac{e^{ax} - 1}{x} = 5$, 由此得出 $a = 5$.

由 $f(x)$ 在点 $x = 0$ 右连续知道: $\lim\limits_{x \to 0^+} = 5$, 所以 $\lim\limits_{x \to 0^+} \dfrac{\ln(1 - bx)}{x} = 5$, 由此得出 $b = -5$.　　　□

定理 4.4　设单调函数 f 定义在区间 I 上.

(1) f 的间断点是第一类的跳跃间断点.

(2) f 的跳跃间断点最多可数.

证明　不妨假设 f 是 I 上的增函数. $a \in I$ 是 f 在 I 上的间断点.

(1) 设 $I_- = \{x \in I : x < a\}$, $I_+ = \{x \in I : x > a\}$. 则 a 是 I_- 或 I_+ 的极限点 (a 可能在 I 的端点). 由于函数 $f(x)$ 是 I 上的增函数, 所以 $f(x) \leqslant f(a), x \in I_-$. 利用单调收敛定理, $\lim\limits_{x \to a^-} f(x) := f_-(a)$ 存在. 同理, $\lim\limits_{x \to a^+} f(x) := f_+(a)$.

(2) 由于函数是增函数, 所以

$$f_-(a) \leqslant f(a) \leqslant f_+(a),$$

其中至少有一个是严格不等号, 否则与 $a \in I$ 是 f 的间断点矛盾, 并且在这个严格不等式所确定的开区间内不含有函数 $f(x)$ 的值. 因为 f 是 I 上的增函数, 所以由相邻间断点确定的这样的开区间是彼此不相交的. 在这些开区间选一个有理数点, 这些点至多可数, 所以单调函数的间断点最多可数.　　　□

习 题

1. 若对任何充分小的 $\varepsilon > 0$, f 在 $[a+\varepsilon, b-\varepsilon]$ 上连续, 能否由此推得 f 在 (a,b) 上连续?

2. 设 f 是 (a,b) 上的连续函数, 证明:

(1) 若 $\forall\, x \in (a,b) \cap \mathbb{Q}$ 有 $f(x) = 0$, 则 $f(x) \equiv 0$, $x \in (a,b)$.

(2) 若 $\forall\, x_1, x_2 \in (a,b) \cap \mathbb{Q}$ 且 $x_1 < x_2$ 都有 $f(x_1) < f(x_2)$, 则 f 在 (a,b) 上严格递增.

3. 设 $D(x)$ 是狄利克雷函数. 证明: $xD(x)$ 仅在 $x = 0$ 处连续.

4. 设函数 f 只有可去间断点, 定义: $g(x) = \lim\limits_{t \to x} f(t)$, 则 g 是连续函数.

5. 设 f 是 $\mathbb{R}$ 上的单调函数, 定义: $F(x) = f_+(x)$, 则 F 在 $\mathbb{R}$ 上右连续.

6. 证明例 4.1 的 (2).

7. 叙述并证明定理 4.3 的下半连续情况.

8. 设 $f(x), g(x)$ 在 $[a,b]$ 上连续. 证明: $\max\{f(x), g(x)\}, \min\{f(x), g(x)\}$ 在 $[a,b]$ 上连续.

9. 设 $f(x)$ 在 $[a,b]$ 上连续. 证明: $M(x) = \sup\limits_{a \leqslant t \leqslant x} f(t)$ 在 $[a,b]$ 上连续.

10. 设 $f_n(x), n = 1, \cdots$ 在 $[a,b]$ 上连续, 证明: $\sup\{f_n(x), n = 1, \cdots\}$ 在 $[a,b]$ 上下半连续, $\inf\{f_n(x), n = 1, \cdots\}$ 在 $[a,b]$ 上上半连续.

4.2 连续函数的性质

4.2.1 连续函数的基本性质

定理 4.5 (函数局部有界、保号性) 设函数 $f(x)$ 点 x_0 处连续.

(1) 存在 $\delta > 0$, $M > 0$, 使得 $|f(x)| < M$, $\forall\, x \in U(x_0, \delta)$.

(2) 若 $f(x_0) > 0$, 则存在 $\delta > 0$, 使得 $f(x) > 0$, $\forall\, x \in U(x_0, \delta)$.

(3) 若 $f(x_0) < 0$, 则存在 $\delta > 0$, 使得 $f(x) < 0$, $\forall\, x \in U(x_0, \delta)$.

定理 4.6 (连续函数四则运算) 设函数 $f(x)$, $g(x)$ 为函数, 且都在点 x_0 连续.

(1) 若 α, β 为任意常数, 则 $\alpha f(x) + \beta g(x)$ 在点 x_0 连续.

(2) $f(x) \cdot g(x)$ 在点 x_0 连续.

(3) 若 $g(x_0) \neq 0$, 则 $\dfrac{f(x)}{g(x)}$ 在点 x_0 连续.

注 4.7 这个定理是极限四则运算法则的直接推论.

定理 4.7 (函数、极限顺序交换) 设 $f(u)$ 在点 u_0 连续. $\lim\limits_{x \to x_0} u(x) = u_0$, 则

$$\lim_{x \to x_0} f(u(x)) = f\left(\lim_{x \to x_0} u(x)\right).$$

证明 由函数 $f(u)$ 在 u_0 点的连续可知: 对 $\forall\, \varepsilon > 0$, $\exists\, \delta_1 := \delta(\varepsilon, u_0)$, $\forall\, u \in U(u_0, \delta_1)$,

$$|f(u) - f(u_0)| < \varepsilon.$$

由于 $\lim\limits_{x \to x_0} u(x) = u_0$, 所以对上述的 δ_1, $\exists\, \delta := \delta(\delta_1, x_0)$, $\forall\; x \in U^o(x_0, \delta)$,

$$|u(x) - u_0| < \delta(u_0, \varepsilon).$$

所以, 对 $x \in U^o(x_0, \delta)$, $|f(u(x)) - f(u_0)| < \varepsilon$. 即 $\lim\limits_{x \to x_0} f(u(x)) = f(\lim\limits_{x \to x_0} u(x))$. □

注 4.8 定理 4.7 中, $x \to x_0$ 可以用左、右极限代替, x_0 也可以用 $\pm\infty, \infty$ 代替.

推论 4.8 (复合函数的连续性) 设 $u = u(x)$ 在点 x_0 连续, $f(u)$ 在点 $u_0 = u(x_0)$ 连续. 则复合函数 $f(u(x))$ 在点 x_0 连续.

推论 4.9 (幂指函数、极限交换次序) 设 $f(u), g(v)$ 分别在 u_0, v_0 点连续, 并且 $f(u_0) > 0$, $\lim\limits_{x \to x_0} u(x) = u_0$, $\lim\limits_{x \to x_0} v(x) = v_0$. 则

$$\lim_{x \to x_0} [f(u(x))]^{g(v(x))} = [f(u_0)]^{g(v_0)}.$$

证明 由于 $f(u_0) > 0$, 所以存在 $\delta > 0$, 函数 $f(u) > 0$, $u \in U(u_0, \delta)$. 对 $u \in U(x_0, \delta)$, 定义 $h(x) = \ln f(u(x))^{g(v(x))}$. 则 $h(x) = g(v(x)) \ln f(u(x))$. 由例 3.6 知道, 对数函数在其定义域内任一点连续, 利用定理 4.7 和连续函数四则运算, 有

$$\lim_{x \to x_0} h(x) = \lim_{x \to x_0} [g(v(x)) \ln f(u(x))] = g(v_0) \ln f(u_0).$$

因此 $\lim\limits_{x \to x_0} e^{h(x)} = e^{g(v_0) \ln f(u_0)}$. 由此得到 $\lim\limits_{x \to x_0} f(u(x))^{g(v(x))} = f(u_0)^{g(v_0)}$. □

注 4.9 推论 4.9 中, $x \to x_0$ 可以用左、右极限代替, x_0 也可以用 $\pm\infty, \infty$ 代替. 如例 4.10(3).

推论 4.10 (幂指函数的连续性) 设 $f(x), g(x)$ 在 x_0 连续, $f(x_0) > 0$. 则 $f(x)^{g(x)}$ 在 x_0 连续. 即

$$\lim_{x \to x_0} f(x)^{g(x)} = f(x_0)^{g(x_0)}.$$

例 4.10 求极限

(1) $\lim\limits_{x \to 0} \dfrac{\ln(1+x)}{x}$; (2) $\lim\limits_{x \to 0} \dfrac{e^x - 1}{x}$; (3) $\lim\limits_{x \to \infty} \left(\dfrac{x^2+1}{x^2-1}\right)^{2x^2}$.

解 (1)

$$\lim_{x \to 0} \frac{\ln(1+x)}{x} = \lim_{x \to 0} \ln(1+x)^{\frac{1}{x}} = 1.$$

(2) 令 $u(x) = e^x - 1$. 则 $x = \ln(u(x) + 1)$,

$$\lim_{x \to 0} \frac{e^x - 1}{x} = \lim_{x \to 0} \frac{u(x)}{\ln(1 + u(x))} = \frac{1}{\lim\limits_{x \to 0} \ln\left(1 + u(x)\right)^{\frac{1}{u(x)}}} = 1.$$

(3)

$$\lim_{x \to \infty} \left(\frac{x^2 + 1}{x^2 - 1}\right)^{2x^2} = \lim_{x \to \infty} \left[\left(1 + \frac{2}{x^2 - 1}\right)^{\frac{x^2 - 1}{2}}\right]^{\frac{4x^2}{x^2 - 1}} = e^4. \qquad \square$$

例 4.11 求极限

$$I = \lim_{x \to 0} \left(\frac{a^{x+1} + b^{x+1} + c^{x+1}}{a + b + c}\right)^{\frac{1}{x}}, \quad a > 0,\ b > 0,\ c > 0.$$

解

$$I = \lim_{x \to 0} \left(1 + \frac{a^{x+1} + b^{x+1} + c^{x+1} - a - b - c}{a + b + c}\right)^{\frac{1}{x}}$$

$$= \lim_{x \to 0} \left(1 + \frac{a(a^x - 1) + b(b^x - 1) + c(c^x - 1)}{a + b + c}\right)^{\frac{a+b+c}{a(a^x-1)+b(b^x-1)+c(c^x-1)} \cdot \frac{a(a^x-1)+b(b^x-1)+c(c^x-1)}{x(a+b+c)}}$$

$$= e^{\lim\limits_{x \to 0} \frac{a(a^x - 1) + b(b^x - 1) + c(c^x - 1)}{x(a + b + c)}}$$

$$= e^{\lim\limits_{x \to 0} \frac{a}{a+b+c} \frac{a^x - 1}{x}} \cdot e^{\lim\limits_{x \to 0} \frac{b}{a+b+c} \frac{b^x - 1}{x}} \cdot e^{\lim\limits_{x \to 0} \frac{c}{a+b+c} \frac{c^x - 1}{x}}$$

$$= e^{\frac{a \ln a}{a+b+c}} \cdot e^{\frac{b \ln b}{a+b+c}} \cdot e^{\frac{c \ln c}{a+b+c}}$$

$$= \left(a^a b^b c^c\right)^{\frac{1}{a+b+c}}. \qquad \square$$

4.2.2 闭区间上连续函数性质

闭区间上连续函数的有特殊的性质, 如介值定理, 最大、最小值原理, 一致连续等, 这些性质在分析中起重要作用. 值得强调的是, 这些性质是开区间上连续函数不普遍具备的.

4.2.2.1 介值定理

定理 4.11 (零点定理) 设 $f \in C[a,b]$, $f(a) \cdot f(b) < 0$. 则存在 $\xi \in (a,b)$, 使得 $f(\xi) = 0$.

证明 方法一: 不妨设 $f(a) < 0$. 则有界集

$$A = \{x \mid x \in [a,b], \; f(x) < 0\} \quad \text{非空}.$$

由上确界原理, $c := \sup A \in \mathbb{R}$. 由上确界定义

$$\forall\, n \in \mathbb{N}, \quad \exists\, x_n \in A, \quad \text{使得} \quad c - \frac{1}{n} < x_n \leqslant c.$$

故

$$\lim_{n\to\infty} x_n = c \Longrightarrow f(c) = \lim_{n\to\infty} f(x_n) \leqslant 0.$$

由假设 $f(b) > 0$, 所以 $c < b$. 若 $f(c) < 0$, 由函数 f 在 c 点连续知

$$\exists\, \delta_0 > 0, \; \text{使得} \; |f(x) - f(c)| < -\frac{1}{2}f(c), \; \forall\, x \in U(c, \delta_0) \subset (a,b).$$

从而

$$f(c + \delta_0/2) < \frac{1}{2}f(c) < 0 \Longrightarrow c + \delta_0/2 \in A.$$

这与 c 是 A 的上界矛盾! 故 $f(c) = 0$, 取 $\xi = c$ 即可.

方法二: 用闭区间套定理. 不妨设 $f(a) < 0 < f(b)$.

(1) 取 $I_1 := [a,b]$ 等分. 如果 $f\left(\dfrac{a+b}{2}\right) = 0$, 取 $c = \dfrac{a+b}{2}$, 定理得证.

(2) 如果 $f\left(\dfrac{a+b}{2}\right) > 0$, 取 $I_2 = [a_2, b_2] := \left[a, \dfrac{a+b}{2}\right]$; 如果 $f\left(\dfrac{a+b}{2}\right) < 0$,

取 $I_2 = [a_2, b_2] := \left[\dfrac{a+b}{2}, b\right]$. 则 $f(a_2) < 0 < f(b_2)$.

(3) 在此基础上继续等分区间 $I_2, \cdots$, 可以得到一个闭区间套 $I_n = [a_n, b_n]$, 满足

(i) $I_1 \supset I_2 \supset \cdots \supset I_n \supset \cdots$, $|I_n| = \dfrac{b-a}{2^n}$. (ii) $f(a_n) < 0 < f(b_n)$.

由闭区间套定理, 存在唯一的 $c \in [a_n, b_n], n = 1, 2, \cdots$. 即 $a_n \to c, b_n \to c, n \to \infty$. 利用函数在点 $c \in [a,b]$ 的连续性和 (ii) 知道, $f(c) = 0$. 再利用假设, c 不等于 a, b, 即 $c \in (a,b)$. □

例 4.12 *求证方程*

$$x^3 - 9x - 1 = 0$$

恰好有三个实根 x_1, x_2, x_3. 并求整数值 $[x_1], [x_2], [x_3]$.

解 令 $f(x) = x^3 - 9x - 1$. 在 $[-3, -2], [-1, 0], [3, 4]$ 上考虑函数 f. 显然

$$f(-3) = -1, f(-2) = 9; \quad f(-1) = 7, f(0) = -1; \quad f(3) = -1, f(4) = 27.$$

由零点定理, $f(x)$ 有三个零点

$$-3 < x_1 < -2, \quad -1 < x_2 < 0, \quad 3 < x_3 < 4.$$

从而知道

$$[x_1] = -3, \quad [x_2] = -1, \quad [x_3] = 3.$$

由代数基本定理知道, n 次实系数多项式方程在复数域内只有 n 个根, 所以上述方程只有三个实根. □

例 4.13 设 $P(x) = x^{10} + a_9 x^9 + \cdots + a_1 x - 1$. 判定 $P(x)$ 至少有几个相异的实根?

解 尽可能多地发现函数值变号次数, 每次变号都确定一个实根. 注意到

$$P(0) = -1, \quad \lim_{x \to +\infty} P(x) = +\infty, \quad \lim_{x \to -\infty} P(x) = +\infty.$$

故存在 $N > 0$, 使得

$$P(-N) > 0, \quad P(0) = -1, \quad P(N) > 0.$$

分别在区间 $[-N, 0]$ 和 $[0, N]$ 上运用零点定理, 可以断定存在 $\xi_- \in (-N, 0), \xi_+ \in (0, N)$, 使得

$$P(\xi_-) = P(\xi_+) = 0.$$

因此多项式 $P(x)$ 至少存在两个相异的实根. □

定义 4.10 设函数 $f : \mathbb{R} \to \mathbb{R}$. 若存在 $x \in \mathbb{R}$, 使得 $f(x) = x$, 则称 x 是函数 f 的**不动点**.

例 4.14 (不动点存在性) 设 $f \in C[a, b]$ 满足 $f(a) > a$, $f(b) < b$. 则存在 $\xi \in (a, b)$ 使得 $f(\xi) = \xi$.

证明 令 $g(x) = f(x) - x$. 则 $g \in C[a, b]$. 由条件,

$$g(a) = f(a) - a > 0, \quad g(b) = f(b) - b < 0.$$

利用零点定理, 存在 $\xi \in (a, b)$ 使得 $g(\xi) = 0$. 即 $f(\xi) = \xi$. □

定理 4.12 (介值定理) 设 $f \in C[a, b], f(a) \neq f(b)$. 则对任 $f(a)$ 和 $f(b)$ 之间的实数 μ, 存在 $\xi \in (a, b)$, 使得 $f(\xi) = \mu$.

证明 构造辅助函数 $g(x) = f(x) - \mu$. 则 $g(x) \in C[a,b]$ 且 $g(a) \cdot g(b) < 0$. 由零点定理知, 存在 $\xi \in (a,b)$, 使得 $g(\xi) = 0$. 即 $f(\xi) = \mu$.   □

命题 4.13 (反函数的连续性) 设 $f(x) \in C[a,b]$ 且严格单调. 则 f 的值域是有界闭区间 J, 并且反函数 f^{-1} 在 J 上连续.

证明 不妨设 $f(x)$ 在 $[a,b]$ 上严格单调增加. 令 $c = f(a)$, $d = f(b)$. 则 $R(f) \subset [c,d]$. 另一方面, 由介值定理知

$$\forall \, y \in [c,d], \quad \exists \, x \in [a,b], \quad \text{使得} \quad f(x) = y.$$

故 $R(f) = [c,d] = J$. 由于 $f(x)$ 在 $[a,b]$ 上严格单调增加, 可知上述 x 是唯一的. 因此存在反函数 $f^{-1} : [c,d] \to [a,b]$. 容易验证 f^{-1} 也是严格单调增加函数.

现在证明 f^{-1} 在每个点 $y_0 \in (c,d)$ 都连续. 设 $x_0 = f^{-1}(y_0)$, 则 $x_0 \in (a,b)$. 先证明

$$\lim_{y \to y_0^-} f^{-1}(y) = f^{-1}(y_0).$$

令 $\forall \, \varepsilon > 0$, $\delta = f(x_0) - f(x_0 - \varepsilon) > 0$. 因为 $f(x)$ 严格单调增加, 当 $y \in (y_0 - \delta, y_0)$ 时,

$$f^{-1}(y) > f^{-1}(y_0 - \delta) = f^{-1}\left(f(x_0 - \varepsilon)\right) = x_0 - \varepsilon$$

$$= f^{-1}(y_0) - \varepsilon \Longrightarrow \left|f^{-1}(y) - f^{-1}(y_0)\right| < \varepsilon.$$

同理可以证明

$$\lim_{y \to y_0^+} f^{-1}(y) = f^{-1}(y_0).$$

故 f^{-1} 在点 y_0 连续. 同样可证 f^{-1} 在 c 点右连续, 在 d 点左连续.   □

命题 4.14 *初等函数其定义域内连续.*

证明 (1) 由例 3.5 知道 $\sin x$ 在定义域内任意点的连续性. 由函数的四则运算, 下列函数在定义域内任意点的连续:

$$\cos x = 1 - 2\sin^2 \frac{x}{2}, \quad \tan x, \quad \cot x, \quad \sec x, \quad \csc x.$$

(2) 由例 3.6 知道 e^x 在定义域内任意点的连续. 由于 $a^x = e^{\ln a^x} = e^{x \ln a}$, 由复合函数的连续性知道 a^x 在定义域内任意点的连续.

(3) 用反函数连续性定理, 下列函数在定义域内任意点连续:

$$\arcsin x, \quad \arccos x, \quad \arctan x, \quad \ln x^p, \quad \log_a x.$$

(4) 利用四则运算、复合函数连续定理、幂指函数连续定理和保号性定理证明所有初等函数在定义域内任意点的连续性.   □

4.2.2.2 最大、最小值原理

定理 4.15 设 $f(x)$ 在 $[a,b]$ 上连续, 则 $f(x)$ 在 $[a,b]$ 上有界, 且存在 $\xi, \eta \in [a,b]$, 使得

$$f(\xi) = \max_{a \leqslant x \leqslant b} f(x), \quad f(\eta) = \min_{a \leqslant x \leqslant b} f(x).$$

证明 有界性. 假设 $f(x)$ 在 $[a,b]$ 上无界. 则

$$\forall\, n \in \mathbb{N}, \quad \exists\, x_n \in [a,b], \quad \text{使得} \quad |f(x_n)| \geqslant n.$$

由于数列 $\{x_n\} \subset [a,b]$ 有界, 由紧致性定理, 存在收敛子列 $\{x_{n_k}\}$, 使得

$$\lim_{k \to \infty} x_{n_k} = x_0 \in [a,b].$$

因为 $f(x)$ 是连续函数, 所以

$$\lim_{k \to \infty} f(x_{n_k}) = f(x_0).$$

但另一方面, 由 x_n 的取法,

$$|f(x_{n_k})| > n_k \geqslant k \Longrightarrow f(x_0) = \lim_{k \to \infty} f(x_{n_k}) = \infty.$$

矛盾! 从而 $f(x)$ 是有界函数.

可达到最大 (小) 值. 证明 $f(x)$ 可以达到上确界, 下确界同理可证. 令 $M = \sup\limits_{a \leqslant x \leqslant b} f(x)$. 则

$$\forall\, n \in \mathbb{N}, \quad \exists\, x_n \in [a,b], \quad \text{使得} \quad M - \frac{1}{n} < f(x_n) \leqslant M.$$

由于数列 $\{x_n\} \subset [a,b]$ 有界, 所以存在收敛子列 $\{x_{n_k}\}$, 使得

$$\lim_{k \to \infty} x_{n_k} = \xi \in [a,b].$$

因为 $f(x)$ 在 ξ 点连续, 所以

$$\lim_{k \to \infty} f(x_{n_k}) = f(\xi) \Longrightarrow f(\xi) = M. \qquad \square$$

推论 4.16 设 $f(x)$ 在 $[a,b]$ 上连续, 则其值域为闭区间 $R(f) = [m, M]$, 其中

$$M = \max_{a \leqslant x \leqslant b} f(x), \quad m = \min_{a \leqslant x \leqslant b} f(x).$$

证明 由定理 4.15 和介值定理可得. $\qquad \square$

4.2.2.3　康托尔定理

定义 4.11 (振幅)　区间 I 上函数 f 的**振幅**定义为

$$\omega_I(\delta) := \sup\{|f(x_1) - f(x_2)| : |x_1 - x_2| < \delta,\ x_1, x_2 \in I\}.$$

若 $I = [a, b]$, 简记 $\omega_I(\delta)$ 为 $\omega(\delta)$.

显然, $\omega_I(\delta)$ 在 $(0, +\infty)$ 上关于 δ 是单调增加函数.

定理 4.17　若 $f \in C([a, b])$, 则 $\displaystyle\lim_{\delta \to 0} \omega(\delta) = 0$.

证明　因为 $f(x)$ 在 $[a, b]$ 上连续, 所以对任意 $\varepsilon > 0$, $y \in [a, b]$, 都存在 $\delta_y(\varepsilon) > 0$, 使得

$$|f(x) - f(y)| < \frac{\varepsilon}{8}, \quad \forall\, x \in U(y, \delta_y(\varepsilon)).$$

注意到 $[a, b] \subset \bigcup_{y \in [a,b]} U(y, \delta_y(\varepsilon))$, 利用有限覆盖定理, 存在 $y_1, \cdots, y_n \in [a, b]$, 使得 $[a, b] \subset \bigcup_{i=1}^{n} U(y_i, \delta_{y_i}(\varepsilon))$. 不妨设 $y_1 < y_2 < \cdots < y_n$ 令 $\underline{\delta}(\varepsilon) = \min(\delta_{y_1}(\varepsilon), \cdots, \delta_{y_n}(\varepsilon); |y_2 - y_1|, \cdots, |y_n - y_{n-1}|)$. 则对任意 $x_1, x_2 \in [a, b]$ 且 $|x_1 - x_2| < \underline{\delta}(\varepsilon)$, 必存在 $1 \leqslant i \leqslant n$ 使得 $x_1 \in U(y_i, \delta_{y_i}(\varepsilon))$, $x_2 \in U(y_i, \delta_{y_i}(\varepsilon)) \cup U(y_{i-1}, \delta_{y_{i-1}}(\varepsilon)) \cup U(y_{i+1}, \delta_{y_{i+1}}(\varepsilon))$.

(1) 若 $x_2 \in U(y_i, \delta_{y_i}(\varepsilon))$, 则

$$|f(x_1) - f(x_2)| \leqslant |f(x_1) - f(y_i)| + |f(y_i) - f(x_2)| < \frac{\varepsilon}{8} + \frac{\varepsilon}{8} = \frac{\varepsilon}{4}.$$

(2) 若 $x_2 \in U(y_{i-1}, \delta_{y_{i-1}}(\varepsilon))$, 取 $z_i \in U(y_i, \delta_{y_i}(\varepsilon)) \cap U(y_{i-1}, \delta_{y_{i-1}}(\varepsilon))$, 则

$$
\begin{aligned}
&|f(x_1) - f(x_2)| \\
\leqslant\ & |f(x_1) - f(z_i)| + |f(z_i) - f(x_2)| \\
\leqslant\ & |f(x_1) - f(y_i)| + |f(y_i) - f(z_i)| + |f(z_i) - f(y_{i-1})| + |f(y_{i-1}) - f(x_2)| \\
<\ & \frac{\varepsilon}{8} + \frac{\varepsilon}{8} + \frac{\varepsilon}{8} + \frac{\varepsilon}{8} = \frac{\varepsilon}{2}.
\end{aligned}
$$

(3) 若 $x_2 \in U(y_{i+1}, \delta_{y_{i+1}}(\varepsilon))$, 证明同 (2).

综合有 (1)—(3), 有 $\omega(\underline{\delta}(\varepsilon)) \leqslant \dfrac{\varepsilon}{2} < \varepsilon$. 所以, 对任意 $\delta < \underline{\delta}(\varepsilon)$, $\omega(\delta) \leqslant \omega(\underline{\delta}) < \varepsilon$. 定理的证.　□

推论 4.18 (康托尔定理)　设 $f(x) \in C([a, b])$. 则对 $\forall\, \varepsilon > 0$, $\exists\, \delta := \delta(\varepsilon) > 0$, 使得对 $\forall\, x_1, x_2 \in [a, b]$, $|x_1 - x_2| < \delta$, $|f(x_1) - f(x_2)| < \varepsilon$.

证明　由定理 4.17, $\displaystyle\lim_{\delta \to 0} \omega(\delta) = 0$. 利用上确界定义即得证.　□

注 4.12 (1) 推论 4.18 的结论是函数 $f(x)$ 在区间 $[a,b]$ 上一致连续的定义, 描述的是: 当自变量间距离不超过 δ 时, 函数值变化不大于 ε.

(2) 康托尔定理说明有限闭区间上的连续函数具有 "一致性".

习 题

1. 设函数 f 在 x_0 处连续, $f(x_0) > 0$, 则当 x 充分靠近 x_0 时有 $f(x) > \dfrac{f(x_0)}{2}$.

2. 设函数 f 在 x_0 处连续, 则 $|f|$ 和 f^2 都在 x_0 处连续, 反之是否成立?

3. 求: (1) $\lim\limits_{x \to 0} \dfrac{a^x - 1}{x} (a > 0)$. (2) $\lim\limits_{x \to 0} (1 + \sin x)^{\frac{1}{2x}}$.

4. 设 f 是 $\mathbb{R}$ 上的连续函数, c 是正常数. 记

$$F(x) = \begin{cases} -c, & f(x) < -c, \\ f(x), & |f(x)| \leqslant c, \\ c, & f(x) > c. \end{cases}$$

证明: F 在 $\mathbb{R}$ 上连续.

5. 设 f 在 $[a, +\infty)$ 上连续, $\lim\limits_{x \to +\infty} f(x) = A \in \mathbb{R}$, 则 f 在 $[a, +\infty)$ 上有界, 且最大值和最小值中的一个必定能被 f 达到.

6. 设函数 f 在 $[a,b]$ 上连续, $f(x) \neq 0, x \in [a,b]$. 证明 f 在 $[a,b]$ 上恒正或恒负.

7. 证明: 任何实系数奇次多项式必有实根.

8. 设 f 是 $[a,b]$ 上的连续函数, $x_i \in [a,b], i = 1,2,\cdots,n$. 则存在 $\xi \in [a,b]$ 使得

$$f(\xi) = \frac{1}{n}[f(x_1) + f(x_2) + \cdots + f(x_n)].$$

9. 设函数 f 在 $[a,b]$ 上递增, 其值域为 $[f(a), f(b)]$. 证明: f 在 $[a,b]$ 上连续.

10. 设函数 $f \in C([0,1]), f(0) = f(1)$. 求证: $\forall n \in \mathbb{N}^*, \exists x_n \in \left[0, 1 - \dfrac{1}{n}\right], f(x_n) = f\left(x_n + \dfrac{1}{n}\right)$.

11. 设 f 是 $\mathbb{R}$ 上的连续函数, 且 $f(f(x)) = x$. 证明: 存在 $\xi \in \mathbb{R}$ 有 $f(\xi) = \xi$.

12. 设 f 是 $\mathbb{R}$ 上的连续函数, 且 $\lim\limits_{x \to \infty} f(f(x)) = \infty$, 证明: $\lim\limits_{x \to \infty} f(x) = \infty$.

13. 设 f 是 $\mathbb{R}$ 上的函数, $\forall x, y \in \mathbb{R}, f(x+y) = f(x) + f(y)$.

(1) 若 f 在一点 x_0 处连续, 则 $f(x) = f(1)x$;

(2) 若 f 在 $\mathbb{R}$ 上单调, 则 $f(x) = f(1)x$.

4.2.3 有界区间上一致连续性

闭区间上连续函数具有一致连续性, 一般有界区间上连续函数是否也具有这个性质? 本节回答这个问题.

定义 4.13 (一致连续) 设 $f(x)$ 在区间 I 上有定义. 若 $\forall\, \varepsilon > 0, \exists\, \delta := \delta(\varepsilon) > 0$, 使得

$$|f(x_1) - f(x_2)| < \varepsilon, \quad \forall\, x_1, x_2 \in I,\ |x_1 - x_2| < \delta,$$

则称 $f(x)$ 在区间 I 上**一致连续**.

显然, 区间 I 上一致连续函数是连续函数.

定理 4.19 函数 $f(x)$ 定义在区 I 上. 则下列陈述等价:

(1) $\lim\limits_{\delta \to 0} \omega_I(\delta) = 0$.

(2) $f(x)$ 在区间 I 上一致连续.

(3) 对任何数列 $\{x_n\}, \{y_n\} \subset I$, 若 $\lim\limits_{n\to\infty}(x_n - y_n) = 0$, 则 $\lim\limits_{n\to\infty}[f(x_n) - f(y_n)] = 0$.

证明 (1) $\Longleftrightarrow$ (2) 证明与推论 4.18 相同.

(2) $\Longrightarrow$ (3): 若 $f(x)$ 在区间 I 上一致连续, 则对任意 $\varepsilon > 0$, 存在 $\delta(\varepsilon) > 0$, 使得对任意 $x, y \in I, |x - y| < \delta(\varepsilon), |f(x) - f(y)| < \varepsilon$. 若 $\lim\limits_{n\to\infty}(x_n - y_n) = 0$, 则对上述 $\delta(\varepsilon)$, 存在 $N > 0$, 对任意 $n \geqslant N, |x_n - y_n| < \delta(\varepsilon)$, 由一致连续定义, $|f(x_n) - f(y_n)| < \varepsilon$.

(3) $\Longrightarrow$ (2): 设 I 上两个数列 $\{x_n\}, \{y_n\}$, 满足 $\lim\limits_{n\to\infty}(x_n - y_n) = 0$.

用反证法: 假若函数 $f(x)$ 在 I 上不一致连续. 则存在 $\varepsilon_0 > 0$, 对任意的 $\delta > 0$, 存在 $x, y \in I, |x - y| < \delta$, 但 $|f(x) - f(y)| > \varepsilon_0$.

取 $\delta_1 = \dfrac{1}{2}$, 存在 $x_1, y_1 \in I,\ |x_1 - y_1| < \delta_1$, 但 $|f(x_1) - f(y_1)| > \varepsilon_0$.

$\cdots\cdots$

取 $\delta_n = \dfrac{1}{n+1}$, 存在 $x_n, y_n \in I,\ |x_n - y_n| < \delta_n$, 但 $|f(x_n) - f(y_n)| > \varepsilon_0$.

$\cdots\cdots$

由数列的取法知道, $\lim\limits_{n\to\infty}(x_n - y_n) = 0,\ \lim\limits_{n\to\infty}|f(x_n) - f(y_n)| > \varepsilon_0$, 这与定理条件矛盾. 所以 $f(x)$ 在 I 上一致连续. $\qquad\square$

例 4.15 证明函数 $f(x) = \sqrt{x}$ 在 $(0, +\infty)$ 上一致连续.

证明 方法一: 由于当 $x < y$ 时,

$$\sqrt{y} - \sqrt{x} \leqslant \sqrt{y - x},$$

所以对 $x, y \in (0, +\infty)$,

$$|\sqrt{y} - \sqrt{x}| \leqslant \sqrt{|y - x|}.$$

对任意给定的 $\varepsilon > 0$, 取 $\delta = \varepsilon^2$, 则对 $x, y \in (0, +\infty), |x-y| < \delta$, 有

$$|\sqrt{y} - \sqrt{x}| < \varepsilon.$$

即 $f(x) = \sqrt{x}$ 在 $(0, +\infty)$ 上一致连续.

方法二: 对任何数列 $\{x_n\}, \{y_n\} \subset I$, 若 $\lim\limits_{n\to\infty} (x_n - y_n) = 0$,

$$\lim_{n\to\infty} [f(x_n) - f(y_n)] \leqslant \lim_{n\to\infty} \sqrt{|x_n - y_n|} = 0.$$

由定理 4.15, $f(x) = \sqrt{x}$ 在 $(0, +\infty)$ 上一致连续. □

例 4.16 函数 $f(x) = x^2, x \in \mathbb{R}$ 不是一致连续函数.

证明 取 $x_n = \sqrt{n+1}, y_n = \sqrt{n}$. 则

$$|x_n - y_n| = \frac{1}{\sqrt{n+1} + \sqrt{n}} \to 0, \qquad |f(x_n) - f(y_n)| = 1,$$

所以, $f(x)$ 在 $\mathbb{R}$ 上不一致连续. □

例 4.17 证明 $f(x) = \sin\dfrac{1}{x}$ 在区间 $(0,1)$ 上不一致连续.

证明 取 $x_n = \dfrac{1}{2n\pi}, y = \dfrac{1}{2n\pi + \dfrac{\pi}{2}}$. 虽然 $\lim\limits_{n\to\infty}(x_n - y_n) = 0$, 但是 $\left|\sin\dfrac{1}{x_n} - \sin\dfrac{1}{y_n}\right| = 1 \neq 0$, 由定理 4.19, $f(x)$ 在 $(0,1)$ 上不一致连续. □

例 4.18 函数 $y = \dfrac{1}{x}$ 在区间 $(0,1]$ 上不一致连续.

证明 在区间 $(0,1]$ 上不一致连续:

$$\omega(\delta) = \sup\left\{\left|\frac{1}{x_1} - \frac{1}{x_2}\right| : x_1, x_2 \in (0,1], |x_1 - x_2| < \delta\right\} = +\infty.$$

所以函数在区间 $(0,1]$ 上不一致连续. □

对于一般有界区间上的一致连续函数, 有下面的可延拓性特征:

命题 4.20 设函数在有界区间 I 上连续, 则下面三个断言等价:

(1) 函数在 I 上一致连续;

(2) 函数在 I 的端点极限存在;

(3) 函数可延拓成闭区间 $\bar{I}$ 上的连续函数.

证明 不失一般性, 设 $I = (a, b)$.

(1) $\Longrightarrow$ (2).

(a) 有界: 由函数 f 在 (a, b) 上一致连续函数知, 对 $\forall \varepsilon < 0, \exists \delta(\varepsilon) := \delta$, 当 $|x - y| < \delta$ 时, $|f(x) - f(y)| < \varepsilon$. 对任意的 $x \in (a, b)$,

(i) $x \in (a, x_1)$, 则 $|f(x) - f(x_1)| < \varepsilon \Longrightarrow |f(x)| \leqslant |f(x_1)| + \varepsilon$;

(ii) $x \in (x_i, x_{i-1}), i = 2, \cdots, n - 1$, 则 $|f(x) - f(x_{i-1})| < \varepsilon \Longrightarrow |f(x)| \leqslant |f(x_{i-1})| + \varepsilon$;

(iii) $x \in (x_{n-1}, b)$, 则 $|f(x) - f(x_{i-1})| < \varepsilon \Longrightarrow |f(x)| \leqslant |f(x_{n-1})| + \varepsilon$, 所以 $|f(x)| \leqslant \max\limits_{i=2,\cdots,n} |f(x_{i-1})| + \varepsilon$.

(b) 端点极限存在: 只证明在 a 点极限存在, 在 b 点极限存在类似.

由于对 $\forall \varepsilon, \exists \delta := \delta(\varepsilon)$, 当 $|x - y| < \delta$ 时, $|f(x) - f(y)| < \varepsilon$, 再由 (a) 知道 $f(x)$ 在 (a, b) 上、下确界存在, 所以

$$\left| \sup_{x \in (a, a+\delta)} f(x) - f(y) \right| \leqslant \varepsilon, \quad \text{进而,} \quad \left| \sup_{x \in (a, a+\delta)} f(x) - \inf_{y \in (a, a+\delta)} f(y) \right| \leqslant \varepsilon.$$

由 ε 的任意性, $\overline{\lim\limits_{x \to a^+}} f(x) = \underline{\lim\limits_{x \to a^+}} f(x)$, 即 $\lim\limits_{x \to a^+} f(x)$ 存在.

(2) $\Longrightarrow$ (3). 设 $\lim\limits_{x \to a^+} f(x) := f_+(a)$, $\lim\limits_{x \to b^-} f(x) := f_-(b)$.

$$F(x) = \begin{cases} f_+(a), & x = a, \\ f(x), & x \in (a, b), \\ f_-(b), & x = b, \end{cases}$$

则函数 $F(x)$ 在 $[a, b]$ 上连续. 事实上, 由于 $\lim\limits_{x \to a^+} F(x) = \lim\limits_{x \to a^+} f(x) = f_+(a) = F(a)$, 所以函数 $F(x)$ 在 a 点连续. 同理, 函数 $F(x)$ 在 b 点连续.

(3) $\Longrightarrow$ (1). 由推论 4.18 可证. $\square$

利用定理 4.19, 下面给出**康托尔定理**的另一个证明.

定理 4.21 (康托尔定理) 若函数 $f(x)$ 在有限闭区间 $[a, b]$ 上连续, 则在 $[a, b]$ 上一致连续.

证明 若函数 $f(x)$ 在区间 $[a, b]$ 上连续, 但不一致连续. 则存在某个 $\varepsilon_0 > 0$, 使得对所有 $\delta_n = \dfrac{1}{n}$,

$$\exists x_n, y_n \in [a, b] \text{ 满足 } |x_n - y_n| < \frac{1}{n}, \quad |f(x_n) - f(y_n)| \geqslant \varepsilon_0, \quad n = 1, 2, \cdots.$$

由于数列 $\{x_n\}$, $\{y_n\}$ 有界, 所以存在具有共同指标的收敛子列 $\{x_{n_k}\}$, $\{y_{n_k}\}$, 即

$$\lim_{k\to\infty} x_{n_k} = x_0, \qquad \lim_{k\to\infty} y_{n_k} = y_0.$$

另一方面

$$\lim_{k\to\infty} (x_{n_k} - y_{n_k}) = 0 \Longrightarrow x_0 = y_0.$$

根据 $f(x)$ 的连续性, 可知 $\lim\limits_{k\to\infty} f(x_{n_k}) = f(x_0) = f(y_0) = \lim\limits_{k\to\infty} f(y_{n_k})$. 这与

$$|f(x_{n_k}) - f(y_{n_k})| \geqslant \varepsilon_0, \quad \forall\, k > 1.$$

矛盾! 故结论成立. □

习　题

1. 研究下列函数的一致连续性

(1) $\sqrt[3]{x}$, $x \in [0,1)$; $[1, +\infty)$.

(2) $\dfrac{1}{x}$, $x \in (0,1)$; $[1, +\infty)$.

(3) $x \sin \dfrac{1}{x}$, $x \in (0,1)$; $[1, +\infty)$.

(4) $\sin^2 x$, $x \in \mathbb{R}$.

(5) $\cos(x^2)$, $x \in \mathbb{R}$.

(6) $\dfrac{x}{1 + x^2 \sin^2 x}$, $x \geqslant 0$.

2. 证明: 若存在常数 $L > 0, \alpha > 0$ 使得 $|f(x) - f(y)| \leqslant L|x - y|^{\alpha}$, $x, y \in I$, 则函数 $f(x)$ 在区间 I 上一致连续. ($\alpha = 1$ 时, 称 f 是 Lipschitz 连续. $0 < \alpha < 1$ 时, 称 f 是 Hölder 连续.)

3. 设 $a > 0, f$ 是 $[a, +\infty)$ 上的 Lipschitz 连续函数. 证明: $\dfrac{f(x)}{x}$ 在 $[a, +\infty)$ 上一致连续.

4. 若 f, g 都是区间 I 上的一致连续函数, 则 $f + g$ 在 I 上一致连续; 问: fg 是否一致连续?

5. 设函数 f 在区间 I 上一致连续. 则对 $\delta > 0, \exists M$, 对 $|x - y| < \delta$, 有 $|f(x) - f(y)| \leqslant M$.

6. 设函数 f 在 $[a, +\infty)$ 上连续, $\lim\limits_{x\to+\infty} f(x)$ 存在且有限. 证明: f 在 $[a, +\infty)$ 上一致连续.

7. 设函数 f 在 $[a, +\infty)$ 上连续, 若存在常数 b, c 使得 $\lim\limits_{x\to+\infty} [f(x) - bx] = c$, 证明: f 在 $[a, +\infty)$ 上一致连续.

8. 证明: $\mathbb{R}$ 上连续的周期函数必定一致连续. 由此证明 $\sin x^2$ 不是周期函数.

9. 设函数 f 在 $[0, +\infty)$ 上一致连续, 且对任意的 $x \in [0,1]$ 有 $\lim\limits_{n\to\infty} f(x + n) = 0$, 证明: $\lim\limits_{x\to+\infty} f(x) = 0$. 举例说明, 仅有 f 在 $[0, +\infty)$ 上的连续性推不出上述结论.

10. 设 $f(x)$ 是 $[a,b]$ 上的连续函数, 称

$$w(f,\delta) = \sup\{|f(x+h) - f(x)| : x, x+h \in [a,b], |h| \leqslant \delta\}$$

是 f 的 **连续模**. 证明:

(1) $w(f,\delta)$ 关于 δ 在 $[0, b-a]$ 上的连续非负增函数;

(2) $\lim\limits_{\delta \to 0} w(f,\delta) = 0$;

(3) 若 $\delta_1 + \delta_2 \leqslant b - a$ 则 $w(f, \delta_1 + \delta_2) \leqslant w(f, \delta_1) + w(f, \delta_2)$.

第 5 章　一元函数微分学

5.1　导数的概念

5.1.1　导数及单侧导数定义

导数起源于阿基米德 (公元前 287—前 212) 等探索曲线切线和曲线所围面积的求法, 经过牛顿 (1642—1727) 和莱布尼茨 (1646—1716) 在前人工作的基础上得以完善, 并创立了微积分. 后又经过伯努利兄弟、欧拉、柯西、黎曼、刘维尔、魏尔斯特拉斯、康托尔、沃尔泰拉、勒贝格 (1875—1941) 等的努力使得微积分建立在严格的逻辑基础上, 形成了现代的微积分理论. 整个过程, 从起始到牛顿和莱布尼茨大约持续了 1900 多年, 从牛顿和莱布尼茨的工作到微积分理论的形成大约有 200 多年.

例 5.1 (切线的斜率)　求函数 $y = f(x)$ 确定的曲线在点 x 处的切线斜率.

解　如图 5.1 所示, 对任意 $x, x+\Delta x \in D(f)$, 过点 $(x, f(x))$ 和 $(x+\Delta x, f(x+\Delta x))$ 的割线的斜率为

$$\frac{\Delta f(x)}{\Delta x} = \frac{f(x + \Delta x) - f(x)}{\Delta x}$$

Δx 越小, 割线的斜率越接近点 $(x, f(x))$ 处切线的斜率, 因此当极限存在时, 过点 x 曲线的斜率定义为

$$k(x) = \lim_{\Delta x \to 0} \frac{f(x + \Delta x) - f(x)}{\Delta x}.$$

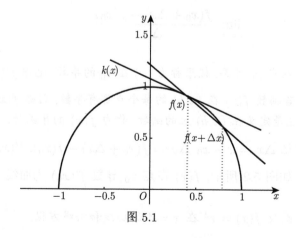

图 5.1

例 5.2 (瞬时速度)　质点沿 x 轴做直线运动, 在时刻 t 位置为 $x(t)$. 求质点在时刻 t 的瞬时速度.

解　设从时刻 t 开始, 经过 Δt 的时间, 质点从位置 $x(t)$ 运动到位置 $x(t+\Delta t)$. 在这段时间内质点的平均速度为

$$\frac{路程}{时间} = \frac{x(t+\Delta t) - x(t)}{\Delta t}.$$

时间间隔 Δt 越小, 平均速度越接近于瞬时速度 $v(t)$. 当 $\Delta t \to 0$ 时, 若平均速度的极限存在, 此极限就认为是 t 时刻的瞬时速度

$$v(t) := \lim_{\Delta t \to 0} \frac{x(t+\Delta t) - x(t)}{\Delta t}. \qquad \square$$

例 5.3 (物质密度)　在区间 $[0, x]$ 内物质的质量为 $m(x)$. 求在 x 点处的质量密度 $\rho(x)$.

解　对任意 $\Delta x > 0$, 区间 $[x, x + \Delta x]$ 内物质的平均密度为

$$\frac{\Delta m}{\Delta x} = \frac{m(x + \Delta x) - m(x)}{\Delta x}$$

当 $\Delta x \to 0$ 时, 如果平均密度的极限存在, 则此极限就认为物质在点 x 处的密度

$$\rho(x) = \lim_{\Delta x \to 0} \frac{m(x + \Delta x) - m(x)}{\Delta x}. \qquad \square$$

定义 5.1 (导数)　设函数 $y = f(x)$ 在某实心邻域 $U(x_0)$ 内有定义. 若极限

$$\lim_{\Delta x \to 0} \frac{f(x_0 + \Delta x) - f(x_0)}{\Delta x}$$

存在, 则称 $f(x)$ 在点 x_0 可导, 极限称为 (x) 在 x_0 的导数, 记作 $f'(x_0)$ 或 $\dfrac{\mathrm{d}f}{\mathrm{d}x}(x_0)$.

定义 5.2　若函数 $f(x)$ 在 (a, b) 的每个点都有导数, 则称 $f(x)$ 在 (a, b) 内可导. 此时 $f'(x)$ 也是定义在 (a, b) 上的函数, 称为 $f(x)$ 的导函数.

注 5.3　常记 $\Delta x := x - x_0, \Delta y := f(x_0 + \Delta x) - f(x_0), f'(x_0) = \lim\limits_{\Delta x \to 0} \dfrac{\Delta y}{\Delta x}$.

几何意义　如图 5.2 所示, $f(x)$ 在点 x_0 导数 $f'(x_0)$ 为曲线 $y = f(x)$ 在 x_0 处切线的斜率.

例 5.4　求函数 $f(x) = x^2$ 在 $x = 4$ 的切线和法线方程.

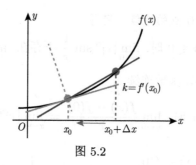

图 5.2

解 容易验证

$$f'(4) = \lim_{\Delta x \to 0} \frac{(4 + \Delta x)^2 - 4^2}{\Delta x} = \lim_{\Delta x \to 0} (8 + \Delta x) = 8.$$

切线方程为: $y - 16 = 8(x - 4)$. 法线方程为: $y - 16 = -\dfrac{1}{8}(x - 4)$. □

定义 5.4 (左、右导数) 设函数 $y = f(x)$ 在某 $U(x_0)$ 的内有定义.

• 若 $\lim\limits_{\Delta x \to 0^+} \dfrac{f(x_0 + \Delta x) - f(x_0)}{\Delta x}$ 存在, 称此极限为 $f(x)$ 在点 x_0 的右导数,
记作 $f'_+(x_0)$;

• 若 $\lim\limits_{\Delta x \to 0^-} \dfrac{f(x_0 + \Delta x) - f(x_0)}{\Delta x}$ 存在, 称此极限为 $f(x)$ 在点 x_0 的左导数,
记作 $f'_-(x_0)$.

定理 5.1 $f(x)$ 在点 x_0 的导数 $f'(x_0)$ 存在当且仅当 $f'_+(x_0)$ 和 $f'_-(x_0)$ 都存
在且相等.

定义与记号:

• 若 $f(x)$ 在 (a, b) 上可导, 且 $f'_+(a)$ 和 $f'_-(b)$ 都存在, 则称 $f(x)$ 在闭区间
$[a, b]$ 上可导.

• 若 $f'(x)$ 在区间 I 上连续, 则记作 $f \in C^1(I)$.

定理 5.2 如函数 f 在点 x_0 处左或右导数存在, 则 f 在 x_0 处左或右连续.

证明

$$\lim_{x \to x_0^-} f(x) - f(x_0) = \lim_{x \to x_0^-} \frac{f(x) - f(x_0)}{x - x_0} \cdot (x - x_0) = f'(x_0) \cdot 0 = 0. \quad □$$

例 5.5 设函数

$$f(x) = \begin{cases} |x|^\alpha \sin \dfrac{1}{x}, & x \neq 0, \\ 0, & x = 0. \end{cases}$$

问 α 取何值时, $f(x)$ 在 0 点的连续、可导.

解　(1) 连续: 当 $\alpha \leqslant 0$ 时, $\lim\limits_{x \to 0} |x|^\alpha \sin \dfrac{1}{x}$ 不存在, 函数不连续; 当 $\alpha > 0$ 时, $\lim\limits_{x \to 0} |x|^\alpha \sin \dfrac{1}{x} = 0 = f(0)$, 函数连续.

(2) 可导: 当 $\alpha \leqslant 1$ 时, $\lim\limits_{x \to 0} \dfrac{f(x) - f(0)}{x} = \lim\limits_{x \to 0} |x|^\alpha \dfrac{1}{x} \sin \dfrac{1}{x}$ 不存在, 函数不可导;

当 $\alpha > 1$ 时, $\lim\limits_{x \to 0} \dfrac{f(x) - f(0)}{x} = \lim\limits_{x \to 0} |x|^\alpha \dfrac{1}{x} \sin \dfrac{1}{x} = 0 \implies f'(0) = 0.$　□

例 5.6 (连续与可导关系)　若函数 $f(x)$ 在某点连续, 但在该点不一定可导. 如: 函数 $f(x) = |x|$ 在 $x = 0$ 点连续, 但在该点不可导, 因为

$$\lim_{x \to 0^+} \frac{|x|}{x} = 1, \quad \lim_{x \to 0^-} \frac{|x|}{x} = -1.$$

事实上, 存在 $\mathbb{R}$ 上连续、处处不可导函数. 见下册函数项级数一节.

例 5.7 (导函数在可导点附近的不连续性、不可导性)　函数

$$f(x) = \begin{cases} 0, & x \in \mathbb{Q}, \\ x^2 \sin \dfrac{1}{x}, & x \notin \mathbb{Q} \end{cases}$$

在 0 点的可导, 但在 0 点附近不连续性, 进而不可导.

解　容易看出 $f(x)$ 在 $x = 0$ 连续,

$$\lim_{x \to 0} f(x) = 0 = f(0).$$

注意到

$$\left| \frac{f(x) - f(0)}{x} \right| \leqslant \left| x \sin \frac{1}{x} \right| \leqslant |x|.$$

所以

$$\lim_{x \to 0} \frac{f(x) - f(0)}{x} = 0 \implies f'(0) = 0.$$

记 $\mathcal{O} = \left\{ x : \sin \dfrac{1}{x} = 0 \right\} = \left\{ \dfrac{1}{n\pi} : n \in \mathbb{N} \right\}$, 对任 $\delta > 0$, $f(x)$ 在 $U(0,\delta) \cap \mathcal{O}^c$ 点不连续.　□

5.1.2　基本初等函数的导数

1. 常函数 $f(x) = c, x \in \mathbb{R}, f'(x) = 0.$

$$\lim_{\Delta x \to 0} \frac{f(x + \Delta x) - f(x)}{\Delta x} = \lim_{\Delta x \to 0} \frac{c - c}{\Delta x} = 0.$$

2. 幂函数 $(x^n)' = nx^{n-1}, n \in \mathbb{N}, x > 0$.

$$\lim_{\Delta x \to 0} \frac{(x + \Delta x)^n - x^n}{\Delta x} = \lim_{\Delta x \to 0} \frac{\sum_{k=1}^{n} \mathrm{C}_n^k x^{n-k} (\Delta x)^k}{\Delta x} = \mathrm{C}_n^1 x^{n-1} = nx^{n-1}.$$

3. 正弦函数 $(\sin x)' = \cos x, x \in \mathbb{R}$.

$$\lim_{\Delta x \to 0} \frac{\sin(x + \Delta x) - \sin(x)}{\Delta x} = \lim_{\Delta x \to 0} \frac{2\sin(\Delta x/2)\cos(x + \Delta x/2)}{\Delta x}$$

$$= \lim_{\Delta x \to 0} \cos(x + \Delta x/2) \lim_{\Delta x \to 0} \frac{\sin(\Delta x/2)}{\Delta x/2}$$

$$= \cos x.$$

4. 余弦函数 $(\cos x)' = -\sin x, x \in \mathbb{R}$.

5. 对数函数 $(\log_a x)' = \dfrac{1}{x \ln a}, \; (a > 0, \; a \neq 1), \; x > 0$. 特别地, $(\ln x)' = \dfrac{1}{x}$.

$$\lim_{\Delta x \to 0} \frac{\log_a(x + \Delta x) - \log_a x}{\Delta x} = \lim_{\Delta x \to 0} \frac{1}{\Delta x} \log_a \frac{x + \Delta x}{x}$$

$$= \frac{1}{x} \lim_{\Delta x \to 0} \log_a \left(1 + \frac{\Delta x}{x} \right)^{\frac{x}{\Delta x}}$$

$$= \frac{1}{x} \log_a e = \frac{1}{x \ln a}.$$

6. 指数函数 $(a^x)' = a^x \ln a, a > 0$. 特别地, $(e^x)' = e^x, x \in \mathbb{R}$.

$$\lim_{\Delta x \to 0} \frac{a^{x + \Delta x} - a^x}{\Delta x} = a^x \lim_{\Delta x \to 0} \frac{a^{\Delta x} - 1}{\Delta x}$$

$$= a^x \lim_{\Delta x \to 0} \frac{1}{\dfrac{\log_a a^{\Delta x}}{a^{\Delta x} - 1}}$$

$$= a^x \lim_{\Delta x \to 0} \frac{1}{\dfrac{\log_a(1 + \Delta y)}{\Delta y}}, \quad (\Delta y := a^{\Delta x} - 1)$$

$$= a^x \ln a.$$

所以 $(a^x)' = a^x \ln a$. 特别地, $(e^x)' = e^x$.

例 5.8 求函数 $f(x) = \ln x$ 在 $x = 1$ 处的切线方程.

解 由于 $f(1) = \ln 1 = 0$,

$$f'(1) = \frac{1}{x}\bigg|_{x=1} = 1.$$

故切线方程为 $y = x - 1$.

例 5.9 设

$$f(x) = \begin{cases} x^2, & x \leqslant x_0, \\ ax + b, & x > x_0. \end{cases}$$

若函数 $f(x)$ 在 $x = x_0$ 处可导, 则 a,b 应取何值?

解　函数 $f(x)$ 在 $x = x_0$ 处可导, 要求函数本身连续且左右导数相等. 从而

$$x_0^2 = ax_0 + b, \quad 2x_0 = a.$$

解方程组可知 $a = 2x_0$, $b = -x_0^2$.

习　　题

1. 设 f 在 $x = 0$ 处可导, $a_n \to 0^-$, $b_n \to 0^+ (n \to \infty)$, 证明: $\lim\limits_{n \to \infty} \dfrac{f(b_n) - f(a_n)}{b_n - a_n} = f'(0)$.

2. 设 f 在 x_0 处可导, 则 $\lim\limits_{h \to 0} \dfrac{f(x_0 + h) - f(x_0 - h)}{2h} = f'(x_0)$. 举例说明: 即使上式左边的极限存在且有限, f 在 x_0 处未必可导.

3. 设 f 是 $\mathbb{R}$ 上的可导函数,

(1) 若 f 是偶函数, 则 f' 是奇函数, 特别地, $f'(0) = 0$;

(2) 若 f 是奇函数, 则 f' 是偶函数;

(3) 若 f 是周期函数, 则 f' 也是周期函数.

4. 设 φ 在 a 处连续, 且在 a 近旁有 $f(x) = (x - a)\varphi(x)$ 和 $g(x) = |x - a|\varphi(x)$. 证明: f 在 a 处可导, 并求出 $f'(a)$; 求 $g'_-(a), g'_+(a)$, 并问在什么条件下 g 在 a 处可导?

5. 若函数 f 在 x_0 处左右导数存在, 则 f 在 x_0 处连续.

6. 求下列函数的导函数:

(1) $f(x) = |x|^3$;

(2) $f(x) = \begin{cases} e^{-\frac{1}{x^2}}, & x \neq 0, \\ 0, & x = 0. \end{cases}$

7. 设函数 f 在 a 处可导, 且 $f(a) \neq 0$, 求数列极限 $\lim\limits_{n \to \infty} \left(\dfrac{f(a + n^{-1})}{f(a)} \right)^n$.

8. 设函数

$$f(x) = \begin{cases} x^2 + b, & x > 2, \\ ax + 1, & x \leqslant 2. \end{cases}$$

确定 a,b, 使得 f 在 $x = 2$ 处可导.

9. 证明: 黎曼函数 $R(x)$ 处处不可导.

5.2 导数的运算

导数的四则运算、反函数导数、复合函数导数是求复杂函数导数的基础. 对数求导技巧是重要的求导方法.

5.2.1 导数四则运算

定理 5.3 设函数 $f(x)$, $g(x)$ 在点 x 都可导, 则

(1) 线性和可导: $\forall\, \alpha, \beta \in \mathbb{R}$, 函数 $\alpha f(x) + \beta g(x)$ 在点 x 可导, 且

$$\big[\alpha f(x) + \beta g(x)\big]' = \alpha f'(x) + \beta g'(x).$$

(2) 积可导: 函数 $f(x) \cdot g(x)$ 在点 x 可导, 且

$$\big[f(x) \cdot g(x)\big]' = f'(x)g(x) + f(x)g'(x).$$

(3) 商可导: 若 $g(x) \neq 0$, 则函数 $\dfrac{f(x)}{g(x)}$ 在点 x 可导, 且

$$\left[\frac{f(x)}{g(x)}\right]' = \frac{f'(x)g(x) - f(x)g'(x)}{g^2(x)}.$$

证明 (1) 可由函数极限的性质直接推出. 下面证明 (2) 和 (3).

由函数 $f(x)$, $g(x)$ 的连续性和极限的四则运算

$$
\begin{aligned}
\big[f(x)g(x)\big]' &= \lim_{\Delta x \to 0} \frac{f(x+\Delta x)g(x+\Delta x) - f(x)g(x)}{\Delta x} \\
&= \lim_{\Delta x \to 0} \frac{f(x+\Delta x) - f(x)}{\Delta x} g(x+\Delta x) + \lim_{\Delta x \to 0} f(x)\frac{g(x+\Delta x) - g(x)}{\Delta x} \\
&= \lim_{\Delta x \to 0} \frac{f(x+\Delta x) - f(x)}{\Delta x} \lim_{\Delta x \to 0} g(x+\Delta x) \\
&\quad + f(x) \lim_{\Delta x \to 0} \frac{g(x+\Delta x) - g(x)}{\Delta x} \\
&= f'(x)g(x) + f(x)g'(x),
\end{aligned}
$$

$$
\begin{aligned}
\left[\frac{f(x)}{g(x)}\right]' &= \lim_{\Delta x \to 0} \frac{1}{\Delta x} \left[\frac{f(x+\Delta x)}{g(x+\Delta x)} - \frac{f(x)}{g(x)}\right] \\
&= \lim_{\Delta x \to 0} \frac{1}{\Delta x} \left[\frac{f(x+\Delta x)g(x) - f(x)g(x+\Delta x)}{g(x+\Delta x)g(x)}\right] \\
&= \lim_{\Delta x \to 0} \frac{1}{g(x+\Delta x)g(x)}
\end{aligned}
$$

$$\cdot \lim_{\Delta x \to 0} \left[\frac{f(x+\Delta x)-f(x)}{\Delta x} g(x) + f(x)\frac{g(x)-g(x+\Delta x)}{\Delta x} \right]$$

$$= \frac{f'(x)g(x)-f(x)g'(x)}{g^2(x)}. \qquad \square$$

例 5.10　设 (1) $y = x\sin x + e^x \cos x$; (2) $y = \tan x$. 计算 $y'(x)$.

解　(1)

$$y'(x) = (x\sin x + e^x \cos x)' = (x\sin x)' + (e^x \cos x)'$$
$$= (x)'\sin x + x(\sin x)' + (e^x)'\cos x + e^x(\cos x)'$$
$$= \sin x + x\cos x + e^x \cos x - e^x \sin x.$$

(2)

$$(\tan x)' = \left(\frac{\sin x}{\cos x}\right)' = \frac{(\sin x)'\cos x - \sin x(\cos x)'}{\cos^2 x}$$
$$= \frac{\cos^2 x + \sin^2 x}{\cos^2 x} = \sec^2 x. \qquad \square$$

5.2.2　复合函数求导

定理 5.4 (链式法则)　若 $y = f(u)$ 在点 u 可导, $u = g(x)$ 在点 x 可导, 则复合函数 $y = f(g(x))$ 在点 x 可导, 且

$$\frac{\mathrm{d}f(g(x))}{\mathrm{d}x} = f'(g(x))\cdot g'(x) \qquad 或者 \qquad \frac{\mathrm{d}y}{\mathrm{d}x} = \frac{\mathrm{d}y}{\mathrm{d}u}\cdot\frac{\mathrm{d}u}{\mathrm{d}x}.$$

证明　因为 $y = f(u)$ 在点 u 可导, $u = g(x)$ 在点 x 可导, 所以

$$\Delta y = f'(u)\Delta u + o(\Delta u), \quad \Delta u = g'(x)\Delta x + o(\Delta x).$$

由于 $\lim\limits_{\Delta u \to 0} \dfrac{o(\Delta u)}{\Delta u} = 0$, 令 $\varepsilon(\Delta u) = \dfrac{o(\Delta u)}{\Delta u}$, 则 $o(\Delta u) = \Delta u \cdot \varepsilon(\Delta u)$. 因此

$$\Delta y = f'(u)[g'(x)\Delta x + o(\Delta x)] + o(\Delta u)$$
$$= f'(u)g'(x)\Delta x + f'(u)o(\Delta x) + o(\Delta u)$$
$$= f'(u)g'(x)\Delta x + f'(u)o(\Delta x) + \Delta u \cdot \varepsilon(\Delta u).$$

等式两边同除 Δx, 得到

$$\frac{\Delta y}{\Delta x} = f'(u)g'(x) + f'(u)\frac{o(\Delta x)}{\Delta x} + \frac{\Delta u}{\Delta x}\varepsilon(\Delta u).$$

因为 u 在点 x 可导, 当 $\Delta x \to 0$ 时, $\dfrac{\Delta u}{\Delta x} \to u'(x)$, $\Delta u \to 0, \varepsilon(\Delta u) \to 0$, 所以

$$y' = f'(u)g'(x). \qquad \square$$

例 5.11 求 $(x^\alpha)' = \alpha x^{\alpha-1}, x > 0, \alpha \in \mathbb{R}$.
解

$$(x^\alpha)' = (e^{\alpha \ln x})' = e^{\alpha \ln x} \cdot \frac{\alpha}{x} = \alpha x^{\alpha-1}. \qquad \square$$

例 5.12 设 (1) $y = \sqrt{\left(\dfrac{x-1}{x+1}\right)^3}$; (2) $y = \ln\left(x + \sqrt{x^2 + a^2}\right)$; (3) $y = \arctan\left(\dfrac{\sin x}{e^x - 1}\right)$. 求 $y'(x)$.

解 (1) 令 $y = u^{3/2}$, $u = \dfrac{x-1}{x+1}$. 则

$$\frac{\mathrm{d}y}{\mathrm{d}u} = \frac{3}{2} u^{\frac{1}{2}},$$

$$\frac{\mathrm{d}u}{\mathrm{d}x} = \frac{(x-1)'(x+1) - (x-1)(x+1)'}{(x+1)^2} = \frac{(x+1) - (x-1)}{(x+1)^2} = \frac{2}{(x+1)^2}.$$

从而

$$\frac{\mathrm{d}y}{\mathrm{d}x} = \frac{\mathrm{d}y}{\mathrm{d}u} \cdot \frac{\mathrm{d}u}{\mathrm{d}x} = \frac{3}{2}\left(\frac{x-1}{x+1}\right)^{\frac{1}{2}} \cdot \frac{2}{(x+1)^2} = 3\sqrt{\frac{x-1}{(x+1)^5}}.$$

(2)

$$y' = \frac{1}{x + \sqrt{x^2 + a^2}} \cdot \left(x + \sqrt{x^2 + a^2}\right)' = \frac{1}{x + \sqrt{x^2 + a^2}}\left(1 + \frac{(x^2 + a^2)'}{2\sqrt{x^2 + a^2}}\right)$$

$$= \frac{1}{x + \sqrt{x^2 + a^2}}\left(1 + \frac{x}{\sqrt{x^2 + a^2}}\right) = \frac{1}{\sqrt{x^2 + a^2}}.$$

(3)

$$y' = \frac{1}{1 + \left(\dfrac{\sin x}{e^x - 1}\right)^2} \cdot \left(\frac{\sin x}{e^x - 1}\right)'$$

$$= \frac{(e^x - 1)^2}{(e^x - 1)^2 + \sin^2 x} \cdot \frac{(\sin x)'(e^x - 1) - \sin x(e^x - 1)'}{(e^x - 1)^2}$$

$$= \frac{\cos x(e^x - 1) - e^x \sin x}{(e^x - 1)^2 + \sin^2 x}. \qquad \square$$

利用复合函数求导法则, 用对数求导技巧有时更方便. 该方法适用于如下形式的函数

$$y(x) = f(x)^{g(x)}, \quad y(x) = \frac{f_1(x)f_2(x)\cdots f_n(x)}{g_1(x)g_2(x)\cdots g_m(x)}.$$

取对数后,

$$\ln y(x) = g(x)\ln f(x), \qquad \ln y(x) = \sum_{i=1}^{n}\ln f_i(x) - \sum_{i=1}^{m}\ln g_i(x).$$

再利用复合函数求导法则对上述等式两端关于 x 求导.

例 5.13 设函数 (1) $y(x) = x^a$, $a \in \mathbb{R}$; (2) $y(x) = x^x, x > 0$. 求 $y'(x)$.

解 (1) 在等式两端取对数, 得到 $\ln y(x) = a\ln x$. 在等式两端对 x 求导可得 $\dfrac{y'(x)}{y(x)} = \dfrac{a}{x}$. 所以

$$y' = \frac{ay(x)}{x} = ax^{a-1}.$$

(2) 在等式两端取对数, 得到 $\ln y(x) = x\ln x$. 在此式两端关于 x 求导可得 $\dfrac{y'(x)}{y(x)} = \ln x + 1$. 从而

$$y'(x) = y(x)(\ln x + 1) = x^x(\ln x + 1).\qquad\square$$

例 5.14 设函数 $y(x) = \left[\dfrac{(x-1)(x-2)}{(x-3)(x-4)}\right]^{1/3}$. 求 $y'(x)$.

解 (1) 当 $x > 4$ 时, 在等式两端取对数, 得到

$$\ln y(x) = \frac{1}{3}\Big[\ln(x-1) + \ln(x-2) - \ln(x-3) - \ln(x-4)\Big].$$

对上式两端关于 x 求导可得

$$\frac{y'(x)}{y(x)} = \frac{1}{3}\left(\frac{1}{x-1} + \frac{1}{x-2} - \frac{1}{x-3} - \frac{1}{x-4}\right).$$

从而

$$y'(x) = \frac{1}{3}\left[\frac{(x-1)(x-2)}{(x-3)(x-4)}\right]^{1/3}\left(\frac{1}{x-1} + \frac{1}{x-2} - \frac{1}{x-3} - \frac{1}{x-4}\right).$$

(2) 对 x 的其他情况, 可以类似处理, 结论不变.　　　　　　　　　　$\square$

5.2.3 隐函数求导法

对数求导方法的思想可以推广到隐函数求导. 隐函数是指由方程: $F(x,y) = 0$ 定义一个函数 $y = y(x)$, 满足 $F(x, f(x)) = 0$. 因此在上述方程中, $y(x)$ 是自变量 x 的函数, 可以用复合函数求导法则.

例 5.15 设 $y = y(x)$ 由方程 $e^{xy} + \sin(x + y) = 0$ 确定. 求 $y'(x)$.

解 由于 $y = y(x)$, 利用复合函数求导法则

$$0 = [e^{xy}]' + [\sin(x+y)]' = e^{xy} \cdot (xy)' + \cos(x+y) \cdot (x+y)'$$
$$= e^{xy} \cdot (y + xy') + \cos(x+y) \cdot (1 + y').$$

可以求出 $y' = -\dfrac{ye^{xy} + \cos(x+y)}{xe^{xy} + \cos(x+y)}$. $\qquad\square$

例 5.16 已知曲线 L: $y = y(x)$ 由方程 $y^3 + y^2 = 2x^2$ 确定, 求 L 在点 $(1,1)$ 处的切线方程.

解 首先求切线在点 $(1,1)$ 处的斜率, 即求 $y'(1)$. 两边对 x 求导可得

$$3y^2 y' + 2yy' = 4x.$$

从而可以求出

$$y' = \frac{4x}{3y^2 + 2y} \qquad \Longrightarrow \qquad y'(1) = \frac{4}{5}.$$

因此 L 在点 $(1,1)$ 处的切线方程为: $y - 1 = \dfrac{4}{5}(x - 1)$. $\qquad\square$

注 5.5 隐函数存在定理 (隐函数微分法 (下册)) 设 $F(x,y)$ 在点 $(x_0, y_0) \in \mathbb{R}^2$ 的某邻域内偏导数 F'_x, F'_y 连续, $F'_y \neq 0$. 则存在矩形 $[x_0 - \alpha, x_0 + \alpha] \times [y_0 - \beta, y_0 + \beta]$ 和函数 $f: [x_0 - \alpha, x_0 + \alpha] \to [y_0 - \beta, y_0 + \beta]$, $y = f(x)$ 满足

$$F(x, f(x)) = 0, \quad F'_y(x, f(x)) \neq 0, \quad y' = f'(x) = -\frac{F'_x}{F'_y}.$$

5.2.4 反函数的导数

定理 5.5 (反函数求导) 设函数 $y = f(x)$ 在区间 (a, b) 上连续且严格单调, $x_0 \in (a, b)$, $f'(x_0) \neq 0$, 则反函数 $x = f^{-1}(y)$ 在点 $y_0 = f(x_0)$ 处可导, 且 $[f^{-1}(y_0)]' = \dfrac{1}{f'(x_0)}$.

证明　由已知条件, 可以推出反函数 $x = f^{-1}(y)$ 在其定义域 $f(I)$ 上连续且严格单调. 因此 $x \neq x_0$ 时, $f(x) \neq f(x_0)$.

$$
\begin{aligned}
\lim_{y \to y_0} \frac{f^{-1}(y) - f^{-1}(y_0)}{y - y_0} &= \lim_{x \to x_0} \frac{f^{-1}(f(x)) - f^{-1}(f(x_0))}{f(x) - f(x_0)} \\
&= \lim_{x \to x_0} \frac{x - x_0}{f(x) - f(x_0)} \\
&= \frac{1}{\displaystyle\lim_{x \to x_0} \frac{f(x) - f(x_0)}{x - x_0}} \\
&= \frac{1}{f'(x_0)}.
\end{aligned}
$$
□

例 5.17　计算 $(\arcsin x)'$, $(\arctan x)'$.

解　(1) 将函数 $y = \arcsin x$ 写成 $x = \sin y$. 所以

$$
(\arcsin x)' = \frac{1}{(\sin y)'} = \frac{1}{\cos y} = \frac{1}{\sqrt{1 - \sin^2 y}} = \frac{1}{\sqrt{1 - x^2}}.
$$

(2) 将函数 $y = \arctan x$ 写成 $x = \tan y$. 所以

$$
(\arctan x)' = \frac{1}{(\tan y)'} = \frac{1}{\left(\dfrac{\sin y}{\cos y}\right)'} = \frac{\cos^2 y}{\cos^2 y + \sin^2 y} = \frac{1}{1 + \tan^2 y} = \frac{1}{1 + x^2}.
$$
□

基本导数公式

(1) $c' = 0$;

(2) $(\sin x)' = \cos x$, $\qquad\qquad\qquad\qquad (\cos x)' = -\sin x$;

(3) $(e^x)' = e^x$, $\qquad\qquad\qquad\qquad\quad\; (a^x)' = \ln a \cdot a^x \ (a > 0)$;

(4) $(\ln x)' = \dfrac{1}{x}$, $\qquad\qquad\qquad\qquad\; (\log_a x)' = \dfrac{1}{\ln a} \cdot \dfrac{1}{x}$;

(5) $(x^p)' = p x^{p-1}$;

(6) $(\tan x)' = \sec^2 x$, $\qquad\qquad\qquad\;\, (\cot x)' = -\csc^2 x$;

(7) $(\sec x)' = \tan x \sec x$, $\qquad\qquad\; (\csc x)' = -\cot x \csc x$.

习　　题

1. 求下列函数的导函数:

(1) $f(x) = 4x^2 + 3x - 1$; $\qquad\qquad\qquad$ (2) $f(x) = \sqrt{x} - \dfrac{1}{x}$;

(3) $f(x) = x^3 \ln x + 2e^{5x}$; $\qquad\qquad\qquad$ (4) $f(x) = \dfrac{\tan x}{x}$;

(5) $f(x) = e^x \tan(3x)$;

(6) $f(x) = \dfrac{1 + \ln x}{1 - \ln x}$;

(7) $f(x) = \dfrac{ax + b}{cx + d}$, 其中 a, b, c, d 为常数;

(8) $f(x) = a^x \ln x$, 其中 $a > 0$;

(9) $f(x) = a^x \tan x$, 其中 $a > 0$;

(10) $f(x) = \dfrac{\cos x - \sin x}{\cos x + \sin x}$;

(11) $f(x) = \dfrac{\sin x}{x} + \dfrac{x}{\sin x}$;

(12) $f(x) = \ln(x + \sqrt{a^2 + x^2})$;

(13) $f(x) = \sqrt{x + \sqrt{x + \sqrt{x}}}$;

(14) $f(x) = a^{\sin x}$, 其中 $a > 0$;

(15) $f(x) = x^{\sin x} \ (x > 0)$;

(16) $f(x) = x^{x^x} \ (x > 0)$;

(17) $y = \sin\left(\dfrac{x}{\sin\left(\dfrac{x}{\sin x}\right)}\right)$.

2. 证明下列函数的导函数公式:

(1) $(\cot x)' = -\csc^2 x$;

(2) $(\sec x)' = \tan x \sec x$;

(3) $(\csc x)' = -\cot x \csc x$;

(4) $(\arccos x)' = -\dfrac{1}{\sqrt{1 - x^2}}$;

(5) $(\arctan x)' = \dfrac{1}{1 + x^2}$;

(6) $(\mathrm{arccot} x)' = -\dfrac{1}{1 + x^2}$.

3. 求下列函数在指定点的导数:

(1) $f(x) = \dfrac{x}{\cos x}$, 求 $f'(0), f'(\pi)$;

(2) $f(x) = \sqrt{1 + \sqrt{x}}$, 求 $f'(0), f'(1), f'(4)$.

4. 求下列函数的导数:

(1) $f(x) = g(x + g(a))$;

(2) $f(x) = g(x + g(x))$;

(3) $f(x) = g(xg(a))$;

(4) $f(x) = g(xg(x))$.

5. 设 f 可导. 证明: 若 $x = 1$ 时, $\dfrac{\mathrm{d}}{\mathrm{d}x} f(x^2) = \dfrac{\mathrm{d}}{\mathrm{d}x} f^2(x)$, 则 $f'(1) = 0$ 或 $f(1) = 1$.

5.3 导数的应用

5.3.1 确定曲线的切线

导数的重要应用之一是求曲线的切线. 如果曲线由函数表示, 可以通过函数求导求出. 若曲线由参数方程表示, 下面给出求曲线的切线的方法.

(1) 设平面曲线 L 由参数方程

$$\begin{cases} x = \phi(t), \\ y = \psi(t), \end{cases} \quad t \in [\alpha, \beta]$$

表示. 设 $t = t_0$ 对应平面曲线 L 上点 P_0. 如果 $\phi(t), \psi(t)$ 在 t_0 点可导, 且 $\phi'(t_0) \neq 0$, 则过点 P_0 的切线的斜率可由割线的斜率取极限得到.

设 $t_0 + \Delta t$ 对应平面曲线 L 上点 P. 则割线 $\overline{P_0 P}$ 的斜率为

$$\frac{\Delta y}{\Delta x} = \frac{\psi(t_0 + \Delta t) - \psi(t_0)}{\phi(t_0 + \Delta t) - \phi(t_0)}.$$

记平面曲线 L 在点 P_0 的切线与 x 轴正向的夹角是 $\alpha(t_0)$, 则该切线斜率是

$$\tan \alpha(t_0) = \lim_{\Delta t \to 0} \frac{\Delta y}{\Delta x} = \lim_{\Delta t \to 0} \frac{\dfrac{\Delta y}{\Delta t}}{\dfrac{\Delta x}{\Delta t}} = \frac{\psi'(t_0)}{\phi'(t_0)}.$$

注 5.6 若 $\phi'(t)$, $\psi'(t)$ 都存在且 $\phi'(t) \neq 0$, $\forall\, t \in [\alpha, \beta]$, 则 $\phi'(t) > 0$ 或 $\phi'(t) < 0$, 对 $\forall\, t \in [\alpha, \beta]$ (由 6.1 节达布定理可证). 所以函数 $x = \phi(t)$ 存在反函数 $t = \phi^{-1}(x)$, 于是 $y = \psi(t) = \psi\left(\phi^{-1}(x)\right)$.

所以根据复合函数求导 (链式法则) 和反函数求导法则可得

$$\frac{\mathrm{d}y}{\mathrm{d}x} = \psi'(t)\left(\phi^{-1}(x)\right)' = \frac{\psi'(t)}{\phi'(t)}.$$

定义 5.7 称平面曲线 L 是**光滑曲线**, 若其参数方程中的函数 $\phi(t), \psi(t)$ 在 $[\alpha, \beta]$ 上的导函数连续, 且 $[\psi'(t)]^2 + [\phi'(t)]^2 \neq 0$.

由上面的推导、注 5.6 易知有下面的结论.

命题 5.6 光滑曲线上每一点都存在切线, 切线的斜率 $\dfrac{\mathrm{d}y}{\mathrm{d}x} = \dfrac{\psi'(t)}{\phi'(t)}$ 是参数 t 的连续函数.

例 5.18 已知椭圆方程

$$\begin{cases} x = a\cos t, \\ y = b\sin t, \end{cases} \quad 0 \leqslant t \leqslant 2\pi,$$

求椭圆上任意点的切线方程.

解 (1) 当 $t \neq 0, \pi$ 时,

$$\frac{\mathrm{d}y}{\mathrm{d}x} = \frac{y'(t)}{x'(t)} = \frac{b\cos t}{-a\sin t} = -\frac{b}{a}\cot t.$$

所以过点 $(a\cos t, b\sin t)$ 的切线方程为

$$y - b\sin t = -\frac{b}{a}\cot t (x - a\cos t).$$

(2) 当 $t = 0$ 时, $x = 1$, $y = 0$. 过点 $(1,0)$ 的切线方程为: $x = a$.

(3) 当 $t = \pi$ 时, $x = -1$, $y = 0$. 过点 $(-1,0)$ 的切线方程为: $x = -a$.   □

例 5.19 设函数 $y = y(x)$ 由参数方程

$$\begin{cases} x = a\left(\ln\tan\dfrac{t}{2} + \cos t\right), \\ y = a\cos t, \end{cases} \quad 0 < t < \pi.$$

确定, 求 $\dfrac{\mathrm{d}y}{\mathrm{d}x}$.

解 直接计算可得

$$x'(t) = a\left(\ln\tan\frac{t}{2} + \cos t\right)' = a\left(\frac{1}{\tan\left(\dfrac{t}{2}\right)} \cdot \tan'\left(\frac{t}{2}\right) - \sin t\right)$$

$$= a\left(\cot\frac{t}{2} \cdot \sec^2\frac{t}{2} \cdot \frac{1}{2} - \sin t\right) = a\left(\frac{1}{\sin t} - \sin t\right) = \frac{a\cos^2 t}{\sin t},$$

$$y'(t) = -a\sin t.$$

从而

$$\frac{\mathrm{d}y}{\mathrm{d}x} = \frac{y'(t)}{x'(t)} = -\tan^2 t.$$ □

(2) 若平面曲线 $\boldsymbol{L}$ 由极坐标表示:

$$\begin{cases} x = \rho(\theta)\cos\theta, \\ y = \rho(\theta)\sin\theta, \end{cases} \quad \theta \in [\alpha, \beta].$$

则

$$\frac{\mathrm{d}y}{\mathrm{d}x} = \frac{[\rho(\theta)\sin\theta]'}{[\rho(\theta)\cos\theta]'}$$

$$= \frac{\rho'(\theta)\sin\theta + \rho(\theta)\cos\theta}{\rho'(\theta)\cos\theta - \rho(\theta)\sin\theta}$$

$$= \frac{\rho'(\theta)\tan\theta + \rho(\theta)}{\rho'(\theta) - \rho(\theta)\tan\theta}.$$

设曲线切线与 x 轴正向的夹角为 $\alpha(\theta)$, 从坐标系原点出发的射线与曲线切线的夹角为 φ(图 5.3), 则

$$\tan\varphi = \tan(\alpha - \theta) = \frac{\tan\alpha - \tan\theta}{1 + \tan\alpha\tan\theta}, \quad \tan\alpha = \frac{\mathrm{d}y}{\mathrm{d}x}.$$

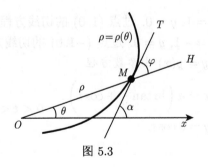

图 5.3

结合上面两个等式, 得到

$$\tan \varphi = \frac{\dfrac{\rho'(\theta)\tan\theta + \rho(\theta)}{\rho'(\theta) - \rho(\theta)\tan\theta} - \tan\theta}{1 + \dfrac{\rho'(\theta)\tan\theta + \rho(\theta)}{\rho'(\theta) - \rho(\theta)\tan\theta} \cdot \tan\theta}$$

$$= \frac{\rho'(\theta)\tan\theta + \rho(\theta) - \tan\theta[\rho'(\theta) - \rho(\theta)\tan\theta]}{\rho'(\theta) - \rho(\theta)\tan\theta + [\rho'(\theta)\tan\theta + \rho(\theta)]\tan\theta}$$

$$= \frac{\rho(\theta)(1 + \tan^2\theta)}{\rho'(\theta)(1 + \tan^2\theta)}$$

$$= \frac{\rho(\theta)}{\rho'(\theta)}.$$

例 5.20   证明: 对数螺线 $\rho = e^{\frac{\theta}{2}}$ 上的所有点的切线与向径夹角 φ 为常数 (图 5.4).

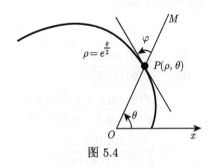

图 5.4

解

$$\tan \varphi = \frac{\rho(\theta)}{\rho'(\theta)} = \frac{e^{\frac{\theta}{2}}}{\dfrac{1}{2}e^{\frac{\theta}{2}}} = 2. \qquad \square$$

5.3.2 应用于实际问题

例 5.21 若以速率 3000 升/分从直圆柱水箱往外输送液体, 问水箱内液体的高度下降会多快?

解 (1) 画图, 设变量 (图 5.5).

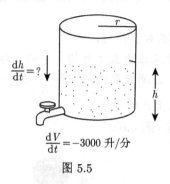

$\dfrac{dh}{dt} = ?$

$\dfrac{dV}{dt} = -3000$ 升/分

图 5.5

设直圆柱水箱半径为 r, 液体高度为 h, 体积为 V. 随着时间流逝, 液面高度下降, 半径不变. 记液体体积 $V(t)$, 液面高度 $h(t)$. 假设 $h(t), V(t)$ 是时间 t 的可导函数.

(2) 用数学符号表示数值信息、要求解的问题.

由题设, $\dfrac{dV(t)}{dt} = -3000$ 升/分 (**由于液体体积在减少, 所以是负值**). 求: $\dfrac{dh(t)}{dt}$.

(3) 写出变量联系的方程 (**利用数学定律**).

单位: $V(t)$: 升; r, h: 米, 1 立方米 $=1000$ 升. 则直圆柱体积为

$$V(t) = 1000\pi r^2 h(t).$$

(4) 求解.

在方程两边对时间 t 求导,

$$\frac{dV(t)}{dt} = 1000\pi r^2 \frac{dh(t)}{dt}.$$

所以,

$$\frac{dh(t)}{dt} = \frac{V'(t)}{1000\pi r^2}.$$

(5) 求值 (代入 (2) 中的数值信息).

当 $V'(t) = -3000$ 时, $\dfrac{dh(t)}{dt}\bigg|_{V'(t)=-3000} = -\dfrac{3}{\pi r^2}$. 此公式表明: 液面高度下降速度与液面半径平方成反比. □

总结　求解实际问题的一般步骤.

(1) 画图, 设变量 (把变量作为"时间" t 的函数, 并用变量表示, 例如 $v(t)$, $h(t)$ 等).

(2) 用数学符号表示数值信息、求解的问题.

(3) 写出变量联系的方程 (**利用数学原理, 物理、化学等定律**).

(4) 求解.

(5) 求值 (代入 (2) 中的数值信息).

例 5.22　从水平场地正在垂直上升的一个热气球被距离起飞点500尺 (1 尺 = 0.33 米) 的测距器跟踪. 在测距器的仰角为 $\dfrac{\pi}{4}$ 的瞬间, 仰角以0.14弧度/分的速率增长. 问: 在该瞬间气球上升的速度?

解　(1) 画图, 设变量 (图 5.6).

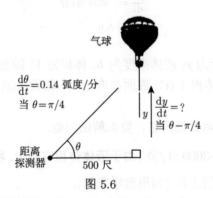

图 5.6

$\theta(t)$: 测距器从地面测得的仰角角度, 以弧度记. $y(t)$: 气球高度, 以尺记. t : 时间, 以分记.

(2) 用数学符号表示数值信息、求解的问题.

当 $\theta = \dfrac{\pi}{4}$ 时, $\dfrac{\mathrm{d}\theta}{\mathrm{d}t} = 0.14$ 弧度/分. 求: $\theta = \dfrac{\pi}{4}$ 时, $\dfrac{\mathrm{d}y(t)}{\mathrm{d}t}$.

(3) 写出变量联系的方程 (**利用数学原理**).

$$\frac{y(t)}{500} = \tan \theta(t).$$

(4) 求关于 t 的导数 (求变化率).

$$\frac{\mathrm{d}y(t)}{\mathrm{d}t} = 500 \sec^2 \theta \frac{\mathrm{d}\theta(t)}{\mathrm{d}t}.$$

(5) 求值 (代入 (2) 中的数值信息).

$$\frac{\mathrm{d}y(t)}{\mathrm{d}t}\bigg|_{\theta=\frac{\pi}{4},\theta'(t)=0.14} = 500\sec^2\frac{\pi}{4}\cdot 0.14 = 500(\sqrt{2})^2\cdot 0.14 = 140.$$

因此, 在该瞬间气球上升的速度为 140 尺/分.　　　　　　　　　　　　　　　□

例 5.23　正在追逐一辆超速行驶的汽车的警察巡逻车, 正从北向南驶向一个直角路口, 超速汽车已拐过路口向东驶去. 当巡逻车距路口 0.6 千米处, 超速行驶的汽车距路口 0.8 千米时, 警察用雷达确定了两车之间的距离正以 20 千米/时的速率在增长. 如果巡逻车在该测量时刻的车速为 60 千米/时, 问该瞬间超速汽车的速度是多少?

解　(1) 画图, 设变量 (图 5.7).

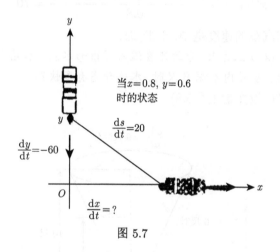

图 5.7

$x(t)$: 时刻 t 时超速汽车的位置, 单位: 千米.

$y(t)$: 时刻 t 时巡逻车的位置, 单位: 千米.

$s(t)$: 时刻 t 时超速汽车与巡逻车的距离, 单位: 千米.

(2) 用数学符号表示数值信息、求解的问题.

$x = 0.8$ 千米, $y = 0.6$ 千米, $y'(t) = -60$ 千米/时, $s'(t) = 20$ 千米/时 (注意, 约定: 沿数轴反方向行驶 $y(t)$ 在减少, 所以是负值; $s(t)$ 增加, 所以是正值). 求: $x'(t)$.

(3) 写出变量联系的方程 (**利用数学原理**).

$$s^2(t) = x^2(t) + y^2(t).$$

(4) 求关于 t 的导数 (求变化率).

$$2s(t)s'(t) = 2x(t)x'(t) + 2y(t)y'(t),$$

所以

$$s'(t) = \frac{1}{s(t)}(x(t)x'(t) + y(t)y'(t)) = \frac{1}{\sqrt{x^2(t) + y^2(t)}}(x(t)x'(t) + y(t)y'(t)).$$

(5) 求值 (代入 (2) 中的数值信息).

由题设: $s'(t)|_{x(t)=0.8, y(t)=0.6, y'(t)=-60} = 20$.

$$20 = s'(t)|_{x(t)=0.8, y(t)=0.6, y'(t)=-60} = \frac{1}{\sqrt{(0.8)^2 + (0.6)^2}}(0.8x'(t) + 0.6 \cdot (-60))$$

$$x'(t) = \frac{20\sqrt{(0.8)^2 + (0.6)^2} + 0.6 \cdot 60}{0.8} = 70.$$

所以, 该瞬间超速汽车的速度是 70 千米/时.　　　　　　　　　　　　　　□

例 5.24　水以 9 立方尺/分的速度灌入圆锥形水箱. 水箱尖点朝下, 高为 10 尺, 底半径为 5 尺. 水箱内水深 6 尺时, 水位升高有多快?

解　(1) 画图, 设变量 (图 5.8).

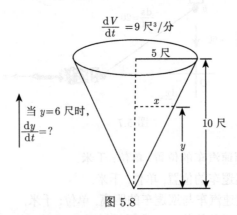

图 5.8

$V(t)$: t 时刻水箱中水的体积 (立方尺).

$x(t)$: t 时刻水箱中水的表面半径 (尺).

$y(t)$: t 时刻水箱中水的深度 (尺).

(2) 用数学符号表示数值信息、要求解的问题.

水灌入的速度: $V'(t) = 9$ 立方尺/分. 求水深 6 尺时, 水升高的速度, 即 $y'(t)|_{y=6} = ?$

(3) 写出变量联系的方程 (**利用数学原理**).

$$V(t) = \frac{1}{3}\pi x^2(t)y(t), \quad \frac{x(t)}{y(t)} = \frac{5}{10}, \quad \text{因此} \quad V(t) = \frac{1}{3}\pi\left(\frac{y(t)}{2}\right)^2 y(t) = \frac{\pi}{12}y^3(t).$$

(4) 求关于 t 的导数 (求变化率).

$$V'(t) = \frac{\pi}{12} \cdot 3y^2(t)y'(t) = \frac{\pi}{4}y^2(t)y'(t).$$

(5) 求值 (代入 (2) 中的数值信息).

$$9 = V'(t)|_{y(t)=6} = \frac{\pi}{4}6^2 y'(t), \quad \text{解得} \quad y'(t) = \frac{1}{\pi} \approx 0.32\text{尺/分},$$

所以, 水箱内水深 6 尺时, 水位升高速度大约是 0.32 尺/分. □

例 5.25 假定立方体冰块在融化过程中立方体的形状不变, 一小时后冰融化了 $\frac{1}{4}$ 体积, 问融化立方体冰块要花多少时间?

解 (1) 设变量. 设融化过程中立方体的边长为 $s(t)$, 体积为 $V(t) = s^3(t)$.

(2) 用数学符号表示数值信息、求解的问题.

由题设: $V(1) = \frac{3}{4}V_0$. 求: 使 $V(t) = 0$ 的时刻 t 值.

(3) 写出变量联系的方程 (**利用物理定律**).

冰块体积的衰减率和其表面积成正比:

$$-\frac{\mathrm{d}}{\mathrm{d}t}V(t) = k(6s^2(t)), \quad k > 0.$$

k 依赖周围空气的相对湿度、空气温度、阳光等因素, 可假定是常数.

(4) 求解.

① 求 t 时刻的冰块边长. 设 s_0 为冰块初始边长.

$$V'(s) = 3s^2(t)s'(t) = -6ks^2(t),$$

所以

$$s'(t) = -2k, \quad \text{从而} \quad s(t) = s_0 - 2kt.$$

② 设 T 时刻冰块融化完, 此时边长衰减到 0. 所以

$$0 = s(T) = s_0 - 2kT, \quad \text{从而} \quad T = \frac{s_0}{2k}.$$

在 $t = 1$ 时, 冰块融化了 $\frac{1}{4}$. 所以

$$s^3(1) = V(1) = \frac{3}{4}s_0^3, \quad \text{从而} \quad s(1) = \left(\frac{3}{4}\right)^{\frac{1}{3}}s_0.$$

利用 (1) 中的 $s(t) = s_0 - 2kt$, 可以知道

$$\left(\frac{3}{4}\right)^{\frac{1}{3}} s_0 = s_0 - 2k, \quad 从而 \quad T = \frac{s_0}{2k} = \frac{1}{1 - \left(\frac{3}{4}\right)^{\frac{1}{3}}} = \frac{1}{1 - 0.91} \approx 11 小时. \qquad \Box$$

习　题

1. 求下列参数方程所确定的导函数 $\dfrac{\mathrm{d}y}{\mathrm{d}x}$:

(1) $\begin{cases} x = \cos^4 t, \\ y = \sin^4 t, \end{cases} t \in [\alpha, \beta].$
　　　　　　(2) $\begin{cases} x = \dfrac{t}{1+t}, \\ y = \dfrac{1-t}{1+t}, \end{cases} t \in [\alpha, \beta].$

2. 设曲线方程 $\begin{cases} x = 1 - t^2, \\ y = t - t^2, \end{cases} t \in \mathbb{R}.$ 求曲线在 $t = 1, \dfrac{\sqrt{2}}{2}$ 点的切线方程和法线方程.

3. 求心形线 $r = a(1 + \cos\theta)(a > 0)$ 的切线与切点向径之间的夹角.

4. 证明: 圆 $r = 2a\sin\theta(a > 0)$ 上任一点的切线与向径的夹角等于向径的极角.

5. 沿坐标直线运动的质点在时刻 $t \geqslant 0$ 的位置为 $s = 10\cos\left(t + \dfrac{\pi}{4}\right)$. 研究下列问题:

(1) 求质点的起始 $t = 0$ 的位置.

(2) 求质点达到离原点往左、右的最远位置.

(3) 求 (2) 位置处的速度和加速度.

(4) 何时质点第一次到达原点, 此时速度、速率、加速度是多少?

6. 直径为 30 米的球型热气球, 在气球底部以下 8 米处用与气球相切的缆绳悬吊一个吊篮, 两根缆绳把吊篮的顶边和切点 $(-12, -9), (12, -9)$ 连接起来, 吊篮的宽应为多少 (图 5.9)?

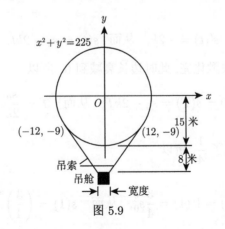

图 5.9

5.4 高阶导数

5.4.1 高阶导数及运算

定义 5.8 (高阶导数) (1) $f'(x)$ 的导函数称为 $f(x)$ 的 2 阶导函数, 记作 $f''(x)$, 或 $f^{(2)}(x)$.

(2) $f^{(n)}(x)$ 的导函数称为 $f(x)$ 的 $n+1$ 阶导函数, 记作 $f^{(n+1)}(x)$.

$y = f(x)$ 的 n 阶导数也常记作 $\dfrac{\mathrm{d}^n y}{\mathrm{d}x^n}$.

5.4.1.1 基本初等函数的高阶导数

$$(a^x)' = a^x \ln a, \qquad (a^x)^{(n)} = a^x \ln^n a ;$$

$$\left(\frac{1}{x+1} \right)' = -\frac{1}{(x+1)^2}, \qquad \left(\frac{1}{x+1} \right)^{(n)} = (-1)^n \frac{n!}{(x+1)^{n+1}} ;$$

$$(\ln(x+1))' = \frac{1}{x+1}, \qquad (\ln(x+1))^{(n)} = (-1)^{n-1} \frac{(n-1)!}{(x+1)^n} ;$$

$$(\sin x)' = \cos x = \sin\left(x + \frac{\pi}{2} \right), \qquad (\sin x)^{(n)} = \sin\left(x + \frac{n\pi}{2} \right) ;$$

$$(\cos x)' = -\sin x = \cos\left(x + \frac{\pi}{2} \right), \qquad (\cos x)^{(n)} = \cos\left(x + \frac{n\pi}{2} \right).$$

5.4.1.2 高阶导数运算

设 f, g 都具有 n 阶导数, 则

- 线性组合: $\forall\, \alpha, \beta \in \mathbb{R}$,

$$\left[\alpha f(x) + \beta g(x) \right]^{(n)} = \alpha f^{(n)}(x) + \beta g^{(n)}(x) .$$

- 莱布尼茨公式:

$$\left[f(x)g(x) \right]^{(n)} = \sum_{k=0}^{n} \mathrm{C}_n^k f^{(k)}(x) g^{(n-k)}(x).$$

证明 用数学归纳法. 当 $n = 1$ 时, 有

$$\left[f(x)g(x) \right]' = f'(x)g(x) + f(x)g'(x) .$$

假设 $n = m$ 时结论成立, 则当 $n = m+1$ 时,

$$\left[f(x)g(x) \right]^{(m+1)}$$

$$= \left[\left(f(x)g(x) \right)^{(m)} \right]'$$

$$= \left[\sum_{k=0}^{m} C_m^k f^{(k)}(x) g^{(m-k)}(x) \right]'$$

$$= \sum_{k=0}^{m} C_m^k \left[f^{(k+1)}(x) g^{(m-k)}(x) + f^{(k)}(x) g^{(m+1-k)}(x) \right]$$

$$= f^{(m+1)}(x)g(x) + \sum_{k=0}^{m-1} C_m^k f^{(k+1)}(x) g^{(m-k)}(x) + \sum_{k=0}^{m} C_m^k f^{(k)}(x) g^{(m+1-k)}(x)$$

$$= f^{(m+1)}(x)g(x) + \sum_{k=0}^{m-1} C_m^k f^{(k+1)}(x) g^{(m-k)}(x) + \sum_{k=1}^{m} C_m^k f^{(k)}(x) g^{(m+1-k)}(x)$$
$$+ f(x) g^{(m+1)}(x)$$

$$= f^{(m+1)}(x)g(x) + \sum_{k=0}^{m-1} C_m^k f^{(k+1)}(x) g^{(m-k)}(x) + \sum_{k=0}^{m-1} C_m^{k+1} f^{(k+1)}(x) g^{(m-k)}(x)$$
$$+ f(x) g^{(m+1)}(x)$$

$$= f^{(m+1)}(x)g(x) + \sum_{k=0}^{m-1} \left(C_m^k + C_m^{k+1} \right) f^{(k+1)}(x) g^{(m-k)}(x) + f(x) g^{(m+1)}(x)$$

$$= f^{(m+1)}(x)g(x) + \sum_{k=0}^{m-1} C_{m+1}^{k+1} f^{(k+1)}(x) g^{(m+1-(k+1))}(x) + f(x) g^{(m+1)}(x)$$

$$= f^{(m+1)}(x)g(x) + \sum_{k=1}^{m} C_{m+1}^{k} f^{(k)}(x) g^{(m+1-k)}(x) + f(x) g^{(m+1)}(x)$$

$$= \sum_{k=0}^{m+1} C_{m+1}^{k} f^{(k)}(x) g^{(m+1-k)}(x) .$$

从而结论对任意 n 成立.　　　　　　　　　　　□

例 5.26　设 $y = x^2 \sin x$，求 $y^{(n)}$ $(n \geqslant 2)$.

解

$$y^{(n)} = \sum_{k=0}^{n} C_n^k \left(x^2 \right)^{(k)} (\sin x)^{(n-k)} = \sum_{k=0}^{2} C_n^k \left(x^2 \right)^{(k)} (\sin x)^{(n-k)}$$

$$= x^2 \sin \left(x + \frac{n\pi}{2} \right) + 2nx \sin \left(x + \frac{(n-1)\pi}{2} \right)$$

$$+n(n-1)\sin\left(x+\frac{(n-2)\pi}{2}\right).$$

□

例 5.27 设 $y=\dfrac{x}{1+x^2}$, 求 $y^{(n)}$ 满足的递推关系.

解 显然函数满足如下方程: $y(1+x^2)=x$.

当 $n=0$ 时, $y=\dfrac{x}{1+x^2}$.

当 $n=1$ 时, $y'=\dfrac{1-x^2}{(1+x^2)^2}$.

当 $n\geqslant 2$ 时, $[y(1+x^2)]^{(n)}=0$. 由莱布尼茨公式可得

$$(1+x^2)y^{(n)}+2nxy^{(n-1)}+n(n-1)y^{(n-2)}=0.$$

所以

$$y^{(n)}=-\frac{2nx}{1+x^2}y^{(n-1)}-\frac{n(n-1)}{1+x^2}y^{(n-2)}.$$

□

例 5.28 证明 $\displaystyle\sum_{k=0}^{n}\mathrm{C}_n^k\sin\left(x+k\frac{\pi}{2}\right)=(\sqrt{2})^n\sin\left(x+n\frac{\pi}{4}\right)$.

解 设 $y=e^x\sin x$, $f(x)=\sin x$, $g(x)=e^x$.

一方面: 由莱布尼茨公式,

$$y^{(n)}=\sum_{k=0}^{n}\mathrm{C}_n^k f^{(k)}(x)g^{(n-k)}(x)=\sum_{k=0}^{n}\mathrm{C}_n^k\sin\left(x+k\frac{\pi}{2}\right)e^x.$$

另一方面:

$$y'=e^x\sin x+e^x\cos x=\sqrt{2}e^x\sin\left(x+\frac{\pi}{4}\right),$$

$$y''=\sqrt{2}e^x\left[\sin\left(x+\frac{\pi}{4}\right)+\cos\left(x+\frac{\pi}{4}\right)\right]=(\sqrt{2})^2e^x\sin\left(x+2\cdot\frac{\pi}{4}\right).$$

利用数学归纳法, 可证

$$y^{(n)}=(\sqrt{2})^n e^x\sin\left(x+n\frac{\pi}{4}\right).$$

比较上述两个等式即可得证.

□

5.4.2 求高阶导数技巧

5.4.2.1 有理分式的高阶导数

例 5.29 设 $f(x)=\dfrac{x^2-2}{x^2-x-2}$. 求 $f^{(n)}(x)$.

解　首先将分子多项式降阶, 然后将分母进行因式分解

$$f(x) = 1 + \frac{x}{x^2 - x - 2} = 1 + \frac{\frac{2}{3}(x+1) + \frac{1}{3}(x-2)}{(x+1)(x-2)} = 1 + \frac{2}{3}\frac{1}{x-2} + \frac{1}{3}\frac{1}{x+1} .$$

从而

$$f^{(n)}(x) = \frac{2}{3}\left(\frac{1}{x-2}\right)^{(n)} + \frac{1}{3}\left(\frac{1}{x+1}\right)^{(n)} = \frac{2}{3}\frac{(-1)^n n!}{(x-2)^{n+1}} + \frac{1}{3}\frac{(-1)^n n!}{(x+1)^{n+1}} . \qquad \square$$

　　求有理分式的高阶导数, 可先将其化成整式和真分式和的形式. 设 $f(x) = \dfrac{p_m(x)}{p_n(x)}$ (不妨设 $m \geqslant n$). 求 $f^{(N)}(x)$.

　　一般地, 我们有因式分解

$$p_n(x) = \beta_0(x + \alpha_1)(x + \alpha_2)\cdots(x + \alpha_n), \quad \alpha_i \in \mathbb{C}, \ \beta_0 \in \mathbb{R}.$$

从而可以将 $f(x)$ 分解成最简分式之和

$$\begin{aligned}
f(x) &= g(x) + \frac{p_{n-1}(x)}{(x+\alpha_1)(x+\alpha_2)\cdots(x+\alpha_n)} \\
&= g(x) + \frac{p_{n-2}(x) + (x+\alpha_1)q_{n-2}}{(x+\alpha_1)(x+\alpha_2)\cdots(x+\alpha_n)} \\
&= g(x) + \frac{p_{n-2}(x)}{(x+\alpha_1)(x+\alpha_2)\cdots(x+\alpha_n)} + \frac{q_{n-2}}{(x+\alpha_2)(x+\alpha_3)\cdots(x+\alpha_n)} \\
&= \cdots \\
&= g(x) + \frac{\beta_1}{(x+\alpha_1)(x+\alpha_2)\cdots(x+\alpha_n)} + \frac{\beta_2}{(x+\alpha_2)(x+\alpha_3)\cdots(x+\alpha_n)} \\
&\quad + \cdots + \frac{\beta_n}{x+\alpha_n} .
\end{aligned}$$

其中 $g(x)$ 为 $m - n$ 次多项式. 进一步

$$\begin{aligned}
&\frac{1}{(x+\alpha_1)(x+\alpha_2)\cdots(x+\alpha_n)} \\
&= \frac{1}{\alpha_1 - \alpha_2} \cdot \frac{(x+\alpha_1) - (x+\alpha_2)}{(x+\alpha_1)(x+\alpha_2)\cdots(x+\alpha_n)} \\
&= \frac{1}{\alpha_1 - \alpha_2} \cdot \left[\frac{1}{(x+\alpha_2)(x+\alpha_3)\cdots(x+\alpha_n)} - \frac{1}{(x+\alpha_1)(x+\alpha_3)\cdots(x+\alpha_n)}\right]
\end{aligned}$$

$$= \sum_{k=1}^{n} \frac{\gamma_k}{x + \alpha_k} .$$

最后我们可以得到 $f(x)$ 的最简分式分解

$$f(x) = g(x) + \sum_{k=1}^{n} \frac{\eta_k}{x + \alpha_k}, \quad \alpha_k, \eta_k \in \mathbb{C} .$$

求高阶导数可得

$$f^{(N)}(x) = g^{(N)}(x) + \sum_{k=1}^{n} \eta_k \left(\frac{1}{x + \alpha_k} \right)^{(N)} = g^{(N)}(x) + (-1)^N N! \sum_{k=1}^{n} \frac{\eta_k}{(x + \alpha_k)^{N+1}} .$$

上式中虽然右端出现了复数 α_k, η_k, 但所有项求和之后仍然是实数.

5.4.2.2 隐函数的高阶求导

例 5.30 设函数 $y = y(x)$ 由 $e^y = xy$ 确定. 求 $\dfrac{\mathrm{d}^2 y}{\mathrm{d}x^2}$.

解 对方程两端关于 x 求导, 可得

$$e^y \cdot y' = y + x \cdot y' \implies y' = \frac{y}{e^y - x} .$$

所以

$$y'' = \frac{\mathrm{d}y'}{\mathrm{d}x} = \frac{y'(e^y - x) - y(e^y - x)'}{(e^y - x)^2} = \frac{y'(e^y - x) - (e^y y' - 1)y}{(e^y - x)^2}$$

$$= \frac{\dfrac{y}{e^y - x}(e^y - x) - \left(\dfrac{y e^y}{e^y - x} - 1 \right) y}{(e^y - x)^2} = \frac{e^y(2y - y^2) - 2xy}{(e^y - x)^3} . \qquad \square$$

5.4.2.3 参数函数的高阶求导

设函数 $y = y(x)$ 由参数方程: $\begin{cases} x = \phi(t), \\ y = \psi(t), \end{cases}$ $t \in I$ 确定, 则

$$\frac{\mathrm{d}y}{\mathrm{d}x} = \frac{\mathrm{d}y}{\mathrm{d}t} \frac{1}{\phi'(t)} = \frac{\psi'(t)}{\phi'(t)},$$

$$\frac{\mathrm{d}^n y}{\mathrm{d}x^n} = \frac{\mathrm{d}}{\mathrm{d}x} \left(\frac{\mathrm{d}^{n-1} y}{\mathrm{d}x^{n-1}} \right) = \frac{\mathrm{d}}{\mathrm{d}t} \left(\frac{\mathrm{d}^{n-1} y}{\mathrm{d}x^{n-1}} \right) \frac{1}{\phi'(t)}, \quad n > 1 .$$

这里把 $\dfrac{\mathrm{d}^{n-1} y}{\mathrm{d}x^{n-1}}$ 看成是关于 t 的函数, 类似上面的函数 $\psi'(t)$, 再利用参数方程求一阶导数的公式.

证明   下面只证明第一个等式, 第二个证明类似.

把 y 看成是关于 x 的函数 $y(x)$, 对复合函数 $y(x(t))$ 求微分, 则

$$\frac{\mathrm{d}y(x(t))}{\mathrm{d}t} = \frac{\mathrm{d}y(x(t))}{\mathrm{d}x}\frac{\mathrm{d}x(t)}{\mathrm{d}t} = \frac{\mathrm{d}y(x)}{\mathrm{d}x}\phi'(t),$$

所以

$$\frac{\mathrm{d}y}{\mathrm{d}x} = \frac{\mathrm{d}y}{\mathrm{d}t}\frac{1}{\phi'(t)} = \frac{\psi'(t)}{\phi'(t)}. \qquad \square$$

例 5.31   设函数 $y = y(x)$ 由参数方程:

$$\begin{cases} x = a\cos^3 t, \\ y = a\sin^3 t, \end{cases} \qquad t \in \mathbb{R}$$

确定. 求 $\dfrac{\mathrm{d}^2 y}{\mathrm{d}x^2}$.

解

$$\begin{cases} x'(t) = -3a\cos^2 t \sin t, \\ y'(t) = 3a\sin^2 t \cos t \end{cases} \qquad \Longrightarrow \qquad \frac{\mathrm{d}y}{\mathrm{d}x} = -\frac{\sin t}{\cos t} = -\tan t \,.$$

所以

$$\frac{\mathrm{d}^2 y}{\mathrm{d}x^2} = \frac{\mathrm{d}}{\mathrm{d}t}\left(\frac{\mathrm{d}y}{\mathrm{d}x}\right)\frac{1}{x'(t)} = \frac{-\sec^2 t}{-3a\cos^2 t \sin t} = \frac{\sec^4 t \csc t}{3a}. \qquad \square$$

习   题

1. 求下列函数在指定点的高阶导数

(1) $f(x) = 3x^3 + 4x^2 - 5x - 9$, 求 $f^{(2)}(1)$, $f^{(3)}(1)$, $f^{(4)}(1)$.

(2) $f(x) = \dfrac{x}{\sqrt{1+x^2}}$, 求 $f^{(2)}(0)$, $f^{(2)}(1)$, $f^{(2)}(-1)$.

(3) $f(x) = x^x$, 求 $f'(x)$, $f^{(2)}(x)$, $f^{(3)}(x)$.

(4) $f(x) = e^{-x^2}$, 求 $f'(x)$, $f^{(2)}(x)$, $f^{(3)}(x)$.

2. 求下列函数的 n 阶导函数

(1) $y = \ln x$. $\qquad\qquad\qquad\qquad$ (2) $y = a^x, a > 0$.

(3) $y = \dfrac{1}{(1+x)(2+3x)}$. $\qquad\quad$ (4) $y = \dfrac{x^2 + x + 1}{x^2 - 5x + 6}$.

3. 求下列函数的 n 阶导函数

(1) $y = \sin^6(x) + \cos^6(x)$. $\qquad$ (2) $y = \sin ax \cos bx, \ a, b \in \mathbb{R}$.

(3) $y = e^{ax}\sin bx, \ a, b \in \mathbb{R}$. $\qquad$ (4) $y = x^{n-1}e^{\frac{1}{x}}, \ n \in \mathbb{N}$.

4. 求下列参数方程所确定的函数的二阶导函数

(1) $x = a\cos^3 t, y = a\sin^3 t$.　　　　　　　(2) $x = e^t \cos t, y = e^t \sin t$.

5. 设 $y = \arctan x$.

(1) 证明它满足方程: $(1 + x^2)y'' + 2xy' = 0$.

(2) 求 $y^{(n)}|_{x=0}$.

6. 证明函数

$$f(x) = \begin{cases} e^{-\frac{1}{x^2}}, & x \neq 0, \\ 0, & x = 0 \end{cases}$$

在 $x = 0$ 处 n 阶可导且 $f^{(n)}(0) = 0$, 其中 $n \in \mathbb{N}^*$.

5.5　微　　分

5.5.1　微分概念和运算

若函数 $f(x)$ 在点 x_0 处可导, 由导数定义可知

$$f(x) - f(x_0) = f'(x_0)(x - x_0) + o(x - x_0).$$

函数曲线在点 x_0 处的切线方程为

$$y - f(x_0) = f'(x_0)(x - x_0).$$

记 $\Delta x = x - x_0$, $\Delta f(x_0) = f(x) - f(x_0)$. 则有下面事实:

(1) $\Delta f(x_0)$ 是 $f(x)$ 在点 x_0 处沿曲线的增量;

(2) $y - f(x_0)$ 是 $f(x)$ 在点 x_0 处沿切线的增量;

(3) 二者的差是 $o(\Delta x)$.

从增量的观点可以定义函数的微分, 一元函数的微分与导数等价, 多元函数的微分与偏导数相关, 见多元函数微分学.

定义 5.9 (微分)　设函数 $y = f(x)$ 在某邻域 $U(x_0)$ 内有定义, Δx 是自变量在 x_0 处的增量, 若存在一个与 Δx 无关的常数 a, 使得

$$\Delta f(x_0) = a\Delta x + o(\Delta x).$$

则称 $f(x)$ 在点 x_0 **可微**. $\mathrm{d}f(x_0) := a\Delta x$ 称为 $f(x)$ 在点 x_0 的**微分**, 常数 a 称为**微分系数**.

注 5.10　对于线性函数 $f = \alpha x + \beta$, 则有

$$\mathrm{d}f(x) = \Delta f(x) = [\alpha(x + \Delta x) + \beta] - (\alpha x + \beta) = \alpha\Delta x.$$

若 $\alpha = 1$, 得到 $\Delta x = \mathrm{d}x$, 由此得到微分的一个常用记法: $\mathrm{d}f(x) = \alpha\,\mathrm{d}x$.

定理 5.7   函数 $y = f(x)$ 在点 x_0 可微的充分必要条件是 $f(x)$ 在点 x_0 可导. 此时 $a = f'(x_0)$.

证明   必要性: 设函数 $f(x)$ 在点 x_0 可微, 并且 $\mathrm{d}f(x_0) = a\Delta x$, a 是 $f(x)$ 在点 x_0 的微分系数. 则按照定义

$$\frac{\Delta y}{\Delta x} = \frac{a\Delta x + o(\Delta x)}{\Delta x}.$$

从而

$$f'(x_0) = \lim_{\Delta x \to 0} \frac{\Delta y}{\Delta x} = a.$$

充分性: 假设函数 $f(x)$ 在点 x_0 可导, 则

$$\lim_{\Delta x \to 0} \frac{f(x_0 + \Delta x) - f(x_0) - f'(x_0)\Delta x}{\Delta x} = 0.$$

由极限的性质可知

$$f(x_0 + \Delta x) - f(x_0) - f'(x_0)\Delta x = o(\Delta x).$$

即

$$\Delta f(x_0) = f'(x_0)\Delta x + o(\Delta x).$$

故 $f(x)$ 在点 x_0 可微, 并且 $f'(x_0)$ 是 $f(x)$ 在点 x_0 的微分系数. 如图 5.10 所示.   □

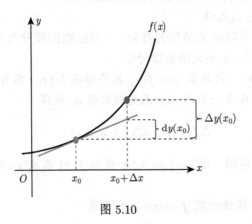

图 5.10

定理 5.8 (微分的四则运算)   设 $f(x)$, $g(x)$ 是可微函数. 则

$$\mathrm{d}(\alpha f + \beta g) = \alpha\,\mathrm{d}f + \beta\,\mathrm{d}g, \quad \forall\,\alpha, \beta \in \mathbb{R},$$

$$\mathrm{d}(fg) = f\,\mathrm{d}g + g\,\mathrm{d}f,$$

$$\mathrm{d}\left(\frac{f}{g}\right) = \frac{g\,\mathrm{d}f - f\,\mathrm{d}g}{g^2}.$$

证明

$$\mathrm{d}(\alpha f + \beta g) = (\alpha f + \beta g)'\Delta x = (\alpha f' + \beta g')\Delta x = \alpha f'\Delta x + \beta g'\Delta x = \alpha\,\mathrm{d}f + \beta\,\mathrm{d}g,$$

$$\mathrm{d}(fg) = (fg)'\Delta x = (f'g + fg')\Delta x = gf'\Delta x + fg'\Delta x = g\,\mathrm{d}f + f\,\mathrm{d}g,$$

$$\mathrm{d}\left(\frac{f}{g}\right) = \left(\frac{f}{g}\right)'\Delta x = \frac{gf' - fg'}{g^2}\Delta x = \frac{gf'\Delta x - fg'\Delta x}{g^2} = \frac{g\,\mathrm{d}f - f\,\mathrm{d}g}{g^2}. \qquad \square$$

例 5.32 设 $y = e^{-ax}\sin(bx)$. 求 $\mathrm{d}y$.

解

$$\begin{aligned}
\mathrm{d}y &= \mathrm{d}\left[e^{-ax}\sin(bx)\right] \\
&= \sin(bx)\,\mathrm{d}e^{-ax} + e^{-ax}\,\mathrm{d}\sin(bx) \\
&= -a\sin(bx)e^{-ax}\,\mathrm{d}x + be^{-ax}\cos(bx)\,\mathrm{d}x \\
&= e^{-ax}\left[b\cos(bx) - a\sin(bx)\right]\,\mathrm{d}x.
\end{aligned} \qquad \square$$

定理 5.9 （复合函数的微分） 设 $f(u)$ 和 $u(x)$ 均可微, 则 $\mathrm{d}f(u(x)) = f'(u(x))u'(x)\,\mathrm{d}x$.

证明 根据微分的定义和复合函数求导法则, 有

$$\mathrm{d}[f(u(x))] = [f(u(x))]'\Delta x = f'(u(x))u'(x)\,\mathrm{d}x. \qquad \square$$

由于 $\mathrm{d}u(x) = u'(x)\,\mathrm{d}x$, 定理 5.9 可以表示为: $\mathrm{d}f(u(x)) = f'(u(x))\,\mathrm{d}u(x)$, 简记为: $\mathrm{d}f(u) = f'(u)\,\mathrm{d}u$. 即: 可以先将 f 看成自变量 u 的函数, 再把 u 看成自变量 x 函数, 与函数 $u(x) = x$ 时的微分表达形式一致, 这种性质称为**微分的形式不变性**.

例 5.33 设 $y = \arctan\dfrac{f(x)}{g(x)}$, 求 $\mathrm{d}y$.

解 方法一: 令 $u(x) = \dfrac{f(x)}{g(x)}$. 则

$$\mathrm{d}y = \frac{1}{1 + u^2(x)}\,\mathrm{d}u(x) = \frac{g^2}{f^2 + g^2}\cdot\frac{f'g - fg'}{g^2}\,\mathrm{d}x = \frac{f'g - fg'}{f^2 + g^2}\,\mathrm{d}x.$$

方法二:

$$\mathrm{d}y = \left[\arctan\frac{f(x)}{g(x)}\right]'\mathrm{d}x = \frac{f'(x)g(x) - g'(x)f(x)}{1 + \left(\dfrac{f(x)}{g(x)}\right)^2}\frac{1}{g^2(x)}\,\mathrm{d}x = \frac{f'g - fg'}{f^2 + g^2}\,\mathrm{d}x. \quad \square$$

5.5.2　应用于近似计算

微分可以应用于近似计算, 但没有提供误差的大小. 要在给定误差的范围内得到近似值, 需要泰勒公式.

例 5.34　利用微分求 $\sqrt{1.02}$ 的近似值. (用 MATLAB 的计算结果是 1.00995049)

解　令 $f(x) = \sqrt{x}$, $x_0 = 1$, $\Delta x = 0.02$. 则

$$f'(x_0) = \left. \frac{1}{2\sqrt{x_0}} \right|_{x_0=1} = \frac{1}{2},$$

$$f(1.02) = f(x_0 + \Delta x) = f(x_0) + f'(x_0)\Delta x + o(\Delta x) \approx 1 + \frac{1}{2} \times 0.02 = 1.01. \quad \square$$

例 5.35　求 $\sin 33°$ 的近似值. (用 MATLAB 的计算结果是 0.54463903.)

解

$$\sin 33° = \sin \left(\frac{\pi}{6} + \frac{\pi}{60} \right) \approx \frac{1}{2} + \frac{\sqrt{3}}{2} \cdot \frac{\pi}{60} \approx 0.545. \quad \square$$

例 5.36　设钟摆的周期是1s, 在冬季摆长至多缩短 0.01cm. 试问此时钟每天之多快几秒?

解　由物理学知道, 单摆周期 T 与摆长 l 的关系为: $T = 2\pi \sqrt{\dfrac{l}{g}}$. 已知钟摆的周期是1s, 故摆长为 $l_0 = \dfrac{g}{(2\pi)^2}$. 当摆长至多缩短 0.01cm 时, 摆长的增量 $\Delta l = -0.01$, 它引起单摆周期的增量

$$\Delta T(l_0) = \left. \frac{dT}{dl} \right|_{l=l_0} \cdot \Delta l + o(\Delta l) \approx \frac{\pi}{\sqrt{g}} \cdot \frac{1}{\sqrt{l_0}} \Delta l$$

$$= \frac{2\pi^2}{g} \Delta l = \frac{2\pi}{980} (-0.01) \approx -0.0002(\text{s}).$$

因此, 钟加快0.0002s, 每天大约快 $60 \times 60 \times 24 \times 0.0002 = 17.28$s. 　　$\square$

例 5.37　计算 $(1+x)^\alpha, \alpha \in \mathbb{R}$, 在原点的近似值.

解

$$(1+x)^\alpha = 1 + ((1+x)^\alpha)' |_{x=0} x + o(x) = 1 + \alpha x + o(x). \quad \square$$

特别地, 在 $x = 0$ 点附近,

$$\sqrt{1+x} \approx 1 + \frac{1}{2}x; \qquad \frac{1}{\sqrt{1-x^2}} \approx 1 + \frac{1}{2}x^2; \qquad \sqrt[3]{1+5x^4} \approx 1 + \frac{5}{3}x^4.$$

例 5.38 (质能转换) 牛顿 (Newton) 第二运动定律

$$F = \frac{\mathrm{d}}{\mathrm{d}t}(mv) = m\frac{\mathrm{d}v}{\mathrm{d}t} = ma$$

是在假定质量为常数的情形. 此公式对低速运动物体是正确的, 但对高速运动物体是不对的. 高速运动物体的质量 m 会随其速度 v 的增加而增加. 在爱因斯坦 (Einstein) 修正的公式中, 物体质量为

$$m = \frac{m_0}{\sqrt{1 - \dfrac{v^2}{c^2}}}, \quad m_0 \text{ 是静止质量}, \quad c \text{ 是光速}.$$

试估计速度 v 增加后, 质量的增长.

解 当 v 相比 c 很小时, $\dfrac{v^2}{c^2}$ 很小, 可以利用一阶微分近似计算. 利用例 5.37,

$$\frac{1}{\sqrt{1 - x^2}} = 1 + \frac{1}{2}x^2 + o(x)$$

记 $x = \dfrac{v^2}{c^2}$. 速度为 v 时, 质量为

$$m = \frac{m_0}{\sqrt{1 - \dfrac{v^2}{c^2}}} = m_0\left[1 + \frac{1}{2}\frac{v^2}{c^2}\right] + o\left(\Delta\left(\frac{v^2}{c^2}\right)\right) \approx m_0\left[1 + \frac{1}{2}\frac{v^2}{c^2}\right].$$

物理解释 在牛顿物理学中, $\dfrac{1}{2}m_0v^2$ 是物体的动能 (KE). 上面的式子可以改写成

$$(\Delta m)c^2 = (m - m_0)c^2 \approx \frac{1}{2}m_0v^2 = \frac{1}{2}m_0v^2 - \frac{1}{2}m_0(0)^2 = \Delta\mathrm{KE}.$$

即: 从速度 0 到速度 v 的动能变化 $\Delta(\mathrm{KE})$ 近似等于 $(\Delta m)c^2$. 这说明小的质量变化能产生大的能量变化. 例如, 释放一克质量相当于爆炸一颗 2 万吨级的原子弹.

□

5.5.3 高阶微分

定义 5.11 函数 f 的二阶微分定义为: $\mathrm{d}^2 f(x) = f''(x)(\mathrm{d}x)^2$. 一般地, n 阶微分定义为: $\mathrm{d}^n y = f^{(n)}(x)(\mathrm{d}x)^n$. 记 $(\mathrm{d}x)^n = \mathrm{d}x^n$, 则 $\mathrm{d}^n f = f^{(n)}(x)\,\mathrm{d}x^n$.

考虑复合函数的二阶微分. 设 $y = f(u), u = u(x)$. 由于 $\mathrm{d}^2 u = u''(x)\,\mathrm{d}x^2$,

$$\mathrm{d}^2 y = (f(u(x)))''\,\mathrm{d}x^2$$

$$= [f'(u(x))u'(x)]' \, dx^2$$

$$= f''(u(x))[u'(x)]^2 \, dx^2 + f'(u(x))u''(x) \, dx^2$$

$$= f''(u(x))[u'(x)]^2 (\, dx)^2 + f'(u(x))u''(x) \, dx^2$$

$$= f''(u(x))[u'(x)(\, dx)]^2 + f'(u(x))u''(x) \, dx^2$$

$$= f''(u)[\, du]^2 + f'(u) \, d^2u$$

$$= f''(u) \, du^2 + f'(u) \, d^2u.$$

这里多出了项 $f'(u) \, d^2u$, 所以**复合函数的二阶微分不具有微分形式不变性**.

例 5.39   设 $y = f(x) = \sin x, x = \psi(t) = t^2$. 求 d^2y.

解   方法一: $d^2y = f''(t) \, dt^2 = [\sin t^2]'' \, dt^2 = [2\cos t^2 - 4t^2 \sin t^2] \, dt^2$.

方法二:

$$d^2y = f''(x)dx^2 + f'(x) \, d^2x$$

$$= -\sin x \, dx^2 + \cos x \, d^2x$$

$$= -\sin t^2 \cdot (2t)^2 \, dt^2 + 2\cos t^2 \cdot \, dt^2$$

$$= [2\cos t^2 - 4t^2 \sin t^2] \, dt^2. \qquad \square$$

基本微分公式

(1) $dc = 0$,

(2) $d\sin x = \cos x dx$, $d\cos x = -\sin x \, dx$;

(3) $de^x = e^x dx$, $da^x = \ln a \cdot a^x \, dx (a > 0)$;

(4) $d\ln x = \dfrac{dx}{x}$, $d\log_a x = \dfrac{1}{\ln a} \cdot \dfrac{dx}{x}$;

(5) $dx^p = px^{p-1} \, dx$;

(6) $d\tan x = \sec^2 x dx$, $d\cot x = -\csc^2 x dx$;

(7) $d\sec x = \tan x \sec x \, dx$, $d\csc x = -\cot x \csc x dx$;

(8) $d\arcsin x = \dfrac{dx}{\sqrt{1-x^2}}$, $d\arccos x = -\dfrac{dx}{\sqrt{1-x^2}}$;

(9) $d\arctan x = \dfrac{dx}{1+x^2}$, $d\text{arccot}\, x = -\dfrac{dx}{1+x^2}$.

习   题

1. 若 $x = 1, \Delta = 0.1, 0.01$, 问对于 $y = x^2$, dy 与 Δy 之差是多少?

2. 求下列函数的微分:

(1) $y = x + 2x^2 - \dfrac{1}{3}x^3 + x^4$.   (2) $y = x\ln x - x$.

(3) $y = x^2 \cos 2x$.   (4) $y = e^{ax} \sin bx$.

3. 求下列函数的高阶微分:

(1) 设 $u(x) = \ln x$, $v(x) = e^x$, 求 $\mathrm{d}^3(u(x)v(x))$, $\mathrm{d}^3\left(\dfrac{u(x)}{v(x)}\right)$.

(2) 设 $u(x) = e^{\frac{x}{2}}$, $v(x) = \cos 2x$, 求 $\mathrm{d}^3(u(x)v(x))$, $\mathrm{d}^3\left(\dfrac{u(x)}{v(x)}\right)$.

4. 求下列函数的近似值:

(1) $\sqrt[3]{1.02}$.   (2) $\ln 2.7$.   (3) $\tan 45°10'$.   (4) $\sqrt{26}$.

第 6 章 微分中值定理及泰勒公式

微分中值定理是柯西建立的. 泰勒公式是英国牛顿学派代表人物之一的数学家泰勒 (Brook Taylor, 1685.8.18—1731.11.30) 在 1715 年出版的著作《正的和反的增量方法》书中陈述, 并由柯西严格化. 微分中值定理、泰勒公式可以用多项式函数逼近复杂的函数, 是研究函数极限和估计误差等方面不可或缺的数学工具. 泰勒公式在求极限、判断函数极值、求高阶导数在某点的数值、判断广义积分收敛性、近似计算、不等式证明等方面有重要应用, 是数学研究的有力工具.

6.1 微分中值定理

定义 6.1 (极值) 设函数 $f(x)$ 在点 x_0 的某邻域 $U(x_0, \delta_0)$ 有定义. 若存在 $\delta \in (0, \delta_0)$, 使得

$$f(x_0) \leqslant f(x) \, (f(x_0) \geqslant f(x)), \quad \forall\, x \in U(x_0, \delta).$$

则称 $f(x_0)$ 为函数 $f(x)$ 的极小 (大) 值, x_0 点称为极小 (大) 值点. 二者统称为**极值、极值点**.

注 6.2 极值是函数的 "局部" 性质, 形象地说是函数曲线变化的 "峰" 或 "谷". 函数在极值点两侧具有不同的单调性, 所以极值不一定是函数在定义域内的最大 (小) 值. 见图 6.1.

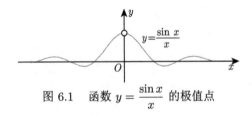

图 6.1 函数 $y = \dfrac{\sin x}{x}$ 的极值点

定理 6.1 (费马 (Fermat) 定理) 设函数 $f(x)$ 在 x_0 可导且取得极值, 则 $f'(x_0) = 0$.

证明 如图 6.2 所示, 不妨设 x_0 是函数 $f(x)$ 的极大值点. 则设函数 $f(x)$ 在点 x_0 的某邻域 $U(x_0, \delta_0)$ 有定义. 若存在 $\delta \in (0, \delta_0)$, 使得

$$f(x) \leqslant f(x_0), \quad \forall\, x \in U(x_0, \delta),$$

则

$$f'_-(x_0) := \lim_{x \to x_0^-} \frac{f(x) - f(x_0)}{x - x_0} \geqslant 0, \quad f'_+(x_0) := \lim_{x \to x_0^+} \frac{f(x) - f(x_0)}{x - x_0} \leqslant 0.$$

由函数的可导性

$$f'_-(x_0) = f'_+(x_0) \implies f'(x_0) = 0. \qquad \square$$

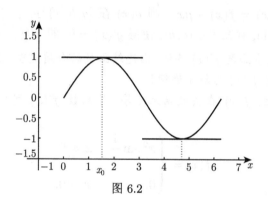

图 6.2

推论 6.2 设函数 $f(x)$ 在 $[a, b]$ 上连续, 若 $f(x)$ 满足下列两条件之一:

(1) 在 $[a, b]$ 内可导, $f'(a) \cdot f'(b) < 0$;

(2) 在 (a, b) 内可导, $f(a) = f(b)$,

则存在 $\xi \in (a, b)$ 使得 $f'(\xi) = 0$.

证明 记 $M = \max\limits_{x \in [a,b]} \{f(x)\} = f(\overline{\xi}), m = \min\limits_{x \in [a,b]} \{f(x)\} = f(\underline{\xi})$, $\overline{\xi}, \underline{\xi} \in [a, b]$. 下面证明, ξ 必是 $\overline{\xi}, \underline{\xi}$ 之一.

(1) (a) 若 $f'(a) > 0, f'(b) < 0$, 由极限的局部性质知 a, b 都不是最大值点, 所以 $\overline{\xi} \in (a, b)$;

(b) 若 $f'(a) < 0, f'(b) > 0$, 由极限的局部性质知 a, b 都不是最小值点, 所以 $\underline{\xi} \in (a, b)$, 由费马定理, $f'(\overline{\xi}) = 0$ 或 $f'(\underline{\xi}) = 0$.

(2) (a) 如果 $m = M$, 则 $f(x)$ 在区间 $[a, b]$ 上为常值函数, 所以 $f'(x) = 0, \forall x \in (a, b)$.

(b) 如果 $m < M$, 若 $f(a) = f(b) = M$, 则 $\underline{\xi} \in (a, b)$;

若 $f(a) = f(b) = m$, 则 $\overline{\xi} \in (a, b)$;

若 $m < f(a) = f(b) < M$, 则 $\underline{\xi}$, 或 $\overline{\xi} \in (a, b)$.

由于 (a, b) 内函数的最大、最小值是极值, 对 (b) 用费马定理, $f'(\underline{\xi}) = 0$ 或 $f'(\overline{\xi}) = 0$. $\qquad \square$

注 6.3 推论 6.2 的 (2) 称为**罗尔 (Rolle) 定理**.

定义 6.4　若 $f'(x_0) = 0$, 则称 x_0 是函数 $f(x)$ 的驻点.

明显地, 函数的极值点是驻点. 反之不然, 如 $f(x) = x^3, x \in [-1, 1], f'(0) = 0$. 确定函数 $f(x)$ 的驻点是否是极值点, 还需要判断导函数在驻点两侧的正负性质, 这将在第 7 章讨论.

推论 6.3 (达布定理, 导函数介值定理)　设函数 $f(x)$ 在 $[a, b]$ 可导, $f'(a) \neq f'(b)$. 则对介于 $f'(a), f'(b)$ 之间的任意实数 μ, 都存在 $\xi \in (a, b)$ 使得 $f'(\xi) = \mu$.

证明　设 $g(x) = f(x) - \mu x$. 则 $g(x)$ 在 $[a, b]$ 可导. 由于 $g'(a) \cdot g'(b) < 0$, 利用推论 6.2 的 (1), 存在 $\xi \in (a, b)$, 使得 $g'(x) = 0$, 即 $f'(\xi) = \mu$. 　□

注 6.5　如果导函数 $f'(x)$ 连续, 由连续函数的介质定理, 自然有推论 6.3. 但达布定理中导函数 $f'(x)$ 可能不连续!

例 6.1　函数 $f(x)$ 在实数轴上可导, 导函数 $f'(x)$ 可以有第二类间断点. 如函数

$$f(x) = \begin{cases} x^2 \sin \dfrac{1}{x}, & x \neq 0, \\ 0, & x = 0. \end{cases}$$

在 $x = 0$ 点,

$$\lim_{x \to 0} \frac{x^2 \sin \dfrac{1}{x} - 0}{x - 0} = 0 = f'(0).$$

在 $x \neq 0$ 点,

$$f'(x) = 2x \sin \frac{1}{x} - \cos \frac{1}{x}.$$

$$\lim_{x \to 0} f'(x) = \lim_{x \to 0} \left[2x \sin \frac{1}{x} - \cos \frac{1}{x} \right] \neq 0 = f'(0).$$

因为上述极限不存在.

定理 6.4 (拉格朗日 (Lagrange) 中值定理, 微分中值定理)　若 $[a, b]$ 上连续函数 $f(x)$ 在 (a, b) 可导, 则存在 $\xi \in (a, b)$ 使得

$$f'(\xi) = \frac{f(b) - f(a)}{b - a}.$$

证明　设

$$g(x) = f(x) - \mu(x - a), \quad \mu = \frac{f(b) - f(a)}{b - a}.$$

则

$$g(a) = f(a), \quad g(b) = f(b) - [f(b) - f(a)] = f(a) = g(a).$$

由推论 6.2 的 (2)(Rolle定理), 存在 $\xi \in (a,b)$, 使得 $g'(\xi) = 0$. 从而

$$f'(\xi) = \frac{f(b) - f(a)}{b - a}. \qquad \square$$

如图 6.3 所示.

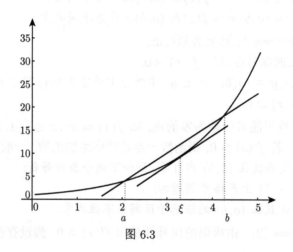

图 6.3

推论 6.5 设函数 $f(x)$ 在 (a,b) 上可导, 则 $f'(x)$ 在 (a,b) 内没有第一类间断点.

证明 假设 $x_0 \in (a,b)$ 是 $f'(x)$ 的第一类间断点. 设 $A = \lim\limits_{x \to x_0^+} f'(x), B = \lim\limits_{x \to x_0^-} f'(x)$, 由假设知道

$$A \neq B \quad \text{或} \quad A = B \neq f'(x_0).$$

由拉格朗日中值定理, 对 $x_0 < x$, 存在 $x_0 \leqslant \xi(x) \leqslant x$,

$$f'(x_0) = \lim_{x \to x_0^+} \frac{f(x) - f(x_0)}{x - x_0} = \lim_{x \to x_0^+} \frac{f'(\xi(x))(x - x_0)}{x - x_0}$$

$$= \lim_{x \to x_0^+} f'(\xi(x)) = \lim_{\xi(x) \to x_0^+} f'(\xi(x)) = A.$$

同理, $f'(x_0) = B$. 所以 $A = B = f'(x_0)$. 这与 x_0 是 $f'(x)$ 的第一类间断点矛盾!
$\qquad \square$

推论 6.6 设函数 $f(x)$ 在 (a,b) 上可导. 则 $f(x) = C \iff f'(x) = 0, x \in (a,b)$.

推论 6.6 是解常微分方程的基础. 如在例 5.25 冰块融化问题中, 由常微分方程 $s'(t) = -2k$, 利用推论 6.6, 可得到 $s(t) = -2kt + C$. 由于 $s_0 := s(0) = C$, 所以 $s(t) = -2kt + s_0$.

推论 6.7 设函数 $f(x)$ 在 (a,b) 上可导.

$f'(x) \geqslant 0, \ x \in (a,b) \iff f(x)$在 (a,b)上单调增加;

$f'(x) > 0, \ x \in (a,b) \implies f(x)$在 (a,b)上严格单调增加;

$f'(x) < 0, \ x \in (a,b) \implies f(x)$在 (a,b)上严格单调减少.

证明 只证 "$\iff$", 其余类似可证.

$\impliedby$: 由极限的保号性易知 $f'(x) \geqslant 0$.

$\implies$: 任取 $x, y \in (a,b), \ x < y$, 由微分中值定理知存在 $\xi \in (a,b), \ f(y) - f(x) = f'(\xi)(y-x) \geqslant 0$. $\qquad\square$

严格增加函数可能有导数为零的点, 如 $f(x) = x^3, x \in [-1,1], f'(0) = 0$. 但由推论 6.7 可知, 若 $f'(x) > 0$, 则函数一定是严格增加函数. 一般地,

命题 6.8 设函数在 (a,b) 内可导, 则如下两个条件等价:

(1) $f(x)$ 在 (a,b) 上严格单调增加;

(2) $f'(x) \geqslant 0$ 且在 (a,b) 的任意子区间上不恒为零.

证明 (1) $\implies$ (2) 由极限的保号性易知 $f'(x) \geqslant 0$. 假设存在 $(c,d) \subset (a,b)$, 使得

$$f'(x) = 0, \qquad \forall \, x \in (c,d).$$

由微分中值定理 (拉格朗日中值定理), $f(x)$ 在 (c,d) 上为常数. 与题设矛盾!

(2) $\implies$ (1) 因为 $f'(x) \geqslant 0$, 所以 $f(x)$ 在 (a,b) 上单调增加. 假设存在 $(c,d) \subset (a,b)$, 使得 $f(c) = f(d)$. 则 $f(x)$ 在 (c,d) 上为常数, $f'(x) \equiv 0, x \in (c,d)$, 与题设矛盾! $\qquad\square$

例 6.2 求证: (1) $\arcsin x + \arccos x = \dfrac{\pi}{2}$; (2) $\dfrac{x}{1+x} < \ln(1+x) < x, \ x > 0$.

证明 (1) 记 $f(x) = \arcsin x + \arccos x$. 则

$$f'(x) = \frac{1}{\sqrt{1-x^2}} - \frac{1}{\sqrt{1-x^2}} = 0.$$

由推论 6.6, 存在 $C \in \mathbb{R}$, 使得 $f(x) \equiv C$. 从而

$$f(0) = \arcsin 0 + \arccos 0 = 0 + \frac{\pi}{2} = \frac{\pi}{2} \qquad \implies \qquad f(x) \equiv \frac{\pi}{2}.$$

(2) 记 $f(x) = \ln(1+x) - \dfrac{x}{1+x}$, $g(x) = \ln(1+x) - x$, $x > 0$. 则

$$f'(x) = \frac{1}{1+x} - \frac{1}{(1+x)^2} > 0, \qquad g'(x) = \frac{1}{1+x} - 1 < 0.$$

从而 $f(x)$ 为严格单调增函数, $g(x)$ 为严格单调减函数. 注意到 $f(0) = g(0) = 0$, 可知 $f(x) > 0$, $g(x) < 0$ 对任意 $x > 0$ 成立. 故结论得证. $\square$

例 6.3 求证

$$3x < \tan x + 2\sin x, \quad x \in \left(0, \frac{\pi}{2}\right).$$

证明 记 $f(x) = \tan x + 2\sin x - 3x$. 则

$$f'(x) = \sec^2 x + 2\cos x - 3,$$
$$f''(x) = 2\sec^2 x \tan x - 2\sin x = 2\sin x \left(\sec^3 x - 1\right).$$

由于 $f'(0) = 0$, 且当 $x \in \left(0, \dfrac{\pi}{2}\right)$ 时, $f''(x) > 0$. 所以

$$f'(x) > f'(0) = 0.$$

又由于 $f(0) = 0$, 所以

$$f(x) > f(0) = 0 \quad \Longrightarrow \quad \tan x + 2\sin x > 3x. \qquad \square$$

例 6.4 求证: 当 $a \neq b$ 时,

$$\frac{e^a - e^b}{a - b} < \frac{e^a + e^b}{2}.$$

证明 不妨设 $a < b$. 考虑函数 $f(x) = \dfrac{1}{2}(x-a)(e^x + e^a) - (e^x - e^a)$. 则

$$f'(x) = \frac{e^x + e^a}{2} + \frac{e^x(x-a)}{2} - e^x, \quad f''(x) = \frac{e^x(x-a)}{2} > 0, \quad x > a.$$

由于 $f'(a) = 0$, 从而当 $x > a$ 时, $f'(x) > 0$. 所以

$$f(b) > f(a) = 0 \quad \Longrightarrow \quad \frac{e^a - e^b}{a - b} < \frac{e^a + e^b}{2}. \qquad \square$$

例 6.5 已知 $f'(x)$ 在 $[0,1]$ 上严格单调增加, $f(0) = f'(0) = 0$. 求证函数 $g(x) = e^{-x} f(x)$ 在 $[0,1]$ 上严格单调增加.

证明　由于 $g'(x) = e^{-x}[f'(x) - f(x)]$. 所以只需要证明 $f(x) < f'(x), x \in [a,b]$. 由微分中值定理,

$$\forall\, x \in [0,1], \quad \exists\, \xi \in (0,1), \quad f(x) = f(0) + f'(\xi)x = f'(\xi)x .$$

因为 $f'(x)$ 在 $[0,1]$ 上严格单调增加且 $f'(0) = 0$, 所以 $0 < f'(\xi) < f'(x)$. 从而

$$\forall\, x \in [0,1], \quad f'(\xi)x \leqslant f'(\xi) < f'(x) \quad \Longrightarrow \quad f(x) = f'(\xi)x < f'(x). \qquad \square$$

例 6.6　求证方程 $x^5 + x - 1 = 0$ 恰有一个实根.

证明　记 $f(x) = x^5 + x - 1$. 因为实系数 5 次方程必有实根 (复根的共轭仍然为根), 若有 2 个不同的实根 x_1, x_2, 不妨设 $x_1 < x_2$. 由 $f'(x) = 5x^4 + 1 > 0$ 可知, $0 = f(x_1) < f(x_2) = 0$, 矛盾! $\qquad \square$

例 6.7　证明: Legendre 多项式 $L_n(x) = \dfrac{1}{2^n n!} \dfrac{\mathrm{d}^n}{\mathrm{d}x^n}(x^2 - 1)^n$ 在 $(-1,1)$ 内仅有 n 个不同的零点.

证明　记 $f(x) = (x^2 - 1)^n, L_k(x) = \dfrac{1}{2^k k!} \dfrac{\mathrm{d}^k f(x)}{\mathrm{d}x^k} = \dfrac{1}{2^k k!} f^{(k)}(x), k \leqslant n$.

对 $k \in \{1, 2, \cdots, n\}$ 用归纳法.

(i) $k = 1$.

$$L_1(x) = \frac{1}{2} \frac{\mathrm{d}f(x)}{\mathrm{d}x} = \frac{1}{2} \frac{\mathrm{d}(x^2 - 1)^n}{\mathrm{d}x} = x(x^2 - 1)^{n-1}.$$

所以

$$\exists\, \xi_{11} = 0 \in (-1,1), \quad L_1(\xi_{11}) = f'(\xi_{11}) = 0.$$

(ii) 设对于 $k < n$ 命题成立, 即 $f^{(k)}(x)$ 在 $(-1,1)$ 内存在 k 个不同的零点

$$\xi_{k1},\ \xi_{k2},\ \cdots,\ \xi_{kk}.$$

可以看出 $x = \pm 1$ 是 $f^{(k)}(x)$ 的两个零点, 从而 $f^{(k)}(x)$ 存在 $k + 2$ 个不同的零点

$$\pm 1,\ \xi_{k1},\ \xi_{k2},\ \cdots,\ \xi_{kk}.$$

由 Rolle 定理知 $f^{(k+1)}(x)$ 在 $(-1,1)$ 内存在 $k + 1$ 个不同的零点.

由数学归纳法知道 $L_n(x)$ 在 $(-1,1)$ 内存在 n 个不同的零点. 另一方面, 由于 $L_n(x)$ 是关于 x 的 n 次多项式, 至多有 n 个根, 所以 $L_n(x)$ 在 $(-1,1)$ 内只存在 n 个不同的零点. $\qquad \square$

例 6.8 已知 $f(x)$ 在 $[0,1]$ 上连续, 在 $(0,1)$ 内可导且 $f(0) = f(1) = 0$. 求证 $\exists\, \xi \in (0,1)$, 使得

$$|f'(\xi)| \geqslant 2M, \quad M = \max_{0 \leqslant x \leqslant 1} |f(x)|\,.$$

证明 若 $M = 0$, 则结论自然成立. 若 $M \neq 0$, 由于 $f(0) = f(1) = 0$, 由连续函数性质知

$$\exists\, \eta \in (0,1), \quad |f(\eta)| = \max_{0 \leqslant x \leqslant 1} |f(x)| = M.$$

若 $0 < \eta < \dfrac{1}{2}$, 由拉格朗日中值定理,

$$\exists\, \xi \in (0,\eta), \quad f'(\xi) = \frac{f(\eta) - f(0)}{\eta - 0} = \frac{f(\eta)}{\eta} \implies |f'(\xi)| = \frac{M}{\eta} \geqslant 2M\,.$$

若 $\dfrac{1}{2} \leqslant \eta < 1$, 由拉格朗日中值定理,

$$\exists\, \xi \in (\eta,1), \quad f'(\xi) = \frac{f(\eta) - f(1)}{\eta - 1} = \frac{f(\eta)}{\eta - 1} \implies |f'(\xi)| = \frac{M}{1 - \eta} \geqslant 2M\,. \quad \square$$

例 6.9 (刘维尔不等式) 如果 x_0 是具有最低次数的整系数多项式 $P(x) = a_n x^n + a_{n-1} x^{n-1} + \cdots + a_1 x + a_0, n \geqslant 2$ 的**无理数代数数**, 则存在正实数 A, 对区间 $[x_0 - 1, x_0 + 1]$ 内的任何有理数 $\dfrac{p}{q}$, 有 $\left| \dfrac{p}{q} - x_0 \right| \geqslant \dfrac{1}{Aq^n}$.

证明 设 $A = \sup\{|P'(x)| : x \in [x_0 - 1, x_0 + 1]\}, r := \dfrac{p}{q} \in [x_0 - 1, x_0 + 1]$. 由条件知道 $x_0 \neq r$. 由拉格朗日中值定理, 存在 x_0, r 中的一点 ξ, 有

$$P'(\xi) = \frac{P(r) - P(x_0)}{r - x_0}, \quad \text{其中 } P(x_0) = 0, \ \xi \in [x_0 - 1, x_0 + 1].$$

由此得到

$$|P(r)| = |P'(\xi)||r - x_0| \leqslant A|r - x_0|.$$

由于 $P(x)$ 是整系数 n 阶多项式, 所以 $q^n P(r)$ 是非零整数, 因此 $1 \leqslant |q^n P(r)| \leqslant q^n A|r - x_0|$, 即 $\left| \dfrac{p}{q} - x_0 \right| = |r - x_0| \geqslant \dfrac{1}{Aq^n}$. $\quad\square$

注 6.6 刘维尔不等式表明, 有理数 $\dfrac{q}{p}$ 和无理代数数 x_0 之间存在 $\dfrac{1}{Aq^n}$ 的空隙. 利用这个不等式, 1851 年刘维尔 (1809—1882) 构造了第一个超越数 $\displaystyle\sum_{k=0}^{\infty} \dfrac{1}{10^{k!}}$.

1873 年, 查尔斯·埃尔米特 (1822—1901) 证明了 e 是超越数; 1881 年费尔登兰德·林德曼 (1852—1939) 证明了 π 是超越数. 见参考文献 [16].

定理 6.9 (柯西中值定理)　设函数 $f(x)$, $g(x)$ 满足

(1) 在 $[a,b]$ 上连续; (2) 在 (a,b) 上可导; (3) $g'(x) \neq 0$, $x \in (a,b)$.

则存在 $\xi \in (a,b)$ 使得

$$\frac{f'(\xi)}{g'(\xi)} = \frac{f(b) - f(a)}{g(b) - g(a)}.$$

证明　设

$$h(x) = f(x) - \frac{f(b) - f(a)}{g(b) - g(a)} \cdot [g(x) - g(a)].$$

则

$$h(a) = f(a), \quad h(b) = f(b) - [f(b) - f(a)] = f(a) = h(a).$$

由 Rolle 定理, 存在 $\xi \in (a,b)$, 使得 $h'(\xi) = 0$. 从而

$$f'(\xi) = \frac{f(b) - f(a)}{g(b) - g(a)} \cdot g'(\xi), \quad \text{即} \quad \frac{f'(\xi)}{g'(\xi)} = \frac{f(b) - f(a)}{g(b) - g(a)}. \qquad \square$$

例 6.10　已知 $f(x)$ 在 $[a,b]$ 上可导. 求证: $\exists \xi \in (a,b)$, 使得

$$\frac{1}{e^a - e^b} \begin{vmatrix} e^a & e^b \\ f(a) & f(b) \end{vmatrix} = f(\xi) - f'(\xi).$$

证明　选取 $F(x) = e^{-x} f(x)$, $G(x) = e^{-x}$. 由柯西中值定理, 存在 $\xi \in (a,b)$ 使得

$$\frac{F'(\xi)}{G'(\xi)} = \frac{F(b) - F(a)}{G(b) - G(a)}.$$

由于 $F'(\xi) = e^{-\xi}[f'(\xi) - f(\xi)]$, $G'(\xi) = -e^{-\xi}$, 可得

$$f(\xi) - f'(\xi) = \frac{e^{-b} f(b) - e^{-a} f(a)}{e^{-b} - e^{-a}} = \frac{e^a f(b) - e^b f(a)}{e^a - e^b}$$

$$= \frac{1}{e^a - e^b} \begin{vmatrix} e^a & e^b \\ f(a) & f(b) \end{vmatrix}. \qquad \square$$

例 6.11 已知 $f(x)$ 在 $[a,b]$ $(a > 0)$ 上可导. 求证 $\exists\ \xi, \eta \in (a,b)$, 使得 $f'(\xi) = \dfrac{a+b}{2\eta} f'(\eta)$.

证明 取 $g(x) = x^2$, $x \in [a,b]$. 因为 $g'(x) = 2x \geqslant 2a > 0$, 由柯西中值定理, 存在 $\eta \in (a,b)$, 使得

$$\frac{f'(\eta)}{2\eta} = \frac{f(b) - f(a)}{b^2 - a^2} = \frac{f(b) - f(a)}{b - a} \frac{1}{b + a}.$$

再由拉格朗日中值定理, 存在 $\xi \in (a,b)$, 使得

$$f'(\xi) = \frac{f(b) - f(a)}{b - a}.$$

将此式代入上面等式, 得证. □

习 题

1. 证明: 推论 6.6, 推论 6.7.

2. 设 $f \in C([a,b])$ 满足 $|f(x) - f(y)| \leqslant M|x - y|^{\alpha}, M > 0, \alpha > 1$. 证明: f 为常数.

3. 设 $f(x), \lambda(x)$ 在 $[a,b]$ 上连续, (a,b) 上可微, 且 $\lambda(a) = 1, \lambda(b) = 0$. 则存在 $\xi \in (a,b)$, 使得

$$f'(\xi) = \lambda'(\xi)[f(a) - f(b)].$$

4. 设函数 $f(x), x \in [a,b]$ 是由参数方程: $x = x(t)$, $y = y(t)$ 确定. 若 $x(t), y(t)$ 在 $[t_1, t_2]$ 上连续, 在 (t_1, t_2) 上可微, $x(t_1) = a, x(t_2) = b$, 则存在区间 (t_1, t_2) 内一点 t_0, 使得

$$\frac{y'(t_0)}{x'(t_0)} = \frac{f(b) - f(a)}{b - a}.$$

5. 设 $f(x)$ 在 (a,b) 上可导, $\lim\limits_{x \to a^+} f(x) = \lim\limits_{x \to b^-} f(x)$. 证明: 存在 $\xi \in (a,b)$, $f'(\xi) = 0$.

6. 证明: 若 $x > 0$, 则存在 $\theta(x)$ 满足:

(1) $\sqrt{x+1} - \sqrt{x} = \dfrac{1}{2\sqrt{x + \theta(x)}}$, $\dfrac{1}{4} \leqslant \theta(x) \leqslant \dfrac{1}{2}$.

(2) $\lim\limits_{x \to 0^+} \theta(x) = \dfrac{2}{4}$, $\lim\limits_{x \to +\infty} \theta(x) = \dfrac{1}{2}$.

7. 试举一函数 $f(x), x \in [0,1]$ 在 $(0,1)$ 内可导, 但在端点左、右导数不存在.

8. 证明: $x > 0, 0 < \dfrac{1}{\ln(1+x)} - \dfrac{1}{x} < 1$. (提示: 对 $f(x) = \ln(1+x)$ 用拉格朗日中值定理.)

9. 用拉格朗日中值定理证明下列不等式:

(1) $\dfrac{b-a}{b} < \ln \dfrac{b}{a} < \dfrac{b-a}{a}, 0 < a < b.$

(2) $\dfrac{h}{1+h^2} < \arctan h < h, h > 0$.

10. 试讨论下列函数在指定区间内是否存在一点 ξ, 使得 $f'(\xi) = 0$.

(1)
$$f(x) = \begin{cases} x\sin\dfrac{1}{x}, & 0 < x \leqslant \dfrac{1}{\pi}, \\ 0, & x = 0. \end{cases}$$

(2) $f(x) = |x|, \quad -1 \leqslant x \leqslant 1$.

11. 设 f 在 $[a,b]$ 上三阶可导. 证明: 存在 $\xi \in (a,b)$, 使得

$$f(b) = f(a) + \frac{1}{2}(b-a)[f'(a) + f'(b)] - \frac{1}{12}(b-a)^3 f^{(3)}(\xi).$$

12. 设函数 f 在 $[a,b]$ 上连续, 在 (a,b) 上可导. 假设 $ab > 0$. 则存在 $\xi \in (a,b)$, 使得

$$\frac{1}{a-b}\begin{vmatrix} a & b \\ f(a) & f(b) \end{vmatrix} = f(\xi) - \xi f'(\xi).$$

13. 证明: 奇次实系数多项式至少有一个实根.

14. 设 p, q 为实数, $p > 0$. 证明:

(1) 方程 $x^3 - 3x + q = 0$ 在区间 $[0,1]$ 内不可能有两个不同实根;

(2) 方程 $x^3 + px + q = 0$ 有唯一实根.

15. 给定方程 $x^n + px + q = 0(p, q$ 为实数). 证明:

(1) 当 n 为偶数时, 至多有两个实根;

(2) 当 n 为奇数时, 至多有三个实根.

16. 设 $2n$ 次多项式 $P(x) = x^n(1-x)^n, n \in \mathbb{N}$, 证明在 $(0,1)$ 内 $P^{(n)}(x)$ 有 n 个不同的实根.

17. 设 $k > 0$. 当 k 为何值时, 方程 $\arctan x - kx = 0$ 有正实根.

18. 函数 $f \in C([a,b]), f(a) = f(b) = 0, f'_+(a)f'_-(b) > 0$, 证明 f 在 (a,b) 上至少有一个零点.

19. 设 $f(x) = x^n + a_1 x^{n-1} + \cdots + a_n$ 的最大零点为 x_0. 证明: $f'(x_0) \geqslant 0$.

20. 设函数 f 在 $[a,b]$ 上可导, 证明:

(1) 若 $f'(x) \geqslant m$, 则 $f(a) + m(b-a) \leqslant f(b)$;

(2) 若 $|f'(x)| \leqslant M$, 则 $|f(b) - f(a)| \leqslant M(b-a)$.

21. 证明 Legendre 多项式满足方程: $(1-x^2)L_n''(x) - 2xL_n'(x) + n(n+1)L_n(x) = 0$.

22. 设非常值函数 f 在 (a,b) 上可导, 且 $f'(x)$ 单调. 证明: f' 在 (a,b) 上连续.

23. 设非常值函数 f 在 $[a,b]$ 上二阶可导, $f(a) = f(b) = 0$, 且存在 $c \in (a,b), f(c) = 0$. 证明: 至少存在一点 $\xi \in (a,b), f''(\xi) < 0$.

24. 证明: 若函数 f, g 在区间 $[a,b]$ 上可导, 且 $f'(x) > g'(x), f(a) = g(a)$, 则在 (a,b) 内有 $f(x) > g(x)$.

25. 设函数 $f(x)$ 在 $\mathbb{R}$ 上二阶可导. 若 f 在 $\mathbb{R}$ 上有界, 则存在 $\xi \in \mathbb{R}, f''(\xi) = 0$.

6.2 洛必达法则

洛必达法则是求函数极限的重要工具. 首先考虑简单情况: 若 $\lim\limits_{x \to x_0} f(x) = \lim\limits_{x \to x_0} g(x) = 0$, $g'(x_0) \neq 0$, 则

$$\lim_{x \to x_0} \frac{f(x)}{g(x)} = \lim_{x \to x_0} \frac{f(x) - f(x_0)}{g(x) - g(x_0)} = \lim_{x \to x_0} \frac{\dfrac{f(x) - f(x_0)}{x - x_0}}{\dfrac{g(x) - g(x_0)}{x - x_0}} = \frac{f'(x_0)}{g'(x_0)}.$$

如果 $g'(x_0) = 0$, 就需要用**洛必达 (L'Hospital) 法则**.

定理 6.10 ($\dfrac{0}{0}$ 型不定式: $x \to x_0$) 设函数 f, g 在某个 $U^o(x_0)$ 内可导, $g'(x) \neq 0$, $\lim\limits_{x \to x_0} f(x) = \lim\limits_{x \to x_0} g(x) = 0$, 如果 $\lim\limits_{x \to x_0} \dfrac{f'(x)}{g'(x)} \in \mathbb{R} \cup \{\pm\infty\}$, 则

$$\lim_{x \to x_0} \frac{f(x)}{g(x)} = \lim_{x \to x_0} \frac{f'(x)}{g'(x)}.$$

证明 任取 $x \in U^o(x_0)$, 不妨设 $x < x_0$. 补充函数 $f(x), g(x)$ 在点 $x = x_0$ 的定义为: $f(x_0) = g(x_0) = 0$, 并仍然记为 $f(x), g(x)$. 所以 $f(x), g(x)$ 在 $[x, x_0]$ 上连续, 在 (x, x_0) 上可微, 由柯西中值定理可知, $\exists \xi \in (x, x_0)$, 使得

$$\frac{f(x)}{g(x)} = \frac{f(x) - f(x_0)}{g(x) - g(x_0)} = \frac{f'(\xi)}{g'(\xi)}.$$

当 $x \to x_0$ 时, $\xi \to x_0$. 由定理条件知

$$\lim_{x \to x_0} \frac{f(x)}{g(x)} = \lim_{\xi \to x_0} \frac{f'(\xi)}{g'(\xi)}. \qquad \square$$

一般地, 设 $x \to x_0, f(x) \to 0, g(x) \to 0$. 如果函数由 1 到 $n - 1$ 阶的导数比都是 $\dfrac{0}{0}$ 型不定式, $g^{(n)}(x) \neq 0$, 且

$$\lim_{x \to x_0} \frac{f^{(n)}(x)}{g^{(n)}(x)} \in \mathbb{R} \cup \{\pm\infty\},$$

则有

$$\lim_{x \to x_0} \frac{f(x)}{g(x)} = \lim_{x \to x_0} \frac{f'(x)}{g'(x)} = \cdots = \lim_{x \to x_0} \frac{f^{(n)}(x)}{g^{(n)}(x)}.$$

注 6.7　定理 6.10 对 $x \to x_0^+, x \to x_0^-$ 也有相同的结论.

例 6.12　计算 $\lim\limits_{x \to 0} \dfrac{1 - \cos x}{x^2}$.

解
$$\lim_{x \to 0} \frac{1 - \cos x}{x^2} = \lim_{x \to 0} \frac{\sin x}{2x} = \lim_{x \to 0} \frac{\cos x}{2} = \frac{1}{2}.$$ □

例 6.13　不正确地使用洛必达法则:
$$\lim_{x \to 0} \frac{1 - \cos x}{x + x^2} = \lim_{x \to 0} \frac{\sin x}{1 + 2x} = \lim_{x \to 0} \frac{\cos x}{2} = \frac{1}{2}.$$

原因: $\dfrac{\sin x}{1 + 2x}$ 不是 $\dfrac{0}{0}$ 型不定式!

例 6.14　计算 $\lim\limits_{x \to 1} \dfrac{x^{\alpha+1} - (\alpha+1)x + \alpha}{(x^2 - 1)^2},\ \alpha > 0$.

解
$$\lim_{x \to 1} \frac{x^{\alpha+1} - (\alpha+1)x + \alpha}{(x^2 - 1)^2}$$
$$= \lim_{x \to 1} \frac{x^{\alpha+1} - (\alpha+1)x + \alpha}{(x - 1)^2} \cdot \lim_{x \to 1} \frac{1}{(x + 1)^2}$$
$$= \frac{1}{4} \lim_{x \to 1} \frac{(\alpha+1)x^{\alpha} - (\alpha+1)}{2(x - 1)}$$
$$= \frac{1}{4} \lim_{x \to 1} \frac{\alpha(\alpha+1)x^{\alpha-1}}{2}$$
$$= \frac{\alpha(\alpha+1)}{8}.$$ □

例 6.15　求极限:

(1) $\lim\limits_{x \to 0} \dfrac{x - x \cos x}{x - \sin x}$;

(2) $\lim\limits_{x \to 0} \dfrac{\tan x - x}{x - \sin x}$;

(3) $\lim\limits_{x \to 0} \dfrac{e^x - e^{-x} - 2x}{x - \sin x}$;

(4) $\lim\limits_{x \to 0} \dfrac{x^2 \sin \dfrac{1}{x}}{\sin x}$.

解　(1)
$$\lim_{x \to 0} \frac{x - x \cos x}{x - \sin x} = \lim_{x \to 0} \frac{1 - \cos x + x \sin x}{1 - \cos x} = \lim_{x \to 0} \frac{\sin x + \sin x + x \cos x}{\sin x}$$
$$= \lim_{x \to 0} \frac{3 \cos x - x \sin x}{\cos x} = 3.$$

(2)

$$\lim_{x\to 0}\frac{\tan x-x}{x-\sin x}=\lim_{x\to 0}\frac{\sec^2 x-1}{1-\cos x}=\lim_{x\to 0}\frac{1}{\cos^2 x}\frac{1-\cos^2 x}{1-\cos x}=2.$$

(3)

$$\lim_{x\to 0}\frac{e^x-e^{-x}-2x}{x-\sin x}=\lim_{x\to 0}\frac{e^x+e^{-x}-2}{1-\cos x}=\lim_{x\to 0}\frac{e^x-e^{-x}}{\sin x}=\lim_{x\to 0}\frac{e^x+e^{-x}}{\cos x}=2.$$

(4) 由于分子、分母求导后,

$$\lim_{x\to 0}\frac{2x\sin\dfrac{1}{x}-\cos\dfrac{1}{x}}{\cos x}$$

极限不存在, 不能用洛必达法则. 可以用等价无穷小来替换

$$\lim_{x\to 0}\frac{x^2\sin\dfrac{1}{x}}{\sin x}=\lim_{x\to 0}\frac{x^2\sin\dfrac{1}{x}}{x}=\lim_{x\to 0}x\sin\dfrac{1}{x}=0. \qquad\square$$

定理 6.11 ($\dfrac{0}{0}$ 型不定式: $x\to\infty$) 设函数 f,g, 在某个 $[a,\infty)$ 上可导, $g'(x)\neq 0$, $\lim\limits_{x\to\infty}f(x)=\lim\limits_{x\to\infty}g(x)=0$, 如果 $\lim\limits_{x\to\infty}\dfrac{f'(x)}{g'(x)}\in\mathbb{R}\cup\{\pm\infty\}$, 则

$$\lim_{x\to\infty}\frac{f(x)}{g(x)}=\lim_{x\to\infty}\frac{f'(x)}{g'(x)}.$$

证明 不失一般性, 设 $\lim\limits_{x\to\infty}\dfrac{f'(x)}{g'(x)}=b>0$. 令 $u=\dfrac{1}{x}$, $\phi(u)=f(x)=f\left(\dfrac{1}{u}\right)$, $\psi(u)=g(x)=g\left(\dfrac{1}{u}\right)$. 则函数 ϕ,ψ 在区间 $\left(0,\dfrac{1}{b}\right)$ 上有定义, 可导, 且

$$\phi'(u)=f'(u^{-1})\frac{-1}{u^2},\quad \psi'(u)=g'(u^{-1})\frac{-1}{u^2}\neq 0.$$

由下面的定理 6.12 有

$$\lim_{x\to\infty}\frac{f(x)}{g(x)}=\lim_{u\to 0^+}\frac{\phi(u)}{\psi(u)}=\lim_{u\to 0^+}\frac{\phi'(u)}{\psi'(u)}=\lim_{u\to 0^+}\frac{f'(u^{-1})\dfrac{-1}{u^2}}{g'(u^{-1})\dfrac{-1}{u^2}}=\lim_{x\to\infty}\frac{f'(x)}{g'(x)}.$$

(2) 其他情况类似 (1). $\qquad\square$

例 6.16 计算 $\lim\limits_{x\to\infty} \dfrac{\dfrac{\pi}{2} - \arctan x}{\sin\dfrac{1}{x}}$.

解

$$\lim_{x\to\infty} \frac{\dfrac{\pi}{2} - \arctan x}{\sin\dfrac{1}{x}} = \lim_{x\to\infty} \frac{-\dfrac{1}{1+x^2}}{-\dfrac{1}{x^2}\cos\dfrac{1}{x}} = 1. \qquad\qquad \square$$

定理 6.12 ($\dfrac{\infty}{\infty}$ 型不定式: $x \to x_0^+$) 设函数 f, g 在某个 $(x_0, x_0 + \delta)$ 上可导, $g'(x) \neq 0$, $\lim\limits_{x\to x_0^+} f(x) = \lim\limits_{x\to x_0^+} g(x) = \lim\limits_{x\to x_0^+} f(x) = \infty$. 如果 $\lim\limits_{x\to x_0^+} \dfrac{f'(x)}{g'(x)} \in \mathbb{R} \cup \{\pm\infty\}$, 则

$$\lim_{x\to x_0^+} \frac{f(x)}{g(x)} = \lim_{x\to x_0^+} \frac{f'(x)}{g'(x)}.$$

证明 方法一: 设 $A \in \mathbb{R}$. $\lim\limits_{x\to x_0^+} \dfrac{f'(x)}{g'(x)} = A$, 所以对 $\forall\, \varepsilon > 0, \exists\, x_1 \in (x_0, x_0+\delta)$ 使得对 $\forall\, x \in (x_0, x_1)$, 有

$$A - \frac{\varepsilon}{2} < \frac{f'(x)}{g'(x)} < A + \frac{\varepsilon}{2}.$$

由柯西中值定理, $\exists\, \xi \in (x, x_1) \subset (x_0, x_1)$, 满足

$$\frac{f(x) - f(x_1)}{g(x) - g(x_1)} = \frac{f'(\xi)}{g'(\xi)}.$$

所以

$$A - \frac{\varepsilon}{2} < \frac{f(x) - f(x_1)}{g(x) - g(x_1)} = \left(\frac{f(x)}{g(x)} - \frac{f(x_1)}{g(x)} \right) \cdot \frac{g(x)}{g(x) - g(x_1)} < A + \frac{\varepsilon}{2}. \qquad (6.1)$$

因为 $\lim\limits_{x\to x_0^+} \dfrac{g(x)}{g(x) - g(x_1)} = 1$, 所以, $\exists\, \delta_1 < x_1 - x_0$, 使得 $\forall\, x \in (x_0, x_0 + \delta_1)$, $\dfrac{g(x)}{g(x) - g(x_1)} > 0$,

$$\frac{g(x) - g(x_1)}{g(x)} \left(A - \frac{\varepsilon}{2} \right) < \left(\frac{f(x)}{g(x)} - \frac{f(x_1)}{g(x)} \right) < \frac{g(x) - g(x_1)}{g(x)} \left(A + \frac{\varepsilon}{2} \right).$$

进而

$$\frac{g(x) - g(x_1)}{g(x)}\left(A - \frac{\varepsilon}{2}\right) + \frac{f(x_1)}{g(x)} < \frac{f(x)}{g(x)} < \frac{g(x) - g(x_1)}{g(x)}\left(A + \frac{\varepsilon}{2}\right) + \frac{f(x_1)}{g(x)}.$$

因为 $\lim\limits_{x \to x_0^+} g(x) = \infty$, 所以

$$\lim_{x \to x_0^+}\left[\frac{g(x) - g(x_1)}{g(x)}\left(A - \frac{\varepsilon}{2}\right) + \frac{f(x_1)}{g(x)}\right] = A - \frac{\varepsilon}{2},$$

$$\lim_{x \to x_0^+}\left[\frac{g(x) - g(x_1)}{g(x)}\left(A + \frac{\varepsilon}{2}\right) + \frac{f(x_1)}{g(x)}\right] = A + \frac{\varepsilon}{2},$$

所以, 对上述的 $\varepsilon, \exists\, \delta_2 < \delta_1$, 使得 $\forall\, x \in (x_0, x_0 + \delta_2)$, 有

$$A - \varepsilon = \left(A - \frac{\varepsilon}{2}\right) - \frac{\varepsilon}{2} < \frac{g(x) - g(x_1)}{g(x)}\left(A - \frac{\varepsilon}{2}\right) + \frac{f(x_1)}{g(x)} < \left(A - \frac{\varepsilon}{2}\right) + \frac{\varepsilon}{2},$$

$$\left(A + \frac{\varepsilon}{2}\right) - \frac{\varepsilon}{2} < \frac{g(x) - g(x_1)}{g(x)}\left(A + \frac{\varepsilon}{2}\right) + \frac{f(x_1)}{g(x)} < \left(A + \frac{\varepsilon}{2}\right) + \frac{\varepsilon}{2} = A + \varepsilon.$$

综合上面的讨论, 对任意给定的 $\varepsilon, \exists\, \delta_2$, 使得 $\forall\, x \in (x_0, x_0 + \delta_2)$, 有

$$A - \varepsilon < \frac{f(x)}{g(x)} < A + \varepsilon,$$

此即 $\lim\limits_{x \to x_0} \dfrac{f(x)}{g(x)} = A.$

方法二: 在 (6.1) 式两边同时令 $x \to x_0$, 利用迫敛定理, 可得到

$$A - \varepsilon \leqslant \varlimsup_{x \to x_0} \frac{f(x)}{g(x)} \leqslant A + \varepsilon, \quad A - \varepsilon \leqslant \varliminf_{x \to x_0} \frac{f(x)}{g(x)} \leqslant A + \varepsilon,$$

此即 $\lim\limits_{x \to x_0} \dfrac{f(x)}{g(x)} = A.$

如果 $\lim\limits_{x \to x_0} \dfrac{f'(x)}{g'(x)} = +\infty$, 则 $\forall\, M > 0, \exists\, \delta_M$, 使得对 $\forall\, x \in (x_0 - \delta_M, x_0 + \delta_M) \setminus \{x_0\}$, 有

$$\frac{f'(x)}{g'(x)} > M.$$

不妨设 $x \in (x_0 - \delta_M, x_0)$, 类似 (1), 由柯西中值定理可知, 存在 $\xi \in (x, x_0) \subset (x_0 - \delta_M, x_0)$, 因此,

$$\frac{f(x)}{g(x)} = \frac{f'(\xi)}{g'(\xi)} > M.$$

由 M 的任意性可知, $\lim\limits_{x \to x_0^+} \dfrac{f(x)}{g(x)} = +\infty$. 同理可证, $\lim\limits_{x \to x_0^-} \dfrac{f(x)}{g(x)} = +\infty$. 所以,

$\lim\limits_{x \to x_0} \dfrac{f(x)}{g(x)} = +\infty$.

类似可证明 $A = -\infty$ 情形.　　　　　　　　　　　　　　　　　　　□

注 6.8　定理 6.12 对 $x \to x_0^-, x \to x_0, x \to \pm\infty$ 也有相似的结论.

例 6.17　求下列不定式的极限:

(1) $\lim\limits_{x \to \infty} \dfrac{\ln x}{x}$;　　　　　　(2) $\lim\limits_{x \to \infty} \dfrac{e^x}{x^n}$;　　　　　　(3) $\lim\limits_{n \to \infty} \dfrac{x + \sin x}{x}$.

解　(1) $\lim\limits_{x \to \infty} \dfrac{\ln x}{x} = \lim\limits_{x \to \infty} \dfrac{1}{x} = 0$.

(2) $\lim\limits_{x \to \infty} \dfrac{e^x}{x^n} = \lim\limits_{x \to \infty} \dfrac{e^x}{nx^{n-1}} = \cdots = \lim\limits_{x \to \infty} \dfrac{e^x}{n!} = \infty$.

(3) $\lim\limits_{x \to \infty} \dfrac{x + \sin x}{x} = \lim\limits_{x \to \infty} \dfrac{1 + \cos x}{1}$. 错误原因: $\lim\limits_{x \to \infty} \dfrac{f'(x)}{g'(x)}$ 极限不存在!

正确做法: $\lim\limits_{x \to \infty} \dfrac{x + \sin x}{x} = 1 + \lim\limits_{x \to \infty} \dfrac{\sin x}{x} = 1$.　　　　　　□

注 6.9　用洛必达法则前提: 函数是否为 $\dfrac{0}{0}, \dfrac{\infty}{\infty}$ 不定式; 是否满足定理条件!

其他类型的不定式: $0 \cdot \infty$; 1^∞; 0^0; ∞^0, $\infty - \infty$. 经过变换可以化为 $\dfrac{0}{0}, \dfrac{\infty}{\infty}$ 不定式.

例 6.18　求下列不定式的极限:

(1) $\lim\limits_{x \to 0^+} x \ln x \sin x$;　　　　(2) $\lim\limits_{x \to 0^+} (\cos x)^{\frac{1}{x^2}}$;　　　　(3) $\lim\limits_{x \to 0^+} x^x$;

(4) $\lim\limits_{x \to \infty} \left(x + \sqrt{1 + x^2}\right)^{\frac{1}{\ln x}}$;　　(5) $\lim\limits_{x \to 1} \left(\dfrac{x}{x - 1} - \dfrac{1}{\ln x}\right)$.

解　(1) ($0 \cdot \infty$ 型): $\lim\limits_{x \to 0^+} x \ln \sin x = \lim\limits_{x \to 0^+} \dfrac{\ln \sin x}{x^{-1}} = -\lim\limits_{x \to 0^+} \dfrac{\frac{\cos x}{\sin x}}{x^{-2}} = -\lim\limits_{x \to 0^+} \dfrac{x^2 \cos x}{\sin x} = 0$.

(2) (1^∞ 型): $\lim\limits_{x \to 0^+} (\cos x)^{\frac{1}{x^2}} = \lim\limits_{x \to 0^+} e^{\frac{\ln \cos x}{x^2}} = e^{\lim_{x \to 0^+} \frac{-\sin x}{\cos x}} = e^{\lim_{x \to 0^+} \frac{1}{\cos x} \left(\frac{-\sin x}{2x}\right)}$
$= e^{-\frac{1}{2}}$.

(3) (0^0 型): $\lim\limits_{x\to 0^+} x^x = \lim\limits_{x\to 0^+} e^{x\ln x} = e^{\lim_{x\to 0^+} x\ln x} = e^0 = 1$.

(4) (∞^0 型): $(x+\sqrt{1+x^2})^{\frac{1}{\ln x}} = e^{\ln(x+\sqrt{1+x^2})\frac{1}{\ln x}} = e^{\frac{\ln(x+\sqrt{1+x^2})}{\ln x}}$.

$$\lim_{x\to\infty} \frac{\ln(x+\sqrt{1+x^2})}{\ln x} = \lim_{x\to\infty} \frac{\dfrac{1+\dfrac{1}{2}\cdot\dfrac{2x}{\sqrt{1+x^2}}}{x+\sqrt{1+x^2}}}{\dfrac{1}{x}}$$

$$= \lim_{x\to\infty} \frac{x}{x+\sqrt{1+x^2}}\cdot\left(1+\frac{x}{\sqrt{1+x^2}}\right) = 1.$$

所以

$$\lim_{x\to\infty}(x+\sqrt{1+x^2})^{\frac{1}{\ln x}} = 1.$$

(5) ($\infty - \infty$ 型):

$$\lim_{x\to 1}\left(\frac{x}{x-1} - \frac{1}{\ln x}\right) = \lim_{x\to 1}\frac{x\ln x - x + 1}{(x-1)\ln x} = \lim_{x\to 1}\frac{\ln x + 1 - 1}{\ln x + (x-1)x^{-1}}$$

$$= \lim_{x\to 1}\frac{x\ln x}{x\ln x + x - 1} = \lim_{x\to 1}\frac{\ln x + 1}{\ln x + 1 + 1} = \frac{1}{2}. \qquad \square$$

例 6.19 求下列极限:

(1) $\lim\limits_{x\to +\infty}\dfrac{x^2}{a^x}\ (a>1)$; (2) $\lim\limits_{x\to +\infty}\dfrac{\ln x}{x^a}\ (a>0)$.

解 (1) 当 $a>1$ 时,

$$\lim_{x\to +\infty}\frac{x^2}{a^x} = \lim_{x\to +\infty}\frac{2x}{a^x\ln a} = \lim_{x\to +\infty}\frac{2}{a^x\ln^2 a} = 0.$$

(2) 当 $a>0$ 时,

$$\lim_{x\to +\infty}\frac{\ln x}{x^a} = \lim_{x\to +\infty}\frac{x^{-1}}{ax^{a-1}} = \lim_{x\to +\infty}\frac{1}{ax^a} = 0. \qquad \square$$

例 6.20 设 $g(0) = g'(0) = 0, g''(0) = 3$,

$$f(x) = \begin{cases} \dfrac{g(x)}{x}, & x \neq 0, \\ 0, & x = 0. \end{cases}$$

求 $f'(0)$.

解　因为

$$\frac{f(x) - f(0)}{x - 0} = \frac{g(x)}{x^2},$$

由于 $g''(0)$ 存在, 由函数导数定义, $g'(x)$ 在 0 点的某个开邻域 $U(0)$ 内存在. 由洛必达法则,

$$f'(0) = \lim_{x \to 0} \frac{g(x)}{x^2} = \lim_{x \to 0} \frac{g'(x)}{2x} = \frac{1}{2} \lim_{x \to 0} \frac{g'(x) - g'(0)}{x - 0} = \frac{1}{2} g''(0) = \frac{3}{2}. \qquad \square$$

思考　为什么第三个等式不能用洛必达法则?

例 6.21　已知当 $x \to 0$ 时, $f(x) = e^x + ax^2 + bx + c$ 与 $g(x) = x - \sin x$ 为同阶无穷小. 求 a, b, c 的值及 $\displaystyle\lim_{x \to 0} \frac{f(x)}{g(x)}$.

解　因为 $f(x)$ 为无穷小, 所以

$$0 = \lim_{x \to 0} f(x) = 1 + c \quad \Longrightarrow \quad c = -1.$$

因为 $f(x), g(x)$ 同阶无穷小, 所以

$$\lim_{x \to 0} \frac{f(x)}{g(x)} = \lim_{x \to 0} \frac{e^x + ax^2 + bx - 1}{x - \sin x} = \lim_{x \to 0} \frac{e^x + 2ax + b}{1 - \cos x} \quad \Longrightarrow \quad b = -1.$$

进而

$$\lim_{x \to 0} \frac{e^x + 2ax + b}{1 - \cos x} = \lim_{x \to 0} \frac{e^x + 2a}{\sin x} \quad \Longrightarrow \quad a = -\frac{1}{2}.$$

最后

$$\lim_{x \to 0} \frac{f(x)}{g(x)} = \lim_{x \to 0} \frac{e^x - \dfrac{1}{2}x^2 - x - 1}{x - \sin x} = \lim_{x \to 0} \frac{e^x - x - 1}{1 - \cos x} = \lim_{x \to 0} \frac{e^x - 1}{\sin x}$$

$$= \lim_{x \to 0} \frac{e^x}{\cos x} = 1. \qquad \square$$

习　题

1. 设函数 $f(x)$ 在 $[a, b]$ 上连续, 在 (a, b) 内可微, $0 \notin [a, b]$. 证明: 存在 $\xi \in (a, b)$, 使得

$$2\xi[f(b) - f(a)] = (b^2 - a^2)f'(\xi).$$

2. 设函数 $f(x)$ 在包含点 a 的某个开区间内具有连续的二阶导数. 证明: 对充分小的 h, 存在 $\theta \in (0, 1)$ 使得

$$\frac{f(a+h) + f(a-h) - 2f(a)}{h^2} = \frac{f''(a+\theta h) + f''(a - \theta h)}{2}.$$

3. 设函数 $f(x)$ 在点 a 处具有连续的二阶导数. 证明:

$$\lim_{h \to 0} \frac{f(a+h) + f(a-h) - 2f(a)}{h^2} = f''(a).$$

4. 设 $0 < \alpha < \beta < \frac{\pi}{2}$. 证明: 存在 $\theta \in (\alpha, \beta)$

$$\frac{\sin\alpha - \sin\beta}{\cos\beta - \cos\alpha} = \cot\theta.$$

5. 设 $f(0) = 0, f'(x)$ 在包含原点的某个开区间上连续, 且 $f'(0) \neq 0$. 证明:

$$\lim_{x \to 0^+} x^{f(x)} = 1.$$

6. 设 $f(x)$ 在包含点 a 的一个开区间内是非负的, 并且 $\lim\limits_{x \to a} f(x) = 0$. 则

(1) 如果 $\lim\limits_{x \to a} g(x) = +\infty$. 证明: $\lim\limits_{x \to a} (f(x))^{g(x)} = 0$.

(2) 如果 $\lim\limits_{x \to a} g(x) = -\infty$. 证明: $\lim\limits_{x \to a} (f(x))^{g(x)} = +\infty$.

7. 求极限 $\lim\limits_{n \to \infty} \left(1 + \dfrac{1}{n} + \dfrac{1}{n^2}\right)^n$.

8. 求下列不定式极限.

(1) $\lim\limits_{x \to 0^+} x \ln x$.

(2) $\lim\limits_{x \to +\infty} \dfrac{x^2}{a^x}, \ a > 1$.

(3) $\lim\limits_{x \to +\infty} \dfrac{\ln x}{x^a}, \ a > 0$.

(4) $\lim\limits_{x \to 0} \dfrac{e^x - 1}{\sin x}$.

(5) $\lim\limits_{x \to 1^-} (1 - x^2)^{\frac{1}{\ln(1-x)}}$.

(6) $\lim\limits_{x \to \frac{\pi}{6}} \dfrac{1 - 2\sin x}{\cos 3x}$.

(7) $\lim\limits_{x \to 0} \dfrac{\ln(1+x) - x}{\cos x - 1}$.

(8) $\lim\limits_{x \to \frac{\pi}{2}} \dfrac{\tan x - 6}{\sec x + 5}$.

(9) $\lim\limits_{x \to 0^+} (\tan x)^{\sin x}$.

(10) $\lim\limits_{x \to 0} \left(\dfrac{\tan x}{x}\right)^{\frac{1}{x^2}}$.

(11) $\lim\limits_{x \to +\infty} \left(\dfrac{2}{\pi} \arctan x\right)^x$.

(12) $\lim\limits_{x \to 0} \left(\dfrac{1}{x^2} - \dfrac{1}{\sin^2 x}\right)$.

(13) $\lim\limits_{x \to 0} \left(\dfrac{1}{x} - \dfrac{1}{e^x - 1}\right)$.

(14) $\lim\limits_{x \to 1} \dfrac{\ln\cos(x-1)}{1 - \sin\frac{\pi x}{2}}$.

(15) $\lim\limits_{x \to 0} \dfrac{1 - \cos x \cos 2x \cdots \cos nx}{x^2}$.

6.3 泰 勒 公 式

用多项式函数逼近一般函数, 对研究函数的性质、近似计算起重要作用.

6.3.1　佩亚诺型

将函数在某点附近用多项式逼近, 可以揭示函数在该点附近的解析性态, 可用于研究函数在该点附近性质、极限等. 我们已经知道

$f(x)$ 在 x_0 连续　$\Longrightarrow$　$f(x) - f(x_0) = o\left[(x-x_0)^0\right].$

$f(x)$ 在 x_0 可导　$\Longrightarrow$　$f(x) - [f(x_0) + f'(x_0)(x-x_0)] = o\left[(x-x_0)^1\right].$

问题　若函数 $f(x)$ 在 x_0 点 n 阶可导, 是否有 n 次多项式 $P_n(x)$ 在 x_0 点附近逼近 $f(x)$, 并使得 $f(x) - P_n(x)$ 误差更小?

简单情况　若 $f(x) = P_n(x) := a_0 + a_1x + a_{n-1}x^{n-1} \cdots + a_nx^n$ 是 n 阶多项式, 简单计算知道

$$a_k = \frac{f^{(k)}(0)}{k!}, \quad k = 0, 1, \cdots, n. \quad \text{误差是零.}$$

一般情况　对一般函数 $f(x)$, 带有佩亚诺型余项的泰勒公式是其在某点附近的多项式展开.

定理 6.13　若函数 $f(x)$ 在点 x_0 有 n 阶导数, 则 $f(x) = \sum\limits_{k=0}^{n} \dfrac{f^{(k)}(x_0)}{k!}(x-x_0)^k + o\left[(x-x_0)^n\right].$

证明　使用 $n-1$ 次洛必达法则,

$$\lim_{x \to x_0} \frac{f(x) - \sum\limits_{k=0}^{n} \dfrac{f^{(k)}(x_0)}{k!}(x-x_0)^k}{(x-x_0)^n}$$

$$= \lim_{x \to x_0} \frac{f^{(n-1)}(x) - f^{(n-1)}(x_0) - f^{(n)}(x_0)(x-x_0)}{n!(x-x_0)}$$

$$= \frac{1}{n!} \lim_{x \to x_0} \left[\frac{f^{(n-1)}(x) - f^{(n-1)}(x_0)}{x-x_0} - f^{(n)}(x_0)\right] = 0.$$

从而结论成立.　　　　　　　　　　　　　　　　　　　　　　　　　　$\Box$

定义 6.10　称 $P_n(x) = \sum\limits_{k=0}^{n} \dfrac{f^{(k)}(x_0)}{k!}(x-x_0)^k$ 为函数 f 在点 x_0 处的 n 阶**泰勒多项式**, 其系数称为泰勒系数. $R_n(x) = f(x) - P_n(x)$ 称为**佩亚诺型余项**. 定理 6.13 中的公式称为带有佩亚诺型余项的 n 阶泰勒公式. 当 $x_0 = 0$ 时, 称

$$f(x) = \sum_{k=0}^{n} \frac{f^{(k)}(0)}{k!}x^k + o(x^n)$$

为带有佩亚诺型余项的 n 阶麦克劳林公式.

需要注意, 带有佩亚诺型余项的 n 阶泰勒多项式是在点 x_0 附近成立, 与被展开函数的误差是 $o(x^n)$, 没有提供误差的解析表达式. 但下面的带拉格朗日型余项的 n 阶泰勒公式可以提供.

下面的性质说明泰勒公式表示具有唯一性.

性质 6.14 设函数 $f^{(n)}(x_0)$ 存在, $f(x) = \sum_{k=0}^{n} a_k (x - x_0)^k + o\left[(x - x_0)^n\right]$, 则 $a_k = \dfrac{f^{(k)}(x_0)}{k!}$, $k = 0, 1, \cdots, n$.

证明 令 $Q_n(x) = \sum_{k=0}^{n} a_k (x - x_0)^k$, 设 $f(x)$ 在 x_0 点的泰勒多项式为 $P_n(x)$. 由题设

$$P_n(x) - Q_n(x) = o\left[(x - x_0)^n\right].$$

(1) 令 $x = x_0$, 可得 $a_0 = f(x_0)$.

(2) 由 $a_0 = f(x_0)$, $\lim\limits_{x \to x_0} \dfrac{P_n(x) - Q_n(x)}{(x - x_0)} = 0$, 可得 $a_1 = f'(x_0)$.

(3) 依次由 $a_0 = f(x_0), \cdots, a_k = \dfrac{f^k(x_0)}{k!}$, $\lim\limits_{x \to x_0} \dfrac{P_n(x) - Q_n(x)}{(x - x_0)^k} = 0$, 可得 $a_{k+1} = \dfrac{f^{k+1}(x_0)}{(k+1)!}$. □

例 6.22 验证下列的带有佩亚诺型余项的麦克劳林公式:

$$e^x = 1 + x + \frac{x^2}{2!} + \cdots + \frac{x^n}{n!} + o(x^n),$$

$$\sin x = x - \frac{x^3}{3!} + \frac{x^5}{5!} + \cdots + \frac{(-1)^{n-1}}{(2n-1)!} x^{2n-1} + o(x^{2n}),$$

$$\cos x = 1 - \frac{x^2}{2!} + \frac{x^4}{4!} + \cdots + \frac{(-1)^n}{(2n)!} x^{2n} + o(x^{2n+1}),$$

$$\ln(1+x) = x - \frac{x^2}{2} + \frac{x^3}{3} + \cdots + (-1)^{n-1} \frac{x^n}{n} + o(x^n),$$

$$(1+x)^\alpha = 1 + \alpha x + \frac{\alpha(\alpha-1)}{2!} x^2 + \cdots + \frac{\alpha(\alpha-1)\cdots(\alpha-n+1)}{n!} x^n + o(x^n),$$

$$\frac{1}{1-x} = 1 + x + x^2 + \cdots + x^n + o(x^n).$$

证明

$$f(x) = e^x, \quad f^{(n)}(x) = e^x \Longrightarrow f^{(n)}(0) = 1,$$

$$f(x) = \sin x, \quad f^{(n)}(x) = \sin\left(x + \frac{n\pi}{2}\right)$$

$$\implies f^{(n)}(0) = \begin{cases} (-1)^{k-1}, & n = 2k-1, \\ 0, & n = 2k, \ k = 1, 2, \cdots, \end{cases}$$

$$f(x) = \cos x, \quad f^{(n)}(x) = \cos\left(x + \frac{n\pi}{2}\right)$$

$$\implies f^{(n)}(0) = \begin{cases} 0, & n = 2k-1, \\ (-1)^{k}, & n = 2k, \ k = 1, 2, \cdots, \end{cases}$$

$$f(x) = \ln(1+x), \quad f^{(n)}(x) = (-1)^{n-1}\frac{(n-1)!}{(1+x)^n} \implies f^{(n)}(0) = (-1)^{n-1}(n-1)!,$$

$$f(x) = (1+x)^{\alpha}, \quad f^{(n)}(x) = \alpha(\alpha-1)\cdots(\alpha-n+1)(1+x)^{\alpha-n}$$

$$\implies f^{(n)}(0) = \alpha(\alpha-1)\cdots(\alpha-n+1),$$

$$f(x) = (1-x)^{-1}, \quad f^{(n)}(x) = \frac{n!}{(1-x)^{n+1}} \implies f^{(n)}(0) = n!. \qquad \square$$

函数的带有佩亚诺型的多项式展开, 随着展开项数增加, 会提高函数被多项式逼近的近似程度, 见图 6.4.

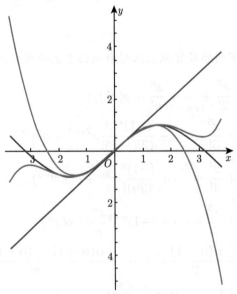

图 6.4　$f(x) = \sin x$ 与其在 $x_0 = 0$ 点的 1 次、3 次、5 次多项式的图像比较

利用性质 6.14, 结合例 6.22, 可以得到更多函数的带有佩亚诺型余项的泰勒公式.

例 6.23 写出 $f(x) = e^{-\frac{1}{2}x^2}$ 的带有佩亚诺型余项的麦克劳林公式.

解 用 $-\dfrac{1}{2}x^2$ 代替 x, 利用例 6.22 的第一个公式, 可得

$$e^{-\frac{1}{2}x^2} = 1 - \frac{x^2}{2} + \frac{x^4}{2! \cdot 2^2} + \cdots + (-1)^n \frac{x^{2n}}{n! \cdot 2^n} + o\left(x^{2n}\right). \qquad \square$$

例 6.24 写出 $f(x) = \ln x$ 在 $x = 2$ 的带有佩亚诺型余项的泰勒公式.

解 利用例 6.22 的第四个公式, 可得

$$\ln x = \ln[2 + (x-2)] = \ln 2 + \ln\left(1 + \frac{x-2}{2}\right),$$

$$\ln x = \ln 2 + \frac{1}{2}(x-2) - \frac{1}{2 \cdot 2^2}(x-2)^2 + \cdots + (-1)^{n-1}\frac{1}{n \cdot 2^n}(x-2)^n$$

$$+ o((x-2)^n). \qquad \square$$

例 6.25 写出 $\sqrt[3]{\cos x}$ 的带有佩亚诺余项的三阶麦克劳林公式及前三阶导数.

解 方法一: 利用例 6.22 的第三个公式, 可得 $\cos x$ 在点 $x_0 = 0$ 的带有佩亚诺余项的三阶泰勒公式

$$\cos x = 1 - \frac{x^2}{2} + o(x^3).$$

令 $u = -\dfrac{x^2}{2} + o(x^3)$. 在例 6.22 的第五个公式中, 取 $\alpha = \dfrac{1}{3}$. 则 $(1+u)^{\frac{1}{3}}$ 在 $u_0 = 0$ 点带有佩亚诺余项的二阶泰勒公式为

$$(1+u)^{\frac{1}{3}} = 1 + \frac{1}{3}u - \frac{1}{9}u^2 + o(u^2).$$

于是

$$\begin{aligned}
\sqrt[3]{\cos x} &= \sqrt[3]{1 - \frac{x^2}{2} + o(x^3)} \\
&= \sqrt[3]{1+u} \\
&= 1 + \frac{u}{3} - \frac{u^2}{9} + o(u^2) \\
&= 1 + \frac{1}{3}\left[-\frac{x^2}{2} + o(x^3)\right] - \frac{1}{9}\left[-\frac{x^2}{2} + o(x^3)\right]^2 + o\left(\left[-\frac{x^2}{2} + o(x^3)\right]^2\right) \\
&= 1 - \frac{x^2}{6} + o(x^3).
\end{aligned}$$

方法二: 求在 $x_0 = 0$ 处前三阶导数: 设 $f(x) = \sqrt[3]{\cos x}$. 由于 $f'(0) = f'''(0) = 0, f''(0) = \dfrac{1}{6} \times 2! = 3$, 所以

$$\sqrt[3]{\cos x} = f(0) + f'(0)x + \frac{f'(0)}{2!}x^2 + \frac{f'''(0)}{3!}x^3 + o(x^3)$$

$$= 1 - \frac{x^2}{6} + o(x^3). \qquad\qquad \square$$

例 6.26　设函数 $f(x)$ 在 $x_0 = 0$ 点 $n+1$ 次可导, 导函数 $f^{(n+1)}(x)$ 在 $x_0 = 0$ 点连续. 若

$$f'(x) = a_0 + a_1 x + \cdots + a_n x^n + o(x^n), \qquad\qquad (6.2)$$

则

$$f(x) = f(0) + a_0 x + \frac{a_1}{2}x^2 + \frac{a_2}{3}x^3 \cdots + \frac{a_n}{n+1}x^{n+1} + o(x^{n+1}).$$

证明　利用泰勒公式,

$$f(x) = f(0) + f'(0)x + \frac{f''(0)}{2!}x^2 + \cdots + \frac{f^{n+1}(0)}{(n+1)!}x^{n+1} + o(x^{n+1}).$$

下面证明:

$$f'(x) = f'(0) + \frac{f''(0)}{1!}x + \cdots + \frac{f^{n+1}(0)}{n!}x^n + o(x^n). \qquad\qquad (6.3)$$

为此, 设 $R_n(x) = f'(x) - \left[f'(0) + \dfrac{f''(0)}{1!}x + \cdots + \dfrac{f^{n+1}(0)}{n!}x^n \right]$. 则

$$\lim_{x \to 0} \frac{R_n(x)}{x^n} = \lim_{x \to 0} \frac{R_n'(x)}{nx^{n-1}} = \cdots = \lim_{x \to 0} \frac{R_n^n(x)}{n!} = \frac{1}{n!}\lim_{x \to 0}[f^{n+1}(x) - f^{n+1}(0)] = 0.$$

这说明 (6.3) 是 $f'(x)$ 的 n 阶泰勒公式. 比较 (6.2), (6.3), 由泰勒公式表示的唯一性 (性质 6.14) 知道

$$a_0 = f'(0), a_1 = \frac{f''(0)}{1!}, \cdots, a_n = \frac{f^{n+1}(0)}{n!}.$$

将 $f'(0), f''(0), \cdots, f^{n+1}(0)$ 代入 $f(x)$ 的泰勒展开式即可得证 (6.3).　　　　$\square$

注 6.11　并不是所有函数都有非零的泰勒多项式展开, 如下面的例子:

$$f(x) = \begin{cases} e^{-\frac{1}{x^2}}, & x \neq 0, \\ 0, & x = 0. \end{cases}$$

可以证明: $f^{(n)}(0) = 0, \ n = 1, \cdots$.

6.3.2 拉格朗日型

带拉格朗日型余项的泰勒公式, 是用于函数在有界闭区间上的多项式函数展开, 不仅对研究函数在区间上的分析性质起重要作用, 并且其误差解析表达式可以用于计算函数在该区间上的近似误差.

定理 6.15 若函数 $f(x)$ 在 $[a,b]$ 上有 n 阶的连续导函数, 在开区间 (a,b) 上有 $n+1$ 阶的导函数, 则对任意 $x, x_0 \in [a,b]$, 存在 $\xi \in (x, x_0) \cup (x_0, x)$, 使得

$$f(x) = \sum_{k=0}^{n} \frac{f^{(k)}(x_0)}{k!}(x - x_0)^k + \frac{f^{(n+1)}(\xi)}{(n+1)!}(x - x_0)^{n+1}.$$

证明 做辅助函数

$$F(t) = f(x) - \sum_{k=0}^{n} \frac{f^{(k)}(t)}{k!}(x - t)^k, \quad G(t) = (x - t)^{n+1}.$$

要证

$$F(x_0) = \frac{f^{(n+1)}(\xi)}{(n+1)!} G(x_0).$$

不失一般性, 可设 $x_0 < x$. 则 $F(t), G(t)$ 在 $[x_0, x]$ 上连续, 在 (x_0, x) 上可导, 且当 $t \in (x_0, x)$ 时,

$$\begin{aligned}
F'(t) &= -\sum_{k=0}^{n} \left[\frac{f^{(k)}(t)}{k!}(x - t)^k \right]' \\
&= -\sum_{k=0}^{n} \frac{f^{(k+1)}(t)}{k!}(x - t)^k + \sum_{k=1}^{n} \frac{f^{(k)}(t)}{(k-1)!}(x - t)^{k-1} \\
&= -\frac{f^{(n+1)}(t)}{n!}(x - t)^n, \\
G'(t) &= -(n+1)(x - t)^n \neq 0.
\end{aligned}$$

由于 $F(x) = G(x) = 0$, 利用柯西中值定理, 存在 $\xi \in (x_0, x)$, 使得

$$\frac{F(x_0)}{G(x_0)} = \frac{F(x_0) - F(x)}{G(x_0) - G(x)} = \frac{F'(\xi)}{G'(\xi)} = \frac{f^{n+1}(\xi)}{(n+1)!}.$$

故结论成立. □

定义 6.12　定理 6.15 中的公式称为**在区间 $[a,b]$ 上带有拉格朗日余项的 n 阶泰勒公式**,

$$R_n(x_0,x) := \frac{f^{(n+1)}(\xi)}{(n+1)!}(x-x_0)^{n+1}$$

称为**拉格朗日余项**. 特别地, 当 $x_0 = 0$ 时, 称

$$f(x) = f(0) + f'(0)x + \frac{f''(0)}{2}x^2 + \cdots + \frac{f^{(n)}(0)}{n!}x^n + \frac{f^{n+1}(\theta x)}{(n+1)!}x^{n+1}, \quad \theta \in (0,1)$$

为带有拉格朗日余项的麦克劳林公式.

例 6.27　带有拉格朗日余项的 n 泰勒公式. 设 $\theta \in (0,1)$.

$$e^x = 1 + x + \frac{x^2}{2!} + \cdots + \frac{x^n}{n!} + \frac{e^{\theta x}}{(n+1)!}x^{n+1}, \quad x \in \mathbb{R}.$$

$$\sin x = x - \frac{x^3}{3!} + \frac{x^5}{5!} + \cdots + (-1)^{n-1}\frac{x^{2n-1}}{(2n-1)!} + \frac{\sin(\theta x + n\pi)}{(2n)!}x^{2n}, \quad x \in \mathbb{R}.$$

$$\cos x = 1 - \frac{x^2}{2!} + \frac{x^4}{4!} + \cdots + (-1)^n\frac{x^{2n}}{(2n)!}$$

$$+ \frac{\cos\left(\theta x + \frac{2n+1}{2}\pi\right)}{(2n+1)!}x^{2n+1}, \quad x \in \mathbb{R}.$$

$$\ln(1+x) = x - \frac{x^2}{2} + \frac{x^3}{3} + \cdots + (-1)^{n-1}\frac{x^n}{n}$$

$$+ (-1)^n\frac{1}{(n+1)(1+\theta x)^{n+1}}x^{n+1}, \quad x \in (-1,\infty).$$

$$(1+x)^\alpha = 1 + \alpha x + \frac{\alpha(\alpha-1)}{2!}x^2 + \cdots + \frac{\alpha(\alpha-1)\cdots(\alpha-n+1)}{n!}x^n$$

$$+ \frac{\alpha(\alpha-1)\cdots(\alpha-n)(1+\theta x)^{\alpha-n-1}}{(n+1)!}x^{n+1}, \quad x \in (-1,+\infty),$$

$$\frac{1}{1-x} = 1 + x + x^2 + \cdots + x^n + \frac{1}{(1-\theta x)^{n+2}}x^{n+1}, \quad x \neq 1.$$

例 6.28　将函数 $f(x) = 1 - 2x + 3x^3 - x^4 + 4x^5$ 分别在 $x = 0, x = -1$ 展成三阶泰勒公式.

解

$$f(x) = 1 - 2x + 3x^3 - x^4 + 4x^5,$$

$$f'(x) = -2 + 9x^2 - 4x^3 + 20x^4,$$

$$f''(x) = 18x - 12x^2 + 80x^3,$$

$$f^{(3)}(x) = 18 - 24x + 240x^2,$$

$$f^{(4)}(x) = -24 + 480x.$$

在 $x = 0$ 点:

(1) 带有拉格朗日余项的三阶泰勒公式为

$$f(x) = 1 - 2x + 3x^3 + \frac{1}{4!}(-4! + 4 \times 5!\xi^4)x^4$$

$$= 1 - 2x + 3x^3 + (-1 + 20\xi)x^4, \quad \xi \in (0, x) \cup (x, 0).$$

(2) 带有佩亚诺余项的三阶泰勒公式为

$$f(x) = 1 - 2x + 3x^3 - x^4 + 4x^5 = 1 - 2x + 3x^3 + o(x^3).$$

在 $x = -1$ 点: $f(-1) = 0$, $f'(-1) = 31$, $f''(-1) = -86$, $f^{(3)}(-1) = 282$.

(1) 带有拉格朗日余项的三阶泰勒公式为

$$f(x) = f(-1) + f'(-1)(x+1) + \frac{1}{2!}f''(-1)(x+1)^2$$

$$+ \frac{1}{3!}(x+1)^3 + \frac{1}{4!}f^{(4)}(\xi)(x+1)^4$$

$$= 31(x+1) - 43(x+1)^2 + 47(x+1)^3 + (-1 + 20\xi)(x+1)^4,$$

$$\xi \in (-1, x) \cup (x, -1).$$

(2) 带有佩亚诺余项的三阶泰勒公式为

$$f(x) = f(-1) + f'(-1)(x+1) + \frac{1}{2!}f''(-1)(x+1)^2 + \frac{1}{3!}(x+1)^3$$

$$+ \frac{1}{4!}f^{(4)}(\xi)(x+1)^4$$

$$= 31(x+1) - 43(x+1)^2 + 47(x+1)^3 + 0((x+1)^3). \qquad \square$$

例 6.29 写出函数

$$f(x) = \begin{cases} x^3 \ln|x|, & x \neq 0, \\ 0, & x = 0 \end{cases}$$

在 $x = 0, 1$ 点的二阶、三阶泰勒公式.

解　不妨设 $x > 0$.

(1) 一阶导数: 在 $x = 0$ 点,

$$f'(0) = \lim_{x \to 0} \frac{x^3 \ln x}{x} = \lim_{x \to 0} x^2 \ln x = \lim_{x \to 0} \frac{\ln x}{x^{-2}} = \lim_{x \to 0} \frac{\dfrac{1}{x}}{-2x^{-3}} = 0.$$

在 $x \neq 0$ 点,

$$f'(x) = 3x^2 \ln x + x^2.$$

二阶导数: 在 $x = 0$ 点,

$$f''(0) = \lim_{x \to 0} \frac{3x^2 \ln x + x^2}{x} = 3 \lim_{x \to 0} x \ln x = 3 \lim_{x \to 0} \frac{\ln x}{x^{-1}} = 3 \lim_{x \to 0} \frac{\dfrac{1}{x}}{-x^{-2}} = 0.$$

在 $x \neq 0$ 点, 二阶导数:

$$f''(x) = 6x \ln x + 3x + 2x = 6x \ln x + 5x.$$

三阶导数: 在 $x = 0$ 点,

$$f^{(3)}(0) = \lim_{x \to 0} \frac{6x \ln x + 5x}{x} = \lim_{x \to 0} (6 \ln x + 5) = -\infty.$$

在 $x \neq 0$ 点. 三阶导数:

$$f^{(3)}(x) = 6 \ln x + 11.$$

所以函数在 $x = 0$ 点只能有二阶泰勒公式. 由于 $f(0) = f'(0) = f''(0) = 0$, 所以在 $x = 0$ 点, 带有佩亚诺余项的二阶泰勒公式为

$$f(x) = f(0) + f'(0)x + \frac{1}{2!}f''(0)x^2 + o(x^2) = o(x^2).$$

带有拉格朗日余项的二阶泰勒公式为

$$f(x) = f(0) + f'(0)x + \frac{1}{2!}f''(0)x^2 + \frac{1}{3!}(6 \ln \xi + 11)x^2$$

$$= \frac{1}{6}(6 \ln \xi + 11)x^2, \quad \xi \in (0, x) \cup (x, 0).$$

(2) 在 $x = 1$ 点, 一阶、二阶、三阶导数:

$$f(x) = x^3 \ln x, \qquad f(1) = 0;$$

$$f'(x) = 3x^2 \ln x + x^2, \quad f'(1) = 1;$$

$$f''(x) = 6x \ln x + 5x, \quad f''(1) = 5;$$

$$f^{(3)}(x) = 6 \ln x + 11, \quad f^{(3)}(1) = 11;$$

$$f^{(4)}(x) = \frac{6}{x}.$$

带有佩亚诺余项的三阶泰勒公式为

$$f(x) = (x-1) + \frac{5}{2}(x-1)^2 + \frac{11}{6}(x-1)^3 + o[(x-1)^4].$$

带有拉格朗日余项的三阶泰勒公式为

$$f(x) = f(1) + f'(1)(x-1) + \frac{1}{2}f''(1)(x-1)^2 + \frac{1}{3!}f^{(3)}(1)(x-1)^3 + \frac{6}{4!}\frac{(x-1)^4}{\xi}$$

$$= (x-1) + \frac{5}{2}(x-1)^2 + \frac{11}{6}(x-1)^3 + \frac{1}{4}\frac{(x-1)^4}{\xi}, \quad \xi \in (1,x) \cup (x,1). \qquad \square$$

例 6.30 设函数 f 在 $\mathbb{R}$ 上有三阶导数. 如果 $f(x), f^{(3)}(x)$ 有界, 证明 $f'(x), f''(x)$ 也有界.

解 设 $|f(x)| \leqslant M$, $|f^{(3)}(x)| \leqslant M$, $x \in \mathbb{R}$. 任取 $x \in \mathbb{R}$,

$$f(x+1) = f(x) + f'(x) + \frac{1}{2}f''(x) + \frac{1}{6}f^{(3)}(\xi), \quad \xi \in (x, x+1),$$

$$f(x-1) = f(x) - f'(x) + \frac{1}{2}f''(x) + \frac{1}{6}f^{(3)}(\eta), \quad \eta \in (x-1, x).$$

上面两式相加、减得到

$$f(x+1) + f(x-1) = 2f(x) + f''(x) + \frac{1}{6}[f^{(3)}(\xi) + f^{(3)}(\eta)], \quad \xi \in (x, x+1),$$

$$f(x+1) - f(x-1) = -2f'(x) + \frac{1}{6}[f^{(3)}(\xi) - f^{(3)}(\eta)], \quad \eta \in (x-1, x).$$

所以

$$f''(x) = f(x+1) + f(x-1) - 2f(x) - \frac{1}{6}[f^{(3)}(\xi) + f^{(3)}(\eta)], \quad \xi \in (x, x+1),$$

$$2f'(x) = f(x-1) - f(x+1) + \frac{1}{6}[f^{(3)}(\xi) - f^{(3)}(\eta)], \quad \eta \in (x-1, x).$$

由题设, $f'(x), f''(x)$ 在 $\mathbb{R}$ 上有界. $\qquad \square$

6.3.3 典型应用

6.3.3.1 求极限

例 6.31 求极限:

(1) $\lim\limits_{x\to 0}\dfrac{\cos x - e^{-\frac{x^2}{2}}}{x^4}$;   (2) $\lim\limits_{x\to 0}\dfrac{\tan x - \sin x}{x^3}$;   (3) $\lim\limits_{n\to\infty} n\left[1 - \dfrac{\left(1+\frac{1}{n}\right)^n}{e}\right]$.

解 (1)

$$\cos x = 1 - \frac{x^2}{2} + \frac{x^4}{24} + o(x^5), \qquad e^{-\frac{x^2}{2}} = 1 - \frac{x^2}{2} + \frac{x^4}{8} + o(x^5).$$

$$\frac{\cos x - e^{-\frac{x^2}{2}}}{x^4} = -\frac{1}{12} + o(x), \qquad \lim_{x\to 0}\frac{\cos x - e^{-\frac{x^2}{2}}}{x^4} = -\frac{1}{12}.$$

(2)

$$\tan x = x + \frac{x^3}{3} + o(x^3), \qquad \sin x = x - \frac{x^3}{6} + o(x^3).$$

$$\tan x - \sin x = \frac{1}{2}x^3 + o(x^3), \qquad \lim_{x\to 0}\frac{\tan x - \sin x}{x^3} = \frac{1}{2}.$$

(3) 利用 $\ln x$ 和 e^x 的泰勒公式, 可得

$$\frac{\left(1+\dfrac{1}{n}\right)^n}{e} = e^{\ln\left(1+\frac{1}{n}\right)^n - 1} = e^{n\ln\left(1+\frac{1}{n}\right)-1} = e^{n\left(n^{-1}-\frac{1}{2}n^{-2}+o(n^{-2})\right)-1}$$

$$= e^{-\frac{1}{2}n^{-1}+o(n^{-1})} = 1 - \frac{1}{2n} + o(n^{-1}).$$

所以

$$\lim_{n\to\infty} n\left[1 - \frac{\left(1+\dfrac{1}{n}\right)^n}{e}\right] = \lim_{n\to\infty} n\left[1 - \left(1 - \frac{1}{2n} + o(n^{-1})\right)\right] = \frac{1}{2}. \qquad \square$$

6.3.3.2 估计无穷小量的阶

例 6.32 当 $x \to +\infty$ 时, 讨论如下无穷小量的阶: $\sqrt{x+1} + \sqrt{x-1} - 2\sqrt{x}$.

解

$$\sqrt{x+1} = \sqrt{x}\sqrt{1+\frac{1}{x}} = \sqrt{x}\left(1 + \frac{1}{2x} - \frac{1}{8x^2} + o(x^{-2})\right)$$

$$= x^{\frac{1}{2}} + \frac{1}{2}x^{-\frac{1}{2}} - \frac{1}{8}x^{-\frac{3}{2}} + o(x^{-\frac{3}{2}}).$$

$$\sqrt{x-1} = \sqrt{x}\sqrt{1-\frac{1}{x}} = \sqrt{x}\left(1 - \frac{1}{2x} - \frac{1}{8x^2} + o(x^{-2})\right)$$

$$= x^{\frac{1}{2}} - \frac{1}{2}x^{-\frac{1}{2}} - \frac{1}{8}x^{-\frac{3}{2}} + o(x^{-\frac{3}{2}}).$$

所以

$$\sqrt{x+1} + \sqrt{x-1} - 2\sqrt{x} = -\frac{1}{4}x^{-\frac{3}{2}} + o(x^{-\frac{3}{2}}).$$

当 $x \to +\infty$ 时,$\sqrt{x+1} + \sqrt{x-1} - 2\sqrt{x}$ 是 x^{-1} 的 $\dfrac{3}{2}$ 阶无穷小量. □

例 6.33 设 $\alpha > 0$. 研究级数 $\sum\limits_{n=1}^{\infty} \ln\cos\dfrac{1}{n^{\alpha}}$ 的敛散性.

解

$$\ln\cos\frac{1}{n^{\alpha}} = \ln\left[1 - \frac{1}{2}\frac{1}{n^{2\alpha}} + o\left(\frac{1}{n^{2\alpha}}\right)\right] = -\frac{1}{n^{2\alpha}} + o\left(\frac{1}{n^{2\alpha}}\right),$$

所以当且仅当 $\alpha > \dfrac{1}{2}$ 时级数收敛. □

6.3.3.3 求高阶导函数在确定点的数值

例 6.34 令 $f(x) = \sin(\sin x)$. 求 $f^{(5)}(0)$.

解 因为求函数的 5 阶导数, 所以在泰勒展开中只需要保留到 x^5.

$$\sin(\sin x)$$

$$= \sin x - \frac{1}{6}\sin^3 x + \frac{1}{120}\sin^5 x + o(\sin^5 x)$$

$$= x - \frac{x^3}{6} + \frac{x^5}{120} + o(x^5) - \frac{1}{6}\left[x - \frac{x^3}{6} + \frac{x^5}{120} + o(x^5)\right]^3$$

$$+ \frac{1}{120}\left[x - \frac{x^3}{6} + \frac{x^5}{120} + o(x^5)\right]^5 + o(x^5)$$

$$= x - \frac{x^3}{6} + \frac{x^5}{120} - \frac{1}{6}\left[x - \frac{x^3}{6} + o(x^5)\right]^3 + \frac{1}{120}\left[x + o(x^3)\right]^5 + o(x^5).$$

由泰勒公式知道, 只需统计 5 次多项式的系数和.

$$关于 x 的 5 次多项式系数 = \frac{1}{120} + \frac{1}{12} + \frac{1}{120} = \frac{1}{10}.$$

故 $f^{(5)}(0) = \dfrac{1}{10} \times 5! = 12.$　　　　　　　　　　　　　　　　　　□

6.3.3.4　近似计算

例 6.35　(1) 计算 e 的值, 使其误差不超过 10^{-6}. (2) 证明 e 是无理数.

解　(1) 由 e^x 的泰勒公式可知, 对任意 $x \in \mathbb{R}$, 存在 $\theta \in (0,1)$, 使得

$$e^x = 1 + x + \frac{x^2}{2!} + \cdots + \frac{x^n}{n!} + \frac{e^{\theta x}}{(n+1)!} x^{n+1}, \quad n \in \mathbb{N}.$$

取 $x = 1$ 即得

$$e = 1 + 1 + \frac{1}{2!} + + \cdots + \frac{1}{n!} + \frac{e^{\theta}}{(n+1)!}, \quad \theta \in (0,1). \tag{6.4}$$

若近似计算的误差不超过 10^{-6}, 只需要拉格朗日余项

$$R_n(1) = \frac{e^{\theta}}{(n+1)!} \leqslant \frac{3}{(n+1)!} \leqslant 10^{-6}.$$

直接计算可知 $R_9(1) < 10^{-6}$, 从而

$$e \approx 1 + 1 + \frac{1}{2!} + \cdots + \frac{1}{9!} \approx 2.718285.$$

(2) e 为无理数. 由等式 (6.4) 可得

$$n!e - (n! + n! + 3 \cdot 4 \cdots + n) = \frac{e^{\theta}}{n+1}.$$

如果 e 为有理数, 则 $\exists p, q \in \mathbb{N}$, 使得 $e = \dfrac{p}{q}$. 取 $n > \max\{q, 3\}$, 则 $n!e$ 为整数, 从而上式左端为整数. 但

$$0 < \frac{e^{\theta}}{n+1} \leqslant \frac{e}{n+1} < \frac{3}{n+1} < 1.$$

矛盾! 所以 e 不是有理数.　　　　　　　　　　　　　　　　　　　　□

如果取泰勒多项式的项数越多, 则在固定的精度下, 逼近的范围越大. 以 e^x 的泰勒公式为例, 对每一个固定的 $x \in \mathbb{R}$,

$$\lim_{n \to \infty} \left[e^x - \left(1 + x + \frac{x^2}{2!} + \cdots + \frac{x^n}{n!} \right) \right] = \lim_{n \to \infty} \frac{e^{\theta x}}{(n+1)!} x^{n+1} = 0.$$

所以函数数列 $\left\{ 1 + x + \frac{x^2}{2!} + \cdots + \frac{x^n}{n!}, n \in \mathbb{N} \right\}$ 对每一个固定的 $x \in \mathbb{R}$ 都收敛. 数学上记这个极限为 $e^x = \sum\limits_{n=0}^{\infty} \frac{x^n}{n!}$. 特别地, 取 $x = 1$, 得到无理 $e = \sum\limits_{n=0}^{\infty} \frac{1}{n!}$.

例 6.36 用泰勒多项式逼近 $\sin x$, 要求误差不超过 10^{-3}. 对 $n = 1, 2$ 情况讨论 x 的取值范围.

解 取 $n = 1$. $\sin x \approx x$. 误差为

$$|R_2(x)| = \left| \frac{\sin \theta x}{2!} x^2 \right| \leqslant \frac{|x|^2}{2} < 10^{-3} \implies |x| \leqslant \sqrt{\frac{1}{500}} \approx 0.0447.$$

取 $n = 2$. $\sin x \approx x - \frac{x^3}{6}$. 误差为

$$|R_3(x)| = \left| \frac{\sin \theta x}{4!} x^4 \right| \leqslant \frac{|x|^4}{4!} < 10^{-3} \implies |x| \leqslant \left(\frac{3}{125} \right)^{\frac{1}{4}} \approx 0.3936. \qquad \square$$

习 题

1. 求下列函数带有佩亚诺余项的麦克劳林公式:

(1) $f(x) = \dfrac{1}{\sqrt{1+x}}$.

(2) $f(x) = \arctan x$ 到含 x^5 项.

(3) $f(x) = \tan x$ 到含 x^5 项.

2. 求下列函数在指定点处的带有拉格朗日余项的泰勒公式:

(1) $f(x) = x^3 + 4x^2 + 5$, 在 $x = 1$ 处.

(2) $f(x) = \dfrac{1}{1+x}$, 在 $x = 0$ 处.

3. 求近似值:

(1) $\ln 2.7$, 精确到 10^{-5}.

(2) e, 精确到 10^{-9}.

(3) $2^{\frac{1}{5}}$, 精确到 10^{-3}.

4. 证明带有柯西余项的泰勒公式: 若函数 $f(x)$ 在 $[a, b]$ 上有 n 阶的连续导函数, 在开区间 (a, b) 上有 $n+1$ 阶的导函数, 则对任意 $x, x_0 \in [a, b]$, 存在介于 x, x_0 之间的 ξ, 使得

$$f(x) = \sum_{k=0}^{n} \frac{f^k(x_0)}{k!} (x - x_0)^k + \frac{f^{(n+1)}(\xi)}{n!} (x - \xi)^n (x - x_0).$$

5. 设函数 $f(x)$ 在 $\mathbb{R}$ 上二阶可导. 令 $M_k = \sup\limits_{x \in \mathbb{R}} |f^{(k)}(x)|, k = 0, 1, 2$. 若 M_0, M_2 都有限, 证明:

$$M_1^2 \leqslant 2M_0 M_2.$$

6. 设函数 $f(x)$ 在 $[0,1]$ 上二阶可导, $f(0) = f(1) = 0$, $\min\limits_{x \in [0,1]} \{f(x)\} = -1$, 证明:

$$\max_{x \in [0,1]} \{f''(x)\} \geqslant 8.$$

7. 证明: 对任何 $n \in \mathbb{R}$, $x > 0$,

$$x - \frac{x^2}{2} + \frac{x^3}{3} - \cdots - \frac{x^{2n}}{2n} < \ln(1+x) < x - \frac{x^2}{2} + \frac{x^3}{3} - \cdots + \frac{x^{2n-1}}{2n-1}.$$

8. 设在 $(-1,1)$ 上函数 $f(x), g(x)$ 无限次可导, $|f^{(n)}(x) - g^{(n)}(x)| \leqslant n!|x|$, $n = 0, 1, 2, \cdots$. 证明: $f(x) = g(x)$, $x \in (-1, 1)$.

9. 求极限: $\lim\limits_{x \to 0} \dfrac{xe^x - \ln(1+x)}{x^2}$.

10. 设 f 在 $U(x_0, \delta)$ 内 n 阶可导, $f^{(k)}(x_0) = 0$, $k = 2, \cdots, n-1$, $f^{(n)}(x_0) \neq 0$. 若

$$f(x_0 + h) - f(x_0) = hf'(x_0 + \theta(h)h), \quad 0 < \theta(h) < 1, \ 0 < |h| < \delta,$$

证明: $\lim\limits_{h \to 0} \theta(h) = n^{-\frac{1}{n-1}}$.

11. 设 $h > 0$. 函数 $f(x)$ 在 $U(a,h)$ 上 $n+2$ 阶可导, $f^{(n+2)}(a) \neq 0$. f 在 $U(a,h)$ 上的泰勒公式是

$$f(a+h) = f(a) + f'(a)h + \cdots + \frac{f^n(a)}{n!}h^n + \frac{f^{(n+1)}(a + \theta(h)h)}{(n+1)!}h^{n+1}, \quad \theta(h) \in (0,1).$$

证明: $\lim\limits_{h \to 0} \theta(h) = \dfrac{1}{n+2}$.

12. 证明: 设函数 $f(x)$ 在 $(a, +\infty)$ 上 n 阶可导. 若 $\lim\limits_{x \to +\infty} f(x)$, $\lim\limits_{x \to +\infty} f^{(k)}(x), k = 1, \cdots, n$ 存在, 则 $\lim\limits_{x \to +\infty} f^{(k)}(x) = 0$, $k = 1, \cdots, n$.

13. 研究下列级数的敛散性:

(1) $\sum\limits_{n=1}^{\infty} \left(a^{\frac{1}{n}} + a^{-\frac{1}{n}} - 2 \right)$, $a > 0$;

(2) $\sum\limits_{n=1}^{\infty} \left(a^{\frac{1}{n}} - \dfrac{b^{\frac{1}{n}} + c^{\frac{1}{n}}}{2} \right)$, $a > 0, b > 0, c > 0$;

(3) $\sum\limits_{n=1}^{\infty} \left[\dfrac{1}{n} - \ln\left(1 + \dfrac{1}{n}\right) \right]$.

14. **高斯判别法**. 设 $\{\theta_n\}$ 有界, $\alpha > 0$, $a_n > 0$, $\dfrac{a_{n+1}}{a_n} = 1 - \dfrac{p}{n} + \dfrac{\theta_n}{n^{1+\alpha}}, n \in \mathbb{N}^*$. 证明: 级数 $\sum\limits_{n=1}^{+\infty} a_n$ 当 $p > 1$ 时收敛; 当 $p \leqslant 1$ 时发散.

第 7 章　函数性质分析的导数方法

7.1　函数的局部极值

利用导数可以判断函数的重要特征: 驻点、极值点、单调区间、最值点、拐点、凸凹性、渐近性.

定理 7.1 (极值点的一阶导数判别法)　设函数 $f(x)$ 在 x_0 连续. 在空心邻域 $U^o(x_0, \delta)$ 内,

(1) 若 $f'(x)$ 在 x_0 两侧异号, 则 x_0 是 $f(x)$ 的极值点:

(i) 函数 $f'(x)$ 由负变成正时, x_0 是 $f(x_0)$ 的极小值点;

(ii) 函数 $f'(x)$ 由正变成负时, x_0 是 $f(x_0)$ 的极大值点.

(2) 若 $f'(x)$ 在 x_0 两侧同号, 则 x_0 不是 $f(x)$ 的极值点.

证明　(1) 只证明 (ii). 设

$$f'(x) > 0, \quad x \in (x_0 - \delta, x_0); \quad f'(x) < 0, \quad x \in (x_0, x_0 + \delta).$$

由拉格朗日中值定理, 在 x 和 x_0 之间存在 ξ, 使得

$$f(x) = f(x_0) + f'(\xi)(x - x_0) < f(x_0), \quad x \in (x_0 - \delta, x_0) \cup (x_0, x_0 + \delta).$$

所以 x_0 是 $f(x)$ 的极大值点.

(2) 不失一般性, 设 $f'(x) \geqslant 0, \ x \in U^o(x_0, \delta)$. 由拉格朗日中值定理, 在 x_0 和 x 之间存在 ξ, 有

$$f(x) = f(x_0) + f'(\xi)(x - x_0) \geqslant f(x_0), \quad x \geqslant x_0;$$
$$f(x) = f(x_0) + f'(\xi)(x - x_0) \leqslant f(x_0), \quad x \leqslant x_0.$$

所以 x_0 不是 $f(x)$ 的极值点.　□

由上面定理可以看出, 若 x_0 是 $f(x)$ 驻点且满足 (1), 则 x_0 是 $f(x)$ 的极值点.

定理 7.2 (极值点的二阶导数判别法)　设 $f'(x_0) = 0, f''(x_0) \neq 0$.

(1) 当 $f''(x_0) > 0$ 时, x_0 是 $f(x)$ 的极小值点;

(2) 当 $f''(x_0) < 0$ 时, x_0 是 $f(x)$ 的极大值点.

证明

$$f(x) = f(x_0) + f'(x_0)(x - x_0) + \frac{1}{2}f''(x_0)(x - x_0)^2 + o((x - x_0)^2)$$

$$= f(x_0) + \frac{1}{2}f''(x_0)(x - x_0)^2 + o((x - x_0)^2)$$

$$= f(x_0) + \left[\frac{1}{2}f''(x_0) + o(1)\right](x - x_0)^2.$$

由于 $\frac{1}{2}f''(x_0) + o(1)$ 的符号由 $f''(x_0)$ 确定, 所以, (1) 若 $f''(x_0) > 0$, x_0 是 $f(x)$ 的极小值点; (2) 若 $f''(x_0) < 0$, x_0 是 $f(x)$ 的极大值点. □

例 7.1　设 $f'(x) = x^2(x - 1)(x - 2)$. 求 $f(x)$ 的极值点.

解　$f'(x)$ 的零点为: $x = 0, x = 1, x = 2$.

由 $f''(x) = 2x(x - 1)(x - 2) + x^2(2x - 3)$, 得到 $f''(1) = -1$, $f''(2) = 4$. 所以 $f(x)$ 的极大值点是 $x = 1$, 极小值点是 $x = 2$. 由于 $f'(x)$ 在 $x = 0$ 点两侧不变号, 所以 0 不是极值点. □

例 7.2　已知 $f(x) \in C([a, b])$, 在 (a, b) 内 $f(x)$ 二阶可导, 且满足

$$f''(x) + (1 - x^2)f'(x) - f(x) = 0, \quad f(a) = f(b) = 0.$$

求证: $f(x) \equiv 0$.

解　假设存在 $x_1 \in (a, b)$, $f(x_1) \neq 0$. 不妨设 $f(x_1) > 0$. 由于 $f(x)$ 在 $[a, b]$ 上连续, $f(a) = f(b) = 0$, 所以存在最大值点 $x_2 \in (a, b)$ 使得 $f(x_2) = \max_{x \in [a,b]} f(x) \geq f(x_1) > 0$. 从而

$$f'(x_2) = 0, \quad f''(x_2) = f(x_2) - (1 - x_2^2)f'(x_2) = f(x_2) > 0.$$

这与 $f(x_2)$ 为极大值矛盾. □

定理 7.3 (极值点的高阶导数判别法)　设函数 f 在 x_0 的某个邻域内存在知道 $n-1$ 阶导函数, 在 x_0 处 n 阶可导, 且 $f^{(k)}(x_0) = 0, k = 1, 2, \cdots, n-1, f^{(n)}(x_0) \neq 0$. 则

(1) 当 n 为偶数时, f 在 x_0 处取得局部极值:

(i) 当 $f^{(n)}(x_0) < 0$ 时, 取局部极大值;

(ii) 当 $f^{(n)}(x_0) > 0$ 时, 取局部极小值.

(2) 当 n 为奇数时, f 在 x_0 处不取得局部极值.

证明 利用 n 阶泰勒公式

$$f(x) = f(x_0) + f'(x_0)(x - x_0) + \cdots + \frac{f^{(n)}(x_0)}{n!}(x - x_0)^n + o((x - x_0)^n)$$

$$= f(x_0) + \left(\frac{f^{(n)}(x_0)}{n!} + o(1)\right)(x - x_0)^n.$$

(1) 当 n 为偶数时, $(x - x_0)^n > 0$, 而其系数的符号由 $f^{(n)}(x_0)$ 确定. 在 x_0 附近,

(i) 当 $f^{(n)}(x_0) > 0$ 时, $f(x) > f(x_0)$;

(ii) 当 $f^{(n)}(x_0) < 0$ 时, $f(x) < f(x_0)$.

所以函数 f 在 x_0 点达到局部极小、大值.

(2) 当 n 为奇数时, $(x - x_0)^n$ 在 x_0 附近符号改变, 所以 $f(x)$ 在 x_0 附近恒不能大于或小于 $f(x_0)$. 故在 x_0 点函数 f 处不取局部极值. □

例 7.3 求函数 $f(x) = x^4(x-1)^3$ 的极值.

解

$$f'(x) = x^3(x-1)^2(7x - 4),$$
$$f''(x) = 6x^2(x-1)(7x^2 - 8x + 2),$$
$$f^{(3)}(x) = 6x(35x^3 - 60x^2 + 30x - 4),$$
$$f^{(4)}(x) = 24(35x^3 - 60x^2 + 15x - 1).$$

函数 $f(x)$ 的驻点: $x = 0, \frac{4}{7}, 1$. 所以函数只可能在这三处取到局部极值.

(1) 二阶导数: $f''\left(\frac{4}{7}\right) = 6 \cdot \frac{16}{49} \cdot \frac{3}{7} \cdot \frac{2}{7} > 0$, 所以函数在点 $x = \frac{4}{7}$ 取局部极小值 $f\left(\frac{4}{7}\right) = -\left(\frac{4}{7}\right)^4\left(\frac{3}{7}\right)^3 = -\frac{6912}{823543}$.

(2) $f''(0) = f''(1) = 0$, 需要判定高阶导数.

三阶导数: $f^{(3)}(0) = 0, f'''(1) > 0$. 由于 $n = 3$ 是奇数, 由定理 7.3, $x = 1$ 不是极值点.

四阶导数: $f^{(4)}(0) < 0$. 由于 $n = 4$ 是偶数, 由定理 7.3, $x = 0$ 是局部极大值点, $f(0) = 0$.

综合有 $f(0) = 0$ 是局部极大值, $f\left(\frac{4}{7}\right) = -\frac{6912}{823543}$ 是局部极小值. □

例 7.4 已知 $f(x) = xe^x$. 求 $f(x)$ 与 $f^{(n)}(x)$ 的极值点, 并求极值.

解 (1) $f(x)$ 的极值点:

$$f'(x) = (1+x)e^x, \quad f''(x) = (2+x)e^x.$$

$x = -1$ 是 $f(x)$ 的驻点. 由于 $f''(-1) = e^{-1} > 0$, 所以 $x = -1$ 为极小值点, 极小值为 $f(-1) = -e^{-1}$.

(2) $f^{(n)}(x)$ 的极值点:

$$f^{(n)}(x) = (n+x)e^x, \quad f^{(n+1)}(x) = (n+1+x)e^x, \quad f^{(n+2)}(x) = (n+2+x)e^x.$$

所以 $x = -n-1$ 是 $f^{(n)}(x)$ 的驻点. 由于 $f^{(n+2)}(-n-1) = e^{-n-1} > 0$, 所以 $x = -n-1$ 是 $f^{(n)}(x)$ 的极小值点, 极小值为 $f^{(n)}(-n-1) = -e^{-n-1}$. □

注 7.1 定理 7.3 是充分条件. 下面的例子无法用定理 7.3.

$$f(x) = \begin{cases} e^{-\frac{1}{x^2}}, & x \neq 0, \\ 0, & x = 0. \end{cases}$$

可以证明: $f^{(n)}(0) = 0, n = 1, \cdots$. 但 $x = 0$ 是函数 f 的极小值点, 且极小值为 0.

习 题

1. 求下列函数的极值.

(1) $f(x) = 2x^3 - x^4$.

(2) $f(x) = \arctan x - \dfrac{1}{2}\ln(1+x^2)$.

2. 设

$$f(x) = \begin{cases} x^4 \sin^2\left(-\dfrac{1}{x}\right), & x \neq 0, \\ 0, & x = 0. \end{cases}$$

(1) 证明: $x = 0$ 是极小值.

(2) 说明 f 在极小值点是否满足极值的第一、第二充分条件.

3. 证明: 函数 $f(x) = \left(\dfrac{2}{\pi} - 1\right)\ln x - \ln 2 + \ln(1+x)$ 在 $(0,1)$ 内只有一个零点.

4. 画函数的图像:

(1) $f(x) = 2x^3 - x^4$.

(2) $f(x) = \sqrt{x}\ln x$.

5. 证明: 若函数 $f(x)$ 在 x_0 处满足 $f'(x_0^+) < 0, f'(x_0^-) > 0$, 则 x_0 是函数 f 的极大值点.

6. 证明: 不存在两个实数满足: 和等于 10 且积等于 40. (意大利数学家吉罗拉莫 · 卡尔达诺,1501—1576.)

7. 讨论函数

$$f(x) = \begin{cases} \dfrac{x}{2} + x^2 \sin\dfrac{1}{x}, & x \neq 0, \\ 0, & x = 0. \end{cases}$$

(1) 在 $x = 0$ 点的可导性.

(2) 是否存在 0 点的邻域, 使得函数 $f(x)$ 在其上单调?

8. 设函数 $f(x)$ 在 $[0, a]$ 上二阶可导, $|f''(x)| \leqslant M$, f 在 $(0, a)$ 上取到最大值. 证明:

$$|f'(0)| + |f'(a)| \leqslant Ma.$$

9. 设函数 $f(x) = 1 - x + \dfrac{x^2}{2} - \dfrac{x^3}{3} + \cdots + (-1)^n \dfrac{x^n}{n}$. 证明: 方程 $f(x) = 0$ 当 n 为奇数时, 恰有一个实根; 当 n 为偶数时, 没有一个实根.

10. 设 $f(x)$ 是二阶可导的偶函数, $f''(0) \neq 0$. 证明: 0 点是函数的极值点.

7.2 函数的全局最值

7.2.1 基本求法

设函数 $f(x)$ 在闭区间 $[a, b]$ 上连续, 则它在 $[a, b]$ 上达到最大、最小值. 最大、最小值点发生在:

(1) 区间端点 a, b;   (2) 驻点 x: $f'(x) = 0$;   (3) f 的不可导点.

通过比较这三类点的函数值, 可以求出函数在闭区间 $[a, b]$ 上的最大值和最小值.

例 7.5   求函数 $f(x) = |2x^3 - 9x^2 + 12x|$ 在闭区间 $\left[-\dfrac{1}{4}, \dfrac{5}{2} \right]$ 上的最大、最小值.

解   函数 $f(x) = |2x^3 - 9x^2 + 12x|$ 在闭区间 $\left[-\dfrac{1}{4}, \dfrac{5}{2} \right]$ 上一定能达到最大、最小值. 由于

$$f(x) = \begin{cases} -x(2x^2 - 9x + 12), & -\dfrac{1}{4} \leqslant x \leqslant 0, \\ x(2x^2 - 9x + 12), & 0 < x \leqslant \dfrac{5}{2}. \end{cases}$$

所以

$$f'(x) = \begin{cases} -6(x - 1)(x - 2), & -\dfrac{1}{4} \leqslant x < 0, \\ 6(x - 1)(x - 2), & 0 < x \leqslant \dfrac{5}{2}. \end{cases}$$

因为 $f'(0^-) = -12$, $f'(0^+) = 12$, $x = 0$ 是函数 f 的不可导点, $x = 1, 2$ 是函数 f 的驻点.

函数 f 在端点、驻点、不可导点的函数值分别为: $f\left(-\dfrac{1}{4} \right) = \dfrac{115}{32}$, $f\left(\dfrac{5}{2} \right) = 5$; $f(1) = 5$, $f(2) = 4$; $f(0) = 0$. 所以 f 的最大、最小值分别为 5, 0.   □

7.2.2　实际应用

定理 7.4　设函数 $f(x)$ 在 (a,b) 上连续. 若 $f(x)$ 有唯一的极值点 x_0. 则 x_0 是 (a,b) 上的最值点.

证明　不失一般性, 设 x_0 是 $f(x)$ 唯一的极大值点. 假设 x_0 不是最大值点, 则存在 $x_1 \in (a,b)$, 使得 $f(x_1) > f(x_0)$. 不妨设 $x_1 > x_0$. 由于 x_0 是唯一极大值点, 所以存在 $x_2 \in (x_0, x_1)$, 使得 $f(x_2) < f(x_0)$. 由于连续函数 $f(x)$ 在区间 $[x_0, x_1]$ 上可以达到最小值, 以及 $f(x_2) < f(x_0) < f(x_1)$ 可知极小值点 $\xi \in (x_0, x_1)$. 这与 $f(x)$ 只有一个极值点矛盾. □

例 7.6 (油罐设计)　设计一个容量为 1 升的直圆柱油罐, 什么样的尺寸用料最少?

解　设直圆柱油罐的底面圆的半径为 r 厘米, 油罐高为 h 厘米. 则直圆柱油罐体积为 $V(r) = \pi r^2 h$ 立方厘米, 表面积为 $S = 2\pi r^2 + 2\pi r h$ 平方厘米. 1 升 =1000立方厘米.

问题: 在 $V(r) = 1000$ 的前提下, 使表面积最小的 r, h.

$$V(r) = \pi r^2 h = 1000, \quad S(r) = 2\pi r^2 + 2\pi r h \implies S(r) = 2\pi r^2 + \frac{2000}{r}, \ r \in (0, +\infty).$$

$$\frac{\mathrm{d}S(r)}{\mathrm{d}r} = 4\pi r - \frac{2000}{r^2} = 0 \implies 4\pi r^3 = 2000, \ r = \left(\frac{500}{\pi}\right)^{\frac{1}{3}}.$$

由于

$$S''(r) = 4\pi + \frac{4000}{r^3} > 0,$$

所以 $S(r)$ 在驻点 $r = \left(\dfrac{500}{\pi}\right)^{\frac{1}{3}}$ 处达到局部最小值. 由于函数 $S(r), r \in (0, +\infty)$ 只有一个驻点, 由定理 7.4, 该驻点是最小值点. 因此函数 $S(r)$ 在 $h = \dfrac{1000}{\pi r^2} = 2\left(\dfrac{500}{\pi}\right)^{\frac{1}{3}}$ 时达到最小. □

例 7.7 (光线路径)　求一条光线从速度为 c_1 的均匀介质中的点 A 穿过平直界面进行到光速为 c_2 的均匀介质中点 B 的路径.

解　**Fermat 原理**　光永远按速度最快的路径行进. 注意三个事实: (1) 在均匀介质中光速不变; (2) 光线遵循直线路径行进; (3) "速度最快" 意味着 "时间最短".

所以光线会选择合适的 P 点通过. 如图 7.1, 光线从 A 点行进到 P 点所需时间为: $t_1(x) = \dfrac{AP}{c_1} = \dfrac{\sqrt{a^2 + x^2}}{c_1}$. (图中 P 的坐标为 $(x_0, 0)$.)

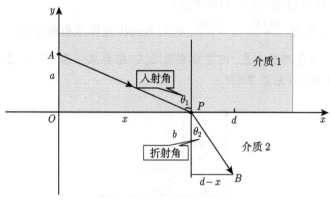

图 7.1

从 P 点行进到 B 点所需时间为 $t_2(x) = \dfrac{PB}{c_2} = \dfrac{\sqrt{b^2 + (d-x)^2}}{c_2}$. 则从 A 到 B 的时间为 $t(x) = t_1(x) + t_2(x) = \dfrac{\sqrt{a^2 + x^2}}{c_1} + \dfrac{\sqrt{b^2 + (d-x)^2}}{c_2}, x \in [0, d]$. 依题意, 需要求函数 $t(x)$ 在 $[0, d]$ 上的最小值点.

先求 $t(x)$ 在 $(0, d)$ 上的驻点:

$$t'(x) = \frac{x}{c_1\sqrt{a^2 + x^2}} - \frac{d - x}{c_2\sqrt{b^2 + (d-x)^2}} = \frac{\sin\theta_1}{c_1} - \frac{\sin\theta_2}{c_2}.$$

从上面的等式: $t'(0) < 0, t'(d) > 0$. 由导函数的达布定理知道, 存在点 $x_0 \in (0, b), t'(x_0) = 0$. 因

$$t''(x) = \frac{1}{c_1}\frac{\sqrt{a^2 + x^2} - x\dfrac{x}{\sqrt{a^2 + x^2}}}{(a^2 + x^2)}$$

$$- \frac{1}{c_2}\frac{-\sqrt{b^2 + (d-x)^2} - (d-x)\dfrac{-(d-x)}{\sqrt{b^2 + (d-x)^2}}}{b^2 + (d-x)^2}$$

$$= \frac{1}{c_1}\frac{a^2 + x^2 - x^2}{(a^2 + x^2)\sqrt{a^2 + x^2}} - \frac{1}{c_2}\frac{-(b^2 + (d-x)^2) + (d-x)^2}{(b^2 + (d-x)^2)\sqrt{b^2 + (d-x)^2}}$$

$$= \frac{1}{c_1}\frac{a^2}{(a^2 + x^2)\sqrt{a^2 + x^2}} + \frac{1}{c_2}\frac{b^2}{(b^2 + (d-x)^2)\sqrt{b^2 + (d-x)^2}} > 0.$$

所以 $t'(x)$ 在 $(0, b)$ 上是严格增函数. 注意到 $t'(0) < 0, t'(d) > 0$, 可知 x_0 是 $t'(x)$ 在 $(0, b)$ 上的唯一驻点. 由 $t''(x) > 0$ 且 x_0 知道, x_0 是函数 $t(x)$ 在 $(0, b)$ 上的极小值点. 由定理 7.4, x_0 是函数 $t(x)$ 在 $(0, b)$ 的最小值点. 由于 $t'(0) < 0, t'(d) > 0$, 所以 x_0 是函数 $t(x)$ 在 $[0, b]$ 的最小值点.

在 $x = x_0$ 点处, $\dfrac{\sin\theta_1}{c_1} = \dfrac{\sin\theta_2}{c_2}$, 称为 **Snell 定律或折射定律**.　　　□

例 7.8　两条河道垂直, 河宽分别为 a, b. 船要从一条河进入另一条河, 船的长度不能超过多少 (见图 7.2)?

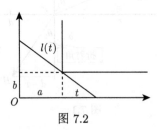

图 7.2

解　问题等价于求图中斜线长度的最小值.

$$l(t) = \frac{a}{\cos t} + \frac{b}{\sin t}, \quad t \in \left(0, \frac{\pi}{2}\right),$$

$$l'(t) = a\sec t\tan t - b\csc t\cot t,$$

$$l''(t) = a(\sec t\tan^2 t + \sec^3 t) + b(\csc t\cot^3 t + \csc^2 t).$$

$$l'(t_0) = 0 \implies \tan t_0 = \sqrt[3]{\frac{b}{a}}; \quad l''(t_0) > 0.$$

由定理 7.4, $l(t_0)$ 是最小值点, $l(t_0) = \left(a^{\frac{2}{3}} + b^{\frac{2}{3}}\right)^{\frac{3}{2}}$.　　　□

例 7.9　经济学中的最大利润问题和最小成本问题.

假设 $r(x), c(x), x > 0$ 是可微函数,

$r(x)$: 卖出 x 件产品的收入, 边际收入 $= \dfrac{\mathrm{d}r}{\mathrm{d}x}$;

$c(x)$: 生产这 x 件产品的成本, 边际成本 $= \dfrac{\mathrm{d}c}{\mathrm{d}x}$;

$p(x) = r(x) - c(x)$: 卖出 x 件产品的利润, 边际利润 $= \dfrac{\mathrm{d}p}{\mathrm{d}x}$.

(A) **最大化利润**　在最大利润的生产水平上, 边际收入 = 边际成本.

证明　由于 $r(x), c(x), x > 0$ 是可微函数, 所以如果 $p(x)$ 达到最大值的话, 一定会存在点 $x_0 \in (0, \infty)$ 有 $p'(x_0) = 0$, 此即 $r'(x_0) = c'(x_0)$.

例如: 假设 $r(x) = 9x, c(x) = x^3 - 6x^2 + 15x, x$ 表示千件产品, 是否存在一个能最大化利润的生产水平 (图 7.3)?

解

$$r'(x) = c'(x), \quad 9 = 3x^2 - 12x + 15, \quad x = 2 \pm \sqrt{2}.$$

在 $x = 2 + \sqrt{2}, r(x) > c(x)$, 此时利润最大 (盈利) 的产品水平为 $x = 2 + \sqrt{2}$.
在 $x = 2 - \sqrt{2}, r(x) < c(x)$, 此时利润最小 (亏损) 的产品水平为 $x = 2 - \sqrt{2}$.

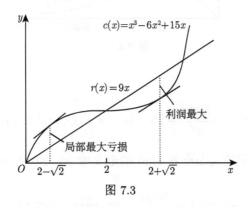

图 7.3

(B) **极小化成本** 考虑利用原材料每天生产 5 件家具的储存柜制作者. 假设一种特定的外来木材的运送成本为 5000 元, 而存储每个单位材料的储存成本为 10 美元. 这里的单位材料指制作一件家具所需的原材料的量. 为使两次运送期间的制作周期内平均每天的成本最小, 每次应订多少原料以及多长时间订一次货?

解 如果每 x 天送一次货, 那么为在运送周期内有足够多的原材料, 必须订 $5x$ 单位材料. 平均储存量大约为运送数量的一半, 即 $\dfrac{5x}{2}$. 因此每个运送周期内的运送和储存成本大约为

每个周期的成本 = 运送成本 + 储存成本,

储存成本 = 每天平均储存量·储存天数·每天的储存成本.

所以, 每个周期的成本 $= 5000 + \dfrac{5x}{2} \cdot x \cdot 10$.

每天的平均成本 $c(x) =$ 每个周期的成本 ÷ 周期的天数. 则

$$c(x) = \frac{5000}{x} + 25x.$$

目标: 确定能给出绝对最小成本的两次运送之间的天数 (图 7.4).

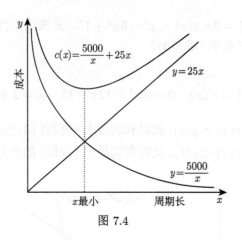

图 7.4

求驻点:

$$c'(x) = -\frac{5000}{x^2} + 25 = 0, \quad x = \pm\sqrt{200} \approx 14.14.$$

两个平衡点中, 只有 $\sqrt{200}$ 在 $c(x)$ 的定义域 $(0, \infty)$ 中, 每天的平均成本的临界点处的值为

$$c(\sqrt{200}) = \frac{5000}{\sqrt{200}} + 25\sqrt{200} \approx 707.11.$$

由于 $c''(x) = \dfrac{10000}{x^3} > 0$, 所以, $c(x)$ 在 $x = \pm\sqrt{200} \approx 14.14$(天) 处取得全局最小值.

所以, 储藏柜制作者应安排每隔 14 天送来木材 $5 \times 14 = 70$ 单位材料.

问: 两次运送的天数的最优解应该是上舍入 (14 天) 还是下舍入 (15 天)?

下舍入: $c(14) = \dfrac{5000}{14} + 25 \times 14 = 707.14$,

平均每天成本增加: $c(14) - c(14.14) = 707.14 - 707.11 = 0.03$.

上舍入: $c(15) = \dfrac{5000}{15} + 25 \times 15 = 708.33$,

平均每天成本增加: $c(15) - c(14.14) = 708.33 - 707.11 = 1.22$.

所以, 向下舍入成本增加小些.　　　　　　　　　　　　　　　　　　　□

7.2.3　建立不等式

利用函数最大值特性可以建立不等式.

定理 7.5　　设 $x > 0$. 则

$$x^\alpha - \alpha x + \alpha - 1 \leqslant 0, \quad \alpha \in (0, 1),$$

$$x^\alpha - \alpha x + \alpha - 1 \geqslant 0, \quad \alpha \in (-\infty, 0) \cup (1, +\infty),$$

等号仅在 $x = 1$ 处成立.

证明　设 $f(x) = x^\alpha - \alpha x + \alpha - 1$, $x \in (0, +\infty)$, $\alpha \neq 1$. 由于

$$f'(x) = \alpha(x^{\alpha-1} - 1), \quad f''(x) = \alpha(\alpha - 1)x^{\alpha-2},$$

所以 $x = 1$ 是 $f(x)$ 唯一的驻点. 由定理 7.4 知道, $x = 1$ 是最值点.

(1) 如果 $0 < \alpha < 1$, $f''(1) = \alpha(\alpha - 1) < 0$. 所以 $x = 1$ 为 $f(x)$ 在 $(0, \infty)$ 内的最大值点. 而 $f(1) = 0$, 所以 $f(x) \leqslant 0$.

(2) 如果 $\alpha < 0$ 或 $1 < \alpha$, $f''(1) = \alpha(\alpha - 1) > 0$. 所以 $x = 1$ 为 $f(x)$ 在 $(0, \infty)$ 内的最小值点. 而 $f(1) = 0$, 所以 $f(x) \geqslant 0$.

(3) 从上面的分析可以知道, 等号只在 $x = 1$ 处成立.　　　　　□

推论 7.6 (Young 不等式)　如果 $a > 0, b > 0$ 且数 p, q 满足 $p^{-1} + q^{-1} = 1$. 则

$$a^{\frac{1}{p}} b^{\frac{1}{q}} \leqslant \frac{a}{p} + \frac{b}{q}, \quad p > 1,$$

$$a^{\frac{1}{p}} b^{\frac{1}{q}} \geqslant \frac{a}{p} + \frac{b}{q}, \quad p < 1.$$

上式中等号成立的充分必要条件是 $a = b$. ($p > 1, q > 1$ 时, q, p 称为**共轭指数**.)

证明　我们只证明 $p > 1$. $p < 1$ 同理可证.

取 $x = \dfrac{a}{b}$, $\alpha = \dfrac{1}{p} < 1$. 记 $\dfrac{1}{q} = 1 - \dfrac{1}{p}$. 由定理 7.5 可知

$$\left(\frac{a}{b}\right)^{\frac{1}{p}} - \frac{1}{p}\left(\frac{a}{b}\right) + \frac{1}{p} - 1 \leqslant 0,$$

因为 $a > 0, b > 0$, 所以

$$b \cdot \left(\frac{a}{b}\right)^{\frac{1}{p}} - b \cdot \frac{1}{p}\left(\frac{a}{b}\right) + b \cdot \frac{1}{p} - b \leqslant 0.$$

从而

$$a^{\frac{1}{p}} b^{\frac{1}{q}} - a \cdot \frac{1}{p} - b\left(1 - \frac{1}{p}\right) \leqslant 0.$$

整理后有

$$a^{\frac{1}{p}} b^{\frac{1}{q}} - \frac{a}{p} - \frac{b}{q} \leqslant 0.$$　　　　　□

推论 7.7 (Hölder 不等式)　设 $x_i \geqslant 0$, $y_i \geqslant 0$, $i = 1, \cdots, n$, 且数 p, q 满足 $p^{-1} + q^{-1} = 1$. 则

$$\sum_{i=1}^{n} x_i y_i \leqslant \left(\sum_{i=1}^{n} x_i^p\right)^{\frac{1}{p}} \left(\sum_{i=1}^{n} y_i^q\right)^{\frac{1}{q}}, \quad p > 1, \tag{7.1}$$

$$\sum_{i=1}^{n} x_i y_i \geqslant \left(\sum_{i=1}^{n} x_i^p\right)^{\frac{1}{p}} \left(\sum_{i=1}^{n} y_i^q\right)^{\frac{1}{q}}, \quad p < 1. \tag{7.2}$$

当 $p < 0$, (7.2) 中假定 $x_i > 0, i = 1, \cdots, n$. (7.1) 和 (7.2) 中等号成立当且仅当向量 $(x_1^p, \cdots, x_n^p)$ 和 $(y_1^q, \cdots, y_n^q)$ 共线.

　　证明　我们只证明 (7.1), (7.2) 可以类似证明. 设

$$X = \sum_{i=1}^{n} x_i^p > 0, \quad Y = \sum_{i=1}^{n} y_i^q > 0.$$

否则 (7.1) 自然成立. 在 Young 不等式中, 令

$$a = \frac{x_i^p}{X}, \quad b = \frac{y_i^q}{Y}.$$

则有

$$\frac{x_i}{X^{\frac{1}{p}}} \frac{y_i}{Y^{\frac{1}{q}}} \leqslant \frac{1}{p} \frac{x_i^p}{X} + \frac{1}{q} \frac{y_i^q}{Y}.$$

把这些不等式对 $i = 1, \cdots, n$ 求和, 可得

$$\frac{1}{X^{\frac{1}{p}} Y^{\frac{1}{q}}} \sum_{i=1}^{n} x_i y_i \leqslant \frac{1}{pX} \sum_{i=1}^{n} x_i^p + \frac{1}{qY} \sum_{i=1}^{n} y_i^q = \frac{1}{p} + \frac{1}{q} = 1.$$

故 (7.1) 成立.

　　由 Young 不等式可知, 不等式中等号成立的充分必要条件是

$$x_i^p = \lambda y_i^q \quad \text{或} \quad y_i^q = \lambda x_i^p. \tag*{$\square$}$$

　　推论 7.8 (Minkowski 不等式)　设 $x_i \geqslant 0, y_i \geqslant 0$, $i = 1, \cdots, n$, 数 p, q 满足 $p^{-1} + q^{-1} = 1$. 则

$$\left(\sum_{i=1}^{n} (x_i + y_i)^p\right)^{\frac{1}{p}} \leqslant \left(\sum_{i=1}^{n} x_i^p\right)^{\frac{1}{p}} + \left(\sum_{i=1}^{n} y_i^p\right)^{\frac{1}{p}}, \quad p > 1, \tag{7.3}$$

$$\left(\sum_{i=1}^n (x_i + y_i)^p\right)^{\frac{1}{p}} \geqslant \left(\sum_{i=1}^n x_i^p\right)^{\frac{1}{p}} + \left(\sum_{i=1}^n y_i^p\right)^{\frac{1}{p}}, \quad p < 1,\ p \neq 0. \quad (7.4)$$

证明   我们只证明 (7.3), (7.4) 可以类似证明. 首先

$$\sum_{i=1}^n (x_i + y_i)^p = \sum_{i=1}^n x_i (x_i + y_i)^{p-1} + \sum_{i=1}^n y_i (x_i + y_i)^{p-1}.$$

令 q 为 p 的共轭指数, 则有 $p = q(p-1)$. 右端两项用 Hölder 不等式, 可知

$$\sum_{i=1}^n (x_i + y_i)^p \leqslant \left(\sum_{i=1}^n x_i^p\right)^{\frac{1}{p}} \cdot \left(\sum_{i=1}^n (x_i + y_i)^p\right)^{\frac{1}{q}} + \left(\sum_{i=1}^n y_i^p\right)^{\frac{1}{p}} \cdot \left(\sum_{i=1}^n (x_i + y_i)^p\right)^{\frac{1}{q}}$$

$$= \left[\left(\sum_{i=1}^n x_i^p\right)^{\frac{1}{p}} + \left(\sum_{i=1}^n y_i^p\right)^{\frac{1}{p}}\right] \left(\sum_{i=1}^n (x_i + y_i)^p\right)^{\frac{1}{q}}.$$

若 $x_1 = y_1 = \cdots = x_n = y_n = 0$, 则不等式显然成立.

若存在某个 $1 \leqslant i \leqslant n$, 使得 $x_i > 0$ 或 $y_i > 0$, 则 $\sum\limits_{i=1}^n (x_i + y_i)^p > 0$. 上面不等式两边同除以

$$\left(\sum_{i=1}^n (x_i + y_i)^p\right)^{\frac{1}{q}}$$

可知不等式成立.   □

习   题

1. 求下列函数的最大、最小值.
(1) $f(x) = x^4 - 2x^2 + 5,\ x \in [-2, 2]$.
(2) $f(x) = x \ln x,\ x > 0$.
(3) $f(x) = |x^2 - 3x + 2|,\ x \in [-10, 10]$.
(4) $f(x) = \arctan\left(\dfrac{1-x}{1+x}\right),\ x \in [0, 1]$.

2. 设 $P_i(x) = x^i (1-x)^{n-i},\ i = 0, 1, \cdots, n$, 求 $P_i(x),\ i = 0, 1, \cdots, n$ 在 $[0,1]$ 上的最大、最小值及 $\sup\limits_{i=0,1,\cdots,n} \sup\limits_{x \in [0,1]} \{P_i(x)\}$.

3. 通过从 12×12 寸的方形马口铁的四角切去全等的四个小正方形, 再把四边向上折起制作成一只无盖的方盒子. 从四角切去多大的全等小正方形才能使方盒子容积最大?

4. 矩形内接于一个半径为 2 的半圆. 矩形可以达到的最大面积为多少, 矩形边长是多少?

5. 把长度为 l 的线段截成两段, 问怎样的截法能使这两段为边组成的矩形面积最大?

6. 无盖圆柱形容器的体积为 V, 要是容器表面积最小, 问底面积需要多大?

7. 在抛物线 $y = 2px$ 上哪一点的法线被抛物线所截线段最短?

8. 用函数的单调性证明下列不等式:

(1) $\tan x > x - \dfrac{x^3}{3},\ x \in \left(0, \dfrac{\pi}{2}\right)$;　　　　　(2) $\dfrac{2x}{\pi} < \sin x,\ x \in \left(0, \dfrac{\pi}{2}\right)$.

(3) $x - \dfrac{x^2}{2} < \ln(1+x) < x - \dfrac{x^2}{2(1+x)},\ x > 0$.

9. 证明不等式.

(1) $x(x - \arctan x) > 0,\ x \neq 0$.　　　　　(2) $x - \dfrac{x^3}{6} < \sin x < x,\ x > 0$.

(3) $\dfrac{x}{\sin x} < \dfrac{\tan x}{x},\ x \in \left(0, \dfrac{\pi}{2}\right)$.

10. 设 $a_i, i = 1, \cdots, n$ 是 n 个正数, $f(x) = \left(\dfrac{a_1^x + \cdots + a_n^x}{n}\right)^{\frac{1}{x}}$. 证明:

$$\lim_{x \to 0} f(x) = \sqrt[n]{a_1 \cdots a_n}, \quad \lim_{x \to +\infty} f(x) = \max\{a_1, \cdots, a_n\}.$$

11. 设 a, b 是正实数, 比较 a^b, b^a 的大小.

7.3　函数的凸性

函数的凸性是函数的一类重要特征, 对建立不等式起重要作用.

7.3.1　凸函数的概念

定义 7.2　设函数 $f(x)$ 在 (a, b) 上有定义. 对任意 $\alpha \in (0, 1)$, $x_1, x_2 \in (a, b)$, $x_1 < x_2$, 若

(1) $f(\alpha x_1 + (1-\alpha)x_2) \leqslant \alpha f(x_1) + (1-\alpha)f(x_2)$, 称函数 $f(x)$ 在 (a, b) 上是**下凸的**.

(2) $f(\alpha x_1 + (1-\alpha)x_2) \geqslant \alpha f(x_1) + (1-\alpha)f(x_2)$, 称函数 $f(x)$ 在 (a, b) 上是**上凸的**.

若不等号换成 "$<$", 则称函数 $f(x)$ 在 (a, b) 上是**严格下 (上) 凸的**. 如图 7.5 所示.

注 7.3　对严格凸函数, 上述定义中严格不等号成为等号的充要条件是: $x = y$.

例 7.10　函数 $f(x) = x^2$ 为下凸函数.

解　$\forall \alpha \in (0, 1), x_1 \neq x_2$,

$$
\begin{aligned}
f(\alpha x_1 + (1-\alpha)x_2) &= [\alpha x_1 + (1-\alpha)x_2]^2 \\
&= \alpha^2 x_1^2 + (1-\alpha)^2 x_2^2 + 2\alpha(1-\alpha)x_1 x_2 \\
&\leqslant \alpha^2 x_1^2 + (1-\alpha)^2 x_2^2 + \alpha(1-\alpha)(x_1^2 + x_2^2)
\end{aligned}
$$

$$\leqslant \alpha x_1^2 + (1-\alpha)x_2^2$$
$$= \alpha f(x_1) + (1-\alpha)f(x_2). \qquad \square$$

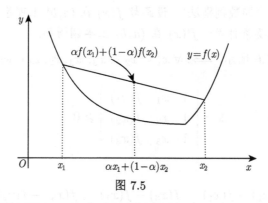

图 7.5

对任取的 $x_1,\ x_3 \in (a,b),\ x_1 < x_3$, 注意到

$$x_2 \in (x_1, x_3) \iff x_2 = \alpha x_1 + (1-\alpha)x_3,\ 其中\alpha = \frac{x_3 - x_2}{x_3 - x_1} \in (0,1),$$

利用这个关系可以得到下面的等价定义.

定理 7.9 函数 $f(x)$ 是 (a,b) 上是下凸函数的充要条件是

$$\Delta = \begin{vmatrix} 1 & x_1 & f(x_1) \\ 1 & x_2 & f(x_2) \\ 1 & x_3 & f(x_3) \end{vmatrix} \geqslant 0, \quad \forall\, x_1 \leqslant x_2 \leqslant x_3,\ x_1,x_2,x_3 \in (a,b).$$

证明 若 $x_1 = x_2 = x_3$, 定理自然成立. 若 $x_1 < x_3$, 设 $\alpha = \dfrac{x_3 - x_2}{x_3 - x_1}$,

则 $1 - \alpha = \dfrac{x_2 - x_1}{x_3 - x_1}$, $x_2 = \alpha x_1 + (1-\alpha)x_3$. 由于

$$f(x_2) \leqslant \alpha f(x_1) + (1-\alpha)f(x_3) = \frac{x_3 - x_2}{x_3 - x_1}f(x_1) + \frac{x_2 - x_1}{x_3 - x_1}f(x_3)$$

$$\iff \Delta = \begin{vmatrix} 1 & x_1 & f(x_1) \\ 1 & x_2 & f(x_2) \\ 1 & x_3 & f(x_3) \end{vmatrix} \geqslant 0.$$

定理得证. $\qquad\qquad \square$

注 7.4　设 $A_1 = (x_1, f(x_1))$, $A_2 = (x_2, f(x_2))$, $A_3 = (x_3, f(x_3))$. $|\Delta|$ 为三角形 $\triangle A_1 A_2 A_3$ 面积的二倍. 若 A_1, A_2, A_3 为逆时针方向, 则 $\Delta > 0$, 此时对应下凸函数. 若 A_1, A_2, A_3 为顺时针方向, 则 $\Delta < 0$, 此时对应上凸函数.

定理 7.10 (一阶导数判别法)　设函数 $f(x)$ 在 (a, b) 上可导. 则 $f(x)$ 是 (a, b) 上是下凸函数的充要条件是: $f'(x)$ 在 (a, b) 上单调增加.

证明　如图 7.6 所示. $\Longrightarrow$: $\forall\, x_1 < x_2 < x_3,\ x_1, x_2, x_3 \in (a, b)$, 有

$$\Delta = \begin{vmatrix} 1 & x_1 & f(x_1) \\ 1 & x_2 & f(x_2) \\ 1 & x_3 & f(x_3) \end{vmatrix} \geqslant 0.$$

即

$$\frac{f(x_2) - f(x_1)}{x_2 - x_1} \leqslant \frac{f(x_3) - f(x_1)}{x_3 - x_1} \leqslant \frac{f(x_3) - f(x_2)}{x_3 - x_2}.$$

令 $x_2 \to x_1$ 可得

$$f'(x_1) \leqslant \frac{f(x_3) - f(x_1)}{x_3 - x_1}.$$

令 $x_2 \to x_3$ 可得

$$\frac{f(x_3) - f(x_1)}{x_3 - x_1} \leqslant f'(x_3).$$

所以

$$f'(x_1) \leqslant f'(x_3).$$

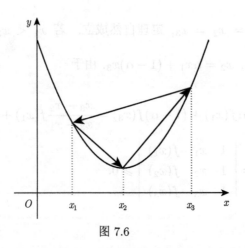

图 7.6

⟸: $\forall\, x_1 < x_2 < x_3,\ x_1, x_2, x_3 \in (a, b)$, 利用拉格朗日中值定理可知, 存在 $\xi_{1,2} \in (x_1, x_2),\ \xi_{2,3} \in (x_2, x_3)$, 使得

$$\frac{f(x_2) - f(x_1)}{x_2 - x_1} = f'(\xi_{1,2}), \quad \frac{f(x_3) - f(x_2)}{x_3 - x_2} = f'(\xi_{2,3}).$$

因为 $f'(x)$ 在 (a, b) 上单调增加, 从而

$$\frac{f(x_2) - f(x_1)}{x_2 - x_1} = f'(\xi_{1,2}) \leqslant f'(\xi_{2,3}) = \frac{f(x_3) - f(x_2)}{x_3 - x_2}\,.$$

即

$$\Delta = \begin{vmatrix} 1 & x_1 & f(x_1) \\ 1 & x_2 & f(x_2) \\ 1 & x_3 & f(x_3) \end{vmatrix} \geqslant 0. \qquad \square$$

定理 7.11 (二阶导数判别法) 设函数 $f(x)$ 在 (a, b) 上存在二阶导数. 则 $f(x)$ 是 (a, b) 上的下凸函数的充要条件为: $f''(x) \geqslant 0, x \in (a, b)$.

证明

$$f(x) \text{ 在 } (a, b) \text{ 下凸} \iff f'(x) \text{ 在 } (a, b) \text{ 上单调增加} \iff f''(x) \geqslant 0\,. \quad \square$$

注 7.5 定理 7.10 和定理 7.11 中的不等号换成严格增加、严格不等号, 则相应的变为严格下凸.

例 7.11 函数 $f(x) = x^2$. 因为 $f''(x) = 2 > 0$, $f(x) = x^2$ 是严格下凸函数.

定义 7.6 若函数 $f(x)$ 在 x_0 两侧有相反的凸性, 则称 x_0 为 $f(x)$ 的**拐点**.

例 7.12 函数 $f(x) = x^3$. $x = 0$ 是拐点. 因为 $f''(x) = 6x$ 在 $x = 0$ 两侧变号, 由定理 7.11, 函数 $f(x) = x^3$ 在 $x = 0$ 两侧有相反的凸性.

函数 $f(x)$ 在拐点导数不一定存在, 若二阶导数存在, 则有下面的定理.

定理 7.12 设 $f(x)$ 在 (a, b) 上二阶可导, $x_0 \in (a, b)$.

(1) 若 x_0 是函数 $f(x)$ 的拐点, 则 $f''(x_0) = 0$.

(2) 若 $f''(x_0) = 0, f'''(x_0) \neq 0$, 则 x_0 是拐点.

证明 (1) 由于函数 $f(x)$ 在 x_0 两侧有相反的凸性, $f''(x)$ 存在, 由定理 7.11, $f''(x)$ 在 $(x_0 - \delta, x_0), (x_0, x_0 + \delta)$ 上非零且异号. 任取 $x_- \in (x_0 - \delta, x_0), x^+ \in (x_0, x_0 + \delta)$, 由达布定理, 存在 $\xi \in (x_-, x^+)$ 使得 $f''(\xi) = 0$. 由于 $f''(x) \neq 0, x \in (x_0 - \delta, x_0), (x_0, x_0 + \delta)$, 所以, $\xi = x_0$.

(2)

$$\lim_{x \to x_0} \frac{f''(x)}{x - x_0} = \lim_{x \to x_0} \frac{f''(x) - f''(x_0)}{x - x_0} = f'''(x_0) \neq 0,$$

所以 $f''(x)$ 在 x_0 两侧变号, 由定义 7.6 知道函数 $f(x)$ 在 x_0 两侧有相反的凸性, 故 x_0 点是拐点. □

例 7.13　求函数 $f(x) = \sin x, x \in \mathbb{R}$ 的极值点和拐点.

解

$$f'(x) = \cos x, \quad f''(x) = -\sin x.$$

极值点: $f'(x) = 0, f''(x) \neq 0 \Longrightarrow x = n\pi + \dfrac{\pi}{2}, \ n \in \mathbb{Z}$,

拐点: $f''(x) = 0, f'''(x) \neq 0 \Longrightarrow x = n\pi, \ n \in \mathbb{Z}$. □

定理 7.13　设 $n \geqslant 2$, 函数 $f(x)$ 在 x_0 点有 n 阶导数, 且

$$f'(x_0) = \cdots = f^{(n-1)}(x_0) = 0, \quad f^{(n)}(x_0) \neq 0.$$

则若 n 为偶数, 则 x_0 为极值点; 若 n 为奇数, 则 x_0 为拐点.

证明　若 n 为偶数, 由泰勒公式

$$f(x) = f(x_0) + f'(x_0)(x - x_0) + \cdots + \frac{f^{(n)}(x_0)}{n!}(x - x_0)^n + o\left((x - x_0)^n\right)$$

$$= f(x_0) + \frac{f^{(n)}(x_0)}{n!}(x - x_0)^n + o\left((x - x_0)^n\right)$$

$$= f(x_0) + \left(\frac{f^{(n)}(x_0)}{n!} + o(1)\right)(x - x_0)^n.$$

故 $f(x) - f(x_0)$ 在 x_0 两侧同号, 所以 x_0 为极值点.

若 n 为奇数, 由 $f''(x)$ 在 $x = x_0$ 点的泰勒公式

$$f''(x) = \frac{f^{(n)}(x_0)}{(n-2)!}(x - x_0)^{n-2} + o\left((x - x_0)^{n-2}\right)$$

$$= \left(\frac{f^{(n)}(x_0)}{(n-2)!} + o(1)\right)(x - x_0)^{n-2}.$$

故 $f''(x)$ 在 x_0 两侧异号, 所以 x_0 为拐点. □

例 7.14　当 a, b 为何值时, 点 $(1, 3)$ 可能为 $y = ax^3 + bx^2$ 的拐点? 此时函数的凸性如何?

解

$$y'' = 6ax + 2b.$$

由点 $(1, 3)$ 在曲线上和拐点处的二阶导数为零知道

$$a + b = 3, \quad 6a + 2b = 0 \quad \Longrightarrow \quad a = -1.5, \ b = 4.5 \quad \Longrightarrow \quad y'' = 9(1 - x).$$

从而在 $(-\infty, 1)$ 为函数的下凸函数, 在 $(1, +\infty)$ 为函数的上凸函数. □

7.3.2 凸函数的性质

性质 7.14 若函数 $f : (a, b) \to \mathbb{R}$ 是下凸的. 则

(1) f 的左、右导数存在且 $f'_-(x) \leqslant f'_+(x)$.

(2) 设 $x_0 \in \mathbb{R}$. 在 x_0 两侧成立

$$f(x_0) + f'_+(x_0)(x - x_0) \leqslant f(x), \quad x > x_0.$$

$$f(x_0) + f'_-(x_0)(x - x_0) \leqslant f(x), \quad x < x_0.$$

证明 (1) 对任意 $x \in (a, b)$, 令 $h_0 = \min(x - a, b - x)$. 设 $F(h) = \dfrac{f(x + h) - f(x)}{h}, h \in (-h_0, h_0) \setminus \{0\}$.

首先证明: $F(h)$ 在 $(-h_0, h_0) \setminus \{0\}$ 是单调增加有界的. 为此先任取 $-h_0 < h_1 < h_2 < h_0, h_1, h_2 \neq 0$, 由函数的下凸性知道

$$\begin{vmatrix} 1 & x & f(x) \\ 1 & x + h_1 & f(x + h_1) \\ 1 & x + h_2 & f(x + h_2) \end{vmatrix} \geqslant 0$$

$$\implies F(h_1) = \frac{f(x + h_1) - f(x)}{h_1} \leqslant \frac{f(x + h_2) - f(x)}{h_2} = F(h_2).$$

所以 F 是 $(-h_0, h_0) \setminus \{0\}$ 上单调增加函数. 在上面的证明中分别取 $h_1 = -h_0, h_2 = h_0$, 可以证明 $F(h)$ 在 $(-h_0, h_0) \setminus \{0\}$ 上有界. 所以 $F(h)$ 在 x 点的左、右极限存在, 由此知道 $f'_-(x), f'_+(x)$ 存在. 由于

$$\begin{vmatrix} 1 & x - h & f(x - h) \\ 1 & x & f(x) \\ 1 & x + h & f(x + h) \end{vmatrix} \geqslant 0 \implies \frac{f(x) - f(x - h)}{h} \leqslant \frac{f(x + h) - f(x)}{h}.$$

令 $h \to 0$ 可知 $f'_-(x) \leqslant f'_+(x)$.

(2) 首先考虑 $x > x_0$ 的情况. 取 $h > 0$ 使得 $x_0 + h < x$. 由函数的下凸性,

$$\begin{vmatrix} 1 & x_0 & f(x_0) \\ 1 & x_0 + h & f(x_0 + h) \\ 1 & x & f(x) \end{vmatrix} \geqslant 0 \implies \frac{f(x_0 + h) - f(x_0)}{h} \leqslant \frac{f(x) - f(x_0)}{x - x_0}.$$

令 $h \to 0$, 可得

$$f'_+(x_0) \leqslant \frac{f(x) - f(x_0)}{x - x_0}.$$

所以

$$f(x_0) + f'_+(x_0)(x - x_0) \leqslant f(x), \quad x > x_0.$$

类似可证

$$f(x_0) + f'_-(x_0)(x - x_0) \leqslant f(x), \quad x < x_0. \qquad \Box$$

注 7.7　下凸函数的几何特征: 函数图像在其左、右切线上方.

推论 7.15　若函数 $f : (a, b) \to \mathbb{R}$ 是下凸的, 则必是连续函数.

证明　对 $x \in (a, b)$, 由 f 的下凸性可知 $f'_-(x), f'_+(x)$ 存在. 从而

$$\lim_{x \to x_0^+} [f(x) - f(x_0)] = \lim_{x \to x_0^+} \frac{f(x) - f(x_0)}{x - x_0} \cdot (x - x_0) = 0.$$

同理

$$\lim_{x \to x_0^-} [f(x) - f(x_0)] = 0.$$

由极限定义, f 在点 x_0 连续.　　　　　　　　　　　　　　　　　　　　$\Box$

推论 7.16　设 $f(x), x \in \mathbb{R}$ 是非常值的下凸函数, 则 $f(x)$ 无界.

证明　如果函数不是常数值函数, 则存在点 x_0 使得 $f'_+(x_0)$ 或 $f'_-(x_0)$ 至少有一个不为 0. 不妨设 $f'_+(x_0) \neq 0$.

(1) 如果 $f'_+(x_0) > 0$. 由性质 7.14(2),

$$f(x_0) + f'_+(x_0)(x - x_0) \leqslant f(x), \quad x > x_0.$$

所以 $f(x)$ 无上界.

(2) 如果 $f'_+(x_0) < 0$. 由性质 7.14, $f'_-(x_0) < 0$. 由性质 7.14(2),

$$f(x_0) + f'_-(x_0)(x - x_0) \leqslant f(x), \quad x < x_0.$$

所以 $f(x)$ 无上界.　　　　　　　　　　　　　　　　　　　　　　　　　　$\Box$

性质 7.17　设函数 $f(x)$ 在 $[a, b]$ 上有定义, 在 (a, b) 下凸且不恒为常数, 则 $f(x)$ 只可能在 a, b 两点达到最大值.

证明　如不然, 可设 $f(x_0), x_0 \in (a, b)$ 是最大值. 任取 $x_1, x_2, \in (a, b), x_1 < x_0 < x_2$, 设 $\alpha = \dfrac{x_2 - x_0}{x_2 - x_1}$, 则 $x_0 = \alpha x_1 + (1 - \alpha) x_2$. 由下凸函数的定义和 $f(x_1) \leqslant f(x_0), f(x_2) \leqslant f(x_0)$,

$$f(x_0) \leqslant \frac{x_2 - x_0}{x_2 - x_1} f(x_1) + \frac{x_0 - x_1}{x_2 - x_1} f(x_2) \leqslant \left[\frac{x_2 - x_0}{x_2 - x_1} + \frac{x_0 - x_1}{x_2 - x_1} \right] f(x_0) = f(x_0).$$

可知 $f(x_1) = f(x_0) = f(x_2)$. 由 x_1, x_2 的任意性, 函数 f 恒为常数, 与题设矛盾.　　　　　　　　　　　　　　　　　　　　　　　　　　　　　　　　$\Box$

定理 7.18 (詹森 (Jensen) 不等式)　若 $f(a,b) \to \mathbb{R}$ 是下凸函数, $x_1, \cdots, x_n \in (a,b), \lambda_1, \cdots, \lambda_n$ 是非负实数, 满足 $\lambda_1 + \cdots + \lambda_n = 1$, 则

$$f(\lambda_1 x_1 + \cdots + \lambda_n x_n) \leqslant \lambda_1 f(x_1) + \cdots + \lambda_n f(x_n).$$

若 f 在 (a,b) 上严格下凸, 则等号成立的充分必要条件是: $x_1 = x_2 = \cdots = x_n$.

证明　利用数学归纳法.

(1) 当 $n = 1$ 时, 定理成立.

(2) 假设定理对 $n - 1$ 成立, 证明定理对 n 成立.

不失一般性, 假设 $\lambda_n \neq 0$. 记 $\beta = \lambda_2 + \cdots + \lambda_n > 0$. 因为 $\dfrac{\lambda_2}{\beta} + \cdots + \dfrac{\lambda_n}{\beta} = 1$, 所以 $\dfrac{\lambda_2}{\beta} x_2 + \cdots + \dfrac{\lambda_n}{\beta} x_n \in (a,b)$. 由于 $\lambda_1 + \beta = 1$, 所以

$$\begin{aligned} f(\lambda_1 x_1 + \cdots + \lambda_n x_n) &= f\left(\lambda_1 x_1 + \beta \left(\frac{\lambda_2}{\beta} x_2 + \cdots + \frac{\lambda_n}{\beta} x_n \right) \right) \\ &\leqslant \lambda_1 f(x_1) + \beta f\left(\frac{\lambda_2}{\beta} x_2 + \cdots + \frac{\lambda_n}{\beta} x_n \right). \end{aligned}$$

利用归纳假定,

$$f\left(\frac{\lambda_2}{\beta} x_2 + \cdots + \frac{\lambda_n}{\beta} x_n \right) \leqslant \frac{\lambda_2}{\beta} f(x_2) + \cdots + \frac{\lambda_n}{\beta} f(x_n).$$

因此

$$\begin{aligned} f(\lambda_1 x_1 + \cdots + \lambda_n x_n) &= f\left(\lambda_1 x_1 + \beta \left(\frac{\lambda_2}{\beta} x_2 + \cdots + \frac{\lambda_n}{\beta} x_n \right) \right) \\ &\leqslant \lambda_1 f(x_1) + \beta f\left(\frac{\lambda_2}{\beta} x_2 + \cdots + \frac{\lambda_n}{\beta} x_n \right) \\ &\leqslant \lambda_1 f(x_1) + \beta \cdot \left(\frac{\lambda_2}{\beta} f(x_2) + \cdots + \frac{\lambda_n}{\beta} f(x_n) \right) \\ &= \lambda_1 f(x_1) + \cdots + \lambda_n f(x_n). \end{aligned}$$

利用数学归纳法, 定理中的不等式成立. 最后的论断由注 7.5 得到.　　□

例 7.15　设 $x_i \in (0, \infty), \alpha_i \geqslant 0, i = 1, \cdots, n, \sum\limits_{i=1}^{n} \alpha_i = 1, p > 1$. 证明:

$$\left(\sum_{i=1}^{n} \alpha_i x_i \right)^p \leqslant \sum_{i=1}^{n} \alpha_i x_i^p.$$

等号成立的充分必要条件是 $x_1 = \cdots = x_n$.

证明　设 $f(x) = x^p, x \geqslant 0, p > 1$. 因为 $f'(x) = px^{p-1}, f''(x) = p(p-1)x^{p-2} > 0$, 所以函数 f 是严格下凸的, 由詹森不等式,

$$\left(\sum_{i=1}^{n} \alpha_i x_i \right)^p \leqslant \sum_{i=1}^{n} \alpha_i x_i^p.$$

等号成立的充分必要条件是: $x_1 = \cdots = x_n$.　　　　　　　　□

例 7.16　证明: 设 $x_1, \cdots, x_n \in (0, \infty)$, $\lambda_i \geqslant 0$, 且 $\sum\limits_{i=1}^{n} \lambda_i = 1$,

$$\lambda_1 \ln x_1 + \cdots + \lambda_n \ln x_n \leqslant \ln(\lambda_1 x_1 + \cdots + \lambda_n x_n).$$

证明　设 $f(x) = \ln x, x > 0$. 因为 $f'(x) = \dfrac{1}{x}, f''(x) = -\dfrac{1}{x^2} < 0$, 所以函数是上凸函数. 由詹森不等式知道

$$\lambda_1 \ln x_1 + \cdots + \lambda_n \ln x_n \leqslant \ln(\lambda_1 x_1 + \cdots + \lambda_n x_n).$$　□

上面的不等式可以变形为: $x_1^{\lambda_1} \cdots x_n^{\lambda_n} \leqslant \lambda_1 x_1 + \cdots + \lambda_n x_n$. 特别地, 如果 $\lambda_1 = \cdots = \lambda_n = \dfrac{1}{n}$, 则

$$(x_1 \cdots \cdots x_n)^{\frac{1}{n}} \leqslant \frac{x_1 + \cdots + x_n}{n}.$$

例 7.17　证明: $(abc)^{\frac{a+b+c}{3}} \leqslant a^a b^b c^c, a, b, c > 0$.

证明　设 $f(x) = x \ln x, x > 0$.

$$f'(x) = \ln x + 1, \quad f''(x) = \frac{1}{x}.$$

所以, 函数 f 在 $(0, \infty)$ 是严格下凸函数. 由詹森不等式,

$$f\left(\frac{a+b+c}{3} \right) \leqslant \frac{1}{3}(f(a) + f(b) + f(c)).$$

从而有

$$\frac{a+b+c}{3} \ln \frac{a+b+c}{3} \leqslant \frac{1}{3}(a \ln a + b \ln b + c \ln c),$$

此即

$$\left(\frac{a+b+c}{3} \right)^{a+b+c} \leqslant a^a b^b c^c.$$

由例 7.15, $(abc)^{\frac{1}{3}} \leqslant \dfrac{a+b+c}{3}$, 所以, $(abc)^{\frac{a+b+c}{3}} \leqslant a^a b^b c^c$.　　□

定理 7.19 若 (a, b) 上的连续函数 f 满足: 对任意的 $x_1, x_2 \in (a, b)$, $f\left(\dfrac{x_1 + x_2}{2}\right) \leqslant \dfrac{1}{2}f(x_1) + \dfrac{1}{2}f(x_2)$, 则函数 f 是下凸的.

证明 我们要证

$$\forall\, \lambda \in (0, 1), \quad f(\lambda x_1 + (1 - \lambda)x_2) \leqslant \lambda f(x_1) + (1 - \lambda)f(x_2). \tag{7.5}$$

由于函数 f 连续, 只需要寻找数列 $\{\lambda_n\}$, 使得

$$\lim_{n \to \infty} \lambda_n = \lambda, \quad f(\lambda_n x_1 + (1 - \lambda_n)x_2) \leqslant \lambda_n f(x_1) + (1 - \lambda_n)f(x_2).$$

于是

$$
\begin{aligned}
f(\lambda x_1 + (1 - \lambda)x_2) &= f\left(\lim_{n \to \infty}[\lambda_n x_1 + (1 - \lambda_n)x_2]\right) \\
&= \lim_{n \to \infty} f(\lambda_n x_1 + (1 - \lambda_n)x_2) \\
&\leqslant \lim_{n \to \infty}[\lambda_n f(x_1) + (1 - \lambda_n)f(x_2)] \\
&= \lambda f(x_1) + (1 - \lambda)f(x_2).
\end{aligned}
$$

给定充分大的 $n \in \mathbb{N}$, 将区间 $(0, 1)$ 等分 2^n 份: $0 < \dfrac{1}{2^n} < \dfrac{2}{2^n} < \cdots < \dfrac{2^n - 1}{2^n} < 1$. 则对 $\forall\, \lambda \in (0, 1)$, 必存在 $0 < k_n < 2^n$, 使得 $\dfrac{k_n}{2^n} \leqslant \lambda \leqslant \dfrac{k_n + 1}{2^n}$. 定义 $\lambda_n = \dfrac{k_n}{2^n}$. 则

$$\lim_{n \to \infty} |\lambda_n - \lambda| \leqslant \lim_{n \to \infty} \frac{1}{2^n} = 0.$$

因此, 我们只需要对于 $\lambda_n = \dfrac{k}{2^n}$, $1 \leqslant k \leqslant 2^n$, 证明如下不等式:

$$f(\lambda_n x_1 + (1 - \lambda_n)x_2) < \lambda_n f(x_1) + (1 - \lambda_n)f(x_2). \tag{7.6}$$

第一步: 首先证当 $k = 1$ 时, (7.6) 成立. 对正整数 n 用数学归纳法:
- 当 $n = 1$ 时, (7.6) 显然成立.
- 假设 (7.6) 对 n 成立, 下证对 $n + 1$ 成立.

$$f\left(\frac{1}{2^{n+1}}x_1 + \left[1 - \frac{1}{2^{n+1}}\right]x_2\right) = f\left(\frac{1}{2}\left[\frac{1}{2^n}x_1 + \left(1 - \frac{1}{2^n}\right)x_2\right] + \frac{1}{2}x_2\right)$$

$$\leqslant \frac{1}{2} f\left(\frac{1}{2^n} x_1 + \left(1 - \frac{1}{2^n}\right) x_2\right) + \frac{1}{2} f(x_2)$$

$$\leqslant \frac{1}{2}\left[\frac{1}{2^n} f(x_1) + \left(1 - \frac{1}{2^n}\right) f(x_2)\right] + \frac{1}{2} f(x_2)$$

$$= \frac{1}{2^{n+1}} f(x_1) + \left(1 - \frac{1}{2^{n+1}}\right) f(x_2).$$

由归纳法知道, 当 $k = 1$ 时, (7.6) 对任何正整数 n 成立.

第二步: 用数学归纳法证明 (7.6) 对正整数 $0 < k \leqslant 2^n$ 和任意正整数 n 也成立.

- 对 $k = 1$ 和任意正整数 n, 前面已证 (7.6) 成立.
- 假设 (7.6) 对 k 和任意正整数 n 都成立. 下证对 $k + 1$ 和任意正整数 n 也成立.

$$f\left(\frac{k+1}{2^{n+1}} x_1 + \left(1 - \frac{k+1}{2^{n+1}}\right) x_2\right)$$

$$= f\left(\frac{1}{2}\left(\frac{k}{2^n} x_1 + \left(1 - \frac{k}{2^n}\right) x_2\right) + \frac{1}{2}\left(\frac{1}{2^n} x_1 + \left(1 - \frac{1}{2^n}\right) x_2\right)\right)$$

$$\leqslant \frac{1}{2} f\left(\frac{k}{2^n} x_1 + \left(1 - \frac{k}{2^n}\right) x_2\right) + \frac{1}{2} f\left(\frac{1}{2^n} x_1 + \left(1 - \frac{1}{2^n}\right) x_2\right)$$

$$\leqslant \frac{1}{2}\left[\frac{k}{2^n} f(x_1) + \left(1 - \frac{k}{2^n}\right) f(x_2)\right] + \frac{1}{2}\left[\frac{1}{2^n} f(x_1) + \left(1 - \frac{1}{2^n}\right) f(x_2)\right]$$

$$= \frac{k+1}{2^{n+1}} f(x_1) + \left(1 - \frac{k+1}{2^{n+1}}\right) f(x_2).$$

由 n 的任意性, 在上式中用 n 替换 $n + 1$, 知道这个不等式也成立. 从而 (7.6) 对任何正整数 $1 < k \leqslant 2^n$ 都成立. □

注7.8　若定理 7.19 中的函数 $f(x)$ 在点 x_0 连续. 任取 $x_1 < x_0 < x_2, x_1, x_2 \in (a, b)$. 设 $\lambda = \dfrac{x_2 - x_0}{x_2 - x_1}$. 则 $x_0 = \lambda x_1 + (1 - \lambda) x_2$. 取定理 7.19 中的 λ_n, $\lim\limits_{n \to \infty} \lambda_n = \lambda$, 则有

$$\lim_{n \to \infty}[\lambda_n x_1 + (1 - \lambda_n) x_2] = \lambda x_1 + (1 - \lambda) x_2 = x_0.$$

利用定理 7.19, 函数 $f(x)$ 在 x_0 点的连续性, 有

$$f(\lambda x_1 + (1 - \lambda) x_2) = f(x_0)$$

$$= \lim_{n \to \infty} f(\lambda_n x_1 + (1 - \lambda_n) x_2)$$

$$\leqslant \lim_{n\to\infty}[\lambda_n f(x_1) + (1-\lambda_n)f(x_2)]$$
$$= \lambda f(x_1) + (1-\lambda)f(x_2),$$

即

$$f(x_0) \leqslant \frac{x_2-x_0}{x_2-x_1}f(x_1) + \frac{x_0-x_1}{x_2-x_1}f(x_2).$$

例 7.18 设对 $x_1, x_2 \in (a,b)$, $f\left(\dfrac{x_1+x_2}{2}\right) \leqslant \dfrac{1}{2}f(x_1) + \dfrac{1}{2}f(x_2)$. 若 $f(x)$ 在 (a,b) 上没有第二类间断点, 则 $f(x)$ 在 (a,b) 上连续.

证明 设 x_0 是第一类间断点. 取 $h \in \mathbb{R}$, 使得 $x_0 + h \in (a,b)$. 由条件

$$f_-(x_0) = \lim_{h\to 0^-} f\left(\frac{2x_0+h}{2}\right) \leqslant \lim_{h\to 0^-}\left[\frac{1}{2}f(x_0) + \frac{1}{2}f(x_0+h)\right] \leqslant \frac{f(x_0)+f_-(x_0)}{2}$$
$$\implies f_-(x_0) \leqslant f(x_0),$$

$$f_+(x_0) = \lim_{h\to 0^+} f\left(\frac{2x_0+h}{2}\right) \leqslant \lim_{h\to 0^+}\left[\frac{1}{2}f(x_0) + \frac{1}{2}f(x_0+h)\right] \leqslant \frac{f(x_0)+f_+(x_0)}{2}$$
$$\implies f_+(x_0) \leqslant f(x_0).$$

取 $x = x_0+h, y = x_0-h, h>0, x,y \in (a,b)$. 由条件, 并令 $h \to 0$,

$$f(x_0) = f\left(\frac{x+y}{2}\right) \leqslant \frac{1}{2}(f(x_0+h) + f(x_0-h)) \implies 2f(x_0) \leqslant f_+(x_0) + f_-(x_0).$$

结合上面的三个不等式, 有 $2f(x_0) = f_+(x_0) + f_-(x_0)$. 再利用前面两个等式, 可以导出 $f(x_0) = f_+(x_0) = f_-(x_0)$, 此即 x_0 是 $f(x)$ 的连续点. □

注 7.9 定义 7.2 也可以在闭区间 $[a,b]$ 上, 问此时函数是否还具有开区间 (a,b) 上的类似性质? 请举例分析之.

习 题

1. 判断下列函数的凸性.

(1) $f(x) = x^\alpha, x \geqslant 0, \alpha \geqslant 0$. 　　(2) $f(x) = x\ln x, x > 0$.

(3) $f(x) = \ln\left(1 + \dfrac{1}{x}\right), x > 0$.

2. 设函数 $f(x)$ 在 $\mathbb{R}$ 上有界, $f''(x) \geqslant 0$. 证明 $f(x)$ 是常值函数.

3. 设 $x_i > 0, i = 1, \cdots, n$. 证明:

$$\frac{x_1 x_2 \cdots x_n}{(x_1 + x_2 + \cdots + x_n)^n} \leqslant \frac{(1+x_1)(1+x_2)\cdots(1+x_n)}{(n+x_1+x_2+\cdots+x_n)^n}.$$

提示: 用 $f(x) = \ln\left(1 + \dfrac{1}{x}\right)$, $x > 0$ 的凸性.

4. 确定下列函数的凸性区间和拐点.

(1) $y = 2x^3 - 3x^2 - 36x + 25$. 　　　　　　　(2) $y = x + \dfrac{1}{x}$.

5. 当 a, b 取何值时, 点 $(1,3)$ 是曲线 $y = ax^3 + bx^2$ 的拐点?

6. 用凸函数证明:

(1) $e^{\frac{a+b}{2}} \leqslant \dfrac{1}{2}(e^a + e^b)$, $a, b \in \mathbb{R}$;

(2) $2\arctan\left(\dfrac{a+b}{2}\right) \geqslant \arctan a + \arctan b$, $a, b \geqslant 0$.

7. 若函数 $f(x)$ 在 $[a, b]$ 上严格下凸, 则函数的局部极小值点是最小值点.

8. 设函数 $f(x)$ 是严格下凸的, 即 $f''(x) \geqslant \alpha > 0$, $x \in \mathbb{R}$. 证明: $\displaystyle\lim_{|x| \to \infty} \dfrac{f(x)}{|x|} = +\infty$.

9. 设函数 $f(x), x \in \mathbb{R}$ 是下凸函数. 证明存在实数列 $\alpha_n, \beta_n, n = 1, 2, \cdots$ 使得

$$f(x) = \sup_{n \geqslant 1}\{\alpha_n x + \beta_n\}.$$

7.4 函数的近似图像

7.4.1 函数的渐近线

垂直渐近线　称 $x = a$ 为 $f(x)$ 的一条垂直渐近线, 若

$$\lim_{x \to a} f(x) = +\infty \quad \text{或} \quad \lim_{x \to a} f(x) = -\infty, \quad a = x_0, \ x_0^+, \ x_0^-.$$

水平渐近线　称 $y = b$ 为 $f(x)$ 的一条水平渐近线, 若

$$\lim_{x \to +\infty} f(x) = b \quad \text{或} \quad \lim_{x \to -\infty} f(x) = b.$$

斜渐近线　称直线 $y = ax + b$ 为 $f(x)$ 的一条斜渐近线, 若

$$\lim_{x \to +\infty} [f(x) - ax - b] = 0 \quad \text{或} \quad \lim_{x \to -\infty} [f(x) - ax - b] = 0.$$

定理 7.20　$y = ax + b$ 是函数 $y = f(x)$ 在 $x \to \pm\infty$ 时的斜渐近线

$$\iff \lim_{x \to \pm\infty} \dfrac{f(x)}{x} = a, \quad \lim_{x \to \pm\infty} [f(x) - ax] = b.$$

证明　按照斜渐近线的定义,

$$\lim_{x \to \pm\infty} [f(x) - ax - b] = 0 \implies \lim_{x \to \pm\infty} [f(x) - ax] = b \implies \lim_{x \to \pm\infty} \dfrac{f(x)}{x} = a. \ \square$$

例 7.19   求函数 $f(x) = \dfrac{1}{x} + \ln(e^x + 1)$ 的渐近线.

解   由于 $\lim\limits_{x \to 0^{\pm}} f(x) = \pm\infty$, 故 $x = 0$ 是垂直渐近线.

由于 $\lim\limits_{x \to -\infty} f(x) = 0$, 故 $y = 0$ 是水平渐近线.

由于

$$\lim_{x \to +\infty} \frac{f(x)}{x} = \lim_{x \to +\infty} \frac{\ln(e^x + 1)}{x} = 1,$$

$$\lim_{x \to +\infty} [f(x) - x] = \lim_{x \to +\infty} [\ln(e^x + 1) - x] = 0.$$

故 $y = x$ 是斜渐近线 (图 7.7).   □

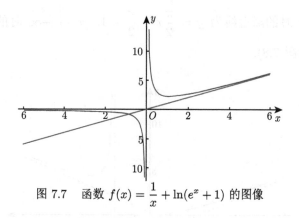

图 7.7   函数 $f(x) = \dfrac{1}{x} + \ln(e^x + 1)$ 的图像

例 7.20   求函数 $f(x) = \dfrac{x^2 \arctan x}{x - 1}$ 的渐近线.

解   (1) 垂直渐近线: $x = 1$.

$$\lim_{x \to 1^{\pm}} \frac{x^2 \arctan x}{x - 1} = \pm\infty.$$

(2) 水平渐近线: 没有,

$$\lim_{x \to \pm\infty} \frac{x^2 \arctan x}{x - 1} = +\infty.$$

(3) 斜渐近线: 由于

$$\lim_{x \to \pm\infty} \frac{x^2 \arctan x}{x(x - 1)} = \pm\frac{\pi}{2} .$$

$$\lim_{x \to +\infty} \left[\frac{x^2 \arctan x}{x-1} - \frac{\pi}{2} x \right] = \lim_{x \to +\infty} \frac{x}{x-1} \left[x \arctan x - \frac{\pi(x-1)}{2} \right]$$

$$= \lim_{x \to +\infty} x \left(\arctan x - \frac{\pi}{2} \right) + \frac{\pi}{2}$$

$$= \frac{\pi}{2} + \lim_{y \to 0^+} \frac{\operatorname{arccot} y - \frac{\pi}{2}}{y}$$

$$= \frac{\pi}{2} - \lim_{y \to 0^+} \frac{1}{1+y^2} = \frac{\pi}{2} - 1.$$

$$\lim_{x \to -\infty} \left[\frac{x^2 \arctan x}{x-1} + \frac{\pi}{2} x \right] = -\frac{\pi}{2} - 1.$$

所以 $x \to +\infty$ 时的渐近线为 $y = \frac{\pi}{2} x + \frac{\pi}{2} - 1$, $x \to -\infty$ 时的渐近线为 $y = -\frac{\pi}{2} x - \frac{\pi}{2} - 1$ (图 7.8). □

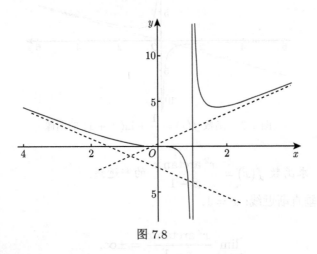

图 7.8

7.4.2　近似图像制作

作函数图形一般步骤

(1) 确定函数定义域.

(2) 判断函数奇、偶性和周期性;

(3) 确定函数的特殊点: 与坐标轴交点、间断点、不可导点、极值点、拐点;

(4) 确定函数区间特征: 单调区间、凸性区间;

(5) 考察渐近线.

(6) 画图.

例 7.21 粗略画函数 $f(x) = x^4 - 4x^3 + 10$ 的图像.

解 求函数的一阶、二阶、三阶导数

$$f'(x) = 4x^3 - 12x^2 = 4x^2(x-3),$$

$$f''(x) = 12x^2 - 24x = 12x(x-2).$$

$$f^{(3)}(x) = 24(x-1).$$

(1) 极值点、拐点: $f'(x)$ 的零点: $x = 0, 3$; $f''(x)$ 的零点: $x = 0, 2$.

① 极小值点: $x = 3$, 因为 $f''(3) = 36 > 0$. $f(3) = -17$; $f''(0) = 0, 0$ 点不是函数极值点.

② 拐点: $x = 0, 2$, 因为 $f^{(3)}(0) \neq 0, f^{(3)}(2) \neq 0$. 函数值 $f(0) = 10, f(2) = -6$.

(2) 单调区间、凸性 (表 7.1):

表 **7.1**

x	$(-\infty, 0)$	0	$(0, 2)$	2	$(2, 3)$	3	$(3, +\infty)$
f'	$-$	0	$-$	$-$	$-$	0	$+$
f''	$+$	0	$-$	0	$+$	$+$	$+$
f 的形态	递减、下凸	拐点	递减、上凸	拐点	递减、下凸	极小值点	递增、下凸

(3) 与坐标轴交点:

① 与 y 轴的交点: $f(0) = 10$.

② 与 x 轴的交点: $f(x) = x^4 - 4x^3 + 10 = 0$.

由于 $\lim\limits_{x \to \pm\infty} f(x) = +\infty, f(3) = 81 - 4 \times 27 + 10 = -17 < 0$. 且 $f(x)$ 在 $(-\infty, 3)$ 上单调减少, 在 $(3, +\infty)$ 上单调增加, 所以 $f(x)$ 有且只有两个零点. 直接计算可知

$$f(1) = 5, \quad f(2) = -6, \quad f(3) = -17, \quad f(4) = 10.$$

从而函数曲线与 x 轴的一个交点在 1 和 2 之间, 一个在 3 和 4 之间 (见图 7.9).

(4) 画图 (图 7.9).   □

例 7.22 试作函数 $y = (2+x)e^{\frac{1}{x}}, x \in \mathbb{R} \setminus \{0\}$ 的图像.

解 求函数的一阶和二阶导数:

$$y' = \frac{x^2 - x - 2}{x^2}e^{\frac{1}{x}} = \frac{(x+1)(x-2)}{x^2}e^{\frac{1}{x}}, \quad y'' = \frac{5x+2}{x^4}e^{\frac{1}{x}}.$$

(1) 极值点、拐点: $y'(x)$ 的零点: $x = -1, 2$, $y''(x)$ 的零点: $x = -\frac{2}{5}$.

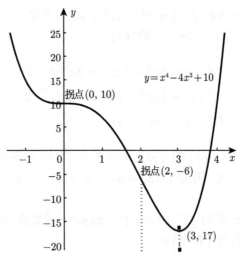

图 7.9　函数 $y = x^4 - 4x^3 + 10$ 的图像

① 极大值点: -1,　　$y''(-1) = -3e^{-1} < 0$;　$y(-1) = \dfrac{1}{e}$.

　　极小值点: 2,　　$y''(2) = \dfrac{3}{4}e^{\frac{1}{2}} > 0$;　　　$y(2) = 4\sqrt{e}$.

② 拐点: $-\dfrac{2}{5}$;　　　　　　　　　　　$y\left(-\dfrac{2}{5}\right) = \dfrac{3}{5}e^{-\frac{5}{2}}$.

(2) 单调区间、凸性 (表 7.2):

表 7.2

x	$(-\infty, -1)$	-1	$\left(-1, -\dfrac{2}{5}\right)$	$-\dfrac{2}{5}$	$\left(-\dfrac{2}{5}, 0\right)$	$(0,2)$	2	$(2, +\infty)$
y'	$+$	0	$-$	$-$	$-$	$-$	0	$+$
y''	$-$	$-$	$-$	0	$+$	$+$	$+$	$+$
y	递增、上凸	极大	递减、上凸	拐	递减、下凸	递减、下凸	极小	递增、下凸

(3) 渐近线:

① 垂直渐近线: $x = 0$,
$$\lim_{x \to 0^+}(2+x)e^{\frac{1}{x}} = +\infty, \qquad \lim_{x \to 0^-}(2+x)e^{\frac{1}{x}} = 0.$$

② 斜渐近线: $y = x + 3$,
$$\lim_{x \to \pm\infty}\frac{y(x)}{x} = \lim_{x \to \pm\infty}\frac{(2+x)e^{\frac{1}{x}}}{x} = 1,$$
$$\lim_{x \to \pm\infty}[(2+x)e^{\frac{1}{x}} - x] = \lim_{y \to 0}\frac{(2y+1)e^y - 1}{y} = \lim_{y \to 0}(2y+3)e^y = 3. \qquad \square$$

(4) 作图 (图 7.10).

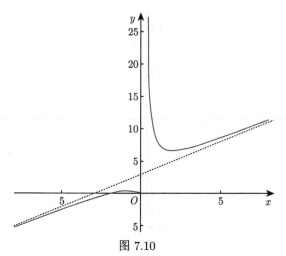

图 7.10

例 7.23 求函数 $y = \dfrac{2x}{1+x^2}$，$x \in \mathbb{R}$ 的单调区间、极值点、凸性区间与拐点.

解 计算函数的一阶和二阶导数:

$$y'(x) = \frac{2\left(1-x^2\right)}{\left(1+x^2\right)^2} , \quad y''(x) = \frac{4x\left(x^2-3\right)}{\left(1+x^2\right)^3} .$$

(1) 极值点、拐点:

① 极值点: $y'(x)$ 的零点: $-1, 1$,

$$x = -1\text{为极小值点}: \quad y''(-1) = 1 > 0; \; y(-1) = -1.$$

$$x = 1 \quad \text{为极大值点}: \quad y''(1) = -1 < 0; \; y(1) = 1.$$

② 拐点: $y''(x)$ 的零点: $0, -\sqrt{3}, \sqrt{3}$.

(2) 单调区间、凸性 (表 7.3):

表 **7.3**

x	$(-\infty, -\sqrt{3})$	$-\sqrt{3}$	$(-\sqrt{3}, -1)$	-1	$(-1, 0)$	0	$(0,1)$	1	$(1, \sqrt{3})$	$\sqrt{3}$	$(\sqrt{3}, +\infty)$
y'	$-$	$-$	$-$	0	$+$	$+$	$+$	0	$-$	$-$	$-$
y''	$-$	0	$+$	$+$	$+$	0	$-$	$-$	$-$	0	$+$
y	递减、上凸	拐	递减、下凸	极小	递增、下凸	拐	递增、上凸	极大	递减、上凸	拐	递减、下凸

(3) 画图 (图 7.11). □

函数图像分析小结

基于泰勒公式, 总结关于函数的极值点、拐点、(局部) 单调性、(局部) 凸性的分析方法.

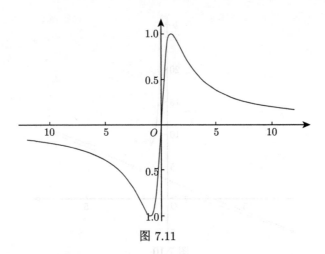

图 7.11

给定函数 $f(x), x \in (a, b)$.

(1) 函数 f 在 (a, b) 上有一阶导数, $f'(x_0) = 0$.

$$f(x) = f(x_0) + f'(\xi)(x - x_0), \quad \xi \text{ 在 } x_0 \text{ 和 } x \text{ 之间},$$

$f'(x) \leqslant 0,\ x \in (x - \delta, x_0); f'(x) \geqslant 0,\ x \in (x, x_0 + \delta) \implies x_0$ 是极小值点,

$f'(x) \geqslant 0,\ x \in (x - \delta, x_0); f'(x) \leqslant 0,\ x \in (x, x_0 + \delta) \implies x_0$ 是极大值点.

(2) 函数 f 在 (a, b) 上有二阶导数. 若 $f'(x_0) = 0$, $f''(x_0) \neq 0$.

$$f(x) = f(x_0) + \frac{1}{2}f''(x_0)(x - x_0)^2 + o((x - x_0)^2),$$

$$f''(x_0) > 0 \implies x_0 \text{ 是极小值点},$$

$$f''(x_0) < 0 \implies x_0 \text{ 是极大值点}.$$

(3) 函数 f 在 (a, b) 上有二阶导数. 若 $f'(x_0) = f''(x_0) = 0$, $f^{(3)}(x_0) \neq 0$, x_0 是拐点.

$$f(x) = f(x_0) + \frac{1}{3}f^{(3)}(x_0)(x - x_0)^3 + o((x - x_0)^3),$$

$f^{(3)}(x_0) > 0$,则函数 $f(x)$ 在 x_0 的邻域内下凸,

$f^{(3)}(x_0) < 0$,则函数 $f(x)$ 在 x_0 的邻域内上凸.

(4) 函数 f 在 (a, b) 上有四阶导数. 若 $f'(x_0) = f''(x_0) = f^{(3)}(x_0) = 0$, $f^{(4)}(x_0) \neq 0$.

$$f(x) = f(x_0) + \frac{1}{4!}(x - x_0)^4 + o((x - x_0)^4),$$

$$f(x_0) < 0 \implies x_0 \text{ 是极大值点},$$

$$f(x_0) > 0 \implies x_0 \text{ 是极小值点}.$$

(5) 函数 f 在 (a,b) 上有 $n-1$ 阶导数, 若 $f^{(k)}(x_0) = 0, k = 1, \cdots, n-1, f^{(n)}(x_0) \neq 0$.

$$f(x) = f(x_0) + \frac{1}{n!} f^{(n)}(x_0)(x - x_0)^n + o((x - x_0)^n),$$

$$n \text{是偶数}, f^{(n)}(x_0) < 0 \implies x_0 \text{ 是极大值点},$$

$$n \text{是奇数}, f^{(n)}(x_0) > 0 \implies x_0 \text{ 是极小值点}.$$

习 题

1. 确定下列函数的单调区间.

(1) $f(x) = 3x - x^3$.

(2) $f(x) = 2x^2 - \ln x$.

(3) $f(x) = \sqrt{2x - x^2}$.

(4) $f(x) = \dfrac{x^2 - 1}{x}$.

2. 画出下列函数图像.

(1) $y = x^3 + 6x^2 - 15x - 20$.

(2) $y = \dfrac{x^2}{2(1 + x^2)}$.

(3) $y = x - 2\arctan x$.

(4) $y = |x|^{\frac{2}{3}}(x - 2)^2$.

7.5 方程解的图像

7.5.1 简单自治微分方程解图像

定义 7.10 (微分方程) 含有未知函数及导函数的等式.

如: $y' = y + ax$, $y' = \dfrac{1}{2y}$, $y'' = y' + ay + bx, \cdots$. 一般形式为: $F(x, y, y', y'', \cdots, y^n) = 0$, 其中 $F : \mathbb{R}^{n+2} \to \mathbb{R}$ 的函数.

定义 7.11 (自治微分方程) 如果微分方程不含自变量 x, 则称微分方程为**自治微分方程**.

如: $y' = y$, $y' = \dfrac{1}{2y}$, $y'' = y' + ay, \cdots$. 一般形式为: $F(y, y', y'', \cdots, y^n) = 0$, 其中 $F : \mathbb{R}^{n+1} \to \mathbb{R}$ 的函数.

定义 7.12 (驻点) 如果 $y' = g(y)$ 是自治微分方程, 那么使 $y' = 0$ 的 y 值称为方程的**驻点**. 驻点也称**平衡点**.

定义 7.13 (相直线) 驻点所表示的直线称为**相直线**.

为确定自治微分方程解的图像, 需要知道函数图像的递增、递减区域, 上、下凸区域, 为此

(1) 找出自治微分方程驻点位置;

(2) 找出 y', y'' 的正负变化区域.

(3) 确定**相直线**: 在 y 轴上, 把驻点的位置、y', y'' 为正、为负的区域标出来的直线.

例 7.24　画出自治微分方程: $y' = (y+1)(y-2)$ 的相直线, 并画出方程解的略图.

解　(1) 标出 $y' = 0$ 的驻点 $y = -1, y = 2$ 的位置 (图 7.12).

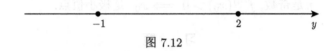

图 7.12

(2) 标出 $y' > 0$ 和 $y' < 0$ 的区间 (图 7.13).

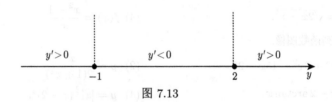

图 7.13

在位于直线 $y = -1$ 下面, 解曲线在 xy 平面上朝着 $y = -1$ 上升.

在位于直线 $y = -1$ 和直线 $y = 2$ 之间, 解曲线将离开直线 $y = 2$, 落向直线 $y = -1$.

在位于直线 $y = 2$ 上面, 解曲线离开直线 $y = 2$, 并继续上升.

(3) 标出 $y'' > 0$ 和 $y'' < 0$ 的区间 (图 7.14).

$$y'' = 2yy' - y' = (2y-1)y' = (2y-1)(y+1)(y-2).$$

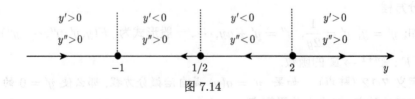

图 7.14

(4) 把 xy 平面上的解曲线分类画出略图 (图 7.15).

水平直线 $y = -1, y = \dfrac{1}{2}, y = 2$ 把平面分割成水平带, 在每个水平带内 y', y'' 的符号确定. 这个信息确定了解曲线的增性和减性, 上凸和下凸性. 具体地:

(1) 水平线: $y = -1, y = 2$ 是驻点 (平衡点).

(2) 在有限区间内:

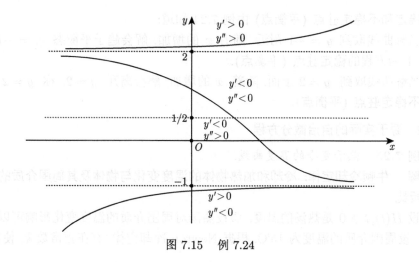

图 7.15   例 7.24

① 在 $(2, +\infty)$ 的带型区域内 $y'(x) > 0$, $y''(x) > 0$, 函数单调增加、下凸.

② (i) 在 $\left(\dfrac{1}{2}, 2\right)$ 的带型区域内 $y'(x) < 0$, $y''(x) < 0$, 函数单调减少、下凸.

(ii) 在 $\left(-1, \dfrac{1}{2}\right)$ 的带型区域内 $y'(x) < 0$, $y''(x) > 0$, 函数单调减少、上凸.

③ 在 $(-\infty, -1)$ 的带型区域内 $y'(x) > 0$, $y''(x) < 0$, 函数单调增加、上凸.

(3) 在无穷远点: 在 $(-1, 2)$ 的带型区域内, $\lim\limits_{x \to -\infty} y'(x) = 0$, 否则会存在 x 使得 $y'(x) > 0$, 所以在 $\left(\dfrac{1}{2}, 2\right)$ 的带型区域内 $\lim\limits_{x \to -\infty} y(x) = a \in (2^{-1}, 2]$. 因此

$$0 = \lim_{x \to -\infty} y'(x) = (a+1)(a-2) \Longrightarrow a = 2.$$

同理可以证明: $\lim\limits_{x \to +\infty} y(x) = -1$, $y(x) \in (2^{-1}, -1)$.

类似可证: 在区间 $(2, +\infty)$, $\lim\limits_{x \to -\infty} y(x) = 2$, $\lim\limits_{x \to +\infty} y(x) = +\infty$.

在区间 $(-\infty, -1)$, $\lim\limits_{x \to -\infty} y(x) = -\infty$, $\lim\limits_{x \to +\infty} y(x) = -1$.

其中两个趋于无穷的极限是由于: $y'(x) > 0$, 以及

$$\lim_{x \to +\infty} y(x) = +\infty : y(x) - y(x_0) = \int_{x_0}^{x} y'(t)\mathrm{d}t > y'(x_0)(x - x_0) \to +\infty, \ x \to$$

$+\infty;$

$$\lim_{x \to -\infty} y(x) = -\infty : y(x) - y(x_0) = \int_{x_0}^{x} y'(t)\mathrm{d}t < y'(x_0)(x - x_0) \to -\infty, \ x \to$$

$-\infty.$ □

稳定和不稳定驻点 (平衡点) 由例 7.24 知道:

当解曲线取到 $y = -1$ 附近, 随着 x 的增加, 解会趋于平衡态 $y = -1$. 称 $y = -1$ 为方程的**稳定驻点 (平衡点)**.

当解曲线取到 $y = 2$ 上面, 随着 x 的增加, 解会离开 $y = 2$. 称 $y = 2$ 为方程的**不稳定驻点 (平衡点)**.

7.5.2　源于实际的自治微分方程

例 7.25　热汤变冷的温度曲线.

解　牛顿冷却定律: 冷却和加热物体的温度变化与物体及其周围介质的温度差成反比.

设 $H(t), t \geqslant 0$ 是热汤的温度. 假设热汤对周围介质的温度变化影响可以忽略不计. 设周围介质的温度为 15℃, 根据 Newton 冷却定律, 存在正常数 k, 使得

$$H'(t) = -k(H - 15).$$

(1) 标出 $H' = 0$ 的驻点 $H(t) = 15$ 的位置.

(2) 标出 $y' > 0$ 和 $y' < 0$ 的区间 (图 7.16).

当 $H(t) = 15, \dfrac{\mathrm{d}H(t)}{\mathrm{d}t} = 0.$

当 $H(t) > 15, \dfrac{\mathrm{d}H(t)}{\mathrm{d}t} < 0$, 热汤的温度比周围介质的温度高, 汤变冷;

当 $H(t) < 15, \dfrac{\mathrm{d}H(t)}{\mathrm{d}t} > 0$, 热汤的温度比周围介质的温度低, 汤变热.

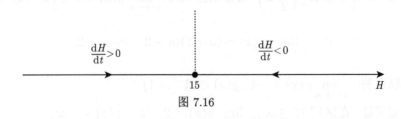

图 7.16

(3) 标出 $H''(t) > 0$ 和 $H''(t) < 0$ 的区间 (图 7.17).

$$\dfrac{\mathrm{d}^2 H}{\mathrm{d}t^2} = -k\dfrac{\mathrm{d}H}{\mathrm{d}t} : \text{当} \ \dfrac{\mathrm{d}H}{\mathrm{d}t} < 0 \ \text{时}, \dfrac{\mathrm{d}^2 H}{\mathrm{d}t^2} > 0; \ \text{当} \ \dfrac{\mathrm{d}H}{\mathrm{d}t} > 0 \ \text{时}, \dfrac{\mathrm{d}^2 H}{\mathrm{d}t^2} < 0.$$

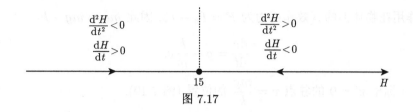

图 7.17

温度高于平衡点 15℃, $H(t)$ 的图形是递减的, 且下凸;

温度低于平衡点 15℃, $H(t)$ 的图形是递增的, 且上凸.

(4) 把 HT 平面上的解曲线分类画出略图 (图 7.18).

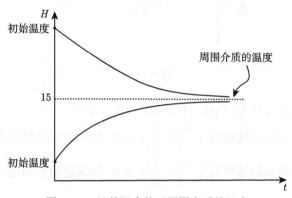

图 7.18　汤的温度趋于周围介质的温度

由当 $t \to +\infty$ 时汤的温度变化 $H'(t)$ 趋于 0, 即 $\lim\limits_{t \to +\infty} H'(t)$, 可知 $\lim\limits_{t \to +\infty} H(t)$
$= 15$.　　　　　　　　　　　　　　　　　　　　　　　　　　　　　　□

例 7.26　分析有阻力时的落体速度曲线.

解　设 F 是作用在物体上的有效外力, m 是物体的质量, v 是物体的速度. 伽利略和牛顿观察到: 发生在运动物体的动量变化率等于作用在物体上的有效作用力, 即

$$F = \frac{\mathrm{d}}{\mathrm{d}t}(mv) = m\frac{\mathrm{d}v}{\mathrm{d}t} + v\frac{\mathrm{d}m}{\mathrm{d}t}.$$

在许多情况下, m 是常数. 因此, $\dfrac{\mathrm{d}m}{\mathrm{d}t} = 0$, 这就得到牛顿第二定律 $F = m\dfrac{\mathrm{d}v}{\mathrm{d}t} = ma$. 对于自由落体运动: $a = g$, 重力产生的推力: $F_p = mg$.

但对于有阻力的落体, 空气阻力是影响下落加速度的一个因素. 对于远小于声速的速率, 物理实验证明: 有效作用力 F_r 近似地与物体的速度成正比, $F_r = kv$.

所以作用在物体上的有效作用力为 $F = F_p - F_r$, 因此 $ma = mg - kv$,

$$\frac{\mathrm{d}v}{\mathrm{d}t} = g - \frac{k}{m}v.$$

(1) 标出 $v' = 0$ 的驻点 $v = \dfrac{mg}{k}$ 的位置 (图 7.19).

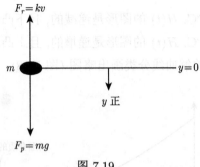

图 7.19

(2) 标出 $v'(t) > 0$ 和 $v'(t) < 0$ 的区间 (图 7.20).

如果物体开始运动速度高于 $\dfrac{mg}{k}, \dfrac{\mathrm{d}v}{\mathrm{d}t}v < 0$, 物体运动会慢下来.

如果物体开始运动速度低于 $\dfrac{mg}{k}, \dfrac{\mathrm{d}v}{\mathrm{d}t}v > 0$, 物体运动会加速.

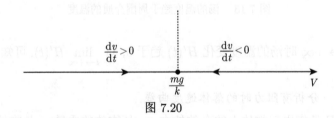

图 7.20

(3) 标出 $v''(t) > 0$ 和 $v''(t) < 0$ 的区间 (图 7.21).

$$\frac{\mathrm{d}^2v}{\mathrm{d}t^2} = -\frac{k}{m}\frac{\mathrm{d}v}{\mathrm{d}t}.$$

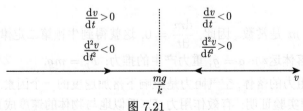

图 7.21

$v(t) < \dfrac{mg}{k}$, $v'' < 0$, $v(t)$ 的图形是递减的, 且下凸;

$v(t) > \dfrac{mg}{k}$, $v'' > 0$, $v(t)$ 的图形是递增的, 且上凸.

(4) 把 VT 平面上的解曲线分类画出略图 (图 7.22).　　　　　□

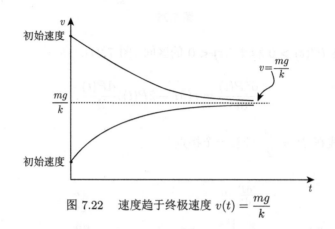

图 7.22　速度趋于终极速度 $v(t) = \dfrac{mg}{k}$

例 7.27　有限资源环境下的群体增长——逻辑斯谛 (Logistic) 增长模型曲线.

解　设 $P(t)$ 是某群体中个体的数目. 假设在某个小的时间增量 Δt 期间, 群体总数的某个百分点的个体诞生了, 而另个百分点的个体死亡了. 于是在区间 $[t, t + \Delta t]$ 内, $P(t)$ 的平均变化率为

$$\frac{\Delta P(t)}{\Delta t} = kP(t),$$

其中 k 是单位时间内个体的出生率–死亡率.

因为自然环境只有有限资源来支持生命, 所以假定群体总数最大为 M. 当群体趋于这个极限, 资源会变得短缺, 增长率机会下降, 用数学表示为

$$k = r(M - P(t)), \quad r \text{ 是常数}.$$

令 $\Delta t \to 0$, 则得到

$$\frac{\mathrm{d}P(t)}{\mathrm{d}t} = r(M - P(t))P(t) = rMP(t) - P^2(t).$$

(1) 标出 $P'(t) = 0$ 的驻点 $P(t) = 0, P(t) = M$ 的位置.

(2) 标出 $P'(t) > 0$ 和 $P'(t) < 0$ 的区间 (图 7.23).

当 $0 < P(t) < M, P'(t) > 0$ 时, 群体数量增加;

当 $M < P(t), P'(t) < 0$ 时, 群体数量减小.

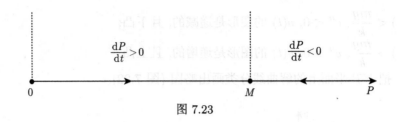

图 7.23

(3) 标出 $P''(t) > 0$ 和 $P''(t) < 0$ 的区间 (图 7.24).

$$\frac{\mathrm{d}^2 P(t)}{\mathrm{d}t^2} = r(M - 2P(t))\frac{\mathrm{d}P(t)}{\mathrm{d}t}.$$

群体曲线在 $P = \dfrac{M}{2}$ 处有一个拐点.

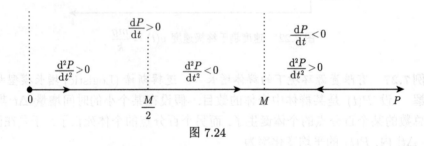

图 7.24

(4) 把 PT 平面上的解曲线分类画出略图 (图 7.25).

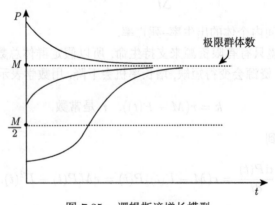

图 7.25　逻辑斯谛增长模型

由于群体总数变化率最终会趋于 0, 所以 $\lim\limits_{t \to +\infty} P(t) = M.$　　　□

习 题

1. 若在重力作用下, 从静止下落的质量为 m 的物体所受空气阻力与速度的平方成正比, 则下落 t 秒后物体的速度满足方程: $mv' = mg - kv^2$, $k > 0$. k 是与空气密度有关的常数.

(1) 画出方程的相曲线.

(2) 画出典型的速度曲线图.

(3) 时间为 s 秒, $k = 5 \cdot 10^{-2}$. 距地面 h 千米、体重 65 千克的跳伞运动员落地速度是多少?

7.6 方程的近似解——牛顿法简介

求解方程 $f(x) = 0$. 通常有解析法和数值法, 前者得到精确解, 后者得到近似解. 当精确解难以确定时, 近似解就成为必然. 一类重要的求近似解方法是: 牛顿法或牛顿-拉弗森 (Newton-Raphson) 法. 其基本想法是: 构造逼近序列 $x_n \to x_0$, 使得 $f(x_n) \to f(x_0) = 0$.

基本步骤 (图 7.26):

(1) 选定初始点 $(x_0, f(x_0))$, 以 $f'(x_0)$ 为切线, 作 $f(x)$ 的切线

$$y - f(x_0) = f'(x_0)(x - x_0).$$

令 $y = 0$, 得到 $x_1 = x_0 + \dfrac{f(x_0)}{f'(x_0)}$.

(2) 重复此过程, 则得到点列 $\{x_n\}_{n \geqslant 0}$ 满足

$$x_n = x_{n-1} - \dfrac{f(x_{n-1})}{f'(x_{n-1})}.$$

(3) 如果 $x_n \to c, f'(c) \neq 0$, 则 $f(c) = 0$.

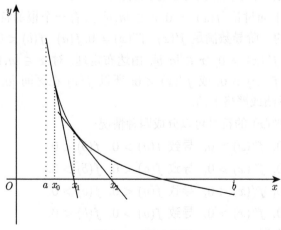

图 7.26 基本步骤

注 7.14　上述过程需要函数 f 具备一定的性质, 见下面 **"理论基础"** 部分的讨论.

例 7.28　求方程 $f(x) = x^2 - 2 = 0$ 的正根.

解　$f'(x) = 2x$.

$$x_{n+1} = x_n - \frac{x_n^2 - 2}{2x_n} = \frac{x_n}{2} + \frac{1}{x_n},$$

$x_0 = 1, x_1 = 1.5, x_2 = 1.41667, x_3 = 1.41422 \cdots$. 　　　　　　□

例 7.29　求曲线 $y = x^3 - x = 0$ 和水平直线 $y = 1$ 交点的坐标.

解　设 $f(x) = x^3 - x - 1$. 求 $f(x) = 0$ 的点. 由于 $f'(x) = 3x^2 - 1$, 函数在点 $x = -\dfrac{1}{\sqrt{3}}$ 达到极大值 $-\dfrac{4}{3\sqrt{3}} - 1$, 在点 $x = \dfrac{1}{\sqrt{3}}$ 达到极小值 $-\dfrac{2}{3\sqrt{3}} - 1$, 与交点在区间 $(1, 2)$ 之间. 利用 $x_{n+1} = x_n - \dfrac{x_n^3 - x_n - 1}{3x_n^2 - 1}$, 取 $x_0 = 1$, 迭代求值得

$$x_1 = 1.5,$$
$$x_2 = 1.347826087,$$
$$x_3 = 1.325200399,$$
$$x_4 = 1.324718174,$$
$$x_5 = 1.324717957,$$
$$x_6 = 1.32471795700.$$

在精度是 10^{-9} 的要求下, x_5 约等于方程的根. 　　　　　　□

理论基础　下面讨论 $f(x) = 0, x \in [a, b]$ 只有一个根的特殊情况: 设函数 $f(x)$ 在 $[a, b]$ 上的二阶导数满足 $f'(x) \cdot f''(x) \neq 0, f(a) \cdot f(b) < 0$.

由于 $f'(x) \cdot f''(x) \neq 0$, $x \in [a, b]$, 由达布定理, 对 $x \in [a, b]$, $f'(x) > 0$, 或 $f'(x) < 0$. 同理, $f''(x) > 0$, 或 $f''(x) < 0$. 所以 $f(x)$ 在区间 $[a, b]$ 上是严格单调的, 并保持严格下凸或严格上凸.

所以 $f'(x), f''(x)$ 的符号可以分成四种情况:

(1) $f'(x) < 0$, $f''(x) > 0$, 导致 $f(a) > 0$, $f(b) < 0$.

(2) $f'(x) > 0$, $f''(x) > 0$, 导致 $f(a) < 0$, $f(b) > 0$.

(3) $f'(x) > 0$, $f''(x) < 0$, 导致 $f(a) < 0$, $f(b) > 0$.

(4) $f'(x) > 0$, $f''(x) > 0$, 导致 $f(a) > 0$, $f(b) < 0$.

以情况 (1) 为例:

取 $x_0 = a$, $x_n = x_{n-1} - \dfrac{f(x_n - 1)}{f'(x_{n-1})}$, $n = 1, 2, \cdots$. 因为 f 是 $[a, b]$ 上的严格下凸函数, 由 7.3 节性质 7.14,

$$f(x) > y(x) := f(a) + f'(a)(x - a), \quad x \in (a, b].$$

$y = f(x)$ 在点 a 的切线 $y_0(x) = f(x_0) + f'(x_0)(x - x_0)$ 与 x 轴的交点为

$$x_1 = a - \frac{f(a)}{f'(a)} = x_0 - \frac{f(a)}{f'(a)} \in (x_0, b), \quad f(x_1) > y_0(x_1) = 0.$$

以 $[x_1, b]$ 代替 $[a, b]$, 重复上述步骤可得 $y = f(x)$ 在点 x_1 的切线 $y_1(x) = f(x_1) + f'(x_1)(x - x_1)$ 与 x 轴交点为

$$x_2 = x_1 - \frac{f(x_1)}{f'(x_1)} \in (x_1, b), \quad f(x_2) > y_1(x_2) = 0.$$

如此继续上述过程可得到有界严格递增点列 $\{x_n\}_{n \geqslant 1}$.

$$x_n = x_{n-1} - \frac{f(x_{n-1})}{f'(x_{n-1})} \in (x_{n-1}, b), \quad f(x_n) > y_{n-1}(x_n) = 0.$$

所以可设 $\lim\limits_{n \to \infty} x_n = c \in [a, b]$. 由 f, f' 的连续性, 在上式两边取极限, 得到 $f(c) = 0$. 由函数 $f(x)$ 在 $[a, b]$ 的严格单调性知, c 是 $f(x) = 0$ 的唯一解.

下面估计以 x_n 作为 c 的近似值的误差: 由拉格朗日中值定理,

$$f(x_n) = f(x_n) - f(c) = f'(\eta)(x_n - c), \quad x_n < \eta < c.$$

记 $m = \min\limits_{x \in [a,b]} \{|f'(x)|\}$, 则

$$x_n - c = \frac{f(x_n)}{f'(\eta)} \implies |x_n - c| \leqslant \frac{|f(x_n)|}{m}.$$

(2)—(4) 种情况可类似讨论. 注意在 (3) 情形, 取 $x_0 = a$, 得到递增数列 $\{x_n\}_{n \geqslant 1}$. 在 (2),(4) 情形, 取 $x_0 = b$, 得到递减数列 $\{x_n\}_{n \geqslant 1}$.

例 7.30 用牛顿法求方程 $x^3 - 2x^2 - 4x - 7 = 0$ 的近似解, 使其误差不超过 0.01.

解 (1) 判断唯一零点: 设函数 $f(x) = x^3 - 2x^2 - 4x - 7$.

$$f'(x) = 3x^2 - 4x - 4 = (3x + 2)(x - 2), \quad f''(x) = 6x - 4.$$

$x = -\dfrac{2}{3}, x = 2$ 是驻点. 由于 $f''\left(-\dfrac{2}{3}\right) < 0, f''(2) > 0, x = -\dfrac{2}{3}$ 是局部极大值点,

$x = 2$ 是局部极小值点. 由于 $\lim\limits_{x \to -\infty} f(x) = -\infty, f\left(-\dfrac{2}{3}\right) = \dfrac{16}{27} - 7 < 0,\ f(2) =$

$-15,\ \lim\limits_{x \to \infty} f(x) = \infty$, 所以方程 $f(x) = 0$ 有且仅有一个根.

由于 $f(3) = -10,\ f(4) = 9$, 所以方程 $f(x) = 0$ 的根 ξ 在区间 $[3, 4]$ 内. 在区间 $[3, 4]$ 内, $f'(x) > 0, f''(x) > 0$, 它属于上面情形 (2).

(2) 估计零点位置: 从点 $(4, 9)$ 作切线, 与 x 轴相交于

$$x_1 = 4 - \frac{f(4)}{f'(4)} = 4 - \frac{9}{28} \approx 3.68.$$

估计以 x_1 代替方程根 ξ 的误差:

由于在区间 $[3, 4]$ 内, $f''(x) > 0$, 所以 $f'(x)$ 在区间 $[3, 4]$ 内是严格增加函数. 注意到 $11 = f'(3) < f'(x), x \in (3, 4]$, 所以

$$m = \min_{x \in [3,4]} \{|f'(x)|\} = f'(3) = 11.$$

由于

$$|x_1 - \xi| \leqslant \frac{f(x_1)}{m} = \frac{1.03}{11} > 0.01.$$

x_1 不符合题目的误差要求. 在点 $(x_1, f(x_1))$ 作切线, 求得

$$x_2 = x_1 = \frac{f(x_1)}{f'(x_1)} = 3.68 - \frac{1.03}{21.9} \approx 3.63.$$

由于 $f(x_2) = -0.042$,

$$|x_2 - \xi| \leqslant \frac{|f(x_2)|}{m} = \frac{0.042}{11} < 0.01,$$

x_2 符合题目的误差要求, 因此取 $\xi \approx 3.63$ 即可达到所要求的精确度. □

注 7.15　如果方程 $f(x) = 0$ 有两个根或更多, 情况比较复杂. 参见 [8] (P326-328).

习　题

1. 求 $x^3 - 3x^2 + 6 = 0$ 的实根, 精确到三位有效数字.

2. 求方程 $x = 0.538 \sin x + 1$ 的根, 精确到 0.001.

第 8 章　微分逆运算

求导运算的逆运算称为**不定积分**, 即已知函数的导函数, 求该函数. 如: 在实际问题中, 知道物体运动的速度, 求某一时刻物体的位置; 知道曲线的切线斜率, 求该曲线方程等. 本质上是求解微分方程, 其理论依据是拉格朗日中值定理.

8.1　不定积分概念和性质

8.1.1　原函数

定义 8.1　若 $F'(x) = f(x)$, $x \in (a, b)$, 则称 $F(x)$ 是函数 $f(x)$ 在 (a, b) 上的原函数.

注 8.2　几点说明:

(1) 原函数可以相差一个常数: $F'(x) = [F(x) + C]' = f(x)$, $x \in (a, b)$.

(2) 连续函数一定有原函数 (见定积分部分: 牛顿-莱布尼茨公式).

(3) 具有第一类间断点的函数没有原函数.

(4) 具有第二类间断点的函数可能有原函数. 如下函数在 $\mathbb{R}$ 上存在原函数:

$$
F(x) = \begin{cases} x^2 \sin \dfrac{1}{x}, & x \neq 0, \\ 0, & x = 0. \end{cases} \qquad
f(x) = \begin{cases} 2x \sin \dfrac{1}{x} - \cos \dfrac{1}{x}, & x \neq 0, \\ 0, & x = 0. \end{cases}
$$

在 $\mathbb{R}$ 上, $F'(x) = f(x)$.

(5) 初等函数的导函数可以由初等函数表示出来, 但初等函数的原函数却不一定是初等函数. 例如, $\sin x^2, \cos x^2, \dfrac{x}{\ln x}, \dfrac{e^x}{x}$ 等.

定理 8.1　若函数 $F(x)$ 是 $f(x)$ 在区间 (a, b) 上的一个原函数, 则 $f(x)$ 在区间 (a, b) 的所有原函数可以表示成: $F(x) + C$, $C \in \mathbb{R}$.

证明　设 $G(x)$ 是 $f(x)$ 的任意一个原函数, 令 $H(x) = G(x) - F(x)$. 则

$$H'(x) = G'(x) - F'(x) = f(x) - f(x) = 0 \Longrightarrow H(x) = C, \quad C \text{ 可以为任意实数}.$$

所以 $G(x) = F(x) + C$.　　　　　　　　　　　　　　　　　　　　□

例 8.1 求如下函数在 $\mathbb{R}$ 上的原函数:

$$f(x) = \begin{cases} \sin x, & x \geqslant 0, \\ x, & x < 0. \end{cases}$$

解 当 $x < 0$ 时, 我们可以取 $f(x)$ 的一个原函数为 $F(x) = \dfrac{x^2}{2}$. 当 $x \geqslant 0$ 时, $f(x)$ 的所有原函数可以表示为

$$F(x) = -\cos x + C.$$

因为原函数在点 $x = 0$ 连续, 所以 $C = 1$. 最后得到 $f(x)$ 的原函数为

$$F(x) = \begin{cases} -\cos x + 1, & x \geqslant 0, \\ \dfrac{x^2}{2}, & x < 0. \end{cases}$$ $\square$

如果在两个不交的区间上求原函数, 定理 8.1 不能直接应用. 只能分区间求, 并且原函数之间不一定相差同一个常数.

例 8.2 设区间 $I = (-\infty, 0) \cup (1, +\infty)$. 如下两个原函数在区间 I 上的导函数相同, 但并不相差一个常数.

$$F(x) = C + \begin{cases} x^2, & x > 1, \\ x, & x < 0. \end{cases} \qquad G(x) = C + \begin{cases} x^2, & x > 1, \\ x+1, & x < 0. \end{cases}$$

8.1.2 不定积分

定义 8.3 (不定积分) 若函数 $F(x)$ 是函数 $f(x)$ 在区间 (a, b) 上的一个原函数, 则称 $F(x) + C$ 为 $f(x)$ 的不定积分, 记作

$$\int f(x)\,\mathrm{d}x = F(x) + C.$$

称 $f(x)$ 为被积函数. $y = F(x)$ 的图像称为 f 的**积分曲线**, $y = F(x) + C$ 的图像为 f 的**积分曲线族**.

例 8.3 原函数 $F(x)$ 的积分曲线和不定积分 $F(x) + C$ 表示的曲线族, 如图 8.1 所示.

例 8.4 (1) 证明 $\displaystyle\int \ln x\,\mathrm{d}x = x\ln x - x + C$. (2) 求过 $(1, 0)$ 的积分曲线.

解 (1) 因为 $(x\ln x - x)' = \ln x + x \cdot \dfrac{1}{x} - 1 = \ln x$, 所以结论成立.

(2) $F(x) = x\ln x - x + C$ 过点 $(1, 0)$, 所以 $0 = F(1) = -1 + C$. 从而过 $(1, 0)$ 的积分曲线为

$$y = x\ln x - x + 1.$$ $\square$

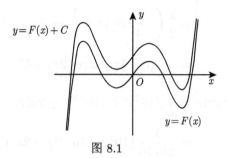

图 8.1

命题 8.2 不定积分的性质:

(1) 不定积分运算具有线性性质, 即 $\forall a, b \in \mathbb{R}$,

$$\int \big[af(x) + bg(x)\big]\,\mathrm{d}x = a\int f(x)\,\mathrm{d}x + b\int g(x)\,\mathrm{d}x.$$

(2) 不定积分运算与求导运算互为逆运算, 即

$$\left(\int f(x)\,\mathrm{d}x\right)' = f(x), \qquad \int F'(x)\,\mathrm{d}x = F(x) + C.$$

注 8.4 由牛顿-莱布尼茨公式 (在定积分中叙述), 连续函数一定有原函数. 对于一些简单的连续函数, 原函数可以用初等函数的组合表示. 8.2 节至 8.4 节将介绍求这些原函数的具体方法.

例 8.5 求 $p(x) = a_n x^n + a_{n-1} x^{n-1} + \cdots + a_1 x + a_0$ 的不定积分.

解

$$\int p(x)\mathrm{d}x = \frac{a_n}{n+1} x^{n+1} + \frac{a_{n-1}}{n} x^n + \cdots + \frac{a_1}{2} x^2 + a_0 x + C.$$ □

例 8.6 求不定积分.

(1) $\displaystyle\int \frac{x^4 + 1}{x^2 + 1}\mathrm{d}x = \int \left[x^2 - 1 + \frac{2}{x^2 + 1}\right]\mathrm{d}x = \frac{1}{3}x^3 - x + 2\arctan x + C.$

(2) $\displaystyle\int \frac{1}{\cos^2 x \sin^2 x}\mathrm{d}x = \int \frac{\cos^2 x + \sin^2 x}{\cos^2 x \sin^2 x}\mathrm{d}x$

$$= \int \frac{1}{\sin^2 x}\mathrm{d}x + \int \frac{1}{\cos^2 x}\mathrm{d}x$$

$$= -\cot x + \tan x + C.$$

(3) $\displaystyle\int \sin x \cdot \cos 3x\mathrm{d}x = \frac{1}{2}\int (\sin 4x - \sin 2x)\mathrm{d}x$

$$= \frac{1}{2}\left(-\frac{1}{4}\cos 4x + \frac{1}{2}\cos 2x\right) + C.$$

$$= -\frac{1}{8}\left(\cos 4x - 2\cos 2x\right) + C.$$

$$(4)\ \int (10^x - 10^{-x})^2 \mathrm{d}x = \int [(10^2)^x + (10^{-2})^x - 2]\mathrm{d}x$$

$$= \frac{1}{2\ln 10}\left(10^{2x} - 10^{-2x}\right) - 2x + C.$$

例 8.7　求不定积分 $\displaystyle\int |x - 1|\mathrm{d}x$.

解

$$f(x) = |x - 1| = \begin{cases} x - 1, & x \geqslant 1, \\ 1 - x, & x \leqslant 1. \end{cases}$$

容易看出,

$\frac{1}{2}x^2 - x$ 是 $f(x)$, $x \in [1,\infty)$ 的一个原函数, $\displaystyle\int |x - 1|\mathrm{d}x = \frac{1}{2}x^2 - x + C_1$, $x \in [1,\infty)$.

$x - \frac{1}{2}x^2$ 是 $f(x), x \in (-\infty,1]$ 的一个原函数, $\displaystyle\int |x - 1|\mathrm{d}x = x - \frac{1}{2}x^2 + C_2, x \in (-\infty,1]$.

由于原函数是连续函数, 所以在 $x = 1$,

$$\frac{1}{2} - 1 + C_1 = -\frac{1}{2} + 1 + C_2, \quad C_2 = C_1 - 1.$$

所以, 不定积分为

$$\int |x - 1|\mathrm{d}x = \begin{cases} \dfrac{1}{2}x^2 - x + C_1, & x \geqslant 1, \\[2mm] x - \dfrac{1}{2}x^2 - 1 + C_1, & x \leqslant 1 \end{cases}$$

$$= \begin{cases} \dfrac{1}{2}x^2 - x & x \geqslant 1, \\[2mm] x - \dfrac{1}{2}x^2 - 1 & x \leqslant 1 \end{cases} + C_1 := F(x) + C.$$

常用函数的不定积分表

$$\int f(x)\mathrm{d}x = F(x) + C; \qquad \int \cos x\mathrm{d}x = \sin x + C;$$

$$\int k\mathrm{d}x = kx + C; \qquad \int \sec^2 x\mathrm{d}x = \tan x + C;$$

$$\int x^{\alpha}\mathrm{d}x = \frac{1}{\alpha+1}x^{\alpha+1} + C(\alpha \neq -1); \qquad \int \csc^2 x\mathrm{d}x = -\cot x + C;$$

$$\int \frac{1}{x}\mathrm{d}x = \ln|x| + C; \qquad \int \sec x \tan x\mathrm{d}x = \sec x + C;$$

$$\int a^x\mathrm{d}x = \frac{1}{\ln a}a^x + C; \qquad \int \csc x \cot x\mathrm{d}x = -\csc x + C;$$

$$\int e^x\mathrm{d}x = e^x + C; \qquad \int \frac{1}{1+x^2}\mathrm{d}x = \arctan x + C;$$

$$\int \sin x\mathrm{d}x = -\cos x + C; \qquad \int \frac{1}{\sqrt{1-x^2}}\mathrm{d}x = \arcsin x + C.$$

习 题

1. 验证 $y = \dfrac{x^2}{2}\mathrm{sgn}x$ 是 $|x|$ 在 $(-\infty, +\infty)$ 的一个原函数.

2. 求下列不定积分.

(1) $\displaystyle\int (1 - x + x^2 - x^{-\frac{2}{3}})\mathrm{d}x.$
(2) $\displaystyle\int (x - x^{-\frac{1}{2}})^2\mathrm{d}x.$

(3) $\displaystyle\int (2^x + 3^x)^2\mathrm{d}x.$
(4) $\displaystyle\int \dfrac{x^2}{3(1+x^2)}\mathrm{d}x.$

(5) $\displaystyle\int \tan^3 x\mathrm{d}x.$
(6) $\displaystyle\int e^{|x|}\mathrm{d}x.$

(7) $\displaystyle\int |\sin x|\mathrm{d}x.$

3. 设 $f'(\arctan x) = x^2$, 求 $f(x)$.

4. 求曲线 $y = f(x)$, 使得在曲线上每一点 (x, y) 处的切线斜率为 $2x$, 且通过点 $(2,5)$.

8.2 不定积分的三种求法

本节介绍三种基本的求原函数方法.

8.2.1 凑微分法

将被积函数表示成复合函数与复合导函数的乘积, 求被积函数不定积分.

定理 8.3　若 $\int f(x)\,\mathrm{d}x = F(x) + C$, 函数 $h(x)$ 可导, 则

$$\int f(h(x)) \cdot h'(x)\,\mathrm{d}x = F(h(x)) + C.$$

证明

$$(F(h(x)))' = f'(h(x))h'(x) = f(h(x))h'(x). \qquad \square$$

注 8.5　设 $u = h(x)$, 则

$$\int f(h(x)) \cdot h'(x)\,\mathrm{d}x = \int f(h(x))\,\mathrm{d}h(x)$$

$$= \int f(u)\,\mathrm{d}u = G(u) + C = G(h(x)) + C.$$

用凑微分法求下列不定积分:

(1)　$\displaystyle\int f(x)f'(x)\,\mathrm{d}x = \int f(x)\,\mathrm{d}f(x) = \frac{1}{2}f^2(x) + C.$

(2)　$\displaystyle\int \frac{f'(x)}{f(x)}\,\mathrm{d}x = \int \frac{1}{f(x)}\,\mathrm{d}f(x) = \ln|f(x)| + C.$

(3)　$\displaystyle\int \tan x\,\mathrm{d}x = \int \frac{\sin x}{\cos x}\,\mathrm{d}x = \int \frac{-\,\mathrm{d}\cos x}{\cos x} = -\ln|\cos x| + C.$

(4)　$\displaystyle\int \cot x\,\mathrm{d}x = \int \frac{\cos x}{\sin x}\,\mathrm{d}x = \int \frac{\mathrm{d}\sin x}{\sin x} = \ln|\sin x| + C.$

(5)　$\displaystyle\int \sec x\,\mathrm{d}x = \int \frac{1}{\cos x}\,\mathrm{d}x = \int \frac{\cos x}{1 - \sin^2 x}\,\mathrm{d}x = \int \frac{\mathrm{d}\sin x}{1 - \sin^2 x}$

$$= \frac{1}{2}\int \left(\frac{1}{1 + \sin x} + \frac{1}{1 - \sin x}\right)\,\mathrm{d}\sin x$$

$$= \frac{1}{2}\ln \frac{1 + \sin x}{1 - \sin x} + C.$$

(6)　$\displaystyle\int \csc x\,\mathrm{d}x = \int \frac{1}{\sin x}\,\mathrm{d}x = \int \frac{\sin x}{1 - \cos^2 x}\,\mathrm{d}x = \int \frac{-\,\mathrm{d}\cos x}{1 - \cos^2 x}$

$$= \frac{1}{2}\ln \frac{1 - \cos x}{1 + \cos x} + C.$$

(7)　$\displaystyle\int \frac{1}{a^2 + x^2}\,\mathrm{d}x = \frac{1}{a^2}\int \frac{1}{1 + x^2/a^2}\,\mathrm{d}x = \frac{1}{a}\int \frac{1}{1 + x^2/a^2}\,\mathrm{d}\frac{x}{a}$

$$= \frac{1}{a}\arctan \frac{x}{a} + C.$$

(8) $\displaystyle\int \frac{1}{\sqrt{a^2 - x^2}}\,\mathrm{d}x = \frac{1}{a}\int \frac{1}{\sqrt{1 - x^2/a^2}}\,\mathrm{d}x = \int \frac{1}{\sqrt{1 - x^2/a^2}}\,\mathrm{d}\frac{x}{a}$

$$= \arcsin \frac{x}{a} + C.$$

(9) $\displaystyle\int \frac{e^x}{1 + e^x}\,\mathrm{d}x = \int \frac{\mathrm{d}e^x}{1 + e^x} = \int \frac{\mathrm{d}(1 + e^x)}{1 + e^x} = \ln(1 + e^x) + C.$

(10) $\displaystyle\int \frac{1}{1 + e^x}\,\mathrm{d}x = \int \left(1 - \frac{e^x}{1 + e^x}\right)\,\mathrm{d}x = x - \ln(1 + e^x) + C.$

(11) $\displaystyle\int \frac{e^{\sqrt{x}}}{\sqrt{x}}\,\mathrm{d}x = 2\int e^{\sqrt{x}}\,\mathrm{d}\sqrt{x} = 2e^{\sqrt{x}} + C.$

(12) $\displaystyle\int \frac{1}{\sqrt{x(1-x)}}\,\mathrm{d}x = \int \frac{2}{\sqrt{1 - (\sqrt{x})^2}}\,\mathrm{d}\sqrt{x} = 2\arcsin\sqrt{x} + C.$

(13) $\displaystyle\int \frac{x}{x^2 + 2x + 2}\,\mathrm{d}x = \int \frac{x}{(x+1)^2 + 1}\,\mathrm{d}x = \int \frac{(x+1) - 1}{(x+1)^2 + 1}\,\mathrm{d}(x+1)$

$$= \int \frac{t - 1}{t^2 + 1}\,\mathrm{d}t = \frac{1}{2}\int \frac{\mathrm{d}t^2}{t^2 + 1} - \int \frac{\mathrm{d}t}{t^2 + 1}$$

$$= \frac{1}{2}\ln\left[(x+1)^2 + 1\right] - \arctan(x+1) + C.$$

(14) $\displaystyle\int \frac{x}{x^2 + 2x - 3}\,\mathrm{d}x = \int \frac{x}{(x-1)(x+3)}\,\mathrm{d}x$

$$= \frac{1}{4}\int \left(\frac{1}{x-1} + \frac{3}{x+3}\right)\,\mathrm{d}x$$

$$= \frac{1}{4}\ln\left|(x-1)(x+3)^3\right| + C.$$

8.2.2 变量替换法

利用函数 $f(h(t))h'(t)$ 的不定积分, 求被积函数 $f(x)$ 的不定积分[①].

定理 8.4 若 $\displaystyle\int f(h(t))h'(t)\,\mathrm{d}t = G(t) + C$, 且 $x = h(t)$ 有反函数. 则

$$\int f(x)\,\mathrm{d}x = G(h^{-1}(x)) + C.$$

证明 设 $F(x) = \displaystyle\int f(x)\mathrm{d}x$.

$$\frac{\mathrm{d}}{\mathrm{d}t}(F(h(t)) - G(t)) = F'(h(t))h'(t) - G'(t) = f(h(t))h'(t) - G'(t) = 0.$$

---

① 函数 $f(x), h(t), G(t)$ 等的定义域是使它们有意义的范围, 以下不再特别强调.

所以存在常数 C, 使得 $F(h(t)) - G(t) = C$. 从而　$F(x) = G(h^{-1}(x)) + C$.　□

例 8.8　求 $\displaystyle\int \sqrt{a^2 - x^2}\,\mathrm{d}x$.

解　令 $x = a\sin t$. 则　$\mathrm{d}x = a\cos t\,\mathrm{d}t$. 原式变成

$$\int \sqrt{a^2 - x^2}\,\mathrm{d}x = \int a\cos t \cdot a\cos t\,\mathrm{d}t = \frac{a^2}{2}\int [\cos(2t) + 1]\,\mathrm{d}t$$

$$= \frac{a^2}{2}\left[\frac{1}{2}\sin(2t) + t\right] + C.$$

因为 $t = \arcsin\dfrac{x}{a}$, 所以

$$\int \sqrt{a^2 - x^2}\,\mathrm{d}x = \frac{a^2}{2}\left[\frac{1}{2}\sin\left(2\arcsin\left(\frac{x}{a}\right)\right) + \arcsin\left(\frac{x}{a}\right)\right] + C.$$　□

例 8.9　求 $\displaystyle\int \sqrt{a^2 + x^2}\,\mathrm{d}x$.

解　令 $x = a\sinh t$. 则　$\mathrm{d}x = a\cosh t\,\mathrm{d}t$. 原式变成

$$\int \sqrt{a^2 + x^2}\,\mathrm{d}x = a^2\int \cosh^2 t\,\mathrm{d}t = \frac{a^2}{2}\int [\cosh(2u) + 1]\,\mathrm{d}t$$

$$= \frac{a^2}{2}\left[\frac{1}{2}\sinh(2t) + t\right] + C.$$

因为 $x = a\sinh t$, 所以

$$t = \ln\left(\frac{x}{a} + \sqrt{1 + \frac{x^2}{a^2}}\right), \quad \sinh(2t) = \frac{2x}{a}\sqrt{1 + \frac{x^2}{a^2}}.$$

从而

$$\int \sqrt{a^2 + x^2}\,\mathrm{d}x = \frac{x}{2}\sqrt{x^2 + a^2} + \frac{a^2}{2}\ln\left(x + \sqrt{x^2 + a^2}\right) + C_1.$$　□

例 8.10　求 $\displaystyle\int \frac{\mathrm{d}x}{\sqrt{a^2 - x^2}}, a > 0$.

解　令 $x = a\sin t$. 则　$\mathrm{d}x = a\cos t\,\mathrm{d}t$. 原式变成

$$\int \frac{\mathrm{d}x}{\sqrt{a^2 - x^2}} = \int \mathrm{d}t = t + C = \arcsin\frac{x}{a} + C.$$　□

例 8.11　求 $\displaystyle\int \frac{1}{\sqrt{a^2+x^2}}\,\mathrm{d}x,\ a>0.$

解　方法一: 令 $x=a\sinh t.$ 则 $\mathrm{d}x=a\cosh t\,\mathrm{d}t.$ 原式变成

$$\int \frac{\mathrm{d}x}{\sqrt{a^2+x^2}} = \int \mathrm{d}t = t+C = \ln\left(\frac{x}{a}+\sqrt{1+\frac{x^2}{a^2}}\right)+C.$$

方法二: 令 $x=a\tan t.$ 则 $\mathrm{d}x=a\sec^2 t\,\mathrm{d}t.$ 原式变成

$$\int \frac{\mathrm{d}x}{\sqrt{a^2+x^2}} = \int \sec t\,\mathrm{d}t = \int \frac{\mathrm{d}\sin t}{1-\sin^2 t} = \frac{1}{2}\ln\frac{1+\sin t}{1-\sin t}+C$$

$$= \ln\left(\frac{x}{a}+\sqrt{1+\frac{x^2}{a^2}}\right)+C. \qquad\square$$

例 8.12　求 $\displaystyle\int \frac{1}{x^2\sqrt{1+x^2}}\,\mathrm{d}x.$

解　方法一: 令 $x=\tan t.$ 则 $\mathrm{d}x=\sec^2 t\,\mathrm{d}t.$ 原式变成

$$\int \frac{\mathrm{d}x}{x^2\sqrt{1+x^2}} = \int \frac{\sec^2 t}{\tan^2 t\sec t}\,\mathrm{d}t = \int \frac{\cos t}{\sin^2 t}\,\mathrm{d}t = -\frac{1}{\sin t}+C = -\frac{\sqrt{1+x^2}}{x}+C.$$

方法二: 令 $x=\dfrac{1}{t}.$ 则 $\mathrm{d}x=-\dfrac{1}{t^2}\,\mathrm{d}t.$ 原式变成

$$\int \frac{\mathrm{d}x}{x^2\sqrt{1+x^2}} = -\int \frac{t}{\sqrt{1+t^2}}\,\mathrm{d}t = -\sqrt{1+t^2}+C. \qquad\square$$

例 8.13　求 $\displaystyle\int \frac{1}{(1+x^2)^2}\,\mathrm{d}x.$

解　令 $x=\tan t.$ 则 $\mathrm{d}x=\sec^2 t\,\mathrm{d}u.$ 原式变成

$$\int \frac{\mathrm{d}x}{(1+x^2)^2} = \int \cos^2 t\,\mathrm{d}t = \int \frac{1+\cos 2t}{2}\,\mathrm{d}t = \frac{t}{2}+\frac{\sin 2t}{4}+C$$

$$= \frac{\arctan x}{2} + \frac{x}{2(1+x^2)}+C. \qquad\square$$

例 8.14　求 $\displaystyle\int \frac{1}{\sqrt{1+e^x}}\,\mathrm{d}x.$

解　对数变换: 因为 $e^x+1>0,$ 可以令 $t^2=e^x+1.$ 从而

$$\sqrt{e^x+1}=t,\quad x=\ln(t^2-1),\quad \mathrm{d}x=\frac{2t}{t^2-1}\,\mathrm{d}t.$$

容易得到

$$\int \frac{1}{\sqrt{1+e^x}}\,\mathrm{d}x = \int \frac{1}{t^2-1}\,\mathrm{d}t = \ln\frac{t-1}{t+1} + C = \ln\frac{\sqrt{e^x+1}-1}{\sqrt{e^x+1}+1} + C.$$ □

例 8.15　求 $\displaystyle\int x\sqrt{2+2x+x^2}\,\mathrm{d}x.$

解　注意到 $\sqrt{x^2+2x+2} = \sqrt{(x+1)^2+1}.$

方法一: 利用双曲正弦变换将开方符号去掉, 令 $x+1 = \sinh t.$ 则

$$x^2 + 2x + 2 = (x+1)^2 + 1 = \sinh^2 t + 1 = \cosh^2 t,$$

$$\mathrm{d}x = \cosh t\,\mathrm{d}t, \quad x = \sinh t - 1.$$

$$t = \ln e^t = \ln(\sinh t + \cosh t) = \ln\left(x+1+\sqrt{x^2+2x+2}\right).$$

从而 $(\sinh 2t = 2\sinh t\cosh t),$

$$\int x\sqrt{2+2x+x^2}\,\mathrm{d}x = \int (\sinh t - 1)\cosh^2 t\,\mathrm{d}t$$

$$= \int \sinh t\cosh^2 t\,\mathrm{d}t - \int \cosh^2 t\,\mathrm{d}t$$

$$= \int \cosh^2 t\,\mathrm{d}\cosh t - \frac{1}{2}\int(\cosh 2t+1)\,\mathrm{d}t = \frac{1}{3}\cosh^3 t - \frac{1}{4}\sin 2t - \frac{u}{2} + C$$

$$= \frac{1}{3}\left(x^2+2x+2\right)^{\frac{3}{2}} - \frac{x+1}{2}\sqrt{2+2x+x^2} - \frac{1}{2}\ln\left(x+1+\sqrt{x^2+2x+2}\right) + C.$$

方法二: 利用正切变换, 令 $x+1 = \tan t.$ 则

$$x^2 + 2x + 2 = \tan^2 t + 1 = \sec^2 t, \quad \mathrm{d}x = \sec^2 t\,\mathrm{d}t, \quad t = \arctan(x+1).$$

$$\int x\sqrt{2+2x+x^2}\,\mathrm{d}x = \int(\tan t - 1)\sec^3 t\,\mathrm{d}t = \int \tan t\sec^3 t\,\mathrm{d}t - \int \sec^3 t\,\mathrm{d}t$$

$$= \int \sec^2 t\,\mathrm{d}\sec t - \int \frac{1}{(1-\sin^2 t)^2}\,\mathrm{d}\sin t$$

$$= \frac{1}{3}\sec^3 t - \frac{1}{4}\int\left(\frac{1}{1-\sin t} + \frac{1}{1+\sin u}\right)^2\,\mathrm{d}\sin t$$

$$= \frac{1}{3}\sec^3 t + \frac{1}{4}\left(\frac{1}{1-\sin t} + \frac{1}{1+\sin t} + \ln\frac{\sin t-1}{\sin t+1}\right) + C.$$

$$\sin t = \frac{\tan t}{\sec t} = \frac{x+1}{\sqrt{x^2+2x+2}}.$$ □

注 8.6 (1) 有界变量: 正弦函数代换, 适用于包含形如 $\sqrt{a^2 - x^2}$ 的表达式

$$x = a\sin u \quad\Longrightarrow\quad \sqrt{a^2 - x^2} = a\cos u, \quad \mathrm{d}x = a\cos u\,\mathrm{d}u, \quad u = \arcsin\frac{x}{a}.$$

(2) 无界变量: 双曲正弦代换, 适用于包含形如 $a^2 + x^2$ 的表达式

$$x = a\sinh u \quad\Longrightarrow\quad \sqrt{a^2 + x^2} = a\cosh u, \quad \mathrm{d}x = a\cosh u\,\mathrm{d}u,$$

$$u = \ln\left(\frac{x}{a} + \sqrt{1 + \frac{x^2}{a^2}}\right).$$

(3) 无界变量: 正切函数代换, 适用于包含形如 $a^2 + x^2$ 的表达式

$$x = a\tan u \quad\Longrightarrow\quad \sqrt{a^2 + x^2} = a\sec u, \quad \mathrm{d}x = a\sec^2 u\,\mathrm{d}u, \quad u = \arctan\frac{x}{a}.$$

(4) 指数变换 $x = e^t$ 和对数变换 $x = \ln t$.

(5) 双曲函数的一些等式

$$\sinh x = \frac{e^x - e^{-x}}{2}, \quad \cosh x = \frac{e^x + e^{-x}}{2}, \quad \sinh x + \cosh x = e^x.$$

$$\sinh^2 x + 1 = \cosh^2 x, \quad \sinh 2x = 2\sinh x\cosh x,$$

$$\cosh 2x = 2\cosh^2 - 1 = 2\sinh^2 x + 1.$$

$$\mathrm{d}\sinh x = \cosh x, \quad \mathrm{d}\cosh x = \sinh u.$$

8.2.3 分部积分法

利用分部积分得到递推公式, 求被积函数的不定积分.

定理 8.5 若 $u(x), v(x)$ 可导, 不定积分 $\displaystyle\int u'(x)v(x)\mathrm{d}x$ 存在, 则 $\displaystyle\int u(x)v'(x)\mathrm{d}x$ 也存在, 并且

$$\int u(x)v'(x)\mathrm{d}x = u(x)v(x) - \int u'(x)v(x)\mathrm{d}x.$$

证明 由于

$$[u(x)v(x)]' = u'(x)v(x) + u(x)v'(x),$$

两边求不定积分,

$$u(x)v(x) = \int u'(x)v(x)\mathrm{d}x + \int u(x)v'(x)\mathrm{d}x. \qquad\square$$

注 8.7 定理 8.5 中的公式称为"分部积分公式". 简记作: $\displaystyle\int u\,\mathrm{d}v = uv - \int v\,\mathrm{d}u$.

分部积分法适用于以下几种情况:

(1) **被积函数与对数函数有关**　通过求导运算把对数符号去掉.

$$
\begin{aligned}
\int x^2 \ln^2 x\,\mathrm{d}x &= \frac{1}{3}\int \ln^2 x\,\mathrm{d}x^3 \\
&= \frac{1}{3}x^3 \ln^2 x - \frac{1}{3}\int x^3\,\mathrm{d}\ln^2 x \\
&= \frac{1}{3}x^3 \ln^2 x - \frac{2}{3}\int x^2 \ln x\,\mathrm{d}x \\
&= \frac{1}{3}x^3 \ln^2 x - \frac{2}{9}\int \ln x\,\mathrm{d}x^3 \\
&= \frac{1}{3}x^3 \ln^2 x - \frac{2}{9}x^3 \ln x + \frac{2}{9}\int x^3\,\mathrm{d}\ln x \\
&= \frac{1}{3}x^3 \ln^2 x - \frac{2}{9}x^3 \ln x + \frac{2}{9}\int x^2\,\mathrm{d}x \\
&= \frac{1}{3}x^3 \ln^2 x - \frac{2}{9}x^3 \ln x + \frac{2}{27}x^3 + C.
\end{aligned}
$$

(2) **被积函数与三角函数或指数函数有关**　把三角函数或指数函数放入微分符号中 (做为函数 $v(x)$). 通过反复分部积分和求导数将多项式因子去掉.

$$
\begin{aligned}
① \int x\cos^2 x\,\mathrm{d}x &= \int x\frac{1+\cos 2x}{2}\,\mathrm{d}x = \frac{x^2}{4} + \int \frac{x\cos 2x}{2}\,\mathrm{d}x \\
&= \frac{x^2}{4} + \frac{1}{4}\int x\,\mathrm{d}\sin 2x = \frac{x^2}{4} + \frac{x\sin 2x}{4} - \frac{1}{4}\int \sin 2x\,\mathrm{d}x \\
&= \frac{x^2}{4} + \frac{x\sin 2x}{4} + \frac{\cos 2x}{8} + C.
\end{aligned}
$$

$$
\begin{aligned}
② \int x^2 e^x\,\mathrm{d}x &= \int x^2\,\mathrm{d}e^x = x^2 e^x - \int 2x e^x\,\mathrm{d}x = x^2 e^x - 2\int x\,\mathrm{d}e^x \\
&= x^2 e^x - 2x e^x + 2e^x.
\end{aligned}
$$

(3) **被积函数与反三角函数有关**　通过求导运算把反三角符号去掉.

① $\displaystyle\int (\arcsin x)^2 \, \mathrm{d}x = x(\arcsin x)^2 - \int x\frac{2\arcsin x}{\sqrt{1-x^2}} \, \mathrm{d}x$

$\qquad\qquad\qquad = x(\arcsin x)^2 + 2\int \arcsin x \, \mathrm{d}\sqrt{1-x^2}$

$\qquad\qquad\qquad = x(\arcsin x)^2 + 2\arcsin x\sqrt{1-x^2} - 2\int \frac{\sqrt{1-x^2}}{\sqrt{1-x^2}} \, \mathrm{d}x$

$\qquad\qquad\qquad = x(\arcsin x)^2 + 2\arcsin x\sqrt{1-x^2} - 2x + C.$

② $\displaystyle\int x\arctan x \, \mathrm{d}x = \frac{1}{2}\int \arctan x \, \mathrm{d}x^2 = \frac{1}{2}x^2\arctan x - \frac{1}{2}\int \frac{x^2}{1+x^2} \, \mathrm{d}x$

$\qquad\qquad\qquad = \frac{1}{2}x^2\arctan x - \frac{x}{2} + \frac{1}{2}\arctan x + C.$

(4) 上面三种情况可能同时出现　三角函数、指数函数或对数函数同时出现.

① $\displaystyle\int e^x \sin x \, \mathrm{d}x = e^x \sin x - \int e^x \cos x \, \mathrm{d}x$

$\qquad\qquad\quad = e^x \sin x - e^x \cos x - \int e^x \sin x \, \mathrm{d}x.$

$\qquad\qquad\Longrightarrow \int e^x \sin x \, \mathrm{d}x = \frac{e^x}{2}(\sin x - \cos x) + C.$

② $\displaystyle\int \sec^3 x \, \mathrm{d}x = \int \sec x \, \mathrm{d}\tan x = \sec x \tan x - \int \sec x \tan^2 x \, \mathrm{d}x$

$\qquad\qquad\quad = \sec x \tan x - \int \sec x(\sec^2 x - 1) \, \mathrm{d}x$

$\qquad\qquad\quad = \sec x \tan x + \ln(\tan x + \sec x) - \int \sec^3 x \, \mathrm{d}x$

$\qquad\qquad\Longrightarrow \int \sec^3 x \, \mathrm{d}x = \frac{1}{2}\left[\sec x \tan x + \ln(\tan x + \sec x)\right] + C.$

③ $\displaystyle\int \sin(\ln x) \, \mathrm{d}x = x\sin(\ln x) - \int x \cdot \frac{\cos(\ln x)}{x} \, \mathrm{d}x$

$\qquad\qquad\quad = x\sin(\ln x) - x\cos(\ln x) - \int \sin(\ln x) \, \mathrm{d}x$

$\qquad\qquad\Longrightarrow \int \sin(\ln x) \, \mathrm{d}x = \frac{x}{2}\left[\sin(\ln x) - \cos(\ln x)\right] + C.$

(5) 通过分部积分公式建立递推关系.

① $I_n = \displaystyle\int \sin^n x \, \mathrm{d}x = -\sin^{n-1} x \cos x + (n-1) \int \sin^{n-2} x \cos^2 x \, \mathrm{d}x$

　　$= -\sin^{n-1} x \cos x + (n-1)(I_{n-2} - I_n).$

　　$I_n = \dfrac{n-1}{n} I_{n-2} - \dfrac{\sin^{n-1} x \cos x}{n}.$

② $I_n = \displaystyle\int \dfrac{1}{(a^2 + x^2)^n} \, \mathrm{d}x = \dfrac{x}{(a^2 + x^2)^n} + \int \dfrac{2nx^2}{(a^2 + x^2)^{n+1}} \, \mathrm{d}x$

　　$= \dfrac{x}{(a^2 + x^2)^n} + \displaystyle\int \dfrac{2n}{(a^2 + x^2)^n} \, \mathrm{d}x - \int \dfrac{2na^2}{(a^2 + x^2)^{n+1}} \, \mathrm{d}x$

　　$= \dfrac{x}{(a^2 + x^2)^n} + 2nI_n - 2na^2 I_{n+1}.$

$I_{n+1} = \dfrac{2n-1}{2na^2} I_n + \dfrac{x}{2na^2 (a^2 + x^2)^n}.$

习　题

1. 用换元法求下列不定积分.

(1) $\displaystyle\int \cos(3x + 4)\mathrm{d}x.$ 　　　　　　(2) $\displaystyle\int x e^{2x^2} \mathrm{d}x.$

(3) $\displaystyle\int (1 + x)^n \mathrm{d}x.$ 　　　　　　(4) $\displaystyle\int x \sin x^2 \mathrm{d}x.$

(5) $\displaystyle\int \cos^5 x \mathrm{d}x.$ 　　　　　　(6) $\displaystyle\int \left(\dfrac{1}{\sqrt{3 - x^2}} + \dfrac{1}{\sqrt{1 - 3x^2}} \right) \mathrm{d}x.$

(7) $\displaystyle\int \dfrac{1}{\sqrt[3]{7 - 5x}} \mathrm{d}x.$ 　　　　(8) $\displaystyle\int \dfrac{1}{1 + \sin x} \mathrm{d}x.$

(9) $\displaystyle\int \dfrac{1}{\sin x \cos x} \mathrm{d}x.$ 　　　(10) $\displaystyle\int \dfrac{1}{(x^2 + a^2)^{\frac{3}{2}}} \mathrm{d}x, \ a > 0.$

(11) $\displaystyle\int \dfrac{1}{x \ln x \ln \ln x} \mathrm{d}x.$ 　　(12) $\displaystyle\int \dfrac{\sqrt{1 + x} - 1}{\sqrt{1 + x} + 1} \mathrm{d}x.$

(13) $\displaystyle\int \dfrac{1}{x^4 \sqrt{x^2 - 1}} \mathrm{d}x.$

2. 用分部积分法求下列不定积分.

(1) $\displaystyle\int \arcsin x \mathrm{d}x.$ 　　　　　　(2) $\displaystyle\int (\arcsin x)^2 \mathrm{d}x.$

(3) $\displaystyle\int x^2 \cos x \mathrm{d}x.$ 　　　　　(4) $\displaystyle\int x \arctan x \mathrm{d}x.$

(5) $\displaystyle\int \tan^3 x \mathrm{d}x.$ 　　　　　　(6) $\displaystyle\int \cos^2 x \sin^4 x \mathrm{d}x.$

(7) $\displaystyle\int \ln x \mathrm{d}x.$ 　　　　　　　(8) $\displaystyle\int (\ln x)^2 \mathrm{d}x.$

(9) $\int \left(\ln \ln x + \dfrac{1}{\ln x} \right) \mathrm{d}x$.   (10) $\int \sqrt{a^2 \pm x^2}\mathrm{d}x, \quad a > 0$.

3. 求下列不定积分的递推公式.

(1) $I_n = \int \tan^n x\mathrm{d}x, \ n = 1, 2, \cdots$.   (2) $I_n = \int (\arcsin x)^n\mathrm{d}x, \ n = 1, 2, \cdots$.

(3) $I_{n,m} = \int \sin^n x \cos^m \mathrm{d}x, \ n, m = 1, 2, \cdots$.

(4) $I_n = \int x^n e^{mx}\mathrm{d}x, \ n, m = 1, 2, \cdots$.

8.3　特殊函数的不定积分

本节对三类特殊函数介绍原函数求法.

8.3.1　有理分式

例 8.16　求不定积分

$$\int \frac{x^3 + 1}{x^3 - 5x^2 + 6x} \, \mathrm{d}x.$$

解　首先将分式化为真分式

$$\frac{x^3 + 1}{x^3 - 5x^2 + 6x} = 1 + \frac{5x^2 - 6x + 1}{x^3 - 5x^2 + 6x} = 1 + \frac{5x^2 - 6x + 1}{x(x - 2)(x - 3)}.$$

由于分母只含有最简因子的 1 次方, 所以可设

$$\frac{5x^2 - 6x + 1}{x(x - 2)(x - 3)} = \frac{A_1}{x} + \frac{A_2}{x - 2} + \frac{A_3}{x - 3}$$

$$= \frac{A_1(x - 2)(x - 3) + A_2 x(x - 3) + A_3 x(x - 2)}{x(x - 2)(x - 3)}.$$

约去分母, 并分别取 $x = 0, 2, 3$ 可以得到

$$A_1 = \frac{1}{6}, \quad A_2 = -\frac{9}{2}, \quad A_3 = \frac{28}{3}.$$

所以

$$\int \frac{x^3 + 1}{x^3 - 5x^2 + 6x} \, \mathrm{d}x = \int \left(1 + \frac{1}{6x} - \frac{9}{2}\frac{1}{x - 2} + \frac{28}{3}\frac{1}{x - 3} \right) \mathrm{d}x$$

$$= x + \frac{\ln x}{6} - \frac{9}{2}\ln(x - 2) + \frac{28}{3}\ln(x - 3) + C. \qquad \square$$

例 8.17 *求不定积分*

$$\int \frac{1}{x^2(1+x^2)^2}\,\mathrm{d}x.$$

解 因为被积函数的分母含有最简因式的 2 次方, 所以可设

$$\frac{1}{x^2(1+x^2)^2}$$

$$= \frac{A_1}{x} + \frac{A_2}{x^2} + \frac{B_1 x + C_1}{1+x^2} + \frac{B_2 x + C_2}{(1+x^2)^2}$$

$$= \frac{A_1 x(1+x^2)^2 + A_2(1+x^2)^2 + (B_1 x + C_1)x^2(1+x^2) + (B_2 x + C_2)x^2}{x^2(1+x^2)^2}.$$

利用 x 的各次幂的系数相等可得

x^5	$A_1 + B_1 = 0$
x^4	$A_2 + C_1 = 0$
x^3	$2A_1 + B_1 + B_2 = 0$
x^2	$2A_2 + C_1 + C_2 = 0$
x^1	$A_1 = 0$
x^0	$A_2 = 1$

容易求得

$$A_2 = 1, \quad A_1 = B_1 = B_2 = 0, \quad C_1 = C_2 = -1.$$

从而

$$\int \frac{1}{x^2(1+x^2)^2}\,\mathrm{d}x = \int \left[\frac{1}{x^2} - \frac{1}{1+x^2} - \frac{1}{(1+x^2)^2} \right]\,\mathrm{d}x$$

$$= -\frac{1}{x} - \arctan x - \int \frac{1}{(1+x^2)^2}\,\mathrm{d}x.$$

利用分部积分可得

$$I_n = \int \frac{1}{(1+x^2)^n}\,\mathrm{d}x = \frac{x}{(1+x^2)^n} + 2n\int \frac{x^2}{(1+x^2)^{n+1}}\,\mathrm{d}x$$

$$= \frac{x}{(1+x^2)^n} + 2nI_n - 2nI_{n+1}.$$

$$I_{n+1} = \frac{2n-1}{2n}I_n + \frac{1}{2n}\frac{x}{(1+x^2)^n}.$$

$$I_2 = \frac{x}{2(1+x^2)} + \frac{1}{2}I_1 = \frac{x}{2(1+x^2)} + \frac{1}{2}\arctan x.$$

所以

$$\int \frac{1}{x^2(1+x^2)^2}\,\mathrm{d}x = -\frac{1}{x} - \frac{x}{2(1+x^2)} - \frac{3}{2}\arctan x + C. \qquad \square$$

例 8.18 求不定积分

$$\int \frac{\mathrm{d}x}{1+x^4}.$$

解

$$\frac{1}{1+x^4} = \frac{1}{(1-\sqrt{2}x+x^2)(1+\sqrt{2}x+x^2)}$$

$$= \frac{A_1x+B_1}{(1-\sqrt{2}x+x^2)} + \frac{A_2x+B_2}{(1+\sqrt{2}x+x^2)}$$

$$= \frac{(A_1x+B_1)(1+\sqrt{2}x+x^2) + (A_2x+B_2)(1-\sqrt{2}x+x^2)}{1+x^4}.$$

x^3	$A_1 + A_2 = 0$
x^2	$\sqrt{2}(A_1 - A_2) + B_1 + B_2 = 0$
x^1	$A_1 + A_2 + \sqrt{2}(B_1 - B_2) = 0$
x^0	$B_1 + B_2 = 1$

解得

$$A_1 = -\frac{1}{2\sqrt{2}}, \quad A_2 = \frac{1}{2\sqrt{2}}, \quad B_1 = B_2 = \frac{1}{2}.$$

所以

$$\int \frac{\mathrm{d}x}{1+x^4} = -\frac{1}{2\sqrt{2}}\int \frac{x-\sqrt{2}}{\left(x-\frac{1}{\sqrt{2}}\right)^2 + \frac{1}{2}}\,\mathrm{d}x + \frac{1}{2\sqrt{2}}\int \frac{\sqrt{2}+x}{\left(x+\frac{1}{\sqrt{2}}\right)^2 + \frac{1}{2}}\,\mathrm{d}x$$

$$= -\frac{1}{2}\int \frac{\sqrt{2}x-1}{\left(\sqrt{2}x-1\right)^2 + 1}\,\mathrm{d}x + \frac{1}{2}\int \frac{1}{\left(\sqrt{2}x-1\right)^2 + 1}\,\mathrm{d}x$$

$$+\frac{1}{2}\int\frac{\sqrt{2}x+1}{\left(\sqrt{2}x+1\right)^2+1}\,\mathrm{d}x+\frac{1}{2}\int\frac{1}{\left(\sqrt{2}x+1\right)^2+1}\,\mathrm{d}x.$$

$$\int\frac{\mathrm{d}x}{1+x^4}=\frac{1}{4\sqrt{2}}\ln\frac{\left(\sqrt{2}x+1\right)^2+1}{\left(\sqrt{2}x-1\right)^2+1}+\frac{1}{\sqrt{8}}\arctan\left[\left(\sqrt{2}x-1\right)^2+1\right]$$

$$+\frac{1}{\sqrt{8}}\arctan\left[\left(\sqrt{2}x+1\right)^2+1\right]+C.$$

□

一般有理分式函数: 形如

$$f(x)=\frac{P_n(x)}{P_m(x)}$$

的函数称为有理分式函数, 其中 $P_n(x)$, $P_m(x)$ 分别为 n, m 次多项式. 当 $n<m$ 时, $f(x)$ 称为真分式, 否则称为假分式.

四种最简分式的不定积分:

(1)

$$\int\frac{A}{x+b}\,\mathrm{d}x=A\ln|x+b|+C\,.$$

(2) 设 $k>1$,

$$\int\frac{A}{(x+b)^k}\,\mathrm{d}x=A\int\frac{1}{(x+b)^k}\,\mathrm{d}(x+b)=A\frac{(x+b)^{1-k}}{1-k}+C\,.$$

(3) 设 $q^2<4r$, $y=\dfrac{2x+q}{\sqrt{4r-q^2}}$.

$$\int\frac{B_1x+B_2}{x^2+qx+r}\,\mathrm{d}x=B_1\int\frac{x+\dfrac{B_2}{B_1}}{\left(x+\dfrac{q}{2}\right)^2+\dfrac{4r-q^2}{4}}\,\mathrm{d}x$$

$$=B_1\int\frac{\dfrac{2x+q}{\sqrt{4r-q^2}}+\dfrac{2B_2-B_1q}{B_1\sqrt{4r-q^2}}}{\left(\dfrac{2x+q}{\sqrt{4r-q^2}}\right)^2+1}\,\mathrm{d}\frac{2x+q}{\sqrt{4r-q^2}}$$

$$=B_1\int\frac{y}{y^2+1}\,\mathrm{d}y+\frac{2B_2-B_1q}{\sqrt{4r-q^2}}\int\frac{1}{y^2+1}\,\mathrm{d}y$$

$$= \frac{B_1}{2} \ln(y^2 + 1) + \frac{2B_2 - B_1 q}{p\sqrt{4r - q^2}} \arcsin y + C.$$

(4) 设 $q^2 < 4r$, $k > 1$, $y = \dfrac{2x + q}{\sqrt{4r - q^2}}$.

$$\int \frac{B_1 x + B_2}{(x^2 + qx + r)^k} \, \mathrm{d}x = \frac{B_1}{p^k} \int \frac{x + \dfrac{B_2}{B_1}}{\left[\left(x + \dfrac{q}{2}\right)^2 + \dfrac{4r - q^2}{4p^2}\right]^k} \, \mathrm{d}x$$

$$= B_1 \left(\frac{4}{4r - q^2}\right)^{k-1} \int \frac{\dfrac{2x + q}{\sqrt{4r - q^2}} + \dfrac{2B_2 - B_1 q}{B_1 \sqrt{4r - q^2}}}{\left[\dfrac{(2x + q)^2}{4r - q^2} + 1\right]^k} \, \mathrm{d}\frac{2x + q}{\sqrt{4r - q^2}}$$

$$= B_1 \left(\frac{4p^2}{4r - q^2}\right)^{k-1} \left[\int \frac{y}{(y^2 + 1)^k} \, \mathrm{d}y + \frac{2B_2 - B_1 q}{B_1 \sqrt{4r - q^2}} \int \frac{1}{(y^2 + 1)^k} \, \mathrm{d}y\right]$$

$$= B_1 \left(\frac{4}{4pr - q^2}\right)^{k-1} \left[\frac{(y^2 + 1)^{1-k}}{2(1 - k)} + \frac{2B_2 - B_1 q}{B_1 \sqrt{4r - q^2}} I_k\right] + C,$$

其中 $I_k = \displaystyle\int \frac{1}{(y^2 + 1)^k} \, \mathrm{d}y$ 满足递推关系:

$$I_k = \frac{2k - 3}{2(k - 1)} I_{k-1} + \frac{y}{2(k - 1)(1 + y^2)^{k-1}}.$$

基于上述结果, 我们考虑将有理分式转化成最简分式之和, 然后再求不定积分, 为此, 需要代数基本定理:

定理 8.6 (代数基本定理) 任意实系数多项式 $p(x)$, 其最高次幂的系数为1, 可以分解成

$$p(x) = \prod_{i=1}^{m} (x - a_i)^{m_i} \prod_{i=1}^{n} \left(x^2 + b_i x + c_i\right)^{n_i},$$

其中 $m_i, n_i \in \mathbb{N}$, $x^2 + b_i x + c_i$ 没有实根, $a_i, b_i, c_i \in \mathbb{R}$.

证明 我们不加证明地应用如下结论: 任何 n 次多项式在复数域内都有 n 个根, 即

$$p(x) = (x + \alpha_1)(x + \alpha_2) \cdots (x + \alpha_n), \quad \alpha_i \in \mathbb{C}.$$

若 $p(\alpha) = 0$, 则其复共轭也为根 $p(\bar{\alpha}) = 0$. 从而复数根总是成对出现, 且

$$(x - \alpha)(x - \bar{\alpha}) = (x - \operatorname{Re}\alpha)^2 + (\operatorname{Im}\alpha)^2 = x^2 - 2x\operatorname{Re}\alpha + |\alpha|^2$$

$$= x^2 + bx + c, \quad b^2 < 4c.$$

所以, 若 $\alpha \in \mathbb{R}$, 则 $(x - \alpha)$ 为 $p(x)$ 的一个最简因子; 若 α 为复数, 则 $x^2 + bx + c, b, c \in \mathbb{R}$, 为 $p(x)$ 的一个最简因子. 考虑到重根的情况, 从而 $p(x)$ 可以分解为

$$p(x) = \prod_{i=1}^{m} (x - a_i)^{m_i} \prod_{i=1}^{n} \left(x^2 + b_i x + c_i\right)^{n_i} . \qquad \square$$

引理 8.7   设 $\alpha \in \mathbb{R}$, 则 $(x - \alpha)$ 整除多项式 $p(x)$ 的充要条件是: $p(\alpha) = 0$.

证明   设 $p(x) = \sum\limits_{k=0}^{n} a_k x^k$. 则

$$p(x) = \sum_{k=0}^{n} a_k \left[(x - \alpha) + \alpha\right]^k = \sum_{k=0}^{n} a_k \left[(x - \alpha)Q_k(x) + \alpha^k\right]$$

$$= (x - \alpha) \sum_{k=0}^{n} a_k Q_k(x) + \sum_{k=0}^{k} a_k \alpha^k = (x - \alpha) \sum_{k=0}^{n} a_k Q_k(x) + p(\alpha),$$

其中 Q_k 为 $k-1$ 次多项式. 所以 $p(x)$ 整除因子 $(x-\alpha)$ 的充要条件是 $p(\alpha)=0$. $\square$

定理 8.8   设 $\dfrac{p(x)}{(x - \alpha)^m q(x)}(m \geqslant 1)$ 为既约真分式, 即 $p(\alpha)q(\alpha) \neq 0$. 则存在 $A \in \mathbb{R}$ 和实数多项式 $p_1(x)$, 使得

$$\frac{p(x)}{(x - \alpha)^m q(x)} = \frac{A}{(x - \alpha)^m} + \frac{p_1(x)}{(x - \alpha)^{m-1} q(x)} .$$

证明

$$\frac{A}{(x - \alpha)^m} + \frac{p_1(x)}{(x - \alpha)^{m-1} q(x)}$$

$$= \frac{Aq(x) + (x - \alpha)p_1(x)}{(x - \alpha)^m q(x)} \quad \Longrightarrow \quad p(x) = Aq(x) + (x - \alpha)p_1(x).$$

由于 $p(\alpha) \neq 0$, $q(\alpha) \neq 0$, 只需令 $A = \dfrac{p(\alpha)}{q(\alpha)}$, 从而 α 为多项式 $p(x) - Aq(x)$ 的零点. 只需令

$$p_1(x) = \frac{p(x) - Aq(x)}{x - \alpha} . \qquad \square$$

定理 8.9 设 $\dfrac{p(x)}{(x^2+bx+c)^m q(x)}(m \geqslant 1, b^2 < 4c)$ 为既约真分式: 即 $p(x)$, $q(x)$ 都不能整除 x^2+bx+c. 则存在 $A, B \in \mathbb{R}$ 和实数多项式 $p_1(x)$, 使得

$$\frac{p(x)}{(x^2+bx+c)^m q(x)} = \frac{Ax+B}{(x^2+bx+c)^m} + \frac{p_1(x)}{(x^2+bx+c)^{m-1} q(x)} .$$

证明

$$\frac{Ax+B}{(x^2+bx+c)^m} + \frac{p_1(x)}{(x^2+bx+c)^{m-1} q(x)}$$

$$= \frac{(Ax+B)q(x) + (x^2+bx+c)p_1(x)}{(x^2+bx+c)^m q(x)}$$

$$\Longrightarrow p(x) = (Ax+B)q(x) + (x^2+bx+c)p_1(x).$$

令 $x^2+bx+c = (x-\alpha)(x-\bar{\alpha})$, 则

$$\frac{p(\alpha)}{q(\alpha)} = A\alpha + B, \quad \frac{p(\bar{\alpha})}{q(\bar{\alpha})} = A\bar{\alpha} + B$$

$$\Longrightarrow B = \frac{1}{2}\left[\frac{p(\alpha)}{q(\alpha)} + \frac{p(\bar{\alpha})}{q(\bar{\alpha})}\right] - \frac{1}{2}b = \mathrm{Re}\,\frac{p(\alpha)}{q(\alpha)} - \frac{1}{2}b,$$

$$A = \frac{1}{\alpha - \bar{\alpha}}\left[\frac{p(\alpha)}{q(\alpha)} - \frac{p(\bar{\alpha})}{q(\bar{\alpha})}\right] = (\mathrm{Im}\,\alpha)^{-1}\,\mathrm{Im}\,\frac{p(\alpha)}{q(\alpha)} .$$

只需令

$$p_1(x) = \frac{p(x) - (Ax+B)q(x)}{x^2+bx+c} . \qquad \qquad \square$$

利用定理 8.8, 定理 8.9 可以得到如下定理.

定理 8.10 形如 $f(x) = \dfrac{P_n(x)}{P_m(x)}$ 的有理多项式可以表示成多项式和四种最简分式的和.

需要注意的是, 结合题目的特点, 还有简单方法. 如:

例 8.19 (1) $\displaystyle\int \frac{x^2}{(1+x)^5}\,\mathrm{d}x = \int \frac{(x+1)^2 - 2(x+1) + 1}{(1+x)^5}\,\mathrm{d}x$

$$= -\frac{1}{2}\frac{1}{(x+1)^2} + \frac{2}{3}\frac{1}{(x+1)^3} - \frac{1}{4}\frac{1}{(x+1)^4} + C.$$

(2) $\displaystyle\int \frac{1}{x(1+x^5)}\,\mathrm{d}x = \int \frac{x^4}{x^5(1+x^5)}\,\mathrm{d}x = \frac{1}{5}\int \frac{\mathrm{d}x^5}{x^5(1+x^5)}$

$$= \frac{1}{5}\ln\frac{x^5}{1+x^5} + C.$$

$$(3) \int \frac{1}{x^2(1+x^2)^2}\, \mathrm{d}x = \int \frac{(1+x^2)-x^2}{x^2(1+x^2)^2} = \int \frac{\mathrm{d}x}{x^2(1+x^2)} - \int \frac{\mathrm{d}x}{(1+x^2)^2}$$

$$= -\frac{1}{x} - \arctan x - \frac{x}{2(1+x^2)} + \frac{1}{2}\arctan x + C$$

$$= -\frac{1}{x} - \frac{x}{2(1+x^2)} - \frac{1}{2}\arctan x + C.$$

8.3.2　三角有理式

(1) 半角万能变换.

$$\tan\frac{x}{2} = t, \quad x = 2\arctan t, \quad \mathrm{d}x = \frac{2\,\mathrm{d}t}{1+t^2}, \quad \sin x = \frac{2t}{1+t^2}, \quad \cos x = \frac{1-t^2}{1+t^2}.$$

$$\int R(\sin x, \cos x)\, \mathrm{d}x = \int R\left(\frac{2t}{1+t^2}, \frac{1-t^2}{1+t^2}\right)\frac{2}{1+t^2}\, \mathrm{d}t = \int \frac{P(t)}{Q(t)}\, \mathrm{d}t.$$

若被积函数为三角函数, 且不能利用简单方法计算出不定积分时, 半角万能变换是最后的选择.

例 8.20

$$\int \frac{1}{1+2\cos x}\, \mathrm{d}x = \int \frac{1+t^2}{1+t^2+2(1-t^2)}\frac{2}{1+t^2}\, \mathrm{d}t = \int \frac{2}{3-t^2}\, \mathrm{d}t$$

$$= \frac{1}{\sqrt{3}}\ln\left|\frac{\sqrt{3}+t}{\sqrt{3}-t}\right| + C = \frac{1}{\sqrt{3}}\ln\left|\frac{\sqrt{3}+\tan\dfrac{x}{2}}{\sqrt{3}-\tan\dfrac{x}{2}}\right| + C.$$

(2) 正弦对称或余弦对称.

① 当 $R(-\sin x, \cos x) = -R(\sin x, \cos x)$ 时, 可做变换 $t = \cos x$;

② 当 $R(\sin x, -\cos x) = -R(\sin x, \cos x)$ 时, 可做变换 $t = \sin x$.

例 8.21

$$\int \frac{\mathrm{d}x}{\sin x + \sin^3 x} = -\int \frac{\mathrm{d}\cos x}{\sin^2 x + \sin^4 x} = -\int \frac{\mathrm{d}t}{1-t^2+(1-t^2)^2}$$

$$= -\int \frac{\mathrm{d}t}{(1-t^2)(2-t^2)} = \int \left(\frac{1}{t^2-1} - \frac{1}{t^2-2}\right)\mathrm{d}t$$

$$= \frac{1}{2}\ln\left|\frac{t-1}{t+1}\right| + \frac{1}{2\sqrt{2}}\ln\left|\frac{t+\sqrt{2}}{t-\sqrt{2}}\right| + C$$

$$= \frac{1}{2}\ln\left|\frac{\cos x-1}{\cos x+1}\right| + \frac{1}{2\sqrt{2}}\ln\left|\frac{\cos x+\sqrt{2}}{\cos x-\sqrt{2}}\right| + C.$$

(3) 当 $R(-\sin x, -\cos x) = R(\sin x, \cos x)$ 时, 可做变换 $t = \tan x$.

例 8.22

(1)
$$
\int \frac{\cos x - \sin x}{\cos x + \sin x}\, \mathrm{d}x = \int \frac{1 - \tan x}{1 + \tan x}\, \mathrm{d}x \qquad (t = \tan x)
$$
$$
= \int \frac{1-t}{1+t}\frac{1}{1+t^2}\, \mathrm{d}t = \int \left(\frac{1}{1+t} - \frac{t}{1+t^2} \right)\, \mathrm{d}t
$$
$$
= \ln \frac{1+t}{\sqrt{1+t^2}} + C = \ln \frac{1+\tan x}{\sqrt{1+\tan^2 x}} + C\,.
$$

(2)
$$
\int \frac{\mathrm{d}x}{\sin(x+a)\sin(x+b)}
$$
$$
= \frac{1}{\sin(a-b)} \int \frac{\sin[(x+a)-(x+b)]}{\sin(x+a)\sin(x+b)}\, \mathrm{d}x
$$
$$
= \frac{1}{\sin(a-b)} \int \frac{\sin(x+a)\cos(x+b) - \cos(x+a)\sin(x+b)}{\sin(x+a)\sin(x+b)}\, \mathrm{d}x
$$
$$
= \int \left[\cot(x+b) - \cot(x+a) \right]\, \mathrm{d}x = \frac{1}{\sin(a-b)} \ln \left| \frac{\sin(x+b)}{\sin(x+a)} \right| + C\,.
$$

例 8.23

$$
\int \frac{2\sin x + \cos x}{\sin x + 2\cos x}\, \mathrm{d}x = \int \frac{2\tan x + 1}{\tan x + 2}\, \mathrm{d}x = \int \frac{2t+1}{(2+t)(1+t^2)}\, \mathrm{d}t, \quad t = \tan x,
$$
$$
\frac{2t+1}{(2+t)(1+t^2)} = \frac{A_1}{t+2} + \frac{A_2 t + A_3}{1+t^2} = \frac{A_1(1+t^2) + (t+2)(A_2 t + A_3)}{(2+t)(1+t^2)},
$$
$$
A_1 + 2A_3 = 1, \quad 2A_2 + A_3 = 2, \quad A_1 + A_2 = 0 \quad \Longrightarrow
$$
$$
A_1 = -\frac{3}{5}, \quad A_2 = \frac{3}{5}, \quad A_3 = \frac{4}{5}.
$$

所以

$$
\int \frac{2t+1}{(1+2t)(1+t^2)}\, \mathrm{d}t = -\frac{3}{5} \ln(t+2) + \frac{3}{10} \ln(1+t^2) + \frac{4}{5} \arctan t
$$
$$
= -\frac{3}{5} \ln(\tan x + 2) + \frac{3}{10} \ln(1+\tan^2 x) + \frac{4x}{5} + C.
$$

8.3.3 简单无理式

无理式积分的困难在于被积函数带有开方运算, 求这种积分的思路是通过适当的变量替换, 将被积函数中的开方运算去掉. 设 $R(u,v)$ 表示关于 u,v 的有理式.

(1) 形如 $\int R\left(x, (x+b)^{\frac{1}{n}}\right)\,\mathrm{d}x$ 的积分.

做变量替换:

$$t^n = x + b, \quad x = t^n - b, \quad \mathrm{d}x = n t^{n-1}\,\mathrm{d}t,$$

$$\int R\left(x, (x+b)^{\frac{1}{n}}\right)\,\mathrm{d}x = n \int R\left(t^n - b, t\right) t^{n-1}\,\mathrm{d}t.$$

例 8.24　求积分 $\int \dfrac{x e^x}{\sqrt{e^x + 1}}\,\mathrm{d}x$.

解

$$\int \frac{x e^x}{\sqrt{e^x + 1}}\,\mathrm{d}x = 2 \int x\,\mathrm{d}\sqrt{e^x + 1} = 2x\sqrt{e^x + 1} - 2 \int \sqrt{e^x + 1}\,\mathrm{d}x.$$

为了去除根号, 令 $t^2 = e^x + 1$, 则

$$x = \ln(t^2 - 1), \quad \mathrm{d}x = \frac{2t}{t^2 - 1}\,\mathrm{d}t.$$

从而

$$\int \sqrt{e^x + 1}\,\mathrm{d}x = \int \frac{2t^2}{t^2 - 1}\,\mathrm{d}t = 2t + 2\int \frac{\mathrm{d}t}{t^2 - 1} = 2t + \ln\frac{t-1}{t+1} + C.$$

$$\Longrightarrow \int \frac{x e^x}{\sqrt{e^x + 1}}\,\mathrm{d}x = (2x - 4)\sqrt{e^x + 1} + \ln\frac{\sqrt{e^x + 1} - 1}{\sqrt{e^x + 1} + 1} + C. \qquad \square$$

例 8.25　求积分

$$\int \frac{\mathrm{d}x}{(x-1)^{1/3}(x+1)^{2/3}}.$$

解　由于

$$\frac{1}{(x-1)^{1/3}(x+1)^{2/3}} = \frac{1}{x+1}\left(\frac{x+1}{x-1}\right)^{1/3},$$

作变量替换

$$t^3 = \frac{x+1}{x-1} = 1 + \frac{2}{x-1}, \quad x = \frac{t^3 + 1}{t^3 - 1}, \quad \mathrm{d}x = -\frac{6t^2}{(t^3 - 1)^2}\,\mathrm{d}t.$$

$$\int \frac{\mathrm{d}x}{(x-1)^{1/3}(x+1)^{2/3}} = \int \frac{1 - t^3}{2t^2}\frac{6t^2}{(t^3 - 1)^2}\,\mathrm{d}t = \int \frac{3}{1 - t^3}\,\mathrm{d}t$$

$$= \frac{1}{2}\ln\frac{t^2 + t + 1}{(t-1)^2} + \sqrt{3}\arctan\frac{2t + 1}{\sqrt{3}} + C. \qquad \square$$

(2) 形如 $\displaystyle\int R\left(x,\sqrt{x^2+bx+c}\right)\,\mathrm{d}x$ 的积分.

因为考虑的是无理函数, 我们可以假设 $b^2\neq 4c$. 分以下三种情况讨论:

(i) 当 $b^2>4c$ 时,

$$R\left(x,\sqrt{x^2+bx+c}\right)=R\left(x,\sqrt{(x+p)^2-q^2}\right),\quad x+p=q\sec t.$$

(ii) 当 $b^2<4c$ 时,

$$R\left(x,\sqrt{x^2+bx+c}\right)=R\left(x,\sqrt{(x+p)^2+q^2}\right),\quad x+p=q\tan t.$$

(iii) $b^2>4c$ 时,

$$R\left(x,\sqrt{-x^2+bx+c}\right)=R\left(x,\sqrt{q^2-(x+p)^2}\right),\quad x+p=q\sin t.$$

例 8.26

(1) $\displaystyle\int\frac{\mathrm{d}x}{x\sqrt{5x^2+4x-1}}=\int\frac{\mathrm{d}x}{x^2\sqrt{5+\dfrac{4}{x}-\dfrac{1}{x^2}}}$

$$=-\int\frac{1}{\sqrt{5+\dfrac{4}{x}-\dfrac{1}{x^2}}}\,\mathrm{d}\left(\frac{1}{x}\right)\quad\left(t=\frac{1}{x}\right)$$

$$=-\int\frac{1}{\sqrt{5+4t-t^2}}\,\mathrm{d}t=\int\frac{1}{\sqrt{9-(t-2)^2}}\,\mathrm{d}t$$

$$=-\arcsin\frac{t-2}{3}+C$$

$$=-\arcsin\frac{1-2x}{3x}+C.$$

(2) $\displaystyle\int\frac{\mathrm{d}x}{1+\sqrt{x^2+2x+2}}=\int\frac{\mathrm{d}x}{1+\sqrt{1+(1+x)^2}}\quad(1+x=\tan t)$

$$=\int\frac{\sec^2 t}{1+\sec t}\,\mathrm{d}t$$

$$=\int\left(\frac{1}{\cos t}-\frac{1}{1+\cos t}\right)\,\mathrm{d}t$$

$$= \int \frac{\mathrm{d}\sin t}{1-\sin^2 t} - \frac{1}{2}\int \sec^2 \frac{t}{2}\, \mathrm{d}t \qquad \left(y = \tan \frac{t}{2}\right)$$

$$= \frac{1}{2}\ln \frac{1-\sin t}{1+\sin t} - \frac{1}{2}\int (1+y^2)\frac{2}{1+y^2}\, \mathrm{d}y$$

$$= \frac{1}{2}\ln \frac{1-\sin t}{1+\sin t} - \tan \frac{t}{2}.$$

习　　题

1. 求下列不定积分:

(1) $\displaystyle \int \frac{x-5}{x^3-3x^2+4}\mathrm{d}x.$　　　　　　　　(2) $\displaystyle \int \frac{x^7}{x^4+2}\mathrm{d}x.$

(3) $\displaystyle \int \frac{1}{x^4+x^2+1}\mathrm{d}x.$　　　　　　　　(4) $\displaystyle \int x\arcsin x\mathrm{d}x.$

(5) $\displaystyle \int \frac{1-\tan x}{1+\tan x}\mathrm{d}x.$　　　　　　　　(6) $\displaystyle \int \frac{1}{\cos^4 x}\mathrm{d}x.$

(7) $\displaystyle \int \sin^4 x\mathrm{d}x.$　　　　　　　　(8) $\displaystyle \int \frac{\sqrt{x}-2\sqrt[3]{x}-1}{\sqrt[4]{x}}\mathrm{d}x.$

(9) $\displaystyle \int \frac{1}{1+\sqrt{x}}\mathrm{d}x.$　　　　　　　　(10) $\displaystyle \int e^{\sin x}\sin 2x\mathrm{d}x.$

(11) $\displaystyle \int e^x \left(\frac{1-x}{1+x^2}\right)^2 \mathrm{d}x.$　　　　　　　(12) $\displaystyle \int \frac{1}{x+\sqrt{x^2-x+1}}\mathrm{d}x.$

(13) $\displaystyle \int \frac{1+x^4}{(1-x^4)^{\frac{3}{2}}}\mathrm{d}x.$　　　　　　　(14) $\displaystyle \int \frac{\sqrt[3]{1+\sqrt[4]{x}}}{\sqrt{x}}\mathrm{d}x.$

2. 求下列不定积分.

(1) $\displaystyle \int \frac{(a_2+b_2)^n}{\sqrt{a_1+b_1 x}}\mathrm{d}x,\ a_1,a_2,b_1,b_2$ 均不为 0;

(2) $\displaystyle \int \frac{1}{\cos^n x}\mathrm{d}x.$

8.4　求解简单的微分方程

实际问题常常通过微分方程刻画, 本节介绍如何解简单的常微分方程.

例 8.27 (冷却过程的数学模型)　初始温度为 u_0 的物体置入温度为 u_1 的环境中, $u_0 > u_1$. 试求物体温度随时间的变化规律?

解　设 $u(t)$ 为 t 时刻时物体的温度, 假设 $u(t)$ 关于 t 可导, 则在 t 时刻物体温度下降速度是 $-\dfrac{\mathrm{d}u(t)}{\mathrm{d}t}$. 设 k 是描述物体温度变化的热力学常数, 该常数与物体、环境有关. 根据牛顿定律,

$$-\frac{\mathrm{d}u(t)}{\mathrm{d}t} = k(u(t)-u_1), \quad t>0.$$

注意到 $u(t) > u_1$, 由此得到

$$\frac{\mathrm{d}u(t)}{u(t) - u_1} = k\mathrm{d}t \implies \ln(u(t) - u_1) = -kt + C \implies u(t) = e^C e^{-kt} + u_1.$$

由于 $u(0) = u_0$, 所以, $e^C = u_0 - u_1$. 由此得到 $u(t) = (u_0 - u_1)e^{-kt} + u_1$. $\square$

例 8.28 (捕食数学模型) 考虑如下生态系统: 在湖中有两种鱼群 A_1, A_2. 鱼 A_1 以水草为食物, 鱼 A_2 以鱼 A_1 为食物. 试问这两类鱼群数量关系?

解 设 $x_1(t), x_2(t)$ 分别表示 t 时刻鱼群 A_1, A_2 的数量, 并假设 $x_1(t), x_2(t)$ 关于 t 是可微的.

鱼群 A_1: 设其自然生长率 (出生率与死亡率之差) 为 a_1, 从时刻 t 到 $t + \Delta t$ 自然增长数量为 $a_1 x(t) \Delta t$; 由于鱼群 A_2 的捕食, 鱼群 A_1 有负增长, 数量与 $x_1(t), x_2(t)$ 成正比, 设其比例为 b_1, 从时刻 t 到 $t + \Delta t$, 负增长量为 $b_1 x_1(t) x_2(t) \Delta t$. 则 t 时刻鱼群 A_1 的净增量为

$$\Delta x_1(t) = x_1(t + \Delta t) - x_1(t) = a_1 x_1(t) \Delta t - b_1 x_1(t) x_2(t) \Delta t.$$

鱼群 A_2: 设起始自然生长率为 a_2, 从时刻 t 到 $t + \Delta t$ 由死亡率而造成的自然负增长数量为 $-a_2 y(t) \Delta t$; 由于捕食所造成的鱼群 B 的正增长, 数量与 $x_1(t), x_2(t)$ 成正比, 设其比例为 b_2, 从时刻 t 到 $t + \Delta t$, 正增长量为 $b_2 x_1(t) x_2(t) \Delta t$. 则 t 时刻鱼群 A_2 的净增量为

$$\Delta x_2(t) = x_2(t + \Delta t) - x_2(t) = -a_2 x_2(t) \Delta t + b_2 x_1(t) x_2(t) \Delta t.$$

上述两个等式分别除 Δt, 得到常微分方程组:

$$\frac{\mathrm{d}x_1(t)}{\mathrm{d}t} = a_1 x_1(t) - b_1 x_1(t) x_2(t),$$
$$\frac{\mathrm{d}x_2(t)}{\mathrm{d}t} = -a_2 x_2(t) + b_2 x_1(t) x_2(t).$$

由这两个微分方程, 得到

$$\frac{\mathrm{d}x_2}{\mathrm{d}x_1} = \frac{(-a_2 + b_2 x_1)x_2}{(a_1 - b_1 x_2)x_1} = \frac{x_2}{a_1 - b_1 x_2} \frac{-a_2 + b_2 x_1}{x_1}.$$

由此得到

$$\frac{a_1 - b_1 x_2}{x_2}\mathrm{d}x_2 = \frac{-a_2 + b_2 x_1}{x_1}\mathrm{d}x_1 \implies a_1 \ln x_2 - b_1 x_2 = a_2 \ln x_1 - b_2 x_1 + C.$$

设 t_0 时刻鱼群的数量是 $x_1(t_0), x_2(t_0)$, 则常数 $C = a_1 \ln x_2(t_0) - b_1 x_2(t_0) - a_2 \ln x_1(t_0) + b_2 x_1(t_0)$, 由此得到

$$a_1 \ln \frac{x_2(t)}{x_2(t_0)} - b_1[x_2(t) - x_2(t_0)] = a_2 \ln \frac{x_1(t)}{x_1(x_0)} - b_2[x_1(t) - x_1(t_0)]. \qquad \square$$

8.4.1　可变量分离方程

例 8.27 和例 8.28 解微分方程的方法称为**分离变量法**. 方法适用于可变量分离的方程.

定理 8.11　设 $\dfrac{\mathrm{d}y}{\mathrm{d}x} = f(x)g(y), g(y) \neq 0, g^{-1}(y), f(x)$ 的不定积分分别是 $G(y), F(x)$, 则 $G(y) = F(x) + C$.

证明　由于

$$\frac{\mathrm{d}G(y)}{\mathrm{d}x} = \frac{\mathrm{d}G(y)}{\mathrm{d}y}\frac{\mathrm{d}y}{\mathrm{d}x} = \frac{1}{g(y)} \cdot f(x)g(y) = f(x) \implies G(y) - F(x) = C. \quad \square$$

注 8.8　定理 8.11 可以理解为: 对 $\dfrac{1}{g(y)}\mathrm{d}y = f(x)\mathrm{d}x$ 在等号两边分别求不定积分.

例 8.29　求解微分方程 $y' = (y+1)(y-2)$.

解　由于

$$\mathrm{d}y = (y+1)(y-2)\mathrm{d}x,$$

所以

(1) $y = -1, 2$ 是方程的解, 即相直线.

(2) $y \neq -1, 2$,

$$\frac{\mathrm{d}y}{(y+1)(y-2)} = \mathrm{d}x \implies -\frac{1}{3}\left(\frac{1}{y+1} - \frac{1}{y-2}\right)\mathrm{d}y = \mathrm{d}x + C,$$

所以

$$-\frac{1}{3}\left(\ln|y+1| - \ln|y-2|\right) = x + C \implies \frac{1}{3}\ln\left|\frac{y-2}{y+1}\right| = x + C,$$

由此得到

$$\left|\frac{y-2}{y+1}\right| = e^{3C}e^{3x}.$$

当 $x = 0$ 时, $e^{3C} = \left|\dfrac{y_0-2}{y_0+1}\right|$, 所以, 过点 $(0, y_0), y_0 \neq -1, 2$ 的方程解是: $\left|\dfrac{y-2}{y+1}\right| = \left|\dfrac{y_0-2}{y_0+1}\right|e^{3x}.$ $\qquad \square$

例 8.30 求解微分方程 $x\sqrt{1+y^2} + y'y\sqrt{1+x^2} = 0$.

解 方程两边同时除 $\sqrt{1+y^2}\sqrt{1+x^2}$, 得到

$$\frac{x\mathrm{d}x}{\sqrt{1+x^2}} + \frac{y\mathrm{d}y}{\sqrt{1+y^2}} = 0 \quad \Longrightarrow \quad \sqrt{1+y^2} + \sqrt{1+x^2} = C. \qquad \Box$$

例 8.31 求解微分方程 $xy(1-xy') = x + yy'$.

解 当 $y \neq 0, 1$ 时, $\dfrac{\mathrm{d}y}{\mathrm{d}x} = \dfrac{x}{1+x^2}\dfrac{y-1}{y}$. 所以, $\dfrac{y}{y-1}\mathrm{d}y = \dfrac{x}{1+x^2}\mathrm{d}x$, $y +$

$\ln|y-1| = \dfrac{1}{2}\ln(1+x^2) + C$. 由此得到

$$e^{y+\ln|y-1|} = \left[e^{\ln\sqrt{1+x^2}}\right]e^C \quad \Longrightarrow \quad |y-1|e^y = e^C\sqrt{1+x^2}.$$

显然, $y = 0$ 时, x 只能取点 $x = 0$, 不能形成解函数 $y(x)$. $y(x) = 1$ 关于 x 是常值函数, 满足原微分方程, 所以 $y(x) = 1$ 也是微分方程的解. 此外, 若记 $y(0) = y_0$, 则 $e^C = |y_0 - 1|e^{y_0}$, $|y-1|e^y = |y_0 - 1|e^{y_0}\sqrt{1+x^2}$. $\qquad \Box$

以上的微分方程称为常微分方程, 其一般定义如下:

定义 8.9 包含未知函数及其导函数的等式称为**微分方程**. 如果方程中未知函数是一元函数, 称为**常微分方程**. 如果方程中未知函数是多元函数, 称为**偏微分方程**. 微分方程中出现的未知函数的最高阶导数的阶数称为**微分方程的阶**.

前面出现的是一阶常微分方程. $\dfrac{\partial^2 u}{\partial x_1^2} + \dfrac{\partial u}{\partial x_2} = f(x_1, x_2, u)$ 是二阶偏微分方程.

n 阶常微分方程的一般形式是: $F\left(x, y, y', \cdots, y^{(n)}\right) = 0$. 如果 F 关于 $y, y', \cdots,$ $y^{(n)}$ 是一次整式, 则称其为 n 阶**线性常微分方程**. 否则称为 n 阶**非线性常微分方程**. n 阶线性常微分方程的一般形式是

$$a_n(x)y^{(n)}(x) + a_{n-1}(x)y^{(n-1)}(x) + \cdots + a_0(x)y(x) = f(x).$$

n 阶常微分方程解的表达式为: $y = f(x, c_1, \cdots, c_n)$. 这里 $c_i, i = 1, \cdots, n$ 是任意常数, 称为常微分方程的**通解**. 在适当条件下能确定 $c_i, i = 1, \cdots, n$, 通常的条件是**初值条件**: $y(x_0) = a_0$, $y'(x_0) = a_1, \cdots, y^{(n-1)} = a_{n-1}$, 这些条件称为**定解条件**, 解称为**特解**.

形如 $y' = f\left(\dfrac{y}{x}\right)$ 的方程称为**齐次方程**. 这类常微分方程可以转化为可变量分离的方程.

定理 8.12 设 $y' = f\left(\dfrac{y}{x}\right)$. 令 $u = \dfrac{y}{x}$, 则 $\dfrac{\mathrm{d}u}{\mathrm{d}x} = \dfrac{f(u) - u}{x}$.

证明

$$\frac{\mathrm{d}y}{\mathrm{d}x} = x\frac{\mathrm{d}u}{\mathrm{d}x} + u \implies \frac{\mathrm{d}u}{\mathrm{d}x} = \frac{f(u)-u}{x}. \qquad \square$$

例 8.32 求解方程 $y' = \dfrac{y}{x} + \tan\dfrac{y}{x}$ 满足初始条件 $y(1) = \dfrac{\pi}{6}$ 的特解.

解 令 $u = \dfrac{y}{x}$, 则原方程化为 $u + x\dfrac{\mathrm{d}u}{\mathrm{d}x} = u + \tan u$. 分离变量后得到 $\dfrac{\mathrm{d}u}{\tan u} = \dfrac{\mathrm{d}x}{x}$. 于是, $\ln|\sin u| = \ln|x| + C$, 即 $\sin u = \pm e^C x$. 所以 $\sin\dfrac{y}{x} = \pm e^C x$. 由于 $y(x) \equiv 0$ 也是方程的解, 所以方程通解是 $\sin\dfrac{y}{x} = Cx, C \in \mathbb{R}$. 由初值条件, $C = \dfrac{1}{2}$, $\sin\dfrac{y}{x} = \dfrac{1}{2}x$. $\qquad \square$

8.4.2 一阶常微分方程

一阶常微分方程的一般形式: $a(x)y' + b(x)y + c(x) = 0$, $a(x), b(x), c(x)$ 是连续函数. 在 $a(x) \neq 0$ 的区间上, 可以化为: $y' + p(x)y + q(x) = 0$. 求解这种类型的方程是将其转化为可变量分离的方程. 具体方法如下:

$$\begin{aligned}
\frac{\mathrm{d}\left(y(x)e^{\int p(x)\mathrm{d}x}\right)}{\mathrm{d}x} &= \frac{\mathrm{d}y}{\mathrm{d}x}e^{\int p(x)\mathrm{d}x} + y(x)p(x)e^{\int p(x)\mathrm{d}x} \\
&= e^{\int p(x)\mathrm{d}x}\left[y'(x) + p(x)y(x)\right] \\
&= -e^{\int p(x)\mathrm{d}x}q(x),
\end{aligned}$$

所以

$$y(x)e^{\int p(x)\mathrm{d}x} = \int \left(-e^{\int p(x)\mathrm{d}x}q(x)\right)\mathrm{d}x + C.$$

由此得到

$$y(x) = \int e^{-\int p(x)\mathrm{d}x}\left(\int \left(-e^{\int p(x)\mathrm{d}x}q(x)\right)\mathrm{d}x + C\right)\mathrm{d}x.$$

例 8.33 求解一阶常微分方程: $y' + \dfrac{y}{x} = \dfrac{\sin x}{x}$.

解

$$\begin{aligned}
\frac{\mathrm{d}\left(ye^{\int \frac{1}{x}\mathrm{d}x}\right)}{\mathrm{d}x} &= y'e^{\int \frac{1}{x}\mathrm{d}x} + y \cdot \frac{1}{x}e^{\int \frac{1}{x}\mathrm{d}x} \\
&= e^{\int \frac{1}{x}\mathrm{d}x}\left(y' + \frac{y}{x}\right)
\end{aligned}$$

$$= e^{\int \frac{1}{x} \mathrm{d}x} \frac{\sin x}{x}.$$

所以

$$y|x| = \int \left(|x| \frac{\sin x}{x} \right) \mathrm{d}x + C.$$

当 $x \in (0, +\infty)$, $yx = \int \sin x \mathrm{d}x + C = \cos x + C$; 当 $x \in (-\infty, 0)$, $-yx = \int (-\sin x)\mathrm{d}x + C = -\cos x + C$, 综合有 $y = \dfrac{\cos x + C}{x}$. $\qquad\square$

形如 $y' + p(x)y + q(x)y^{\alpha} = 0$, $\alpha \neq 0, 1$ 类型的常微分方程可以转化为上述形式, 该类型方程称**伯努利方程**. 转化方法如下:

设 $z = y^{1-\alpha}, y \neq 0$. 则 $z' = (1-\alpha)y^{-\alpha}y'$, 原常微分方程化为: $\dfrac{1}{1-\alpha}z' + p(x)z + q(x) = 0$.

例 8.34 求解常微分方程: $y' = 6\dfrac{y}{x} - xy^2$.

解 该方程是 $\alpha = 2$ 时的伯努利方程. 当 $y \neq 0$ 时, 设 $z = y^{-1}$, 则 $z' = -\left(\dfrac{6}{xy} - x \right) = -\dfrac{z}{x} - x$. 利用前面的方法, 得到

$$z = \frac{x^2}{8} + \frac{C}{x^6} \implies \frac{x^6}{y} - \frac{x^8}{8} = C, \ C \in \mathbb{R}.$$

此外, $y \equiv 0$ 也是常微分方程的解. $\qquad\square$

8.4.3 热方程

利用解一阶常微分方程的方法可以求解特殊的发展方程, 如下面的热方程:

$$\frac{\mathrm{d}u(x,t)}{\mathrm{d}t} = \frac{\mathrm{d}^2 u(x,t)}{\mathrm{d}x^2}, \quad x \in \mathbb{R}, t \in (0, +\infty).$$

若 $u(x,t)$ 是热方程的解, 则 $u(\lambda x, \lambda^2 t)$ 也是热方程的解. 这是由于

$$\frac{\mathrm{d}u(\lambda x, \lambda^2 t)}{\mathrm{d}t} = \lambda^2 \frac{\mathrm{d}u(\lambda x, \lambda^2 t)}{\mathrm{d}(\lambda^2 t)}, \quad \frac{\mathrm{d}^2 u(\lambda x, \lambda^2 t)}{\mathrm{d}x^2} = \lambda^2 \frac{\mathrm{d}^2 u(\lambda x, \lambda^2 t)}{\mathrm{d}(\lambda x)^2}.$$

从物理定律知道, 在给定初值条件下, 热方程的解是唯一的, 则 $u(x,t) = u(\lambda x, \lambda^2 t)$, 这意味着 x, t 经过尺度变换后, 热方程的解不变. x 与 t 的尺度变换有如下的关系:

$$\frac{(\lambda x)^2}{\lambda^2 t} = \frac{x^2}{t},$$

这启发我们寻找 $u(x,t) = v\left(\dfrac{x^2}{t}\right)$ 形式的解. 为此假设 $u(x,t) = \dfrac{1}{t^\alpha} v\left(\dfrac{x}{t^\beta}\right)$, α, β 待定, 则

$$\frac{\mathrm{d}u}{\mathrm{d}t}(x,t) = -\alpha \frac{1}{t^{\alpha+1}} v\left(\frac{x}{t^\beta}\right) + \frac{1}{t^\alpha} v'\left(\frac{x}{t^\beta}\right)\left(-\beta\frac{x}{t^{\beta+1}}\right),$$

$$\frac{\mathrm{d}u}{\mathrm{d}x}(x,t) = \frac{1}{t^\alpha} v'\left(\frac{x}{t^\beta}\right)\frac{1}{t^\beta}, \quad \frac{\mathrm{d}u^2}{\mathrm{d}x^2}(x,t) = \frac{1}{t^\alpha} v''\left(\frac{x}{t^\beta}\right)\frac{1}{t^{2\beta}}.$$

将上述两式代入热方程得到

$$-\alpha \frac{1}{t^{\alpha+1}} v\left(\frac{x}{t^\beta}\right) + \frac{1}{t^\alpha} v'\left(\frac{x}{t^\beta}\right)\left(-\beta\frac{x}{t^{\beta+1}}\right) = \frac{1}{t^\alpha} v''\left(\frac{x}{t^\beta}\right)\frac{1}{t^{2\beta}}.$$

整理得到

$$-\alpha \frac{1}{t^{\alpha+1}} v\left(\frac{x}{t^\beta}\right) - \beta \frac{1}{t^{\alpha+\beta+1}} x v'\left(\frac{x}{t^\beta}\right) = \frac{1}{t^{\alpha+2\beta}} v''\left(\frac{x}{t^\beta}\right).$$

取 $\alpha = \beta = \dfrac{1}{2}$, 则

$$\frac{1}{2} v\left(\frac{x}{\sqrt{t}}\right) + \frac{1}{2\sqrt{t}} x v'\left(\frac{x}{\sqrt{t}}\right) + v''\left(\frac{x}{\sqrt{t}}\right) = 0.$$

由此得到

$$\frac{1}{2}\left(x v\left(\frac{x}{\sqrt{t}}\right)\right)' + v''\left(\frac{x}{\sqrt{t}}\right) = 0,$$

则

$$\frac{1}{2}\left(x v\left(\frac{x}{\sqrt{t}}\right)\right) + v'\left(\frac{x}{\sqrt{t}}\right) = C.$$

令 $C = 0$, 则

$$v'\left(\frac{x}{\sqrt{t}}\right) + \frac{1}{2}\left(x v\left(\frac{x}{\sqrt{t}}\right)\right) = 0,$$

由变量分离法得到

$$v\left(\frac{x}{\sqrt{t}}\right) = C e^{-\frac{x^2}{4t}}.$$

所以

$$u(x,t) = \frac{1}{\sqrt{t}} v\left(\frac{x}{\sqrt{t}}\right) = C\frac{1}{\sqrt{t}} e^{-\frac{x^2}{4t}}.$$

如果要求 $\displaystyle\int_{\mathbb{R}} u(x,t)\mathrm{d}x = 1$, 则 $C = \dfrac{1}{\sqrt{2\pi}}$. (这将在二重反常积分中介绍)

需要指出的是, 解微分方程一般包括: 求出解或证明解的存在性, 以及证明解是否唯一. 后者需要用其他数学知识进行更深入的讨论.

习 题

1. 求下列常微分方程的通解.

(1) $y' = \dfrac{x^3}{(1+y^2)(1+x^4)}$.

(2) $2xy(1+x)y' = 1+y^2$.

(3) $\dfrac{x}{y}\mathrm{d}y - \dfrac{1}{y}\mathrm{d}x = \dfrac{2+y}{1-y-y^2}\mathrm{d}x$.

(4) $y'\cot x + y = -3$.

2. 求下列常微分方程的通解或特解.

(1) $x\dfrac{\mathrm{d}y}{\mathrm{d}x} = xe^{\frac{y}{x}} + y$.

(2) $xy' - y = x\tan\dfrac{y}{x}$.

(3) $y' + 2x = \sqrt{y+x^2}$.

(4) $\left(x + y\cos\dfrac{y}{x}\right)\mathrm{d}x = x\cos\dfrac{y}{x}\mathrm{d}y,\ y(1) = 0$.

3. 求下列常微分方程的通解及特解.

(1) $xy' + y = xy^3$.

(2) $xy' - 4y = x^2\sqrt{y}$.

(3) $2yy' + 2xy^2 = xe^{-x^2},\ y(0) = 1$.

(4) $y' - \dfrac{y}{x} = -\dfrac{\cos x}{x}y^2,\ y(\pi) = 1$.

4. 设 $e^{ix} = f(x) + ig(x)$. 证明: $f(x) = \cos x,\ g(x) = \sin x$.

第 9 章　一元函数积分学

9.1　定积分的概念

现代定积分的概念是由柯西在《无穷小分析》中给出, 是现代分析数学的核心之一, 在实际问题中有深刻的背景. 如: 由物体的运动速度计算物体所在的位置, 求曲线的长度, 图形面积或体积等问题, 可以归结为计算定积分.

例 9.1　求在 $[0,1]$ 上函数 $f(x) = x^2$ 的图像与 $x = 1$ 所围成图形的面积.

解　设所围成图形的面积为 $|D|$. 选择特殊的区间剖分: 等分

$$\mathbb{T} = \left\{ 0, \frac{1}{n}, \cdots, \frac{n-1}{n}, 1 \right\}, \quad \|\mathbb{T}\| = \frac{1}{n}, \quad \xi_i \in \left[\frac{i-1}{n}, \frac{i}{n} \right], \quad i = 1, \cdots, n.$$

(1) 取剖分区间上最小值点 $\xi_i = \dfrac{i-1}{n},\ i = 1, \cdots, n$, 则有

$$
\begin{aligned}
s &= \lim_{\|\mathbb{T}\| \to 0} s(\mathbb{T}) \\
&= \lim_{\|\mathbb{T}\| \to 0} \sum_{i=1}^{n} \xi_i^2 \Delta x_i = \lim_{n \to \infty} \sum_{i=1}^{n} \left(\frac{i-1}{n} \right)^2 \cdot \frac{1}{n} \\
&= \lim_{n \to \infty} \frac{1}{n^3} \sum_{i=1}^{n} (i-1)^2 \\
&= \lim_{n \to \infty} \frac{(n-1)n(2n-1)}{6n^3} \\
&= \frac{1}{3}.
\end{aligned}
$$

(2) 取剖分区间上最大值点 $\xi_i = \dfrac{i}{n},\ i = 1, \cdots, n$, 则有

$$
\begin{aligned}
S &= \lim_{\|\mathbb{T}\| \to 0} S(\mathbb{T}) \\
&= \lim_{\|\mathbb{T}\| \to 0} \sum_{i=1}^{n} \xi_i^2 \Delta x_i = \lim_{n \to \infty} \sum_{i=1}^{n} \left(\frac{i}{n} \right)^2 \cdot \frac{1}{n}
\end{aligned}
$$

$$= \lim_{n \to \infty} \frac{1}{n^3} \sum_{i=1}^{n} i^2$$

$$= \lim_{n \to \infty} \frac{n(n+1)(2n+1)}{6n^3}$$

$$= \frac{1}{3}.$$

由于 $s(\mathbb{T}) \leqslant |D| \leqslant S(\mathbb{T})$，所以 $|D| = \frac{1}{3}$.

(3) 一般地, 若取剖分区间上任意点 $\xi_i \in \left(\frac{i-1}{n}, \frac{i}{n} \right)$, $i = 1, \cdots, n$, 由于

$$\left(\frac{i-1}{n} \right)^2 \leqslant \xi_i^2 \leqslant \left(\frac{i}{n} \right)^2,$$

于是

$$\frac{1}{3} = \lim_{n \to \infty} \sum_{i=1}^{n} \left(\frac{i-1}{n} \right)^2 \cdot \frac{1}{n} \leqslant \lim_{\|\mathbb{T}\| \to 0} \sum_{i=1}^{n} \xi_i^2 \Delta x_i \leqslant \lim_{n \to \infty} \sum_{i=1}^{n} \left(\frac{i}{n} \right)^2 \cdot \frac{1}{n} = \frac{1}{3}.$$

由此得到

$$|D| = \lim_{\|\mathbb{T}\| \to 0} \sum_{i=1}^{n} \xi_i^2 \Delta x_i.$$

(4) 若区间剖分和取点都是任意的, 由函数 $f(x)$ 在 $[0,1]$ 上的一致连续性, 上式依然成立.

证明见下节. □

上面的做法虽然是黎曼积分的核心思想, 但并不是对所有函数都可行. 如狄利克雷函数:

例 9.2 *狄利克雷函数*

$$D(x) = \begin{cases} 1, & x \in \mathbb{Q} \cap [0,1], \\ 0, & x \notin \mathbb{Q} \cap [0,1]. \end{cases}$$

按例 9.1 的方法, 黎曼和的极限不存在.

证明 对于任意剖分

$$0 = x_0 < x_1 < \cdots < x_n = 1,$$

由有理数和无理数的稠密性可知, 存在点列

$$\xi_i \in [x_{i-1}, x_i] \cap \mathbb{Q}, \quad \eta_i \in [x_{i-1}, x_i] \backslash \mathbb{Q}, i = 1, \cdots, n.$$

则

$$\sum_{i=1}^{n} D(\xi_i)\Delta x_i = \sum_{i=1}^{n} \Delta x_i = 1, \quad \sum_{i=1}^{n} D(\eta_i)\Delta x_i = 0.$$

这两个数列不可能有同一个极限, 所以 $D(x)$ 在 $[0,1]$ 按上面方法不可求和.　　　□

虽然上述方法对定义在 $[a,b]$ 上的一般函数不适用, 但适用于连续函数、分段连续函数、单调函数以及几乎处处连续函数. 对一般的函数, 如狄利克雷函数, 需要调整积分的定义, 从而产生了勒贝格测度和勒贝格积分, 这在 "实变函数" 或 "测度论" 中有介绍.

对闭区间 $[a,b]$ 上的函数 f, 类似上面的方法可以定义定积分.

设 $a = x_0 < x_1 < \cdots < x_n = b, \Delta x_i = x_i - x_{i-1}$. 称区间族 $\mathbb{T} = \{[x_{i-1}, x_i] \mid 1 \leqslant i \leqslant n\}$ 为区间 $[a,b]$ 的一个剖分, $\|\mathbb{T}\| = \max\limits_{1 \leqslant i \leqslant n} \Delta x_i$ 为剖分 $\mathbb{T}$ 的**细度**.

定义 9.1 (黎曼和)　函数 $f(x)$ 在区间 $[a,b]$ 上有定义. 对于 $[a,b]$ 的任意剖分 $\mathbb{T} = \{[x_{i-1}, x_i] \mid 1 \leqslant i \leqslant n\}$ 及任意点 $\xi_i \in [x_{i-1}, x_i]$, 称

$$I_{\mathbb{T}}(f) = \sum_{i=1}^{n} f(\xi_i)\Delta x_i$$

为函数 f 在 $[a,b]$ 上的**黎曼和**.

定义 9.2 (网极限)　函数 $f(x)$ 在区间 $[a,b]$ 上有定义. 若 $\exists\, I \in \mathbb{R}$ 使得, $\forall\, \varepsilon > 0$, $\exists\, \delta := \delta(\varepsilon) > 0$, 对任意剖分 $\mathbb{T} = \{[x_{i-1}, x_i] \mid 1 \leqslant k \leqslant n\}$ 和任意点 $\xi_i \in [x_{i-1}, x_i]$, 只要 $\|\mathbb{T}\| < \delta$, 就有

$$|I_{\mathbb{T}}(f) - I| = \left| \sum_{i=1}^{n} f(\xi_i)\Delta x_i - I \right| < \varepsilon,$$

则称 $f(x)$ 在区间 $[a,b]$ 上黎曼可积, I 称为 $f(x)$ 在区间 $[a,b]$ 上的黎曼积分, 也称定积分, 记作 $I = \displaystyle\int_a^b f(x)\mathrm{d}x$. 称这种类型的极限为**网极限**, 记为 $\displaystyle\int_a^b f(x)\,\mathrm{d}x = \lim\limits_{\|\mathbb{T}\| \to 0} \sum_{i=1}^{n} f(\xi_i)\Delta x_i$. 称 f 为**被积函数**, x 为**积分变量**, $[a,b]$ 为**积分区间**, a, b 为积分的**上限、下限**. $[a,b]$ 上黎曼可积函数全体记为 $R([a,b])$.

定理 9.1 (必要条件)　若函数 $f(x)$ 在区间 $[a,b]$ 上可积, 则 $f(x)$ 在 $[a,b]$ 上有界.

证明　因为函数 $f(x)$ 在区间 $[a,b]$ 上可积, 所以对 $\varepsilon = 1$, 存在 $\delta > 0$, 只要剖分 $\mathbb{T} = \{[x_{k-1}, x_k] \mid 1 \leqslant k \leqslant n\}$ 满足 $\|\mathbb{T}\| < \delta$, 则对任意的 $\xi_i \in [x_{i-1}, x_i], i =$

$1, \cdots , n,$

$$\left| \sum_{i=1}^{n} f(\xi_i)(x_{i+1} - x_i) - \int_a^b f(x)\mathrm{d}x \right| < 1.$$

任意固定 $j \in \{1, 2, \cdots , n\}$,

$$\sup_{\xi_j \in [x_{j-1}, x_j]} |f(\xi_j)| \leqslant \frac{1}{x_j - x_{j-1}} \left[\left| \sum_{i \neq j}^{n} f(\xi_i)(x_{i+1} - x_i) \right| + \left| \int_a^b f(x)\mathrm{d}x \right| + 1 \right] := M_j.$$

由此得到

$$\sup_{x \in [a,b]} |f(x)| \leqslant \max_{j=1,\cdots ,n} M_j. \qquad \square$$

注 9.3 按照黎曼积分的定义, 区间 $[a, b]$ 上的无界函数不可积, 这是由于黎曼积分定义本身的局限性所致. 通过对积分上或下限取极限, 可以把黎曼积分推广到无界函数或无界区间上, 见第 11 章反常积分.

习   题

1. 用黎曼积分的定义计算 $\displaystyle\int_0^1 x\mathrm{d}x$.

2. 函数 $f(x)$ 在 $[a, b]$ 上黎曼可积. 等分区间 $[a, b]$, 分点为 $a = x_0 < x_1 < x_2 < \cdots < x_n = b$.

求: $\displaystyle\lim_{n \to \infty} \frac{f(x_1) + f(x_2) + \cdots + f(x_n)}{n}$.

9.2 定积分存在的充分必要条件

9.2.1 达布上 (下) 和

在讨论函数的黎曼可积性时, 需要考虑 $\displaystyle\sum_{i=1}^{n} f(\xi_i)\Delta x_i$ 的收敛性, 这种收敛是网格型收敛, 为此需要分析黎曼和与网格的关系, 由此引入了达布上和、达布下和的概念. 由于黎曼可积函数一定是有界函数, 所以本节总假设所考虑的函数是有界的.

设 $\mathbb{T} := \{T_1, T_2, \cdots , T_n\}$ 为区间 $[a, b]$ 的任一个剖分, $T_i = [x_{i-1}, x_i]$, $a = x_0 < x_1 \cdots < x_n = b$. 记 $||\mathbb{T}|| = \max_{1 \leqslant i \leqslant n} \Delta x_i$, $\Delta x_i = x_i - x_{i-1}$, $M_i = \sup_{x \in T_i} f(x)$, $m_i = \inf_{x \in T_i} f(x)$, $i = 1, \cdots , n$.

达布上和与**达布下和**分别定义为

$$S(\mathbb{T}) = \sum_{i=1}^{n} M_i \Delta x_i, \quad s(\mathbb{T}) = \sum_{i=1}^{n} m_i \Delta x_i.$$

显然, 对任意给定的 $\xi_i \in T_i$, $1 \leqslant i \leqslant n$ 都有

$$s(\mathbb{T}) \leqslant \sum_{i=1}^{n} f(\xi_i) \Delta x_i \leqslant S(\mathbb{T}).$$

设 $M = \sup\limits_{x \in [a,b]} f(x), m = \inf\limits_{x \in [a,b]} f(x)$.

下面引入描述剖分关系的记号:

• **细化** "$\prec$": $\mathbb{T}_2 \prec \mathbb{T}_1$. 表示剖分 $\mathbb{T}_2$ 是在剖分 $\mathbb{T}_1$ 基础上加细得到的, 即 $\mathbb{T}_1$ 的剖分点都是 $\mathbb{T}_2$ 的剖分点.

• **相加** "$\cup$": $\mathbb{T} = \mathbb{T}_2 \cup \mathbb{T}_1$. 表示将 $\mathbb{T}_1, \mathbb{T}_2$ 的剖分点合并 (重复的剖分点只记一次) 得到的剖分. 显然, $\mathbb{T} \prec \mathbb{T}_2$, $\mathbb{T} \prec \mathbb{T}_1$.

性质 9.2　设 $\mathbb{T}$ 是 $[a,b]$ 的剖分, $\widehat{\mathbb{T}} \prec \mathbb{T}$, 且 $\widehat{\mathbb{T}}$ 比 $\mathbb{T}$ 多 k 个剖分点. 则

$$0 \leqslant s(\widehat{\mathbb{T}}) - s(\mathbb{T}) \leqslant k(M - m)||\mathbb{T}||,$$

$$0 \leqslant S(\mathbb{T}) - S(\widehat{\mathbb{T}}) \leqslant k(M - m)||\mathbb{T}||.$$

证明　只证第一个不等式, 第二个不等式类似可证. 设 $\mathbb{T} = \{a = x_0 < \cdots < x_{i-1} < x_i < \cdots < x_n = b\}$. 假设 $\widehat{\mathbb{T}}$ 比 $\mathbb{T}$ 只多一个剖分点 x^*, 即 $\widehat{\mathbb{T}} = \{a = x_0 < \cdots < x_{i-1} < x^* < x_i < \cdots < x_n = b\}$. 于是

$$0 \leqslant s(\widehat{\mathbb{T}}) - s(\mathbb{T}) \leqslant (M_i - m_i)(x_i - x_{i-1}) \leqslant (M - m)||\mathbb{T}||.$$

所以 $s(\mathbb{T}) \leqslant s(\widehat{\mathbb{T}}) \leqslant s(\mathbb{T}) + (M - m)||\mathbb{T}||$. 类似可以证明有 k 个剖分点情况.　　□

推论 9.3　对任意两个剖分 $\mathbb{T}_1, \mathbb{T}_2$, 必有 $s(\mathbb{T}_1) \leqslant S(\mathbb{T}_2)$.

证明　令 $\mathbb{T} = \mathbb{T}_1 \cup \mathbb{T}_2$, 则有 $s(\mathbb{T}_1) \leqslant s(\mathbb{T}) \leqslant S(\mathbb{T}) \leqslant S(\mathbb{T}_2)$.　　□

由推论 9.3 知道, 对所有 $[a,b]$ 上的所有剖分 $\mathbb{T}$, $s(\mathbb{T})$ 有上界, $S(\mathbb{T})$ 有下界. 记

$$s = \sup_{\mathbb{T}} s(\mathbb{T}), \quad S = \inf_{\mathbb{T}} S(\mathbb{T}).$$

显然 $s \leqslant S$. 为了证明下、上确界 s, S 可以通过网极限得到, 我们首先给出达布和网极限的定义.

定义 9.4 (网极限) 若 $\exists\, s \in \mathbb{R}$, 使得 $\forall\, \varepsilon > 0$, $\exists\, \delta > 0$, 对任意剖分 $\mathbb{T} = \{T_k \mid 1 \leqslant k \leqslant n\}$, 只要 $\|\mathbb{T}\| < \delta$, 就有

$$|s(\mathbb{T}) - s| < \varepsilon.$$

则称 $s(\mathbb{T})$ 按网极限收敛, 记为 $\lim\limits_{\|\mathbb{T}\| \to 0} s(\mathbb{T}) = s$. 同理定义 $\lim\limits_{\|\mathbb{T}\| \to 0} S(\mathbb{T}) = S$.

性质 9.4 (达布定理) 设 $\mathbb{T}$ 是 $[a, b]$ 的剖分. 则

$$\lim_{\|\mathbb{T}\| \to 0} s(\mathbb{T}) = s, \quad \lim_{\|\mathbb{T}\| \to 0} S(\mathbb{T}) = S.$$

证明 仅证第一个等式, 第二个等式类似. 由于 $s = \sup\limits_{\mathbb{T}} s(\mathbb{T})$, 所以对任意 $\varepsilon > 0$, 存在 $[a, b]$ 的剖分 $\mathbb{T}_0$ 使得 $s(\mathbb{T}_0) > s - \dfrac{\varepsilon}{2}$. 设该剖分有 k 个分点.

任取 $[a, b]$ 的剖分 $\mathbb{T}$, 并且满足 $\|\mathbb{T}\| \leqslant \dfrac{\varepsilon}{2k(M - m)}$. 令 $\mathbb{T}' = \mathbb{T}_0 \cup \mathbb{T}$, 利用性质 9.2, 推论 9.3,

$$\begin{aligned}
s(\mathbb{T}) &\geqslant s(\mathbb{T}') - k(M - m)\|\mathbb{T}\| \\
&\geqslant s(\mathbb{T}_0) - k(M - m)\|\mathbb{T}\| \\
&\geqslant s - \frac{\varepsilon}{2} - k(M - m)\|\mathbb{T}\| \\
&\geqslant s - \frac{\varepsilon}{2} - k(M - m) \cdot \frac{\varepsilon}{2k(M - m)} \\
&\geqslant s - \varepsilon.
\end{aligned}$$

由 s 定义, $s - \varepsilon \leqslant s(\mathbb{T}) \leqslant s$, 所以 $\lim\limits_{\|\mathbb{T}\| \to 0} s(\mathbb{T}) = s$. $\qquad\square$

9.2.2 可积的充分必要条件

利用达布和的性质, 可以给出函数是黎曼可积的判别准则.

定理 9.5 (第一充要条件) 函数 f 在 $[a, b]$ 上可积的充要条件是: $s = S$.

证明 充分性: 由性质 9.4, 可设 $\lim\limits_{\|\mathbb{T}\| \to 0} s(\mathbb{T}) = \lim\limits_{\|\mathbb{T}\| \to 0} S(\mathbb{T}) = I$. 则对任意的 $\xi_i \in T_i$, $1 \leqslant i \leqslant n$, 有

$$s(\mathbb{T}) \leqslant \sum_{i=1}^{n} f(\xi_i)\Delta x_i \leqslant S(\mathbb{T}).$$

类似迫敛定理

$$\lim_{\|\mathbb{T}\| \to 0} \sum_{i=1}^{n} f(\xi_i)\Delta x_i = I.$$

由定积分的定义, 函数 f 在 $[a,b]$ 上的定积分存在.

必要性: 设 f 在 $[a,b]$ 上可积, $\displaystyle\int_a^b f(x)\,\mathrm{d}x = I$. 由定积分的定义, 对任意的 $\varepsilon > 0$, 存在 $\delta > 0$, 对 $[a,b]$ 的任意剖分 $\mathbb{T}$, 只要 $\|\mathbb{T}\| < \delta$ 时, 都有

$$I - \varepsilon < \sum_{i=1}^n f(\xi_i)\Delta x_i < I + \varepsilon, \quad \forall\, \xi_i \in T_i, \quad 1 \leqslant i \leqslant n.$$

对上述不等式关于所有 $\xi_i \in T_i$ 分别取上、下确界, 得到

$$I - \varepsilon \leqslant \sum_{i=1}^n M_i \Delta x_i \leqslant I + \varepsilon, \quad I - \varepsilon \leqslant \sum_{i=1}^n m_i \Delta x_i \leqslant I + \varepsilon.$$

由性质 9.4 及 ε 的任意性,

$$\lim_{\|\mathbb{T}\|\to 0} s(\mathbb{T}) = I = \lim_{\|\mathbb{T}\|\to 0} S(\mathbb{T}).\qquad\qquad \square$$

为给出黎曼可积的第二充分必要条件, 需要引入函数振幅的概念. 设 $\mathbb{T} = \{T_1, T_2, \cdots, T_n\}$ 为 $[a,b]$ 的剖分, 记

$$\omega_i = \sup_{x\in T_i} f(x) - \inf_{x\in T_i} f(x) = \sup_{x,y\in T_i}\{|f(x) - f(y)|\}, \quad i = 1, \cdots, n.$$

称 ω_i 为函数 f 在 T_i 上的**振幅**.

关于上面第二个等式的证明: 利用上、下确界定义, 对任意的 $\varepsilon > 0$, 存在 $\xi', \eta' \in T_i$ 使得

$$f(\xi) \leqslant M_i \leqslant f(\xi') + \varepsilon, \quad \forall\, \xi \in T_i,$$
$$f(\eta') - \varepsilon \leqslant m_i \leqslant f(\eta), \quad \forall\, \eta \in T_i.$$

上面两式相减得到

$$f(\xi) - f(\eta) \leqslant M_i - m_i \leqslant f(\xi') - f(\eta') + 2\varepsilon.$$

先在不等式两边关于 ξ, η, ξ', η' 取上确界, 然后令 $\varepsilon \to 0$ 即得第二个等式.

定理 9.6 (第二充分必要条件)　函数 f 在 $[a,b]$ 上可积的充分必要条件是: 对任意给定的 $\varepsilon > 0$, 存在剖分 $\mathbb{T}$, 使得

$$S(\mathbb{T}) - s(\mathbb{T}) < \varepsilon, \quad \text{即} \quad \sum_{i=1}^n \omega_i \Delta x_i < \varepsilon.$$

证明 必要性: 设函数 f 在 $[a,b]$ 上可积, 由定理 9.5,

$$\lim_{\|\mathbb{T}\|\to 0}[S(\mathbb{T})-s(\mathbb{T})]=0.$$

充分性: 若定理条件满足, 则由

$$s(\mathbb{T})\leqslant s\leqslant S\leqslant S(\mathbb{T})$$

可知

$$0\leqslant S-s\leqslant S(\mathbb{T})-s(\mathbb{T})<\varepsilon.$$

由 ε 的任意性, 有 $S=s$. 由定理 9.5 得证. □

由于 $[0,1]$ 区间上狄利克雷函数在分割的任何小区间上振幅恒为 1, 由积分第二判别法知道, 狄利克雷函数不是 $[0,1]$ 区间上黎曼可积函数.

例 9.3 *证明黎曼函数*

$$R(x)=\begin{cases}\dfrac{1}{q}, & x=\dfrac{p}{q},\ q>p,\ q,p\ \text{互素},\\[2mm] 0, & x=0,1,(0,1)\ \text{内的无理数}.\end{cases}$$

在区间 $[0,1]$ 上可积, 且积分为 0.

证明 任给 $\varepsilon>0$, 在 $[0,1]$ 上使得 $\dfrac{1}{q}>\dfrac{\varepsilon}{2}$ 的有理数 $\dfrac{p}{q}$ 只有有限个 (首先满足此不等式的正整数 q 是有限个, 其次由 $p<q$, 知 $\dfrac{p}{q}$ 只有有限个). 设它们为 $r_1,\cdots,r_k$.

先对 $[0,1]$ 做剖分 $\mathbb{T}=\{\Delta_1,\cdots,\Delta_n\}$, 使 $\|\mathbb{T}\|<\dfrac{\varepsilon}{2k}$. 把 $\mathbb{T}$ 分为两类,

$\mathbb{T}'$: 包含点 $r_1,\cdots,r_k$. 这类小区间总个数至多是 $2k$ 个. 由于在这些小区间上黎曼函数 $R(x)$ 取的最大值是 $\dfrac{1}{q},q\geqslant 2$, 所以 $R(x)$ 在 $[0,1]$ 上振幅不超过 $\dfrac{1}{2}$.

$$\sum_{\mathbb{T}'}\omega_i\Delta x_i\leqslant\frac{1}{2}\sum_{\mathbb{T}'}\Delta x_i\leqslant\frac{1}{2}\cdot 2k\|\mathbb{T}\|<\frac{\varepsilon}{2}.$$

$\mathbb{T}''$: 不包含点 $r_1,\cdots,r_k$. 由前提 $\dfrac{1}{q}<\dfrac{\varepsilon}{2}$, 所以 $R(x)$ 振幅不超过 $\dfrac{\varepsilon}{2}$.

$$\sum_{\mathbb{T}''}\omega_i\Delta x_i\leqslant\frac{\epsilon}{2}\sum_{\mathbb{T}''}\Delta x_i<\frac{\varepsilon}{2}.$$

综合有

$$\sum_{\mathbb{T}} \omega_i \Delta x_i = \sum_{\mathbb{T}'} \omega_i \Delta x_i + \sum_{\mathbb{T}''} \omega_i \Delta x_i < \frac{\varepsilon}{2} + \frac{\varepsilon}{2} = \varepsilon.$$

由定理 9.6, 黎曼函数在区间 $[0,1]$ 上可积.

取 ξ_i 为无理数, 则 $R(\xi_i) = 0$, 所以黎曼和为 0, 因此,

$$\int_0^1 R(x)\mathrm{d}x = \lim_{\|\mathbb{T}\| \to 0} \sum_{\mathbb{T}} R(\xi_i)\Delta x_i = 0. \qquad \qquad \square$$

定理 9.7 (第三充分必要条件)　函数 f 在 $[a,b]$ 上可积的充分必要条件是: 对任意给定的正数 ε, η, 总存在剖分 $\mathbb{T}$, 使得属于 $\mathbb{T}$ 的所有小区间中, 对应于振幅 $\omega_{k'} \geqslant \varepsilon$ 的那些小区间 $\Delta_{k'}$ 的总长 $\sum\limits_{k'} \Delta x_{k'} < \eta$.

证明　必要性: 设函数 f 在 $[a,b]$ 上可积. 由定理 9.6, 对于 $\sigma = \varepsilon \eta > 0$, 存在某一剖分 $\mathbb{T}$, 使得 $\sum\limits_{k} \omega_k \Delta x_k < \sigma$. 设对应于振幅 $\omega_{k'} \geqslant \varepsilon$ 的那些小区间为 $\Delta_{k'}$, 于是有

$$\varepsilon \sum_{k'} \Delta x_{k'} \leqslant \sum_{k'} \omega_{k'} \Delta x_{k'} \leqslant \sum_{k} \omega_k \Delta x_k \leqslant \sigma = \varepsilon \eta,$$

由此得到

$$\sum_{k'} \Delta x_{k'} < \eta.$$

充分性: 设 M, m 是函数最大、最小值. 任给 $\varepsilon' > 0$, 取 $\varepsilon = \dfrac{\varepsilon'}{2(b-a)} > 0$, $\eta = \dfrac{\epsilon'}{2(M-m)} > 0$. 由假设, 存在某一剖分 $\mathbb{T}$, 使得 $\omega_{k'} \geqslant \varepsilon$ 的那些 $\Delta_{k'}$ 的总长 $\sum\limits_{k'} \Delta x_{k'} < \eta$. 设 $\mathbb{T}$ 中其余满足 $\omega_{k''} < \varepsilon$ 的那些小区间为 $\Delta_{k''}$, 则有

$$\begin{aligned}
\sum_{k} \omega_k \Delta_k &= \sum_{k'} \omega_{k'} \Delta x_{k'} + \sum_{k''} \omega_{k''} \Delta x_{k''} \\
&\leqslant (M-m) \sum_{k'} \Delta x_{k'} + \varepsilon \sum_{k''} \Delta x_{k''} \\
&\leqslant (M-m)\eta + \varepsilon(b-a) \\
&= \frac{\varepsilon'}{2} + \frac{\varepsilon'}{2} \\
&= \varepsilon'.
\end{aligned}$$

由定理 9.6 得知 f 在 $[a,b]$ 上可积. $\qquad \qquad \square$

例 9.4　用可积的第三充分必要条件证明: 黎曼函数 $R(x)$ 在 $[0,1]$ 上可积.

证明　任意给定正数 ε,η. 由于满足 $\dfrac{1}{q}\geqslant\varepsilon$ 的有理数 $\dfrac{p}{q}(p<q)$ 只有有限个, 记为 K. 因此含这类点的小区间至多有 $2K$ 个, 在其上 $\omega_{k'}\geqslant\varepsilon$. 当 $||\mathbb{T}||<\dfrac{\eta}{2K}$ 时, 就能保证包含这类点的小区间总长度满足

$$\sum_{k'}\Delta x_{k'}\leqslant 2K||\mathbb{T}||<2K\cdot\dfrac{\eta}{2K}=\eta.$$

由可积的第三充分必要条件知道, 黎曼函数在 $[0,1]$ 上可积.　　□

例 9.5　证明: 若函数 f 在 $[a,b]$ 上连续, φ 在 $[\alpha,\beta]$ 上可积, $a\leqslant\varphi(t)\leqslant b,t\in[\alpha,\beta]$, 则 $f\circ\varphi$ 在 $[\alpha,\beta]$ 上可积.

解　任意给定正数 ε,η, 由于函数 f 在 $[a,b]$ 上一致连续, 因此对上述的 η, 存在 $\delta>0$, 对任意的 $x',x''\in[a,b],|x'-x''|<\delta$, 有

$$|f(x')-f(x'')|<\eta.$$

由假设 φ 在 $[\alpha,\beta]$ 上可积, 对上述正数 δ,ε, 存在某一分割 $\mathbb{T}$, 使得在 $\mathbb{T}$ 所属的小区间中, φ 的振幅 $\omega_{k'}^{\varphi}\geqslant\delta$ 的所有小区间 $\Delta_{k'}$ 的总长 $\sum_{k'}\Delta t_{k'}<\varepsilon$; 而在其余小区间 $\Delta_{k''}$ 上 $\omega_{k''}^{\varphi}<\delta$.

设 $F(t)=f(\varphi(t)),t\in[\alpha,\beta]$. 由上面的分割知道: 在分割 $\mathbb{T}$ 中的小区间 $\Delta_{k''}$ 上, $\omega_{k''}^{F}<\eta$; 至多在所有的 $\Delta_{k'}$ 上, $\omega_{k'}^{F}\geqslant\eta$(由于此时 $\omega_{k'}^{\varphi}\geqslant\delta$), 但这些小区间的总长至多为 $\sum_{k'}\Delta t_{k'}<\varepsilon$. 由可积的第三充分必要条件可知, 复合函数 $f\circ\varphi$ 在 $[\alpha,\beta]$ 上可积.　　□

9.2.3　勒贝格定理

这小节分析可积函数类的特征, 给出函数黎曼可积的充分必要条件.

定义 9.5　设 $D\subset\mathbb{R}$. 若对任意 $\varepsilon>0$, 存在至多可数的开区间 $I_n,n\in\mathbb{N}$ 覆盖 D, 且 $\sum_{n=1}^{\infty}|I_n|\leqslant\varepsilon$. 则称 D 是零测集.

例 9.6　(1) 可数点集合是零测集. (2) 包含长度不为零的区间的集合不是零测集. (3) 零测集的子集是零测集.

证明　(1) 设可数点集合 $D=\{d_1,d_2,\cdots,d_n,\cdots\}$. 对任意 $\varepsilon>0$, 作开区间

$$I_n=\left(d_n-\dfrac{\varepsilon}{2^{n+1}},d_n+\dfrac{\varepsilon}{2^{n+1}}\right),\quad n=1,2,\cdots.$$

则

$$D \subset \bigcup_{n=1}^{\infty} I_n, \quad \sum_{n=1}^{\infty} |I_n| = 2 \sum_{n=1}^{\infty} \frac{\varepsilon}{2^{n+1}} = \varepsilon.$$

(2) 设 I 为长度不为零的区间, $D \supset I$. 对任意 D 的覆盖 $\{I_n, n \in \mathbb{N}\}$, 由于 $\sum_{n=1}^{\infty} |I_n| > |I| > 0$, 所以 D 不是零测集.

(3) 由定义是显然的. □

定理 9.8 (勒贝格定理) 　函数 f 在 $[a,b]$ 上黎曼可积的充分必要条件是: f 在 $[a,b]$ 不连续点集合是零测集.

为了证明这个定理, 需要下面三个引理.

引理 9.9 　设 f 是 $[a,b]$ 上的函数, $\omega^f(x,\delta) = \sup\{|f(x_1) - f(x_2)|, \ x_1, x_2 \in (x-\delta, x+\delta)\}$. 则 f 在 $x \in [a,b]$ 点连续的充分必要条件是: $\omega^f(x) = \lim_{\delta \to 0} \omega^f(x,\delta) = 0$.

证明 　显然 $\omega^f(x) \leqslant \omega^f(x,\delta)$.

必要性: 设函数 f 在 x 点连续. 所以对任意的 $\varepsilon > 0$, 对充分小的 $\delta > 0$, 有

$$|f(x_1) - f(x)| < \frac{\varepsilon}{2}, \quad |f(x_2) - f(x)| < \frac{\varepsilon}{2}, \quad x_1, x_2 \in (x - \delta, x + \delta).$$

由此知道

$$|f(x_1) - f(x_2)| \leqslant |f(x_1) - f(x)| + |f(x_2) - f(x)| < \varepsilon.$$

所以 $\omega^f(x,\delta) < \varepsilon$, 即 $\omega^f(x) = 0$.

充分性: 设 $\omega^f(x) = 0$. 对任意 $\varepsilon > 0$, 存在 $\delta_0 > 0$, 对任意的 $\delta < \delta_0$, 有 $\omega^f(x,\delta) < \varepsilon$. 所以对任意 $x' \in (x - \delta, x + \delta)$, 有

$$|f(x) - f(x')| < \omega^f(x,\delta) < \varepsilon.$$

因此函数 $f(x)$ 在 x 处连续. □

引理 9.10 　设 f 是 $[a,b]$ 上的函数. $D(f) = \{x \in [a,b] : f \text{ 在 } x \text{ 点不连续}\}$, $D_\delta(f) = \{x \in [a,b] : \omega^f(x) \geqslant \delta\}$. 则 $D(f) = \bigcup_{n=1}^{\infty} D_{\frac{1}{n}}(f)$.

证明 　"$\supset$": 由引理 9.9 知道, $D_{\frac{1}{n}}(f)$ 中的点都是 f 的不连续点. 所以, $\bigcup_{n=1}^{\infty} D_{\frac{1}{n}}(f) \subset D(f)$.

"$\subset$": 任取 $x \in D(f)$, 由于 f 在 x 处不连续, 利用引理 9.9, $\omega^f(x) > 0$. 取 n 充分大, 使得 $\omega^f(x) > \frac{1}{n}$, 即 $x \in D_{\frac{1}{n}}(f)$, 所以 $x \in \bigcup_{n=1}^{\infty} D_{\frac{1}{n}}(f)$. □

引理 9.11 设 f 是 $[a, b]$ 上的函数, 且存在一列开区间 $I_i, i = 1, 2, \cdots$, 使得 $D(f) \subset \bigcup_{i=1}^{\infty} I_i$. 则对任意给定的 $\varepsilon > 0$, 存在 $\delta > 0$, 对任意 $x \in [a, b] \backslash \bigcup_{i=1}^{\infty} I_i$, $x' \in [a, b]$, 当 $|x - x'| < \delta$ 时, 有 $|f(x) - f(x')| < \varepsilon$.

证明 用反证法. 假设结论不成立, 则存在 $\varepsilon_0, s_n \in [a, b] \backslash \bigcup_{i=1}^{\infty} I_i, t_n \in [a, b]$, $|s_n - t_n| < \dfrac{1}{n}$, 有 $|f(s_n) - f(t_n)| \geqslant \varepsilon_0$. 由于 $s_n \in [a, b]$, 故存在子列 $\{s_{n_k}\}, \lim\limits_{k \to \infty} s_{n_k} = s^* \in [a, b] \backslash \bigcup_{i=1}^{\infty} I_i$. 由于

$$|t_{n_k} - s^*| \leqslant |t_{n_k} - s_{n_k}| \leqslant \frac{1}{n_k} + |s_{n_k} - s^*| < \frac{1}{n} + |s_{n_k} - s^*|,$$

所以 $\lim\limits_{k \to \infty} t_{n_k} = s^*$. 由于从前面知道

$$|f(s_{n_k}) - f(t_{n_k})| \geqslant \varepsilon_0,$$

并且 $s^* \in [a, b] \backslash \bigcup_{i=1}^{\infty} I_i, f(x)$ 在 s^* 处连续, 所以

$$\varepsilon_0 \leqslant \lim\limits_{k \to \infty} |f(s_{n_k}) - f(t_{n_k})| = 0$$

这与 $\varepsilon_0 > 0$ 矛盾. □

定理 9.8 (勒贝格定理) 的证明 必要性: 由引理 9.10, 只需证明 $D_{\frac{1}{n}}$ 是零测集. 由于 f 是黎曼可积, 所以对任意给定的 $\varepsilon > 0$, 存在 $[a, b]$ 的分割 $\mathbb{T} : a = x_0 < x_1 < \cdots < x_m = b$, 使得

$$\sum_{i=1}^{m} \omega_i \Delta x_i < \frac{\varepsilon}{n}, \quad \omega_i = \sup_{x', x'' \in [x_{i-1}, x_i]} |f(x') - f(x'')|, \quad i = 0, 1, \cdots, m.$$

令 $E_n = D_{\frac{1}{n}} \backslash \{x_0, x_1, \cdots, x_m\}$, 只需证明 E_n 是零测集. 由于

$$[a, b] \backslash \{x_0, x_1, \cdots, x_m\} = \bigcup_{i=1}^{m} (x_{i-1}, x_i),$$

所以

$$E_n = D_{\frac{1}{n}} \cap \left(\bigcup_{i=1}^{m} (x_{i-1}, x_i) \right) \subset \bigcup_{i=1}^{m} \{(x_{i-1}, x_i) : D_{\frac{1}{n}} \cap (x_{i-1}, x_i) \neq \varnothing\}.$$

这说明 E_n 被一列开区间覆盖, 且每一个开区间都包含 $D_{\frac{1}{n}}$ 中的点. 任取 $x \in D_{\frac{1}{n}} \cap (x_{i-1}, x_i)$, 有

$$\omega^f(x) \geqslant \frac{1}{n}, \qquad (\text{由于 } x \in D_{\frac{1}{n}})$$

$$\omega_i \geqslant \omega^f(x, \delta), \qquad (\text{可选到} \delta \text{满足} (x - \delta, x + \delta) \subset (x_{i-1}, x_i))$$

所以, $\omega_i \geqslant \omega^f(x, \delta) \geqslant \omega^f(x) \geqslant \dfrac{1}{n}$.

记 $\sum'$ 为对使得 $D_{\frac{1}{n}} \cap (x_{i-1}, x_i) \neq \varnothing$ 的 i 求和, 则

$$\frac{\varepsilon}{n} > \sum_{i=1}^m \omega_i \Delta x_i \geqslant \sum{}' \omega_i \Delta x_i \geqslant \frac{1}{n} \sum{}' \Delta x_i,$$

即 $\sum' \Delta x_i < \varepsilon$. 这说明覆盖 E_n 的那列开区间的长度和小于 ε, 所以 E_n 是零测集.

充分性: 设 $D(f)$ 是零测集. 对任意给定的 $\varepsilon > 0$, 存在一列开区间 $I_i, i = 1, 2, \cdots$, 使得

$$D(f) \subset \bigcup_{i=1}^\infty I_i, \quad |I_i| < \frac{\varepsilon}{2\omega}, \quad \omega = \sup_{x', x'' \in [a, b]} |f(x') - f(x'')| + 1.$$

利用引理 9.11, 对上述 $\varepsilon > 0$, 存在 $\delta > 0$, 使得当 $x \in [a, b] \backslash \bigcup_{i=1}^\infty I_i, x'' \in [a, b]$, $|x' - x''| < \delta$ 时, 有 $|f(x') - f(x'')| < \dfrac{\varepsilon}{4(b - a)}$. 现取分割 $\mathbb{T}: a = x_0 < x_1 < \cdots < x_n = b$, 使得 $\|\mathbb{T}\| < \delta$.

记: $\sum'$ 为 $[a, b] \backslash \bigcup_{i=1}^\infty I_i$ 与 $(x_{i-1}, x_i), i = 0, 1, \cdots, n$ 相交的集合; $\sum''$ 为 $[a, b] \backslash \bigcup_{i=1}^\infty I_i$ 与 $(x_{i-1}, x_i), i = 0, 1, \cdots, n$ 不相交的集合. 则

$$\sum_{i=1}^n \omega_i \Delta_i = \sum{}' \omega_i \Delta_i + \sum{}'' \omega_i \Delta_i.$$

(1) 对 $\sum'$, 由于 $[a, b] \backslash \bigcup_{i=1}^\infty I_i$ 与 $(x_{i-1}, x_i), i = 0, 1, \cdots, n$ 相交, 任取其中的点 y_i, 利用引理 9.11,

$$\begin{aligned}
\omega_i &= \sup\{|f(z_1) - f(z_2)| : z_1, z_2 \in [x_{i-1}, x_i]\} \\
&\leqslant \sup\{|f(z_1) - f(y_i)| + |f(y_i) - f(z_2)| : z_1, z_2 \in [x_{i-1}, x_i]\} \\
&\leqslant \sup\{|f(z_1) - f(y_i)| : z_1, z_2 \in [x_{i-1}, x_i]\} \\
&\quad + \sup\{|f(y_i) - f(z_2)| : z_1, z_2 \in [x_{i-1}, x_i]\} \\
&\leqslant \frac{\varepsilon}{2(b - a)}.
\end{aligned}$$

所以

$$\sum{}' \omega_i \Delta x_i \leqslant \frac{\varepsilon}{2(b - a)} \cdot (b - a) < \frac{\varepsilon}{2}.$$

(2) 对 $\sum''$, 由于 $[a,b]\backslash\bigcup_{i=1}^{\infty} I_i$ 与 $(x_{i-1}, x_i), i = 0, 1, \cdots, n$ 不相交, 故当 $x \in (x_{i-1}, x_i)$ 时, $x \notin [a,b]\backslash\bigcup_{i=1}^{\infty} I_i$, 因而 $x \in \bigcup_{i=1}^{\infty} I_i$, 所以 $(x_{i-1}, x_i) \subset \bigcup_{i=1}^{\infty} I_i$. 由此得到

$$\sum{}''\omega_i \Delta x_i \leqslant \sum_{i=1}^{\infty} \omega_i |I_i| < \omega \sum_{i=1}^{\infty} |I_i| < \frac{\varepsilon}{2}.$$

综合有

$$\sum_{i=1}^{n} \omega_i \Delta x_i < \varepsilon.$$

由可积性定理 9.6 知道 f 在 $[a,b]$ 上可积.

利用定理 9.8, 很容易看出黎曼函数是可积函数, 狄利克雷函数是不可积函数. 前面例 9.5 关于函数可积性的证明可由此定理直接得出. $\quad\square$

9.2.4 可积函数类

下面的定理是定理 9.8 (勒贝格定理) 的推论, 我们用定积分的第二判别法证明.

定理 9.12 (可积函数类) 设函数 $f(x)$ 是区间 $[a,b]$ 上的函数.

(1) 若函数 $f(x)$ 是区间 $[a,b]$ 上连续, 则在 $[a,b]$ 上可积.

(2) 若函数 $f(x)$ 是区间 $[a,b]$ 上有界, 且只有有限个间断点, 则在 $[a,b]$ 上可积.

(3) 若函数 $f(x)$ 是区间 $[a,b]$ 上单调, 则在 $[a,b]$ 上可积.

证明 (1) 若函数 $f(x)$ 是区间 $[a,b]$ 上连续, 所以一致连续. 对任给的 $\varepsilon > 0$, 存在 $\delta > 0$, 使得

$$|f(x) - f(y)| < \frac{\varepsilon}{b-a}, \quad x, y \in [a,b] \text{ 满足 } |x - y| < \delta.$$

对于 $[a,b]$ 的任意剖分 $\mathbb{T} : a = x_0 < x_1 < \cdots < x_n = b$, 只要 $||\mathbb{T}|| < \delta$, 就有

$$\max_{1 \leqslant k \leqslant n} \sup_{\xi, \eta \in [x_{k-1}, x_k]} |f(\xi) - f(\eta)| < \frac{\varepsilon}{b-a}.$$

由于

$$M_k - m_k = \sup_{\xi, \eta \in [x_{k-1}, x_k]} |f(\xi) - f(\eta)|, \quad k = 1, \cdots, n,$$

从而

$$\sum_{k=1}^{n} (M_k - m_k) \Delta x_k < \sum_{k=1}^{n} \frac{\varepsilon}{b-a} \Delta x_k = \varepsilon.$$

由定理 9.6 知道函数 $f(x)$ 在 $[a,b]$ 上可积.

(2) 若函数 $f(x)$ 在 $[a,b]$ 上有界且有有限个间断点, 设 M 为 $|f(x)|$ 的上界, 间断点为 $a \leqslant \xi_1 < \cdots < \xi_N \leqslant b$. 对任意的 ε, 令 $\delta = \min\left\{ \min\limits_{1 \leqslant k \leqslant N-1}(\xi_{k+1} - \xi_k), \dfrac{\varepsilon}{4MN} \right\}$. 选取 $[a,b]$ 的剖分 $\mathbb{T}: a = x_0 < x_1 < \cdots < x_n = b$, 满足: $||\mathbb{T}|| < \delta$. 按间断点 $\xi_i,\ i = 1, \cdots, N$ 将剖分 $\mathbb{T}$ 分为两部分:

$\mathbb{T}_1$: 间断点在某两个相邻的剖分点之间. 这样的剖分区间至多有 $2N$ 个.

$\mathbb{T}_2$: 剖分 $\mathbb{T}$ 的其余部分.

因此

$$
\begin{aligned}
\omega_{\mathbb{T}}(f) &= \sum_{i=1}^n (M_i - m_i)\Delta x_i \\
&= \sum_{\mathbb{T}_1}(M_i - m_i)\Delta x_i + \sum_{\mathbb{T}_2}(M_i - m_i)\Delta x_i \\
&\leqslant 2NM||\mathbb{T}|| + \sum_{\mathbb{T}_2}(M_i - m_i)\Delta x_i \\
&< \frac{\varepsilon}{2} + \sum_{\mathbb{T}_2}(M_i - m_i)\Delta x_i.
\end{aligned}
$$

由于函数 $f(x)$ 在 $\mathbb{T}_2$ 类小区间上可积, 由 (1) 知道 $\lim\limits_{||\mathbb{T}|| \to 0} \sum\limits_{\mathbb{T}_2}(M_i - m_i)\Delta x_i = 0$, 所以 $\lim\limits_{||\mathbb{T}|| \to 0} \omega_{\mathbb{T}}(f) = 0$. 再利用定理 9.6, f 在 $[a,b]$ 上可积.

(3) 不妨设函数 $f(x)$ 是区间 $[a,b]$ 上单调非减、非常值函数. 对任意 $\varepsilon > 0$, 令 $\delta = \dfrac{\varepsilon}{f(b) - f(a)}$, 对 $[a,b]$ 的任意剖分 $\mathbb{T}: a = x_0 < x_1 < \cdots < x_n = b$,

$$
M_k - m_k = \sup_{\xi, \eta \in [x_{k-1}, x_k]} |f(\xi) - f(\eta)| = f(x_k) - f(x_{k-1}),
$$

所以当 $||\mathbb{T}|| < \delta$ 时, 有

$$
\begin{aligned}
\sum_{k=1}^n (M_k - m_k)\Delta x_k &< \sum_{k=1}^n (M_k - m_k)\frac{\varepsilon}{f(b) - f(a)} \\
&= \frac{\varepsilon}{f(b) - f(a)} \sum_{k=1}^n [f(x_k) - f(x_{k-1})] \\
&= \frac{\varepsilon}{f(b) - f(a)} [f(b) - f(a)] = \varepsilon .
\end{aligned}
$$

由定理 9.6 知道函数 $f(x)$ 在 $[a,b]$ 上可积. 　　　　　　　　　　$\square$

习 题

1. 证明: 若 $\mathbb{T}'$ 是 $\mathbb{T}$ 增加若干个分点后所得的分割, 则 $\sum\limits_{\mathbb{T}} w_i'\Delta x_i' \leqslant \sum\limits_{\mathbb{T}} w_i\Delta x_i$.

2. 证明: 若 f 在 $[a,b]$ 上可积, $[\alpha,\beta] \subset [a,b]$, 则 f 在 $[\alpha,\beta]$ 上可积.

3. 证明: 函数

$$f(x) = \begin{cases} 0, & x = 0, \\ \dfrac{1}{x} - \left[\dfrac{1}{x}\right], & x \in (0,1] \end{cases}$$

在 $[0,1]$ 上可积.

4. 设函数 f 在 $[a,b]$ 上有定义. 证明: 若对任意给定的 $\varepsilon > 0$, 存在 $[a,b]$ 上可积函数 g, 使得

$$|f(x) - g(x)| < \varepsilon, \quad x \in [a,b],$$

则 f 在 $[a,b]$ 上可积.

5. 证明: 若函数 f, g 在 $[a,b]$ 上可积. 则

$$\lim_{||\mathbb{T}|| \to 0} \sum_{i=1}^{n} f(\xi_i)g(\eta_i)\Delta x_i = \int_a^b f(x)g(x)\mathrm{d}x.$$

其中 ξ_i, η_i 是所属小区间 Δ_i 中的任意两点, $i = 1, \cdots, n$.

6. 证明可数个零测集的并是零测集.

7. 设 $f : [a,b] \to \mathbb{R}, \varphi : [\alpha,\beta] \to [a,b]$. 举例说明

(1) 函数 f, φ 可积, 但 $f(\varphi(t))$ 在 $[\alpha,\beta]$ 上不是黎曼可积的.

(2) 函数 f 在 $[a,b]$ 上可积, φ 在 $[\alpha,\beta]$ 上连续, 但 $f(\varphi(t))$ 在 $[\alpha,\beta]$ 上不是黎曼可积的.

(3) 如果 (2) 中的 φ 在 $[\alpha,\beta]$ 上单调, 证明 $f(\varphi(t))$ 在 $[\alpha,\beta]$ 上是黎曼可积的.

9.3 定积分的基本性质

虽然利用定理 9.8, 函数可积性的证明是容易的, 但为了加深读者对积分定义和达布和的理解, 我们用它们证明.

性质 9.13 设函数 $f(x)$, $g(x)$ 在 $[a,b]$ 上可积.

(1) 线性: 对于任意的实数 α, β, 函数 $\alpha f + \beta g$ 在 $[a,b]$ 上可积, 且

$$\int_a^b [\alpha f(x) + \beta g(x)]\,\mathrm{d}x = \alpha \int_a^b f(x)\,\mathrm{d}x + \beta \int_a^b g(x)\,\mathrm{d}x .$$

(2) 乘积性: 函数 $f(x)g(x)$ 在 $[a,b]$ 上可积.

(3) 可加性: 若函数 $f(x)$ 在 $[a,b]$ 上可积的充要条件是: 对任意 $c \in (a,b)$, 函数 $f(x)$ 在 $[a,c], [c,b]$ 上可积, 且

$$\int_a^b f(x)\,\mathrm{d}x = \int_a^c f(x)\,\mathrm{d}x + \int_c^b f(x)\,\mathrm{d}x.$$

(4) 保号性: 若 $f(x) \geqslant 0$, 则 $\displaystyle\int_a^b f(x)\,\mathrm{d}x \geqslant 0$.

(5) 保序性: 若 $f(x) \geqslant g(x)$, 则 $\displaystyle\int_a^b f(x)\,\mathrm{d}x \geqslant \int_a^b g(x)\,\mathrm{d}x$.

(6) 绝对可积: 函数 $|f(x)|$ 在 $[a,b]$ 上可积, 且

$$\left| \int_a^b f(x)\,\mathrm{d}x \right| \leqslant \int_a^b |f(x)|\,\mathrm{d}x.$$

证明　(1) 线性: 记 $I = \displaystyle\int_a^b \alpha f(x)\mathrm{d}x + \int_a^b \beta g(x)\mathrm{d}x$. 任取 $[a,b]$ 的分割 $\mathbb{T} :=$ $\{a = x_0 < x_1 < \cdots, x_n\}, \xi_i \in [x_{i-1}, x_i], i = 1, \cdots, n$. 由于

$$\left| \sum_{i=1}^n [\alpha f(\xi_i) + \beta g(\xi_i)]\Delta x_i - I \right|$$

$$= \left| \sum_{i=1}^n [\alpha f(\xi_i)\Delta x_i + \beta g(\xi_i)]\Delta x_i - \int_a^b \alpha f(x)\mathrm{d}x + \int_a^b \beta g(x)\mathrm{d}x \right|$$

$$\leqslant |\alpha|\left| \sum_{i=1}^n f(\xi_i)\Delta x_i - \int_a^b f(x)\mathrm{d}x \right| + |\beta|\left| \sum_{i=1}^n g(\xi_i)\Delta x_i - \int_a^b g(x)\mathrm{d}x \right|.$$

所以对任意给定的 $\varepsilon > 0$, 存在 $\delta > 0$, 当 $\|\mathbb{T}\| < \delta$ 时,

$$\left| \sum_{i=1}^n f(\xi_i)\Delta x_i - \int_a^b f(x)\mathrm{d}x \right| < \frac{\varepsilon}{2|\alpha|},$$

$$\left| \sum_{i=1}^n g(\xi_i)\Delta x_i - \int_a^b g(x)\mathrm{d}x \right| < \frac{\varepsilon}{2|\beta|},$$

从而

$$\left| \sum_{i=1}^n [\alpha f(\xi_i) + \beta g(\xi_i)]\Delta x_i - I \right| < \varepsilon.$$

由定积分定义知道 $\displaystyle\int_a^b [\alpha f(x) + \beta g(x)]\mathrm{d}x$ 在 $[a,b]$ 上可积, 并且

$$\int_a^b [\alpha f(x) + \beta g(x)]\mathrm{d}x = \alpha \int_a^b f(x)\mathrm{d}x + \beta \int_a^b g(x)\mathrm{d}x.$$

(2) 乘积性: 由 f, g 在 $[a, b]$ 上可积知道, f, g 在 $[a, b]$ 上有界, 设界为 M. 利用定理 9.6 对任意给定的 $\varepsilon > 0$, 存在分割 $\mathbb{T}', \mathbb{T}''$, 使得

$$\sum_{\mathbb{T}'} \omega_i^f \Delta x_i < \frac{\varepsilon}{2M}, \quad \sum_{\mathbb{T}''} \omega_i^g \Delta x_i < \frac{\varepsilon}{2M}.$$

令 $\mathbb{T} = \mathbb{T}' \cup \mathbb{T}''$, 对新的分割 $\mathbb{T}$ 中每一个 T_i,

$$\begin{aligned}
\omega_i^{f,g} &= \sup_{x', x'' \in T_i} |f(x')g(x') - f(x'')g(x'')| \\
&\leqslant \sup_{x', x'' \in T_i} \left[|g(x')| \cdot |f(x') - f(x'')| + |f(x')| \cdot |g(x') - g(x'')| \right] \\
&\leqslant M(\omega_i^f + \omega_i^g).
\end{aligned}$$

由于

$$\sum_{\mathbb{T}} \omega_i^f \Delta x_i \leqslant \sum_{\mathbb{T}'} \omega_i^f \Delta x_i, \quad \sum_{\mathbb{T}} \omega_i^g \Delta x_i \leqslant \sum_{\mathbb{T}''} \omega_i^g \Delta x_i,$$

所以

$$\begin{aligned}
\sum_{\mathbb{T}} \omega_i^{f,g} \Delta_i &\leqslant M \sum_{\mathbb{T}} \omega_i^f \Delta x_i + M \sum_{\mathbb{T}} \omega_i^g \Delta x_i \\
&\leqslant M \sum_{\mathbb{T}'} \omega_i^f \Delta x_i + M \sum_{\mathbb{T}''} \omega_i^g \Delta x_i \\
&< M \frac{\varepsilon}{2M} + M \frac{\varepsilon}{2M} \\
&= \varepsilon.
\end{aligned}$$

由定理 9.6 知道函数 $f \cdot g$ 在 $[a, b]$ 上可积.

(3) 可加性.

充分性: 由于 f 在 $[a, c], [c, b]$ 上都可积, 由定理 9.6 知道对任意给定的 $\varepsilon > 0$, 存在 $[a, c], [c, b]$ 上的分割 $\mathbb{T}', \mathbb{T}''$, 使得

$$\sum_{\mathbb{T}'} \omega_i' \Delta x_i' < \frac{\varepsilon}{2}, \quad \sum_{\mathbb{T}''} \omega_i'' \Delta x_i'' < \frac{\varepsilon}{2}.$$

取 $\mathbb{T} = \mathbb{T}' \cup \mathbb{T}''$, 则

$$\sum_{\mathbb{T}} \omega_i \Delta x_i = \sum_{\mathbb{T}'} \omega_i' \Delta x_i' + \sum_{\mathbb{T}''} \omega_i'' \Delta x_i'' < \frac{\varepsilon}{2} + \frac{\varepsilon}{2} = \varepsilon.$$

由定理 9.6 知道 f 在 $[a, b]$ 上可积.

必要性: 由于 f 在 $[a, b]$ 上可积, 所以对任意给定的 $\varepsilon > 0$, 存在 $[a, b]$ 上的分割 $\mathbb{T}$, 使得

$$\sum_{\mathbb{T}} \omega_i \Delta x_i < \varepsilon.$$

在 $\mathbb{T}$ 上加一点 c, 得到 $[a, b]$ 新的分割 $\mathbb{T}^*$, 且

$$\sum_{\mathbb{T}^*} \omega_i^* \Delta x_i^* \leqslant \sum_{\mathbb{T}} \omega_i \Delta x_i < \varepsilon.$$

分割 $\mathbb{T}^*$ 在 $[a, c], [c, b]$ 上形成了两个分割, 分别记为 $\mathbb{T}', \mathbb{T}''$, 有

$$\sum_{\mathbb{T}'} \omega_i' \Delta x_i' \leqslant \sum_{\mathbb{T}^*} \omega_i^* \Delta x_i^* < \varepsilon, \quad \sum_{\mathbb{T}''} \omega_i'' \Delta x_i'' \leqslant \sum_{\mathbb{T}^*} \omega_i^* \Delta x_i^* < \varepsilon.$$

即 f 在 $[a, c], [c, b]$ 上都可积.

可加性的等式: 对任意的 $\varepsilon > 0$, 取 $[a, b]$ 上的分割 $\mathbb{T}$ 并使点 c 作为其中一个分割点, 则分别得到对 $[a, c], [c, b]$ 的分割 $\mathbb{T}', \mathbb{T}''$. 由于

$$\sum_{\mathbb{T}} f(\xi_i) \Delta x_i = \sum_{\mathbb{T}'} f(\xi_i) \Delta x_i + \sum_{\mathbb{T}''} f(\xi_i) \Delta x_i,$$

当 $\|\mathbb{T}\| \to 0$ 时, $\|\mathbb{T}'\| \to 0, \|\mathbb{T}''\| \to 0$, 对上式取极限就得到所证等式.

(4) 保号性.

$$\int_a^b f(x) \mathrm{d}x = \lim_{\|\mathbb{T}\| \to 0} \sum_{i=1}^n f(\xi_i) \Delta x_i \geqslant 0.$$

(5) 保序性.

设 $h(x) = f(x) - g(x)$, 利用 (1) 和 (4) 可证.

(6) 绝对可积性.

由于 f 在 $[a, b]$ 上可积, 由定理 9.6, 对任意 $\varepsilon > 0$, 存在分割 $\mathbb{T}$, 使得 $\sum_{\mathbb{T}} \omega_i^f \Delta x_i < \varepsilon$. 由于

$$\left| |f(x')| - |f(x'')| \right| \leqslant |f(x') - f(x'')|,$$

所以 $\omega_i^{|f|} \leqslant \omega_i^f$, 于是有

$$\sum_{\mathbb{T}} \omega_i^{|f|} \Delta x_i \leqslant \sum_{\mathbb{T}} \omega_i^f \Delta x_i < \varepsilon.$$

由定理 9.6 知道 $|f|$ 在 $[a, b]$ 上也可积. $\qquad\square$

推论 9.14 设 f, g 均为定义在 $[a, b]$ 上的有界函数, 仅在有限个点处 $f(x) \neq g(x)$. 若 $f(x)$ 在 $[a, b]$ 上可积. 则 $g(x)$ 在 $[a, b]$ 上可积, 且有

$$\int_a^b f(x)\,\mathrm{d}x = \int_a^b g(x)\,\mathrm{d}x.$$

这是性质 9.13(3) 的直接推论.

推论 9.15 (估值定理) 若函数 $f(x)$ 在 $[a, b]$ 上都可积, 且 $m \leqslant f(x) \leqslant M$, 则

$$m(b-a) \leqslant \int_a^b f(x)\,\mathrm{d}x \leqslant M(b-a).$$

积分符号约定: $\int_a^a f(x)\,\mathrm{d}x = 0$, $\int_a^b f(x)\,\mathrm{d}x = -\int_b^a f(x)\,\mathrm{d}x$. (由于 Δx 符号相反)

注 9.6 对定积分而言, 取绝对值后的函数可积性并不能蕴含函数本身的可积性. 如

$$f(x) = \begin{cases} +1, & x \in \mathbb{Q} \cap [0,1], \\ -1, & x \notin \mathbb{Q} \cap [0,1]. \end{cases}$$

例 9.7 若函数 $f(x)$ 在 $[a, b]$ 上连续、非负、不恒为零, 则

$$\int_a^b f(x)\,\mathrm{d}x > 0.$$

证明 取 x_0 为函数 $f(x)$ 在 $[a, b]$ 上的最大值点, 则 $f(x_0) > 0$. 不失一般性, 设 $x_0 \in (a, b)$. 由函数的连续性, 存在 $\delta > 0$, 使得

$$f(x) > \frac{1}{2}f(x_0), \quad \forall\, x \in [x_0 - \delta, x_0 + \delta] \subset [a, b].$$

从而由定积分性质 9.13 (5),

$$\int_a^b f(x)\,\mathrm{d}x \geqslant \int_{x_0-\delta}^{x_0+\delta} f(x)\,\mathrm{d}x \geqslant \int_{x_0-\delta}^{x_0+\delta} \frac{1}{2}f(x_0)\,\mathrm{d}x = f(x_0)\delta > 0. \qquad \square$$

例 9.8 若可积函数 $f(x) > 0$, $x \in [a, b]$, 证明: $\int_a^b f(x)\mathrm{d}x > 0$.

解　方法一: 反证法. 假设 $\int_a^b f(x)\mathrm{d}x = 0$. 由定理 9.5, 对达布上和有

$$\lim_{\|\mathbb{T}\|\to 0} \sum_{i=1}^n M_i \Delta x_i = 0.$$

从而对任意给定的 $\varepsilon > 0$, 存在划分 $\mathbb{T}$, 使得

$$\sum_{i=1}^n M_i \Delta x_i < \varepsilon(b-a).$$

由此至少有一个 $M_i < \varepsilon$. 否则, 若每个 $M_i \geqslant \varepsilon$, 会有

$$\sum_{i=1}^n M_i \Delta x_i \geqslant \varepsilon \sum_{i=1}^n \Delta x_i = \varepsilon(b-a), \quad \text{与前面不等式矛盾!}$$

将 $M_i < \varepsilon$ 这个小区间的一半记为 $[a_1, b_1]$. 于是函数 f 在 $[a_1, b_1]$ 上可积, 并且满足

$$\sup_{x \in [a_1, b_1]} f(x) = M_i < \varepsilon, \quad \int_{a_1}^{b_1} f(x)\mathrm{d}x \leqslant \int_a^b f(x)\mathrm{d}x = 0.$$

取 $\varepsilon_n = \dfrac{\varepsilon}{n}$. 重复上面的推理, 得一列区间

$$[a, b] \supset [a_1, b_1] \supset [a_2, b_2] \supset \cdots \supset [a_n, b_n] \supset \cdots, \quad |b_n - a_n| \to 0, \quad n \to +\infty.$$

并且满足

$$\sup_{x \in [a_n, b_n]} f(x) < \varepsilon_n, \quad \int_{a_n}^{b_n} f(x)\mathrm{d}x = 0, \quad n = 1, \cdots,$$

由闭区间套定理, 存在唯一 $\xi \in \bigcap_{n=1}^\infty [a_n, b_n]$, 使得

$$f(\xi) \leqslant \sup_{x \in [a_n, b_n]} f(x) < \varepsilon_n, \quad n = 1, \cdots,$$

令 $n \to \infty$, 得到 $f(\xi) = 0$. 与 $f(x) > 0, x \in [a, b]$ 矛盾!

　　方法二: 设函数 $f(x)$ 的连续点集合为 D. 由定理 9.8 知道 D 不是空集. 任取 $x_0 \in D$, 由于函数 $f(x)$ 在 x_0 点连续, 由连续的局部性质知道, 存在包含 x_0 的邻域 $U(x_0, \delta)$, $f(x)$ 在 $U(x_0, \delta)$ 上满足 $f(x) > \dfrac{1}{2} f(x_0) > 0$, 从而 $\int_a^b f(x)\mathrm{d}x > 0$.

$\square$

例 9.9 求证:

$$\lim_{n\to\infty}\int_0^{\pi/4}\sin^n x\,\mathrm{d}x = 0 .$$

证明 显然

$$|\sin^n x| \leqslant \sin^n \frac{\pi}{4} = \frac{1}{\sqrt{2^n}} .$$

所以

$$\left|\int_0^{\pi/4}\sin^n x\,\mathrm{d}x\right| \leqslant \int_0^{\pi/4}|\sin^n x|\,\mathrm{d}x \leqslant \frac{\pi}{4}\frac{1}{\sqrt{2^n}} \to 0, \quad n\to\infty . \qquad\Box$$

例 9.10 设 $f(0) = 0$, 且 $f'(x) \in C[0,1]$. 求证:

$$\left|\int_0^a f(x)\,\mathrm{d}x\right| \leqslant \frac{Ma^2}{2} , \quad M = \max_{0\leqslant x\leqslant a}|f'(x)| .$$

证明 由 $f'(x) \in C[0,1]$ 可知, $f(x)$ 在 $[0,1]$ 连续, 在 $(0,1)$ 可导. 由拉格朗日中值定理知道

$$\forall\, x \in [0,a], \quad \exists\, \xi_x \in (0,x), \quad f(x) = f(x) - f(0) = f'(\xi_x)\,x.$$

所以

$$|f(x)| = |f'(\xi_x)\,x| \leqslant Mx.$$

从而

$$\left|\int_0^a f(x)\,\mathrm{d}x\right| \leqslant \int_0^a Mx\,\mathrm{d}x = \frac{Ma^2}{2} . \qquad\Box$$

例 9.11 设非负函数 $f \in C([a,b])$, 则 $\displaystyle\lim_{n\to\infty}\left(\int_a^b f^n(x)\mathrm{d}x\right)^{\frac{1}{n}} = \max_{x\in[a,b]}\{f(x)\}$.

证明 若 $f(x) \equiv c$, 容易验证结论成立. 若 $f(x)$ 在 $[a,b]$ 上不恒为常数, 设 $f(x_0) = \max\limits_{x\in[a,b]}\{f(x)\} > 0$. 不失一般性, 设 $x_0 \in (a,b)$. 由于 $f(x)$ 在 x_0 点连续, 所以对任意 $\varepsilon > 0$, $\exists\,\delta := \delta(x_0,\varepsilon)$, 使得 $f(x_0) - \varepsilon < f(x) < f(x_0)$, $x \in (x_0-\delta, x_0+\delta)$, 所以

$$f(x_0)(b-a)^{\frac{1}{n}} \geqslant \left(\int_a^b f^n(x)\mathrm{d}x\right)^{\frac{1}{n}} \geqslant \left(\int_{x_0-\delta}^{x_0+\delta} f^n(x)\mathrm{d}x\right)^{\frac{1}{n}} \geqslant (f(x_0)-\varepsilon)(2\delta)^{\frac{1}{n}}.$$

利用 $c > 0$, $\lim\limits_{n\to\infty} c^{\frac{1}{n}} = 1$, 在上面不等式两边关于 $n \to \infty$ 取上、下极限, 然后再令

$\varepsilon \to 0$, 得到 $\lim\limits_{n\to\infty} \left(\int_0^1 f^n(x)\mathrm{d}x \right)^{\frac{1}{n}} = f(x_0)$.　　　　　　　　　　　□

注 9.7　例 9.11 对 $f \in R([a,b])$ 有类似的结论, 但需要实变函数中可测集、本性上确界的概念.

命题 9.16　设 $f \in R([a,b])$, 则对任意 $\varepsilon > 0$, $\exists f_\varepsilon \in C([a,b])$, 使得 $\int_a^b |f(x) - f_\varepsilon(x)|\mathrm{d}x \leqslant \varepsilon$.

证明　(1) 构造阶梯函数 $f_n(x)$, 在积分意义下逼近函数 $f(x)$.

由函数 f 在 $[a,b]$ 上可积的第二充分必要条件: 对任意给定的正数 ε, 存在分割 $\mathbb{T} := \{a = x_1 < x_2 < \cdots < x_n = b\}$, 使得 $\sum\limits_k \omega_i \Delta x_k < \dfrac{\varepsilon}{2}$. 设 $M = \sup\limits_{x\in[a,b]} |f(x)|$. 取函数

$$f_n(x) = \begin{cases} f(x_1), & x \in [x_1, x_2], \\ \cdots\cdots \\ f(x_{n-1}), & x \in [x_{n-1}, x_n]. \end{cases}$$

则

$$\int_a^b |f(x) - f_n(x)|\mathrm{d}x = \sum_{i=1}^{n-1} \int_{x_k}^{x_{k+1}} |f(x) - f_n(x)|\mathrm{d}x \leqslant \sum_{i=1}^{n-1} \omega_i \Delta_i < \frac{\varepsilon}{2}.$$

(2) 构造连续函数 $f_\varepsilon(x)$, 在积分意义下逼近阶梯函数 $f_n(x)$. 对待定的 M 取函数

$$f_\varepsilon(x) = \begin{cases} f_n(x_1), & x \in \left[x_1, x_2 - \dfrac{1}{m}\right], \\ \text{直线连接点} \left(x_2 - \dfrac{1}{m}, f_n(x_1)\right), (x_2, f_n(x_2)), & x \in \left[x_2 - \dfrac{1}{m}, x_2\right], \\ \cdots\cdots \\ f_n(x_{n-1}), & x \in \left[x_{n-1}, x_n - \dfrac{1}{m}\right], \\ \text{直线连接点} \left(x_n - \dfrac{1}{m}, f_n(x_{n-1})\right), (x_n, f_n(x_n)), & x \in \left[x_n - \dfrac{1}{m}, x_n\right]. \end{cases}$$

则 $f_\varepsilon \in C([a, b])$, 并且

$$\int_a^b |f_n(x) - f_\varepsilon(x)| \mathrm{d}x = \sum_{i=1}^{n-1} \int_{x_i}^{x_{i+1}} |f_n(x) - f_\varepsilon(x)| \mathrm{d}x < \frac{2M}{m}(n-1).$$

取 $m = \left[\dfrac{4M(n-1)}{\varepsilon}\right]$, 则 $\displaystyle\int_a^b |f_n(x) - f_\varepsilon(x)| \mathrm{d}x < \dfrac{\varepsilon}{2}$. 结合 (1), (2) 得证命题 9.16.

$\square$

最后给出两个重要的积分不等式离散情况的推广.

定理 9.17 (Hölder 不等式) 设 $f, g \in R([a, b])$, $p, q \in (1, +\infty)$, $\dfrac{1}{p} + \dfrac{1}{q} = 1$. 则

$$\int_a^b |f(x)g(x)| \mathrm{d}x \leqslant \left(\int_a^b |f(x)|^p \mathrm{d}x\right)^{\frac{1}{p}} \left(\int_a^b |g(x)|^q \mathrm{d}x\right)^{\frac{1}{q}}.$$

证明 由勒贝格定理 9.8 知道, $|f(x)|^p, |f(x)|^q \in R([a, b])$. 设

$$A = \frac{|f(x)|^p}{\displaystyle\int_a^b |f(x)|^p \mathrm{d}x}, \quad B = \frac{|g(x)|^q}{\displaystyle\int_a^b |f(x)|^q \mathrm{d}x}.$$

利用推论 7.6,

$$A^{\frac{1}{p}} B^{\frac{1}{q}} \leqslant \frac{A}{p} + \frac{B}{q},$$

于是

$$\int_a^b \frac{|f|}{\left(\displaystyle\int_a^b |f(x)|^p \mathrm{d}x\right)^{\frac{1}{p}}} \cdot \frac{|g|(x)}{\left(\displaystyle\int_a^b |f(x)|^q \mathrm{d}x\right)^{\frac{1}{q}}} \mathrm{d}x$$

$$\leqslant \int_a^b \left(\frac{|f(x)|^p}{p\displaystyle\int_a^b |f(x)|^p \mathrm{d}x} + \frac{|g(x)|^q}{q\displaystyle\int_a^b |f(x)|^q \mathrm{d}x}\right) \mathrm{d}x = 1.$$

$\square$

定理 9.18 (Minkowski 不等式) 设 $f, g \in R([a, b])$, $p \in [1, \infty)$. 则

$$\left(\int_a^b (|f(x)| + |g(x)|)^p \mathrm{d}x\right)^{\frac{1}{p}} \leqslant \left(\int_a^b |f(x)|^p \mathrm{d}x\right)^{\frac{1}{p}} + \left(\int_a^b |g(x)|^p \mathrm{d}x\right)^{\frac{1}{p}}.$$

证明　证明类似推论 7.8.　　　　　　　　　　　　　　　　　　　　　　□

习　题

1. 证明: 设函数 f 在 $[a,b]$ 上非负连续, $\displaystyle\int_a^b f(x)\mathrm{d}x = 0$. 则 $f(x) \equiv 0, x \in [a,b]$.

2. 设 $f(x) \geqslant 0, x \in [a,b]$ 可积. 证明: $\displaystyle\int_a^b f(x)\mathrm{d}x = 0$ 的充分必要条件是 f 在连续点取零值.

3. 不求定积分值, 比较下列各对定积分大小.

(1) $\displaystyle\int_0^1 x\mathrm{d}x, \int_0^1 x^2\mathrm{d}x$.

(2) $\displaystyle\int_0^{\frac{\pi}{2}} x\mathrm{d}x, \int_0^{\frac{\pi}{2}} \sin x\mathrm{d}x$.

4. 证明下列不等式.

(1) $\dfrac{\pi}{2} < \displaystyle\int_0^{\frac{\pi}{2}} \dfrac{\mathrm{d}x}{\sqrt{1 - \dfrac{1}{2}\sin^2 x}} < \dfrac{\pi}{\sqrt{2}}$.

(2) $1 < \displaystyle\int_0^1 e^{x^2}\mathrm{d}x < e$.

(3) $3\sqrt{e} < \displaystyle\int_e^{4e} \dfrac{\ln x}{\sqrt{x}}\mathrm{d}x < 6$.

5. 设 f 在任何有界区间上可积, $\displaystyle\lim_{x\to\infty} f(x) = a$. 证明: $\displaystyle\lim_{b\to\infty} \dfrac{1}{b}\int_0^b f(x)\mathrm{d}x = a$.

6. 举例说明例 9.11 对可积函数不成立.

7. 设 $f, g \in C([a,b]), f(x) \geqslant 0, g(x) > 0$. 则 $\displaystyle\lim_{n\to\infty} \left(\int_a^b f^n(x)g(x)\mathrm{d}x\right)^{\frac{1}{n}} = \max_{x\in[a,b]}\{f(x)\}$. 若 $g \in R([a,b]), g(x) \geqslant 0, \displaystyle\int_a^b g(x)\mathrm{d}x > 0$, 上述结论是否正确?

8. 设 $f, g \in C([a,b]), f(x) \geqslant 0, g(x) > 0$. 则 $\displaystyle\lim_{\varepsilon\to 0} \int_a^b g(x)e^{-\frac{f(x)}{\varepsilon}}\mathrm{d}x = \inf_{x\in[a,b]}\{f(x)\}$. 若 $g \in R([a,b]), g(x) \geqslant 0, \displaystyle\int_a^b g(x)\mathrm{d}x > 0$, 上述结论是否正确?

9. 证明: (1) 若 $f \in R([a,b])$, 则 $\left(\displaystyle\int_a^b f(x)\mathrm{d}x\right)^2 \leqslant (b-a)\int_a^b f^2(x)\mathrm{d}x$.

(2) 若 $f \in C([a,b]), f(x) > 0, x \in [a,b]$. 则 $(b-a)^2 \leqslant \displaystyle\int_a^b f(x)\mathrm{d}x \int_a^b \dfrac{1}{f(x)}\mathrm{d}x$.

10. 设 $f(x), x \in [a,b], f(a) = 0$. 证明: $\displaystyle\sup_{x\in[a,b]} |f(x)| \leqslant (b-a)\int_a^b [f'(x)]^2\mathrm{d}x$.

11. 设 $f(x)$ 在 $[a,b]$ 上连续可微, $f(a) = f(b) = 0$. 证明: $\dfrac{1}{4} < \displaystyle\int_a^b x^2[f'(x)]^2\mathrm{d}x$.

12. 证明: $\dfrac{\pi^3}{4} \leqslant \displaystyle\int_0^\pi x a^{\sin x}\mathrm{d}x \cdot \int_0^{\frac{\pi}{2}} a^{-\cos x}\mathrm{d}x \, (a > 0)$.

13. 设 $f_i \in R([a,b]), p_i > 0, i = 1,\cdots,n, \ \sum\limits_{i=1}^{n} p_i^{-1} = 1$. 证明:

$$\int_a^b \prod_{i=1}^n |f_i(x)|\mathrm{d}x \leqslant \prod_{i=1}^n \left(\int_a^b |f_i(x)|^{p_i}\mathrm{d}x \right)^{\frac{1}{p_i}}.$$

14. 证明: 定理 9.18 (Minkowski) 不等式.

15. 设非零函数 $f \in C([a,b])$. 令 $I_n = \displaystyle\int_a^b |f^n(x)|\mathrm{d}x, n \in \mathbb{N}$. 证明 $\lim\limits_{n\to\infty} \dfrac{I_{n+1}}{I_n} = \max\limits_{x \in [a,b]} \{f(x)\}$.

16. 设非零函数 $f \in C([a,b]), g \in R([a,b]), g(x) > 0, x \in [a,b]$. 令 $I_n = \displaystyle\int_a^b |f^n(x)|g(x)\mathrm{d}x$,

$n \in \mathbb{N}$. 证明 $\lim\limits_{n\to\infty} \dfrac{I_{n+1}}{I_n} = \max\limits_{x \in [a,b]} \{f(x)\}$. (提示: 利用 Hölder 不等式证明 $\dfrac{I_{n+1}}{I_n}$ 是单调增加有界数列, 再利用例 2.27 和例 9.11.)

9.4 牛顿–莱布尼茨公式

定义 9.8 若函数 $f(x)$ 在区间 $[a,b]$ 上可积, 则称

$$F(x) = \int_a^x f(t)\,\mathrm{d}t, \quad x \in [a,b]$$

为区间 $[a,b]$ 上 $f(x)$ 的变上限积分.

性质 9.19 若函数 $f(x)$ 在 $[a,b]$ 上可积, 则 $F(x)$ 在 $[a,b]$ 上连续.

证明 因函数 $f(x)$ 在 $[a,b]$ 上可积, 所以有界. 即存在 $M > 0$, 使得 $|f(x)| \leqslant M$, $x \in [a,b]$. 从而

$$|F(x + \Delta x) - F(x)| = \left| \int_a^{x+\Delta x} f(t)\,\mathrm{d}t - \int_a^x f(t)\,\mathrm{d}t \right| = \left| \int_x^{x+\Delta x} f(t)\,\mathrm{d}t \right| \leqslant M\,|\Delta x|.$$

所以

$$\lim_{\Delta x \to 0} |F(x + \Delta x) - F(x)| = 0\,.$$

即函数 $F(x)$ 在 $[a,b]$ 上连续. □

定理 9.20 设函数 $f(x)$ 在 $[a,b]$ 上可积. 若 $f(x)$ 在点 $x \in [a,b]$ 连续, 则

$$F(x) = \int_a^x f(t)\,\mathrm{d}t, \quad x \in [a,b]$$

在点 x 可导, 并且 $F'(x) = f(x)$.

证明   由于 f 在 x 点连续, 所以 $\forall\, \varepsilon > 0, \exists\, \delta := \delta(x) > 0$, 使得 $U(x,\delta) \subset [a,b]$, 且

$$|f(t) - f(x)| < \varepsilon, \quad t \in U(x,\delta).$$

取 $|\Delta x| < \delta$, 则有

$$\left|\frac{F(x+\Delta x) - F(x)}{\Delta x} - f(x)\right| = \left|\frac{1}{\Delta x}\int_{x}^{x+\Delta x}[f(t) - f(x)]\,\mathrm{d}t\right| < \varepsilon.$$

即

$$\lim_{\Delta x \to 0}\frac{F(x+\Delta x) - F(x)}{\Delta x} = f(x)\,.$$

若 $f(x)$ 在 a 右连续或在 b 左连续, 同理可证

$$\lim_{\Delta x \to 0^+}\frac{F(a+\Delta x) - F(a)}{\Delta x} = f(a), \qquad \lim_{\Delta x \to 0^-}\frac{F(b+\Delta x) - F(b)}{\Delta x} = f(b). \quad \square$$

定理 9.21 (牛顿–莱布尼茨公式 I)   若函数 $f(x)$ 在 $[a,b]$ 上连续, 函数 $F(x)$ 是 $f(x)$ 在区间 $[a,b]$ 上的一个原函数, 则

$$\int_a^b f(x)\,\mathrm{d}x = F(b) - F(a) := F(x)\Big|_a^b.$$

证明   由定理 9.20 可知, 函数

$$G(x) = \int_a^x f(t)\,\mathrm{d}t$$

也是 $f(x)$ 的一个原函数. 所以存在 $C \in \mathbb{R}$, 使得 $G(x) = F(x) + C$. 由 $G(a) = 0$ 可知

$$C = -F(a) \quad \Longrightarrow \quad G(x) = F(x) - F(a).$$

所以

$$\int_a^b f(x)\,\mathrm{d}x = G(b) = F(b) - F(a). \quad \square$$

例 9.12   如果函数 $f(x)$ 在 $[a,b]$ 上连续, 函数 $g(x), h(x)$ 的值域都在 $[a,b]$ 内可微, 则

$$\left(\int_{h(x)}^{g(x)} f(t)\,\mathrm{d}t\right)' = f(g(x))g'(x) - f(h(x))h'(x)\,.$$

证明 因为函数 $f(x)$ 在 $[a,b]$ 上连续, 所以存在原函数 $F(x) = \int_a^x f(t)\mathrm{d}t$. 因此

$$\int_{h(x)}^{g(x)} f(t)\,\mathrm{d}t = F(g(x)) - F(h(x)).$$

则由复合函数求导可知

$$\frac{\mathrm{d}}{\mathrm{d}x}\int_{h(x)}^{g(x)} f(t)\,\mathrm{d}t = \frac{\mathrm{d}}{\mathrm{d}x}F(g(x)) - \frac{\mathrm{d}}{\mathrm{d}x}F(g(x)) = F'(g(x))g'(x) - F'(h(x))h'(x)$$

$$= f(g(x))g'(x) - f(h(x))h'(x). \qquad \square$$

例 9.13 计算 $\int_{-\frac{\pi}{2}}^{\frac{\pi}{2}} \sqrt{1-\cos x}\,\mathrm{d}x$.

解

$$\sqrt{1-\cos x} = \sqrt{2\sin^2\frac{x}{2}} = \begin{cases} -\sqrt{2}\sin\dfrac{x}{2}, & x\in\left[-\dfrac{\pi}{2},0\right], \\[3mm] \sqrt{2}\sin\dfrac{x}{2}, & x\in\left[0,\dfrac{\pi}{2}\right]. \end{cases}$$

所以

$$\int_{-\frac{\pi}{2}}^{\frac{\pi}{2}} \sqrt{1-\cos x}\,\mathrm{d}x = \int_{-\frac{\pi}{2}}^{0} \sqrt{1-\cos x}\,\mathrm{d}x + \int_{0}^{\frac{\pi}{2}} \sqrt{1-\cos x}\,\mathrm{d}x$$

$$= -\sqrt{2}\int_{-\frac{\pi}{2}}^{0} \sin\frac{x}{2}\,\mathrm{d}x + \sqrt{2}\int_{0}^{\frac{\pi}{2}} \sin\frac{x}{2}\,\mathrm{d}x$$

$$= -\sqrt{2}\left(-2\cos\frac{x}{2}\right)\Big|_{-\frac{\pi}{2}}^{0} + \sqrt{2}\left(-2\cos\frac{x}{2}\right)\Big|_{0}^{\frac{\pi}{2}}$$

$$= -\sqrt{2}(-2+\sqrt{2}) + \sqrt{2}(-\sqrt{2}+2)$$

$$= 4(\sqrt{2}-1). \qquad \square$$

注 9.9 例 9.13 函数在 $\left[-\dfrac{\pi}{2}, \dfrac{\pi}{2}\right]$ 上的原函数不能用 "一个" 初等函数表示, 但在 $\left[-\dfrac{\pi}{2}, 0\right]$, $\left[0, \dfrac{\pi}{2}\right]$ 分别可以用两个不同的初等函数表示. 积分可加性质是这样计算的理论基础.

例 9.14　求极限 $\lim\limits_{x\to\infty}\left(\displaystyle\int_0^x e^{t^2}\mathrm{d}t\right)^{\frac{1}{x^2}}$.

解　由于对 $x>1$,

$$\int_0^x e^{t^2}\mathrm{d}t > \int_1^x e^{t^2}\mathrm{d}t > \int_1^x e^t\mathrm{d}t = e^x - e^1 \to \infty, \quad x\to\infty,$$

所以所求极限是 "∞^0" 型不定式. 可以用洛必达法则.

$$
\begin{aligned}
\lim_{x\to\infty}\ln\left(\int_0^x e^{t^2}\mathrm{d}t\right)^{\frac{1}{x^2}} &= \lim_{x\to\infty}\frac{\ln\left(\displaystyle\int_0^x e^{t^2}\mathrm{d}t\right)}{x^2}\\[2mm]
&= \lim_{x\to\infty}\frac{e^{x^2}}{2x\displaystyle\int_0^x e^{t^2}\mathrm{d}t}\\[2mm]
&= \lim_{x\to\infty}\frac{2xe^{x^2}}{2\displaystyle\int_0^x e^{t^2}\mathrm{d}t + 2xe^{x^2}}\\[2mm]
&= \lim_{x\to\infty}\frac{xe^{x^2}}{\displaystyle\int_0^x e^{t^2}\mathrm{d}t + xe^{x^2}}\\[2mm]
&= \lim_{x\to\infty}\frac{e^{x^2}+2x^2e^{x^2}}{2e^{x^2}+2x^2e^{x^2}}\\[2mm]
&= \lim_{x\to\infty}\frac{1+2x^2}{2+2x^2}\\[2mm]
&= 1.
\end{aligned}
$$

所以,

$$\lim_{x\to\infty}\left(\int_0^x e^{t^2}\mathrm{d}t\right)^{\frac{1}{x^2}} = e. \qquad\qquad \square$$

例 9.15　设 $f(x), x\in[m,+\infty), m\in\mathbb{N}$ 上非负递减函数. 则

(1) 存在 $\alpha\in[0,f(m)]$, 则 $\lim\limits_{n\to\infty}\left(\displaystyle\sum_{k=m}^n f(k) - \int_m^n f(x)\mathrm{d}x\right) = \alpha$.

(2) 若 $\lim\limits_{x\to\infty}f(x)=0$, 则 $\left|\displaystyle\sum_{k=m}^{[\xi]} f(k) - \int_m^\xi f(x)\mathrm{d}x - \alpha\right| \leqslant f(\xi-1)$.

证明 设

$$g(\xi) = \sum_{k=m}^{[\xi]} f(k) - \int_m^\xi f(x)\mathrm{d}x.$$

(1) 由于

$$g(n) = \sum_{k=m}^{n-1}\left[f(k) - \int_k^{k+1} f(x)\mathrm{d}x\right] + f(n) \geqslant 0,$$

$$g(n) - g(n+1) = -f(n+1) + \int_n^{n+1} f(x)\mathrm{d}x \geqslant -f(n+1) + f(n+1) \geqslant 0,$$

所以 $g(n), n \geqslant m$ 是单调下降非负数列, 从而存在极限 $\alpha = \lim\limits_{n\to\infty} g(n)$. 由于 $0 \leqslant g(n) \leqslant g(m) = f(m)$, 所以 $0 \leqslant \alpha \leqslant f(m)$.

(2)

$$\sum_{k=m}^{[\xi]} f(k) - \int_m^\xi f(x)\mathrm{d}x - \lim_{n\to\infty}\left[\sum_{k=m}^{n} f(k) - \int_m^n f(x)\mathrm{d}x\right]$$

$$= \sum_{k=m}^{[\xi]} f(k) - \int_m^{[\xi]} f(x)\mathrm{d}x - \int_{[\xi]}^\xi f(x)\mathrm{d}x - \lim_{n\to\infty}\left[\sum_{k=m}^{n} f(k) - \int_m^n f(x)\mathrm{d}x\right]$$

$$= -\int_{[\xi]}^\xi f(x)\mathrm{d}x - \lim_{n\to\infty}\left[\sum_{k=m}^{n} f(k) - \sum_{k=m}^{[\xi]} f(k) - \int_m^n f(x)\mathrm{d}x + \int_m^{[\xi]} f(x)\mathrm{d}x\right]$$

$$= -\int_{[\xi]}^\xi f(x)\mathrm{d}x - \lim_{n\to\infty}\left[\sum_{k=[\xi]+1}^{n} f(k) - \int_{[\xi]}^n f(x)\mathrm{d}x\right]$$

$$= -\int_{[\xi]}^\xi f(x)\mathrm{d}x + \lim_{n\to\infty}\sum_{k=[\xi]+1}^{n}\int_{k-1}^k [f(x) - f(k)]\mathrm{d}x$$

$$= I.$$

由于 $\lim\limits_{x\to\infty} f(x) = 0$,

$$I \leqslant \lim_{n\to\infty}\sum_{k=[\xi]+1}^{n}\int_{k-1}^k [f(k-1) - f(k)] = f([\xi]) - \lim_{n\to\infty} f(n) \leqslant f(\xi-1),$$

$$I \geqslant -\int_{[\xi]}^\xi f(x)\mathrm{d}x \geqslant -(\xi - [\xi])f([\xi]) \geqslant -f(\xi-1),$$

所以

$$\left| \sum_{k=m}^{[\xi]} f(k) - \int_m^{\xi} f(x) - \alpha \right| \leqslant f(\xi - 1). \qquad \square$$

取 $f(x) = \dfrac{1}{x}$, $m = 1$. 由例 9.15, 存在 $\gamma \in (0, 1)$,

$$\lim_{n \to \infty} \left[\sum_{k=1}^n \frac{1}{k} - \ln n \right] = \gamma, \quad \sum_{k=1}^n \frac{1}{k} - \ln n - \gamma = O\left(\frac{1}{n}\right).$$

常数 γ 称为欧拉常数. 利用第二个公式可以计算:

$$\sum_{k=1}^{\infty} (-1)^k \frac{1}{k} = \lim_{n \to \infty} \sum_{k=1}^{2n} (-1)^k \frac{1}{k}$$

$$= \lim_{n \to \infty} \left[\left(1 + \frac{1}{3} + \cdots + \frac{1}{2n-1} \right) - \left(\frac{1}{2} + \frac{1}{4} + \cdots + \frac{1}{2n} \right) \right]$$

$$= \lim_{n \to \infty} \left[\left(1 + \frac{1}{2} + \frac{1}{3} + \cdots + \frac{1}{2n-1} + \frac{1}{2n} \right) - 2 \left(\frac{1}{2} + \frac{1}{4} + \cdots + \frac{1}{2n} \right) \right]$$

$$= \lim_{n \to \infty} \left[\left(1 + \frac{1}{2} + \frac{1}{3} + \cdots + \frac{1}{2n-1} + \frac{1}{2n} \right) - \left(1 + \frac{1}{2} + \frac{1}{3} + \cdots + \frac{1}{n} \right) \right]$$

$$= \lim_{n \to \infty} \left[\ln 2n + \gamma + O\left(\frac{1}{2n}\right) - \left[\ln n + \gamma + O\left(\frac{1}{n}\right) \right] \right]$$

$$= \ln 2.$$

牛顿–莱布尼茨公式对逐点可导且导函数黎曼可积也成立.

定理 9.22 (牛顿–莱布尼茨公式 II) 若函数 $f'(x)$ 在区间 $[a, b]$ 黎曼可积, 则

$$\int_a^b f'(x) \mathrm{d}x = f(b) - f(a).$$

证明 将区间 $[a, b]$ 任意分割, 且 $a = x_1 < \cdots < x_n = b$, 由微分中值定理, 存在 $\xi_i \in (x_i, x_{i+1})$, $i = 1, 2, \cdots, n-1$ 使得

$$f(x_{i+1}) - f(x_i) = f'(\xi)(x_{i+1} - x_i).$$

等式两边对 i 求和, 得到

$$f(b) - f(a) = \sum_{i=1}^{n-1} f'(\xi)(x_{i+1} - x_i),$$

令 $\displaystyle\max_{1\leqslant i\leqslant n-1}|x_{i+1}-x_i|\to 0$, 由于函数 $f'(x)$ 在区间 $[a,b]$ 黎曼可积, 定理得证. $\quad\square$

注 9.10 这个定理最早由豪尔曼·汉克尔 (1839—1873) 发现的. 如果把 $f\in R([a,b])$ 替换成 f' 在 $[a,b]$ 上有界, 沃尔泰拉 (1860—1940) 证明了在黎曼积分意义下上述牛顿–莱布尼茨公式不成立, 但勒贝格证明了牛顿–莱布尼茨公式在勒贝格积分意义下依然成立.

例 9.16 设函数 $f(x)$ 在区间 $[a,b]$ 上可积, 则 $f(x)$ 的变上限积分 $F(x)$ 在 $[a,b]$ 上满足: 对 $\forall\,\varepsilon>0,\exists\,\delta>0$, 对 $[a,b]$ 上任意有限不相交的开区间 $(a_i,b_i),i=1,\cdots,n$, 且 $\displaystyle\sum_{i=1}^{n}(b_i-a_i)<\delta$, 有

$$\sum_{i=1}^{n}|F(b_i)-F(a_i)|<\varepsilon.$$

证明 由于 $f\in R([a,b])$, 所以 $f(x)$ 在 $[a,b]$ 上有界, 设界为 M. 选取 $\delta=\dfrac{\varepsilon}{M}$, 则

$$\begin{aligned}
\sum_{i=1}^{n}|F(b_i)-F(a_i)| &= \sum_{i=1}^{n}\left|\int_{a_i}^{b_i}f(x)\mathrm{d}x\right|\\
&\leqslant \sum_{i=1}^{n}\int_{a_i}^{b_i}|f(x)|\mathrm{d}x\\
&\leqslant M\sum_{i=1}^{n}(b_i-a_i)\\
&<\varepsilon. \qquad\qquad\square
\end{aligned}$$

满足上面性质的函数 F 称 $[a,b]$ 上的**全连续函数**, 或**绝对连续函数**. 实变函数理论证明: $[a,b]$ 上的全连续函数 F 几乎处处可导, 其导函数 $f(x):=F'(x)$ 在 $[a,b]$ 上勒贝格可积, 并且有下面的定理.

定理 9.23 (牛顿–莱布尼茨公式 III)

$$F(x)-F(a)=\int_{a}^{x}F'(t)\mathrm{d}t,\quad x\in[a,b]$$

的充分必要条件是: F 是 $[a,b]$ 上的**全连续函数**. 这里的积分是勒贝格积分.

如果函数 $F'(x)\in C([a,b])$, 公式中的勒贝格积分等于相应的黎曼积分, 该定理回到了牛顿–莱布尼茨公式 I (定理 9.21) 情形.

勒贝格还引进了可测函数, 并证明: 连续函数是可测函数, 可测函数的极限函数是可测函数, 有界可测函数是勒贝格可积的. 由此知道在导函数有界的条件

下, 牛顿–莱布尼茨公式在勒贝格积分意义下依然成立. 这些内容属于实变函数理论.

有两个自变量 $t, x,\ t \geqslant 0,\ x \in (a, b) \in \mathbb{R}$ 的函数常记为 $f(t, x)$. 固定其中一个自变量 t 或 x 可以按照一元函数微分、积分的方式定义关于函数 $f(t, x)$ 的微分和积分. 固定自变量 x, 关于 t 的微分记为 $\dfrac{\partial f(t, x)}{\partial t}$, 固定自变量 t, 关于 x 的微分记为 $\dfrac{\partial f(t, x)}{\partial x}$, 并且一元函数微分、积分性质依然保持.

利用微积分理论, 下面给出两个重要的应用.

例 9.17 (输运方程)　考察公路上车辆的流动, 假设车辆间的距离与公路长度相比很小. 设 $u(t, x)$ 表示车辆 t 时刻位于 x 点的密度, $f(t, x)$ 表示 t 时刻位于 x 点的流量. 设 $u(t, x), f(t, x)$ 关于 t, x 的导函数连续.

在公路上任取两点 a, b, 则有

$$\int_a^b \frac{\partial u(t, x)}{\partial t}\mathrm{d}x = f(t, a) - f(t, b).$$

由牛顿–莱布尼茨公式,

$$\int_a^b \frac{\partial u(t, x)}{\partial t}\mathrm{d}x = -\int_a^b \frac{\partial f(t, x)}{\partial x}\mathrm{d}x.$$

由 a, b 的任意性和 $u(t, x), f(t, x)$ 关于 t, x 的导函数的连续性, 得到输运方程

$$\frac{\partial u}{\partial t} + \frac{\partial f}{\partial x} = 0.$$

例 9.18 (欧拉系统下的一维流体)　考虑光滑、均匀细管中的流体. 设细管截面积是 S, 截面 $a(t), b(t)$ 随流体质点同时运动, $\rho(t, x)$ 是细管内流体的密度, $u(t, x)$ 是细管内流体在时刻 t 位置 x 的速度. 设 $a(t), b(t), \rho(t, x), u(t, x)$ 关于 t, x 的导函数连续.

连续性方程　若在截面 $a(t), b(t)$ 内流体质量保持不变, 则

$$\frac{\mathrm{d}}{\mathrm{d}t}\left(S \int_{a(t)}^{b(t)} \rho(t, x)\mathrm{d}x \right) = 0.$$

由例 9.12,

$$\int_{a(t)}^{b(t)} \frac{\partial \rho(t, x)}{\partial t}\mathrm{d}x + \rho(t, b(t))b'(t) - \rho(t, a(t))a'(t) = 0.$$

注意到截面 $a(t), b(t)$ 上流体质点满足: $b'(t) = u(t, b(t))$, $a'(t) = u(t, a(t))$, 由牛顿–莱布尼茨公式得到

$$\int_{a(t)}^{b(t)} \frac{\partial \rho(t,x)}{\partial t} \mathrm{d}x + \int_{a(t)}^{b(t)} \frac{\partial(\rho u)}{\partial x} \mathrm{d}x = 0.$$

由于 $a(t), b(t)\rho(t,x), u(t,x)$ 导函数的连续性, 得到连续性方程

$$\frac{\partial \rho}{\partial t} + \frac{\partial(\rho u)}{\partial x} = 0.$$

运动方程: 设 $p(t,x)$ 是流体在 t 时刻在位置 x 处的压力, 关于 t, x 的导函数连续.

由动量守恒定律,

$$[p(t, a(t)) - p(t, b(t))]S = \frac{\mathrm{d}}{\mathrm{d}t}\left(S\int_{a(t)}^{b(t)} \rho(t,x)u(t,x)\mathrm{d}x\right).$$

类似上面的推导, 得到运动方程

$$\frac{\partial(\rho u)}{\partial t} + \frac{\partial(\rho u^2 + p)}{\partial x} = 0.$$

能量方程: 设 $E(t,x)$ 是单位质量流体所含的能量, 关于 t, x 的导函数连续.

由能量守恒定律,

$$[p(a(t),t)a'(t) - p(b(t,b(t)))b'(t)]S = \frac{\mathrm{d}}{\mathrm{d}t}\left(\int_{a(t)}^{b(t)} \rho(t,x)E(t,x)\mathrm{d}x\right).$$

同理可得能量方程

$$\frac{\partial(\rho E)}{\partial t} + \frac{\partial(\rho u E + p u)}{\partial x} = 0.$$

习 题

1. 求 $\int_{-1}^{1} f(x)\mathrm{d}x$, 其中,

$$f(x) = \begin{cases} 2x - 1, & x \in [-1, 0), \\ e^{-x}, & x \in [0, 1]. \end{cases}$$

2. 计算下列定积分.

(1) $\displaystyle\int_0^1 (2x+3)\mathrm{d}x.$

(2) $\displaystyle\int_0^1 \frac{1-x^2}{1+x^2}\mathrm{d}x.$

(3) $\displaystyle\int_e^{e^2} \frac{1}{x\ln x}\mathrm{d}x.$

(4) $\displaystyle\int_0^1 \frac{e^x-e^{-x}}{2}\mathrm{d}x.$

(5) $\displaystyle\int_4^9 \left(\sqrt{x}+\frac{1}{\sqrt{x}}\right)\mathrm{d}x.$

(6) $\displaystyle\int_{e^{-1}}^e \frac{1}{x}(\ln x)^2\mathrm{d}x.$

3. 利用定积分求极限.

(1) $\displaystyle\lim_{n\to\infty}\frac{1}{n^2}\sum_{k=1}^n k.$

(2) $\displaystyle\lim_{n\to\infty}n\sum_{k=1}^n \frac{1}{(n+k)^2}.$

(3) $\displaystyle\lim_{n\to\infty}n\sum_{k=1}^n \frac{1}{n^2+k^2}.$

(4) $\displaystyle\lim_{n\to\infty}\frac{1}{n}\sum_{k=1}^{n-1}\sin\frac{k\pi}{n}.$

4. 证明: 若 f 在 $[a,b]$ 上可积, F 在 $[a,b]$ 上连续, 除有限个点外有 $F'(x)=f(x)$, 则有
$$\int_a^b f(x)\mathrm{d}x=F(b)-F(a).$$

5. 设 f 在 $[0,+\infty)$ 上连续, $\displaystyle\lim_{x\to+\infty}f(x)=A$. 证明:
$$\lim_{x\to+\infty}\frac{1}{x}\int_0^x f(t)\mathrm{d}t=A.$$

6. 设 f 是 $(-\infty,+\infty)$ 上连续周期函数, 周期为 p. 证明:
$$\lim_{x\to\infty}\frac{1}{x}\int_0^x f(t)\mathrm{d}t=\frac{1}{p}\int_0^p f(t)\mathrm{d}t.$$

7. 设 f 在 $[0,+\infty)$ 上连续减函数, $f(x)>0$. 证明: $a_n:=\displaystyle\sum_{k=1}^n f(k)-\int_0^n f(x)\mathrm{d}x$ 为收敛数列.

8. 设 f 在 $[a,b]$ 上连续, $F(x)=\displaystyle\int_a^x f(t)(x-t)\mathrm{d}t$. 证明: $F''(x)=f(x), x\in[a,b]$.

9. 设 f 为 $[0,2\pi]$ 上单调递减函数, 证明: $\displaystyle\int_0^{2\pi} f(x)\sin nx\mathrm{d}x\geqslant 0,\ n\in\mathbb{N}$.

10. 设 f 在 $[a,b]$ 上二阶可导, 且 $f''(x)>0$. 证明:

(1) $f\left(\dfrac{a+b}{2}\right)\leqslant\dfrac{1}{b-a}\displaystyle\int_a^b f(x)\mathrm{d}x.$

(2) 若 $f(x)\leqslant 0$, 则 $f\left(\dfrac{a+b}{2}\right)\geqslant\dfrac{2}{b-a}\displaystyle\int_a^b f(x)\mathrm{d}x.$

11. 证明: 对 $c>0$,
$$\left|\int_x^{x+c}\sin t^2\mathrm{d}t\right|\leqslant\frac{1}{x},\quad x>0.$$

12. 设 f 在 $[0,a]$ 上连续可微, $f(0)=0$, 则
$$\int_0^a |f(x)f'(x)|\mathrm{d}x\leqslant a\int_0^a [f'(x)]^2\mathrm{d}x.$$

若用 $\dfrac{a}{2}$ 替换 a, 不等式依然成立, 试证之. $\left(\text{提示: 设 } g(x) = \int_0^x |f'(t)|\mathrm{d}t, \ x \in [0, a].\right)$

9.5 换元法和分部积分法

定理 9.24 (换元法) 若 $f \in C([a,b])$, $\varphi' \in R([\alpha, \beta])$, $\varphi(\alpha) = a$, $\varphi(\beta) = b$, $\varphi([\alpha, \beta]) \subseteq [a, b]$, 则

$$\int_a^b f(x)\mathrm{d}x = \int_\alpha^\beta f(\varphi(t))\varphi'(t)\mathrm{d}t.$$

证明 由于函数 f 在区间 $[a, b]$ 上连续, 因此在区间 $[a, b]$ 上存在原函数 F. 由复合函数微分法则,

$$\frac{\mathrm{d}F(\varphi(t))}{\mathrm{d}t} = F'(\varphi(t))\varphi'(t) = f(\varphi(t))\varphi'(t).$$

所以 $F(\varphi(t))$ 是 $f(\varphi(t))\varphi'(t)$ 的原函数. 因为 $f(\varphi(t))\varphi'(t)$ 在 $[\alpha, \beta]$ 上可积, 由牛顿–莱布尼茨公式,

$$\int_\alpha^\beta f(\varphi(t))\varphi'(t)\mathrm{d}t = F(\varphi(\beta)) - F(\varphi(\alpha)) = F(b) - F(a) = \int_a^b f(x)\mathrm{d}x. \qquad \square$$

注 9.11 对比不定积分, 两点说明:

(1) 定积分的换元法不需要代回原来的函数.

(2) 注意积分区间的变化: $[a, b]$ 变化为 $[\alpha, \beta]$, 其中 $a = \varphi(\alpha), b = \varphi(\beta)$.

例 9.19 计算 $\displaystyle\int_1^4 \frac{\sqrt{x}}{1 + \sqrt{x}}\mathrm{d}x$.

解 令 $x = \varphi(t) = t^2$. 则 $\varphi'(t) = 2t$, 且当 x 从 1 变化到 4 时, t 从 1 变化到 2, 即 $\varphi(1) = 1, \varphi(2) = 4$. 利用定积分换元法,

$$\begin{aligned}
\int_1^4 \frac{\sqrt{x}}{1 + \sqrt{x}}\mathrm{d}x &= \int_1^2 \frac{t}{1 + t} \cdot 2t\,\mathrm{d}t = 2\int_1^2 \frac{t^2}{1 + t}\mathrm{d}t \\
&= 2\int_1^2 (t - 1)\mathrm{d}t + 2\int_1^2 \frac{1}{1 + t}\mathrm{d}t \\
&= (t^2 - 2t)\Big|_1^2 + 2\ln(1 + t)\Big|_1^2 \\
&= 1 + 2(\ln 3 - \ln 2).
\end{aligned}$$

$\qquad \square$

例 9.20 计算 $\displaystyle\int_0^a \sqrt{a^2 - x^2}\,\mathrm{d}x, a > 0$.

解 令 $x = \varphi(t) = a\sin t$, $\varphi'(t) = a\cos t$, $\varphi(0) = 0$, $\varphi\left(\dfrac{\pi}{2}\right) = a$.

$$
\begin{aligned}
\int_0^a \sqrt{a^2 - x^2}\mathrm{d}x &= \int_0^{\frac{\pi}{2}} \sqrt{a^2 - a^2\sin^2 t} \cdot a\cos t\mathrm{d}t \\
&= \int_0^{\frac{\pi}{2}} a\cos t \cdot a\cos t\mathrm{d}t \\
&= a^2 \int_0^{\frac{\pi}{2}} \cos^2 t\mathrm{d}t \\
&= \frac{a^2}{2} \int_0^{\frac{\pi}{2}} (1 + \cos 2t)\mathrm{d}t \\
&= \frac{a^2}{2} \cdot \frac{\pi}{2} + \frac{a^2}{4}\sin 2t\bigg|_0^{\frac{\pi}{2}} \\
&= \frac{\pi a^2}{4}.
\end{aligned}
$$
$\square$

例 9.21 计算 $\displaystyle\int_0^{\frac{\pi}{2}} \sin t\cos^2 t\mathrm{d}t$.

解 令 $x = \cos t, \mathrm{d}x = -\sin t\mathrm{d}t$, 当 t 从 0 变到 $\dfrac{\pi}{2}$ 时, x 从 1 变到 0.

$$
\int_0^{\frac{\pi}{2}} \sin t\cos^2 t\mathrm{d}t = -\int_1^0 x^2\mathrm{d}x = \int_0^1 x^2\mathrm{d}x = \frac{1}{3}.
$$
$\square$

例 9.22 计算 $\displaystyle\int_0^1 \frac{\ln(1 + x)}{1 + x^2}\mathrm{d}x$.

解 令 $x = \tan t$, 则当 t 从 0 变到 $\dfrac{\pi}{4}$ 时, x 从 0 变到 1. 由于 $\mathrm{d}t = \dfrac{1}{1 + x^2}\mathrm{d}x$, 由定积分换元法,

$$
\begin{aligned}
\int_0^1 \frac{\ln(1 + x)}{1 + x^2}\mathrm{d}x &= \int_0^{\frac{\pi}{4}} \ln(1 + \tan t)\mathrm{d}t \\
&= \int_0^{\frac{\pi}{4}} \ln\left(\frac{\cos t + \sin t}{\cos t}\right)\mathrm{d}t \\
&= \int_0^{\frac{\pi}{4}} \ln(\cos t + \sin t)\mathrm{d}t - \int_0^{\frac{\pi}{4}} \ln\cos t\mathrm{d}t \\
&= \int_0^{\frac{\pi}{4}} \ln\sqrt{2}\cos\left(\frac{\pi}{4} - t\right)\mathrm{d}t - \int_0^{\frac{\pi}{4}} \ln\cos t\mathrm{d}t
\end{aligned}
$$

$$= \frac{\pi}{4} \ln \sqrt{2} + \int_0^{\frac{\pi}{4}} \ln \cos \left(\frac{\pi}{4} - t \right) \mathrm{d}t$$

$$- \int_0^{\frac{\pi}{4}} \ln \cos t \mathrm{d}t \quad \left(\text{作变换 } u = \frac{\pi}{4} - t \right)$$

$$= \frac{\pi}{4} \ln \sqrt{2} + \int_{\frac{\pi}{4}}^0 \ln \cos u (-\mathrm{d}u) - \int_0^{\frac{\pi}{4}} \ln \cos t \mathrm{d}t$$

$$= \frac{\pi}{4} \ln \sqrt{2} + \int_0^{\frac{\pi}{4}} \ln \cos u \mathrm{d}u - \int_0^{\frac{\pi}{4}} \ln \cos t \mathrm{d}t$$

$$= \frac{\pi}{8} \ln 2. \qquad \square$$

例 9.23 计算 $\int_0^\pi \dfrac{x \sin x}{1 + \cos^2 x} \mathrm{d}x$.

解

$$\int_0^\pi \frac{x \sin x}{1 + \cos^2 x} \mathrm{d}x = \int_0^{\frac{\pi}{2}} \frac{x \sin x}{1 + \cos^2 x} \mathrm{d}x + \int_{\frac{\pi}{2}}^\pi \frac{x \sin x}{1 + \cos^2 x} \mathrm{d}x.$$

对第二个积分运用换元法: $x = \pi - t$, 得到

$$\int_{\frac{\pi}{2}}^\pi \frac{x \sin x}{1 + \cos^2 x} \mathrm{d}x = -\int_{\frac{\pi}{2}}^0 \frac{(\pi - t) \sin t}{1 + \cos^2 t} \mathrm{d}t = \int_0^{\frac{\pi}{2}} \frac{(\pi - t) \sin t}{1 + \cos^2 t} \mathrm{d}t.$$

所以,

$$\int_0^\pi \frac{x \sin x}{1 + \cos^2 x} \mathrm{d}x = \int_0^{\frac{\pi}{2}} \frac{x \sin x}{1 + \cos^2 x} \mathrm{d}x + \int_0^{\frac{\pi}{2}} \frac{(\pi - t) \sin t}{1 + \cos^2 t} \mathrm{d}t$$

$$= \int_0^{\frac{\pi}{2}} \frac{\pi \sin x}{1 + \cos^2 x} \mathrm{d}x$$

$$= -\pi \int_0^{\frac{\pi}{2}} \frac{1}{1 + \cos^2 x} \mathrm{d} \cos x$$

$$= -\pi \arctan(\cos x) \big|_0^{\frac{\pi}{2}}$$

$$= \frac{\pi^2}{4}. \qquad \square$$

注 9.12 例 9.22 和例 9.23 中的被积函数都没有初等原函数, 所以不能直接用牛顿–莱布尼茨公式. 但通过定积分换元法, 可以消去其中无法求出原函数的部分, 最终求出定积分.

例 9.24　证明: $\displaystyle\int_0^{\sqrt{2\pi}} \sin x^2 \mathrm{d}x > 0$.

解　令 $y = x^2$.

$$
\begin{aligned}
\int_0^{\sqrt{2\pi}} \sin x^2 \mathrm{d}x &= \frac{1}{2}\int_0^{2\pi} \frac{\sin y}{\sqrt{y}}\mathrm{d}y \\
&= \frac{1}{2}\left[\int_0^{\pi} \frac{\sin y}{\sqrt{y}}\mathrm{d}y + \int_{\pi}^{2\pi} \frac{\sin y}{\sqrt{y}}\mathrm{d}y\right] \quad (\text{作变换 } z = y - \pi) \\
&= \frac{1}{2}\left[\int_0^{\pi} \frac{\sin y}{\sqrt{y}}\mathrm{d}y - \int_0^{\pi} \frac{\sin z}{\sqrt{z+\pi}}\mathrm{d}z\right] \\
&= \frac{1}{2}\int_0^{\pi} \sin y \left(\frac{1}{\sqrt{y}} - \frac{1}{\sqrt{y+\pi}}\right)\mathrm{d}y.
\end{aligned}
$$

由于被积函数在 $(0, \pi)$ 上大于 0, $\displaystyle\int_0^{\sqrt{2\pi}} \sin x^2 \mathrm{d}x > 0$. 　　□

定理 9.25 (分部积分法)　若 $u'(x), v'(x) \in R([a,b])$, 则

$$
\int_a^b u(x)v'(x)\mathrm{d}x = u(x)v(x)\Big|_a^b - \int_a^b u'(x)v(x)\mathrm{d}x.
$$

证明　因为 uv 是 $uv' + u'v$ 在 $[a,b]$ 上的一个原函数, 所以

$$
\int_a^b u(x)v'(x)\mathrm{d}x + \int_a^b u'(x)v(x)\mathrm{d}x = \int_a^b [u(x)v'(x) + u'(x)v(x)]\mathrm{d}x = u(x)v(x)\Big|_a^b,
$$

移项后得证定理 9.25. 　　□

注 9.13　上述公式可以简记为 $\displaystyle\int_a^b u(x)\mathrm{d}v(x) = u(x)v(x)\Big|_a^b - \int_a^b v(x)\mathrm{d}u(x)$.

例 9.25　计算: $\displaystyle\int_1^e x^2 \ln x \mathrm{d}x$.

解

$$
\begin{aligned}
\int_1^e x^2 \ln x \mathrm{d}x &= \frac{1}{3}\int_1^e \ln x \mathrm{d}(x^3) = \frac{1}{3}\left(x^3 \ln x\big|_1^e - \int_1^e x^2 \mathrm{d}x\right) \\
&= \frac{1}{3}\left(e^3 - \frac{1}{3}x^3\Big|_1^e\right) \\
&= \frac{1}{9}(2e^3 + 1).
\end{aligned}
$$
　　□

例 9.26 计算: $\displaystyle\int_0^1 e^{\sqrt{x}}\mathrm{d}x$.

解 令 $x = t^2$.

$$\int_0^1 e^{\sqrt{x}}\mathrm{d}x = 2\int_0^1 te^t\mathrm{d}t.$$

对后面的积分运用分部积分法, 得到

$$\int_0^1 te^t\mathrm{d}t = \int_0^1 t\mathrm{d}e^t = te^t\Big|_0^1 - \int_0^1 e^t\mathrm{d}t = e - e^t\Big|_0^1 = 1.$$

所以

$$\int_0^1 e^{\sqrt{x}}\mathrm{d}x = 2.$$

$\square$

例 9.27 计算: $\displaystyle\int_0^{\frac{\pi}{2}} \sin^n x\mathrm{d}x$ 和 $\displaystyle\int_0^{\frac{\pi}{2}} \cos^n x\mathrm{d}x, n = 0, 1, 2, \cdots$.

解 当 $n \geqslant 2$ 时, 利用分部积分公式,

$$
\begin{aligned}
I_n &= \int_0^{\frac{\pi}{2}} \sin^n x\mathrm{d}x \\
&= \int_0^{\frac{\pi}{2}} \sin^{n-1} x \sin x\mathrm{d}x \\
&= -\int_0^{\frac{\pi}{2}} \sin^{n-1} x\mathrm{d}\cos x \\
&= -\sin^{n-1} x \cos x\Big|_0^{\frac{\pi}{2}} + (n-1)\int_0^{\frac{\pi}{2}} \sin^{n-2} x \cos^2 x\mathrm{d}x \\
&= (n-1)\int_0^{\frac{\pi}{2}} \sin^{n-2} x\mathrm{d}x - (n-1)\int_0^{\frac{\pi}{2}} \sin^n x\mathrm{d}x \\
&= (n-1)I_{n-2} - (n-1)I_n.
\end{aligned}
$$

移项后得到

$$I_n = \frac{n-1}{n}I_{n-2}, \quad n \geqslant 2.$$

由于

$$I_0 = \int_0^{\frac{\pi}{2}} \mathrm{d}x = \frac{\pi}{2}, \quad I_1 = \int_0^{\frac{\pi}{2}} \sin x\mathrm{d}x = -\cos x\Big|_0^{\frac{\pi}{2}} = 1,$$

所以

$$I_{2m} = \frac{2m-1}{2m} \cdot \frac{2m-3}{2m-2} \cdots \cdot \frac{1}{2} \cdot \frac{\pi}{2} = \frac{(2m-1)!!}{(2m)!!} \cdot \frac{\pi}{2},$$

$$I_{2m+1} = \frac{2m}{2m+1} \cdot \frac{2m-2}{2m-1} \cdots \cdot \frac{2}{3} \cdot 1 = \frac{(2m)!!}{(2m+1)!!}.$$

令 $x = \dfrac{\pi}{2} - t$, 可得

$$\int_0^{\frac{\pi}{2}} \cos^n x \mathrm{d}x = -\int_{\frac{\pi}{2}}^0 \cos^n \left(\frac{\pi}{2} - t \right) \mathrm{d}t = \int_0^{\frac{\pi}{2}} \sin^n t \mathrm{d}t.$$ □

例 9.28 (Wallis 公式)

$$\frac{\pi}{2} = \lim_{m \to \infty} \left[\frac{(2m)!!}{(2m-1)!!} \right]^2 \cdot \frac{1}{2m-1} = \lim_{m \to \infty} \left[\frac{(2m)!!}{(2m-1)!!} \right]^2 \cdot \frac{1}{2m+1}.$$

证明   由于

$$\int_0^{\frac{\pi}{2}} \sin^{2m+1} x \mathrm{d}x < \int_0^{\frac{\pi}{2}} \sin^{2m} x \mathrm{d}x < \int_0^{\frac{\pi}{2}} \sin^{2m-1} x \mathrm{d}x,$$

由例 9.27 可以得到

$$\frac{(2m)!!}{(2m+1)!!} < \frac{(2m-1)!!}{(2m)!!} \cdot \frac{\pi}{2} < \frac{(2m-2)!!}{(2m-1)!!}.$$

由此可得

$$\left[\frac{(2m)!!}{(2m-1)!!} \right]^2 \frac{1}{2m+1} < \frac{\pi}{2} < \left[\frac{(2m)!!}{(2m-1)!!} \right]^2 \frac{1}{2m-1},$$

所以

$$\frac{\left[\dfrac{(2m)!!}{(2m-1)!!} \right]^2 \dfrac{1}{2m+1}}{\left[\dfrac{(2m)!!}{(2m-1)!!} \right]^2 \dfrac{1}{2m-1}} < \frac{\dfrac{\pi}{2}}{\left[\dfrac{(2m)!!}{(2m-1)!!} \right]^2 \dfrac{1}{2m-1}} < 1,$$

由迫敛法,

$$\lim_{m \to \infty} \left[\frac{(2m)!!}{(2m-1)!!} \right]^2 \cdot \frac{1}{2m-1} = \frac{\pi}{2}.$$ □

例 9.29 (Stirling 公式)

$$n! = \sqrt{2n\pi}\left(\frac{n}{e}\right)^n e^{\frac{\theta_n}{4n}} \sim \sqrt{2n\pi}\left(\frac{n}{e}\right)^n, \quad \theta_n \in (0,1).$$

解　设 $a_n = \dfrac{n!e^n}{n^{n+\frac{1}{2}}}, n \geqslant 1$. 由 Wallis 公式, 有

$$\lim_{n\to\infty} \frac{a_n^2}{a_{2n}\sqrt{2}} = \sqrt{\pi}.$$

下面证明 $\lim\limits_{n\to\infty} a_n = a > 0$. 从而有 $a = \sqrt{2\pi}$, 由此得到 $\lim\limits_{n\to\infty} \dfrac{n!e^n}{n^{n+\frac{1}{2}}} = \sqrt{2\pi}$.

为此首先验证 $\{a_n\}$ 是单调下降数列. 由于

$$\frac{a_n}{a_{n+1}} = \frac{1}{e}\left(1+\frac{1}{n}\right)^{\left(n+\frac{1}{2}\right)},$$

有

$$\ln \frac{a_n}{a_{n+1}} = \left(n+\frac{1}{2}\right)\ln\left(1+\frac{1}{n}\right) - 1.$$

令 7.2 节习题 8(2) 中的 $x = \dfrac{1}{n}$, 得到

$$\frac{2}{2n+1} < \ln\left(1+\frac{1}{n}\right) \leqslant \frac{1}{2}\left(\frac{1}{n}+\frac{1}{n+1}\right),$$

于是有

$$1 < \left(n+\frac{1}{2}\right)\ln\left(1+\frac{1}{n}\right) \leqslant \frac{1}{2}\left(n+\frac{1}{2}\right)\left(\frac{1}{n}+\frac{1}{n+1}\right).$$

简单计算可以得到

$$0 < \left(n+\frac{1}{2}\right)\ln\left(1+\frac{1}{n}\right) - 1 \leqslant \frac{1}{4}\left(\frac{1}{n}-\frac{1}{n+1}\right),$$

所以

$$1 < \frac{a_n}{a_{n+1}} < e^{\frac{1}{4}\left(\frac{1}{n}-\frac{1}{n+1}\right)}.$$

这说明 a_n 是非负严格单调下降数列, 极限 $\lim\limits_{n\to\infty} a_n = a \in \mathbb{R}$.

对上述不等式中间项连续相乘 k 次, 得到

$$1 < \frac{a_n}{a_{n+k}} < e^{\frac{1}{4}\left(\frac{1}{n} - \frac{1}{n+k}\right)}, \quad k \geqslant 1.$$

令 $k \to \infty$, 由 $1 \leqslant \dfrac{a_n}{a} \leqslant e^{\frac{1}{4n}}$ 知道 $a > 0$. 将 $\alpha = \sqrt{2\pi}, a_n$ 代入上面不等式, 得到

$$1 < \frac{n!}{\left(\dfrac{n}{e}\right)^n \sqrt{2\pi n}} < e^{\frac{1}{4n}},$$

则有

$$0 < 4n \ln\left[\frac{n!}{\left(\dfrac{n}{e}\right)^n \sqrt{2\pi n}}\right] < 1.$$

记不等式中间项为 θ_n, 则 $\theta_n \in (0,1)$, 于是得到

$$n! = \left(\frac{n}{e}\right)^n \sqrt{2n\pi} e^{\frac{\theta_n}{4n}}. \qquad \qquad \square$$

习　　题

1. 计算下列定积分.

(1) $\displaystyle\int_0^{\frac{\pi}{2}} \cos^5 x \sin 2x \, \mathrm{d}x.$

(2) $\displaystyle\int_0^1 \sqrt{4 - x^2}.$

(3) $\displaystyle\int_0^a x^2 \sqrt{a^2 - x^2} \, \mathrm{d}x \, (a > 0).$

(4) $\displaystyle\int_0^1 e^{\sqrt{x}} \, \mathrm{d}x.$

(5) $\displaystyle\int_0^4 \frac{1}{1 + \sqrt{x}} \, \mathrm{d}x.$

(6) $\displaystyle\int_0^1 \frac{1}{(x^2 - x + 1)^{\frac{3}{2}}} \, \mathrm{d}x.$

(7) $\displaystyle\int_{\frac{1}{e}}^e |\ln x| \, \mathrm{d}x.$

(8) $\displaystyle\int_0^1 \arctan x \, \mathrm{d}x.$

(9) $\displaystyle\int_0^a x^2 \sqrt{\frac{a - x}{a + x}} \, \mathrm{d}x \, (a > 0).$

(10) $\displaystyle\int_0^{\frac{\pi}{2}} \frac{\sin x}{\sin x + \cos x} \, \mathrm{d}x.$

2. 设 f 是连续函数, 证明:

(1) $\displaystyle\int_0^{\frac{\pi}{2}} f(\sin x) \, \mathrm{d}x = \int_0^{\frac{\pi}{2}} f(\cos x) \, \mathrm{d}x.$

(2) $\displaystyle\int_0^{\pi} x f(\sin x) \, \mathrm{d}x = \frac{\pi}{2} \int_0^{\pi} f(\sin x) \, \mathrm{d}x.$

3. 设 $I(m, n) = \displaystyle\int_0^{\frac{\pi}{2}} \sin^m x \cos^n x \, \mathrm{d}x.$ 证明: $I(m, n) = \dfrac{m - 1}{m + n} I(m-2, n)$, 并求 $I(2m, 2n).$

4. 估计当 $n \to +\infty$ 时, C_{2n}^n 的阶.

9.6 积分中值定理及泰勒公式

9.6.1 定积分的中值定理

定理 9.26 (第一积分中值定理) 设函数 $f(x) \in C([a,b])$, 函数 $g(x) \in R([a, b])$ 且不变号. 则存在 $\xi \in (a,b)$, 使得

$$\int_a^b f(x)g(x)\,\mathrm{d}x = f(\xi)\int_a^b g(x)\,\mathrm{d}x.$$

证明 不妨设 $g(x) \geqslant 0$. 记 $f(x)$ 在 $[a,b]$ 上的最小、最大值分别为 m, M, 则

$$mg(x) \leqslant f(x)g(x) \leqslant Mg(x).$$

由定积分的保序性可知

$$m\int_a^b g(x)\,\mathrm{d}x \leqslant \int_a^b f(x)g(x)\,\mathrm{d}x \leqslant M\int_a^b g(x)\,\mathrm{d}x.$$

若 $\displaystyle\int_a^b g(x)\,\mathrm{d}x = 0$, 则任取 $\xi \in (a,b)$ 都可使结论成立. 若 $\displaystyle\int_a^b g(x)\,\mathrm{d}x > 0$, 设

$$\mu := \frac{\displaystyle\int_a^b f(x)g(x)\,\mathrm{d}x}{\displaystyle\int_a^b g(x)\,\mathrm{d}x}.$$

则 $m \leqslant \mu \leqslant M$. 若 $m = M$, 则函数 $f(x)$ 是常函数, 结论显然成立.

若 $m < M$, 分三种情况: (1) $m < \mu < M$; (2) $m = \mu < M$; (3) $m < \mu = M$.

(1) $m < \mu < M$. 由连续函数介值定理可知, 存在 $\xi \in (a,b)$, 使得

$$\frac{\displaystyle\int_a^b f(x)g(x)\,\mathrm{d}x}{\displaystyle\int_a^b g(x)\,\mathrm{d}x} = f(\xi) \quad \Longrightarrow \quad \int_a^b f(x)g(x)\,\mathrm{d}x = f(\xi)\int_a^b g(x)\,\mathrm{d}x.$$

(2) $m = \mu < M$. 用反证法. 假设对所有 $x \in (a,b)$, $f(x) > m$. 则对充分小的 $h > 0$, 连续函数 $f(x) - m$ 在闭区间 $[a+h, b-h]$ 内存在最小值 $r > 0$. 因为 $\displaystyle\int_a^b g(x)\,\mathrm{d}x > 0$, 由性质 9.19, 存在充分小的 $h > 0$, 使得

$$\int_{a+h}^{b-h} g(x)\,\mathrm{d}x > 0.$$

注意到 $m = \mu$, 可以得到

$$0 = \int_a^b [f(x) - m]g(x)\,\mathrm{d}x \geqslant \int_{a+h}^{b-h} [f(x) - m]g(x)\,\mathrm{d}x$$

$$\geqslant \int_{a+h}^{b-h} rg(x)\,\mathrm{d}x = r\int_{a+h}^{b-h} g(x)\,\mathrm{d}x > 0,$$

这与假设 $f(x) > m$ 对所有 $x \in (a,b)$ 矛盾, 所以存在 $\xi \in (a,b)$, 使得 $f(\xi) = m = \mu$, 即

$$f(\xi)\int_a^b g(x)\,\mathrm{d}x = \int_a^b f(x)g(x)\,\mathrm{d}x\,.$$

(3) $m < \mu = M$, 类似 (2) 可证. $\qquad\qquad\qquad\qquad\qquad\qquad\qquad\qquad\square$

推论 9.27(积分中值定理) 若函数 $f(x) \in C([a,b])$ 上连续, 则存在 $\xi \in (a,b)$, 使得

$$\int_a^b f(x)\,\mathrm{d}x = f(\xi)(b-a)\,.$$

命题 9.28 若函数 $f,g \in R([a,b])$ 上可积, g 在 $[a,b]$ 上不变号, M, m 分别是 f 的上、下确界, 则存在 $\mu \in [m, M]$, 使得

$$\int_a^b f(x)g(x) = \mu\int_a^b g(x)\mathrm{d}x.$$

证明 见定理 9.26 证明前半部分. $\qquad\qquad\qquad\qquad\qquad\qquad\qquad\qquad\square$

例 9.30 若函数 $f(x) \in C([a,b])$, 且 $\displaystyle\int_a^b f(x)\,\mathrm{d}x = 0$, 则存在 $\xi \in (a,b)$, 使得 $f(\xi) = 0$.

证明 由第一积分中值定理, 存在 $\xi \in (a,b)$, 使得

$$f(\xi) = \int_a^b f(x)\,\mathrm{d}x = 0. \qquad\qquad\qquad\qquad\qquad\qquad\qquad\square$$

例 9.31 函数 $f(x)$ 在 $[0,1]$ 上可导, $\displaystyle\int_{\frac{2}{3}}^1 f(x)\,\mathrm{d}x = \frac{1}{3}f(0)$. 证明存在 $\xi \in (0,1)$, 使得 $f'(\xi) = 0$.

证明 由第一积分中值定理, 存在 $\eta \in (2/3, 1)$, 使得

$$\int_{\frac{2}{3}}^{1} f(x)\, \mathrm{d}x = \frac{1}{3} f(\eta) \Longrightarrow f(\eta) = f(0).$$

由 Rolle 定理, 存在 $\xi \in (0, \eta)$, 使得 $f'(\xi) = 0$. □

例 9.32 证明:

$$\lim_{n \to \infty} \int_{0}^{1} \sqrt{1 + x^n}\, \mathrm{d}x = 1 .$$

证明 错误做法: 由第一积分中值定理, 对被积函数 $f_n(x) := \sqrt{1 + x^n}$, 存在 $\xi_n \in (0, 1)$, 使得

$$\int_{0}^{1} \sqrt{1 + x^n}\, \mathrm{d}x = \sqrt{1 + \xi_n^n} .$$

由于 $0 < \xi_n < 1$, 所以 $\lim\limits_{n \to \infty} \sqrt{1 + \xi_n^n} = 1$. 最后一步取极限是错误的, 这是因为 ξ_n 随 n 变化可能不会趋于 0.

正确做法: 任取 $\varepsilon \in (0, 1)$, 存在 $\xi_n \in [0, 1 - \varepsilon]$,

$$\begin{aligned}
1 &\leqslant \int_{0}^{1} \sqrt{1 + x^n}\, \mathrm{d}x \\
&= \int_{0}^{1-\varepsilon} \sqrt{1 + x^n}\, \mathrm{d}x + \int_{1-\varepsilon}^{1} \sqrt{1 + x^n}\, \mathrm{d}x \\
&= \sqrt{1 + \xi_n^n}(1 - \varepsilon) + \int_{1-\varepsilon}^{1} \sqrt{1 + x^n}\, \mathrm{d}x \\
&\leqslant \sqrt{1 + (1-\varepsilon)^n} + \sqrt{2}\varepsilon.
\end{aligned}$$

对固定的 ε, 对上面的不等式分别取上、下极限, 再由 ε 任意性知道

$$\lim_{n \to \infty} \int_{0}^{1} \sqrt{1 + x^n}\, \mathrm{d}x = 1.$$

□

例 9.33 设 f 在 $[0, 1]$ 上连续, 求 $\lim\limits_{n \to \infty} \int_{0}^{1} f(\sqrt[n]{x})\mathrm{d}x$.

解   对任意的正整数 $n \geqslant 2$, 根据第一积分中值定理, 存在 $\xi_n \in \left[0, \dfrac{1}{n}\right], \eta_n \in$ $\left[\dfrac{1}{n}, 1\right]$, 使得

$$\int_0^{\frac{1}{n}} f(\sqrt[n]{x})\mathrm{d}x = f(\sqrt[n]{\xi_n}) \cdot \frac{1}{n}, \qquad \int_{\frac{1}{n}}^1 f(\sqrt[n]{x})\mathrm{d}x = f(\sqrt[n]{\eta_n}) \cdot \left(1 - \frac{1}{n}\right).$$

由于 f 在 $[0,1]$ 上连续, 所以 f 在 $[0,1]$ 上有界. 因此, $\lim\limits_{n\to\infty} f(\sqrt[n]{\xi_n}) \cdot \dfrac{1}{n} = 0$.

又因为

$$\frac{1}{n} \leqslant \eta_n \leqslant 1, \quad \frac{1}{\sqrt[n]{n}} \leqslant \sqrt[n]{\eta_n} \leqslant 1,$$

由迫敛定理, $\lim\limits_{n\to\infty} \sqrt[n]{\eta_n} = 1$. 由于 f 在 $[0,1]$ 上连续,

$$\lim_{n\to\infty} \int_0^1 f(\sqrt[n]{x})\mathrm{d}x = \lim_{n\to\infty} \left[\int_0^{\frac{1}{n}} f(\sqrt[n]{x})\mathrm{d}x + \int_{\frac{1}{n}}^1 f(\sqrt[n]{x})\mathrm{d}x\right]$$

$$= \lim_{n\to\infty} \left[f(\sqrt[n]{\xi_n}) \cdot \frac{1}{n} + f(\sqrt[n]{\eta_n}) \cdot \left(1 - \frac{1}{n}\right)\right]$$

$$= f(1). \qquad \qquad \square$$

例 9.34   设 $f \in C[0, 2\pi]$, 并且严格单调减少. 求证: $\displaystyle\int_0^{2\pi} f(x)\sin x\,\mathrm{d}x > 0$.

证明   因为 $f(x)$ 连续, $\sin x$ 在 $[0, \pi]$ 和 $[\pi, 2\pi]$ 内分别可积且不变号. 由第一积分中值定理, 存在 $\xi \in (0, \pi), \eta \in (\pi, 2\pi)$, 使得

$$\int_0^{2\pi} f(x)\sin x\,\mathrm{d}x = \int_0^{\pi} f(x)\sin x\,\mathrm{d}x + \int_{\pi}^{2\pi} f(x)\sin x\,\mathrm{d}x$$

$$= f(\xi)\int_0^{\pi} \sin x\,\mathrm{d}x + f(\eta)\int_{\pi}^{2\pi} \sin x\,\mathrm{d}x$$

$$= 2[f(\xi) - f(\eta)].$$

由于 $f(x)$ 单调减少, 所以 $\displaystyle\int_0^{2\pi} f(x)\sin x\,\mathrm{d}x > 0$. $\qquad \square$

例 9.35   设函数 $f, g \in R([0,1]), g(x)$ 以 1 为周期. 则

$$\lim_{n\to\infty} \int_0^1 f(x)g(nx)\mathrm{d}x = \int_0^1 f(x)\mathrm{d}x \int_0^1 g(x)\mathrm{d}x.$$

解 由于 $g \in R([0,1])$, 所以 $g(x)$ 在 $[0,1]$ 上有界. 若 g 是常数, 则等式恒成立. 否则可以取实数 m, 使得 $g(x) - m > 0$, 且 $g(x) - m$ 还是周期为 1 的函数. 容易看出, 上述结论对函数 g 成立当且仅当对函数 $g - m$ 成立. 所以, 可假设 $g(x) > 0$, $x \in [0,1]$.

(1) 设 $f \in C([0,1])$. 利用第一积分中值定理, 存在 $\xi_i \in \left[\dfrac{i-1}{n}, \dfrac{i}{n}\right]$ 使得

$$
\begin{aligned}
\int_0^1 f(x)g(nx)\mathrm{d}x &= \sum_{i=1}^n \int_{\frac{i-1}{n}}^{\frac{i}{n}} f(x)g(nx)\mathrm{d}x \\
&= \sum_{i=1}^n f(\xi_i) \int_{\frac{i-1}{n}}^{\frac{i}{n}} g(nx)\mathrm{d}x \\
&= \sum_{i=1}^n f(\xi_i) \int_0^{\frac{1}{n}} g(ny+i-1)\mathrm{d}y \quad \left(x = \frac{i-1}{n} + y\right) \\
&= \sum_{i=1}^n f(\xi_i) \int_0^{\frac{1}{n}} g(ny)\mathrm{d}y \qquad (g(x) \text{ 周期为 } 1) \\
&= \sum_{i=1}^n \frac{1}{n} f(\xi_i) \int_0^1 g(x)\mathrm{d}x \qquad (x = ny)
\end{aligned}
$$

由于 f 是可积函数, 对上式两端令 $n \to \infty$, 用定积分定义, 则

$$
\lim_{n\to\infty} \int_0^1 f(x)g(nx)\mathrm{d}x = \int_0^1 f(x)\mathrm{d}x \int_0^1 g(x)\mathrm{d}x.
$$

(2) $f \in R([0,1])$. 由于 $g \in R([0,1])$, 并以 1 为周期, 所以 $M = \sup\limits_{x\in\mathbb{R}} g(x) < \infty$. 由命题 9.16, 对任意 $\varepsilon > 0, \exists f_\varepsilon \in C([a,b])$, 使得 $\displaystyle\int_a^b |f(x) - f_\varepsilon(x)|\mathrm{d}x \leqslant \varepsilon$.

$$
\left| \int_0^1 f(x)g(nx)\mathrm{d}x - \int_0^1 f_\varepsilon(x)g(nx)\mathrm{d}x \right| \leqslant \int_0^1 |f(x) - f_\varepsilon(x)||g(nx)|\mathrm{d}x \leqslant M\varepsilon.
$$

由 (1) 的结论可知, 在上述不等式两端分别对 $n \to \infty$ 取上、下极限, 得到

$$
\left| \varlimsup_{n\to\infty} \int_0^1 f(x)g(nx)\mathrm{d}x - \int_0^1 f_\varepsilon(x)\mathrm{d}x \int_0^1 g(x)\mathrm{d}x \right| \leqslant M\varepsilon,
$$

$$
\left| \varliminf_{n\to\infty} \int_0^1 f(x)g(nx)\mathrm{d}x - \int_0^1 f_\varepsilon(x)\mathrm{d}x \int_0^1 g(x)\mathrm{d}x \right| \leqslant M\varepsilon.
$$

再利用 $\displaystyle\int_a^b |f(x) - f_\varepsilon(x)|\mathrm{d}x \leqslant \varepsilon$ 及 ε 的任意性, 得到

$$\lim_{n\to\infty} \int_0^1 f(x)g(nx)\mathrm{d}x = \int_0^1 f(x)\mathrm{d}x \int_0^1 g(x)\mathrm{d}x. \qquad\qquad \square$$

定理 9.29 (第二积分中值定理)　设函数 $f(x)$ 在 $[a,b]$ 上可积, $g(x) \geqslant 0$.
(1) 若函数 g 在 $[a,b]$ 上递减, 则存在 $\xi \in [a,b]$, 使得

$$\int_a^b f(x)g(x)\,\mathrm{d}x = g(a) \int_a^\xi f(x)\,\mathrm{d}x \,.$$

(2) 若函数 g 在 $[a,b]$ 上递增, 则存在 $\eta \in [a,b]$, 使得

$$\int_a^b f(x)g(x)\,\mathrm{d}x = g(b) \int_\eta^b f(x)\,\mathrm{d}x \,.$$

证明　只需证 (1). 记

$$F(x) = \int_a^x f(t)\mathrm{d}t, \quad x \in [a,b].$$

由于 f 在 $[a,b]$ 上可积, 所以 $F(x)$ 在 $[a,b]$ 上连续, 从而存在最大值 M 和最小值 m.

若 $g(a) = 0$, 由假设, $g(x) \equiv 0, x \in [a,b]$. 此时等式对任何 $\xi \in [a,b]$ 成立.

若 $g(a) > 0$. 只需证明: 存在 $\xi \in [a,b]$ 满足

$$F(\xi) = \int_a^\xi f(t)\mathrm{d}t = \frac{1}{g(a)} \int_a^b f(x)g(x)\mathrm{d}x.$$

对函数 $F(x), x \in [a,b]$ 利用连续函数的介值定理, 上述问题转化为证明:

$$m \leqslant \frac{1}{g(a)} \int_a^b f(x)g(x)\mathrm{d}x \leqslant M.$$

由于 f 可积, 所以 f 有界. 设 $|f(x)| \leqslant L, x \in [a,b]$. 由于 g 可积, 由定积分的第二充分必要条件知道, 对任意给定的 $\varepsilon > 0$, 存在分割 $\mathbb{T}: a = x_0 < x_1 < \cdots < x_n = b$, 使得

$$\sum_i \omega_i^g \Delta x_i < \frac{\varepsilon}{L}.$$

由于

$$\int_a^b f(x)g(x)\mathrm{d}x = \sum_{i=1}^n \int_{x_{i-1}}^{x_i} f(x)g(x)\mathrm{d}x$$

$$= \sum_{i=1}^n \int_{x_{i-1}}^{x_i} [g(x) - g(x_{i-1})]f(x)\mathrm{d}x + \sum_{i=1}^n g(x_{i-1}) \int_{x_{i-1}}^{x_i} f(x)\mathrm{d}x$$

$$= I_1 + I_2.$$

对 I_1:

$$|I_1| \leqslant \sum_{i=1}^n \int_{x_{i-1}}^{x_i} |g(x) - g(x_{i-1})| \cdot |f(x)|\mathrm{d}x$$

$$\leqslant L \cdot \sum_{i=1}^n \omega_i^g \Delta x_i$$

$$< L \cdot \frac{\varepsilon}{L}$$

$$= \varepsilon,$$

对 I_2: 由于 $F(x_0) = F(a) = 0$,

$$\int_{x_{i-1}}^{x_i} f(x)\mathrm{d}x = \int_a^{x_i} f(x)\mathrm{d}x - \int_a^{x_{i-1}} f(x)\mathrm{d}x = F(x_i) - F(x_{i-1}),$$

所以

$$I_2 = \sum_{i=1}^n g(x_{i-1})[F(x_i) - F(x_{i-1})]$$

$$= g(x_0)[F(x_1) - F(x_0)] + g(x_1)[F(x_2) - F(x_1)]$$

$$+ \cdots + g(x_{n-1})[F(x_n) - F(x_{n-1})]$$

$$= F(x_1)[g(x_0) - g(x_1)] + \cdots + F(x_{n-1})[g(x_{n-2}) - g(x_{n-1})] + F(x_n)g(x_{n-1})$$

$$= \sum_{i=1}^{n-1} F(x_i)[g(x_{i-1}) - g(x_i)] + F(b)g(x_{n-1}).$$

再由 $g(x)$ 递减且不小于 0, 可知 $g(x_{i-1}) - g(x_i) \geqslant 0, i = 1, \cdots, n-1, g(x_{n-1}) \geqslant 0$. 由于 $m \leqslant F(x_i) \leqslant M, i = 1, \cdots, n$, 所以

$$I_2 \leqslant M \sum_{i=1}^n [g(x_{i-1}) - g(x_i)] + Mg(x_{n-1}) = Mg(a),$$

$$I_2 \geqslant m \sum_{i=1}^{n} [g(x_{i-1}) - g(x_i)] + mg(x_{n-1}) = mg(a).$$

综合有

$$-\varepsilon + mg(a) \leqslant \int_a^b f(x)g(x)\mathrm{d}x \leqslant \varepsilon + Mg(a).$$

由于 ε 是任意取定的常数, 而 $M, g(a), \displaystyle\int_a^b f(x)g(x)\mathrm{d}x$ 都是与 ε 无关的确定数, 所以

$$mg(a) \leqslant \int_a^b f(x)g(x)\mathrm{d}x \leqslant Mg(a). \qquad \square$$

推论 9.30 设函数 $f(x)$ 在 $[a,b]$ 上可积, 函数 g 在 $[a,b]$ 上单调. 则存在 $\xi \in [a,b]$, 使得

$$\int_a^b f(x)g(x)\,\mathrm{d}x = g(a) \int_a^\xi f(x)\,\mathrm{d}x + g(b) \int_\xi^b f(x)\,\mathrm{d}x\,.$$

证明 证明分两种情况.

(1) 若函数 g 在 $[a,b]$ 上是单调递减函数. 令 $h(x) = g(x) - g(b)$, 则 h 为非负递减函数. 利用定理 9.28, 存在 $\xi \in [a,b]$, 使得

$$\int_a^b f(x)h(x)\mathrm{d}x = h(a) \int_a^\xi f(x)\mathrm{d}x = [g(a) - g(b)] \int_a^\xi f(x)\mathrm{d}x.$$

由于

$$\int_a^b f(x)h(x)\mathrm{d}x = \int_a^b f(x)g(x)\mathrm{d}x - g(b) \int_a^b f(x)\mathrm{d}x,$$

所以

$$\begin{aligned}
\int_a^b f(x)g(x)\mathrm{d}x &= \int_a^b f(x)h(x)\mathrm{d}x + g(b) \int_a^b f(x)\mathrm{d}x \\
&= [g(a) - g(b)] \int_a^\xi f(x)\mathrm{d}x + g(b) \int_a^b f(x)\mathrm{d}x.
\end{aligned}$$

整理得

$$\int_a^b f(x)g(x)\mathrm{d}x = g(a) \int_a^\xi f(x)\mathrm{d}x + g(b) \int_\xi^b f(x)\mathrm{d}x.$$

(2) 若函数 g 在 $[a,b]$ 上是单调递增函数. 令 $h(x) = g(x) - g(a)$ 同理可证. $\qquad \square$

注 9.14 积分第二中值定理及推论是第 11 章建立反常积分收敛判别法的重要工具.

9.6.2 积分余项泰勒公式

9.6.2.1 带有积分余项的泰勒公式

若函数 $u(t), v(t)$ 在 $[a, b]$ 上 $n+1$ 阶导函数连续, 累次用分部积分法, 得到如下分部积分公式

$$\int_a^b u(t)v^{(n+1)}(t)\mathrm{d}t = \left[u(t)v^{(n)}(t) - u'(t)v^{(n-1)}(t) + \cdots + (-1)^n u^{(n)}(t)v(t)\right]\Big|_a^b + \cdots$$

$$+(-1)^{n+1}\int_a^b u^{(n+1)}(t)v(t)\mathrm{d}t, \quad n = 1, 2, \cdots.$$

设函数 f 在 x_0 点的某个邻域 $U(x_0)$ 内有 $n+1$ 阶连续导函数. 令

$$u(t) = (x-t)^n, \quad v(t) = f(t), \quad t \in [x_0, x] \text{ 或 } [x, x_0],$$

利用上面的分部积分公式,

$$\int_{x_0}^x (x-t)^n f^{(n+1)}(t)\mathrm{d}t$$

$$= \left[(x-t)^n f^{(n)}(t) + n(x-t)^{n-1}f^{(n-1)}(t) + \cdots + n!f(t)\right]\Big|_{x_0}^x$$

$$+(-1)^{n+1}\int_{x_0}^x 0 \cdot f(t)\mathrm{d}t$$

$$= -\left[(x-x_0)^n f^{(n)}(x_0) + n(x-x_0)^{n-1}f^{(n-1)}(x_0) + \cdots + n!f(x_0)\right] + n!f(x)$$

$$= n!f(x) - n!\left[f(x_0) + f'(x_0)(x-x_0) + \cdots + \frac{f^{(n)}(x_0)}{n!}(x-x_0)^n\right].$$

于是得到

定理 9.31 (带积分余项的泰勒公式)

$$f(x) = f(x_0) + f'(x_0)(x-x_0) + \cdots + \frac{f^{(n)}(x_0)}{n!}(x-x_0)^n + \frac{1}{n!}\int_{x_0}^x (x-t)^n f^{(n+1)}(t)\mathrm{d}t.$$

$$R_n(x) := \frac{1}{n!}\int_{x_0}^x (x-t)^n f^{(n+1)}(t)\mathrm{d}t$$

称为**泰勒公式的积分型余项**.

9.6.2.2 积分余项的其他形式

(1) 拉格朗日余项: 由于在 $[x_0, x]$ (或 $[x, x_0]$) 上, $f^{(n+1)}(t)$ 连续, $(x-t)^n$ 不变号, 对泰勒公式的积分型余项用第一中值积分定理, 存在 $\xi \in [x_0, x]$,

$$R_n(x) = \frac{1}{n!} f^{(n+1)}(\xi) \int_{x_0}^{x} (x-t)^n \mathrm{d}t = \frac{1}{(n+1)!} f^{(n+1)}(\xi)(x-x_0)^{n+1}.$$

此为**拉格朗日余项**.

(2) 柯西余项: 如果对泰勒公式的积分型余项用积分中值定理, 得到

$$R_n(x) = \frac{1}{n!} f^{(n+1)}(\xi)(x-\xi)^n (x-x_0), \quad \xi \in [x_0, x].$$

设 $\xi = x_0 + \theta(x - x_0), \theta \in [0, 1]$, 则

$$(x-\xi)^n(x-x_0) = [(x-x_0) - \theta(x-x_0)]^n(x-x_0) = (1-\theta)^n(x-x_0)^{n+1},$$

于是 $R_n(x)$ 可以改写成:

$$R_n(x) = \frac{1}{n!} f^{(n+1)}(x_0 + \theta(x-x_0))(1-\theta)^n(x-x_0)^{n+1}, \quad \theta \in [0, 1]. \qquad (9.1)$$

特别地, 当 $x_0 = 0$ 时,

$$R_n(x) = \frac{1}{n!} f^{(n+1)}(\theta x)(1-\theta)^n x^{n+1}, \quad \theta \in [0, 1]. \qquad (9.2)$$

(9.1) 和 (9.2) 称为**泰勒公式的柯西余项**.

注 9.15 泰勒公式的佩亚诺余项、拉格朗日余项、麦克劳林余项、柯西余项、积分型余项在幂级数中有重要应用.

习 题

1. 设 f 在 $[a, b]$ 上连续, 则若

(1) $\int_a^b f(x)\mathrm{d}x = \int_a^b x f(x)\mathrm{d}x = 0$, 则至少有两个点 $x_1, x_2 \in [a, b]$, $f(x_1) = f(x_2) = 0$.

(2) $\int_a^b f(x)\mathrm{d}x = \int_a^b x f(x)\mathrm{d}x = \int_a^b x^2 f(x)\mathrm{d}x = 0$, 问: f 在 $[a, b]$ 上是否至少有三个零点?

2. 证明: $\lim\limits_{n \to \infty} \int_0^{\frac{\pi}{2}} \sin^n x\mathrm{d}x = 0$.

3. 设 $f \in C([0, 2\pi])$. 证明: $\displaystyle\lim_{n \to \infty} \int_0^{2\pi} f(x)|\sin nx|\mathrm{d}x = \dfrac{2}{\pi} \int_0^{2\pi} f(x)\mathrm{d}x$. (提示: n 等分区

间 $[0, 2\pi]$, 利用第一中积分值定理, $\displaystyle\int_0^{2\pi} |\sin x|\mathrm{d}x = 4$, 最后利用定积分定义.)

4. 设 $f, g \in R([a, b]), g(x)$ 以 T 为周期. 证明:

$$\lim_{n \to \infty} \int_a^b f(x)g(nx)\mathrm{d}x = \frac{1}{T} \int_a^b f(x)\mathrm{d}x \int_0^T g(x)\mathrm{d}x.$$

提示: 先证 $f \in C([a, b])$ 情形. 为此, 分下列情况:

(1) 若 $[a, b] = [0, 1]$, $T = 1$, 是例 9.35 情形.

(2) 若 $[a, b] = [0, 1]$, $T \neq 1$. 设

$$F(x) = \begin{cases} Tf(xT), & x \in \left[0, \dfrac{1}{T}\right], \\ 0, & x \in \left[\dfrac{1}{T}, 1\right]. \end{cases} \qquad G(x) = g(xT).$$

验证: $F \in C([0, 1]), G \in R([0, 1]), G(x + 1) = G(x)$. 利用 (1) 的结果.

(3) 对一般 $[a, b]$.

第 10 章　典型问题的定积分计算

利用定积分的方法可以求几何图形的面积、特殊体体积、曲线长度、特殊曲面面积, 以及质心、液体静压力、引力等物理量. 计算过程一般包括三个步骤:

(1) 剖分区间.

(2) 在剖分区间上导出所求问题的近似解析表达式.

(3) 利用定积分理论转化为求定积分.

通常称这种方法为 **"微元法"**.

10.1　定积分在几何中的应用

10.1.1　平面图形的面积

10.1.1.1　由函数确定的平面图形

• 曲线 $y = f(x)$ 和直线 $y = 0,\, x = a, x = b$ 围成的图形 D (图 10.1), 图形 D 的面积等于

$$|D| = \int_a^b |f(x)| \ \mathrm{d}x.$$

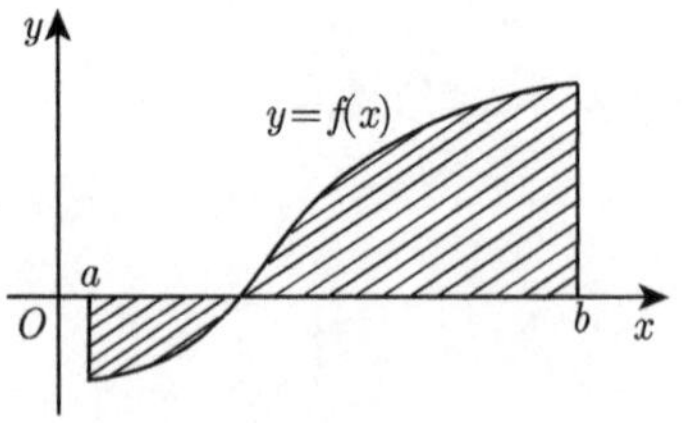

图 10.1

• 曲边梯形 D 是由直线 $x = a, x = b$ 和曲线 $y = f(x), y = g(x)$ 围成 (图 10.2), D 的面积等于

$$|D| = \int_a^b |f(x) - g(x)| \ \mathrm{d}x.$$

例 10.1　求由曲线 $x = 2y - y^2$ 与直线 $x + y = 0$ 围成的面积.

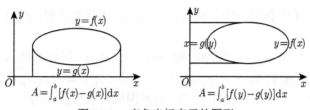

图 10.2 直角坐标表示的图形

解 如图 10.3, 显然取 y 为自变量, x 为因变量更容易计算. 此时两条函数曲线分别为

$$x = 2y - y^2, \quad x = -y.$$

我们还需要确定积分区间, 即两条曲线的交点. 容易计算出交点分别为 $(x, y) = (-3, 3)$ 和 $(0, 0)$. 从而曲线围成的面积为

$$|D| = \int_0^3 (2y - y^2 + y)\,\mathrm{d}y = \left(\frac{3}{2}y^2 - \frac{1}{3}y^3\right)\bigg|_0^3 = \frac{9}{2}.$$

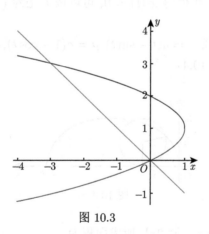

图 10.3 □

10.1.1.2 由参数方程确定的平面图形

曲线 L 的参数方程 $x = x(t)$, $y = y(t)$, $t \in [\alpha, \beta]$, $x'(t)$ 在 $[\alpha, \beta]$ 上连续. 曲线 L 不自交.

(I) **不封闭曲线** 记 $(x(\alpha), y(\alpha)) = (a, 0)$ $(x(\beta), y(\beta)) = (b, 0)$. 则曲线 L 及直线 $x = a$, $x = b$ 和 x 轴所围成的图形面积为

$$|D| = \int_\alpha^\beta |y(t)x'(t)|\mathrm{d}t.$$

公式推导　(1) 假设 $x'(t) \neq 0, t \in [\alpha, \beta]$, 由达布定理, $x'(t)$ 在 $[\alpha, \beta]$ 上不变号.

(i) 若 $x'(t) > 0, t \in [\alpha, \beta]$, 则 $x(\alpha) < x(\beta)$. 所以函数 $x(t) : [\alpha, \beta] \to [x(\alpha), x(\beta)]$ 有逆函数 $t(x) : [x(\alpha), x(\beta)] \to [\alpha, \beta](t = t(x(t)), t \in [\alpha, \beta])$. 因此 $y = y(t) = y(t(x)) : [x(\alpha), x(\beta)] \to \mathbb{R}$. 则所围成的图形面积为

$$|D| = \int_{x(\alpha)}^{x(\beta)} |y(t(x))| \mathrm{d}x = \int_{\alpha}^{\beta} |y(t)| |x'(t)| \mathrm{d}t = \int_{\alpha}^{\beta} |y(t)x'(t)| \mathrm{d}t.$$

(ii) 若 $x'(t) < 0$, 则 $x(\alpha) > x(\beta)$. 于是所围成的图形面积为

$$|D| = \int_{x(\beta)}^{x(\alpha)} |y(t(x))| \mathrm{d}x = \int_{\beta}^{\alpha} |y(t)| |x'(t)| \mathrm{d}t$$

$$= -\int_{\alpha}^{\beta} |y(t)| |x'(t)| \mathrm{d}t = \int_{\alpha}^{\beta} |y(t)x'(t)| \mathrm{d}t.$$

(2) 若存在 $t \in [\alpha, \beta]$ 使得 $x'(t) = 0$, 可以按 t 化为 (1) 的情况. 具体做法见下面 (II).　　　　　□

例 10.2　求由摆线 $x = a(t - \sin t), y = a(1 - \cos t), a > 0$ 的一拱与 x 轴所围平面图形的面积 (图 10.4).

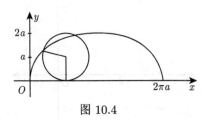

图 10.4

解　摆线的一拱为 $t \in [0, 2\pi]$. 所求面积为

$$|D| = \int_{0}^{2\pi} |a(1 - \cos t)[a(t - \sin t)]'| \mathrm{d}t = a^2 \int_{0}^{2\pi} (1 - \cos t)^2 \mathrm{d}t = 3\pi a^2. \qquad \square$$

(II) **曲线封闭**　$x(\alpha) = x(\beta), y(\alpha) = y(\beta)$. 则由曲线 L 自身所围图形的面积为

$$|D| = \left| \int_{\alpha}^{\beta} y(t)x'(t) \mathrm{d}t \right|.$$

公式推导 由于曲线是封闭的, 所以 $x = x(t)$, $y = y(t)$, $t \in [\alpha, \beta]$ 有界. 设 $y(t), t \in [\alpha, \beta]$ 的下界是 $m, \bar{y}(t) = y(t) - m$, 则 $\{(x(t), \bar{y}(t)), t \in [\alpha, \beta]\}$ 是闭曲线 L 沿 y 轴方向的平移, 并且 $\bar{y}(t) > 0, t \in [\alpha, \beta]$. 由于

$$
\begin{aligned}
&\int_{\alpha}^{\beta} \bar{y}(t)x'(t)\mathrm{d}t \\
&= \int_{\alpha}^{\beta} [y(t) - m]x'(t)\mathrm{d}t \\
&= \int_{\alpha}^{\beta} y(t)x'(t)\mathrm{d}t - \int_{\alpha}^{\beta} mx'(t)\mathrm{d}t \\
&= \int_{\alpha}^{\beta} y(t)x'(t)\mathrm{d}t - m[x(\beta) - x(\alpha)] \\
&= \int_{\alpha}^{\beta} y(t)x'(t)\mathrm{d}t.
\end{aligned}
$$

所以不妨假设 $y(t) > 0$, $t \in [\alpha, \beta]$.

注意一个事实: 在 $[\alpha, \beta]$ 内的子区间 I 上, 随着参数 $t \in I$ 的增加, 若 $x(t)$ 严格增加, 则 $x'(t) > 0$; 若 $x(t)$ 严格递减, 则 $x'(t) < 0$; 如果 $x(t)$ 不变 (记为常数 c), 则 $x'(t) = 0$. 此时, 曲线在直角坐标系上是垂直于 x 轴的线段 $(c, y(t))$.

为了叙述简单, 下面考虑一种特殊情况. 假设 $\mathcal{T} = \{t_i, i = 1, 2, 3, \alpha < t_1 < t_2 < t_3 < \beta\}$ (图 10.5). $x'(t_i) = 0, t_i, i = 1, 2, 3$. 在每一段区间 $[\alpha, t_1], [t_1, t_2], [t_2, t_3], [t_3, \beta]$ 上可以利用 (I) 的求面积公式.

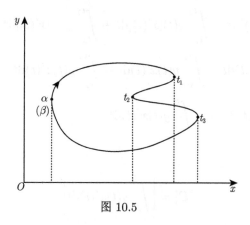

图 10.5

(1) 若 $\{(x(t), y(t)), t \in [\alpha, \beta]\}$ 随 t 的增加按顺时针旋转. 则 $x(t), t \in [\alpha, \beta]$ 随 t 的增加有

$$x'(t) > 0, \ t \in (\alpha, \ t_1); \quad x'(t) < 0, \ t \in (t_1, \ t_2);$$
$$x'(t) > 0, \ t \in (t_2, \ t_3); \quad x'(t) < 0, \ t \in (t_3, \ \beta).$$

利用 (I) 的公式,

$$\begin{aligned}
|D| &= \int_{\alpha}^{t_1} |y(t)x'(t)| \mathrm{d}t - \int_{t_1}^{t_2} |y(t)x'(t)| \mathrm{d}t + \int_{t_2}^{t_3} |y(t)x'(t)| \mathrm{d}t - \int_{t_3}^{\beta} |y(t)x'(t)| \mathrm{d}t \\
&= \int_{\alpha}^{t_1} y(t)|x'(t)| \mathrm{d}t - \int_{t_1}^{t_2} y(t)|x'(t)| \mathrm{d}t + \int_{t_2}^{t_3} y(t)|x'(t)| \mathrm{d}t - \int_{t_3}^{\beta} y(t)|x'(t)| \mathrm{d}t \\
&= \int_{\alpha}^{t_1} y(t)x'(t) \mathrm{d}t + \int_{t_1}^{t_2} y(t)x'(t) \mathrm{d}t + \int_{t_2}^{t_3} y(t)x'(t) \mathrm{d}t + \int_{t_3}^{\beta} y(t)x'(t) \mathrm{d}t \\
&= \int_{\alpha}^{\beta} y(t)x'(t) \mathrm{d}t.
\end{aligned}$$

(2) 若 $\{(x(t), \ y(t)), t \in [\alpha, \ \beta]\}$ 随 t 的增加按**逆时针旋转**. 则 $x(t), t \in [\alpha, \ \beta]$ 随 t 的增加有

$$x'(t) < 0, \ t \in (\alpha, \ t_1); \quad x'(t) > 0, \ t \in (t_1, \ t_2);$$
$$x'(t) < 0, \ t \in (t_2, \ t_3); \quad x'(t) > 0, \ t \in (t_3, \ \beta).$$

$$\begin{aligned}
|D| &= \int_{\alpha}^{t_1} |y(t)x'(t)| \mathrm{d}t - \int_{t_1}^{t_2} |y(t)x'(t)| \mathrm{d}t + \int_{t_2}^{t_3} |y(t)x'(t)| \mathrm{d}t - \int_{t_3}^{\beta} |y(t)x'(t)| \mathrm{d}t \\
&= \int_{\alpha}^{t_1} y(t)|x'(t)| \mathrm{d}t - \int_{t_1}^{t_2} y(t)|x'(t)| \mathrm{d}t + \int_{t_2}^{t_3} y(t)|x'(t)| \mathrm{d}t - \int_{t_3}^{\beta} y(t)|x'(t)| \mathrm{d}t \\
&= -\int_{\alpha}^{t_1} y(t)x'(t) \mathrm{d}t - \int_{t_1}^{t_2} y(t)x'(t) \mathrm{d}t - \int_{t_2}^{t_3} y(t)x'(t) \mathrm{d}t \\
&\quad - \int_{t_3}^{\beta} y(t)x'(t) \mathrm{d}t = -\int_{\alpha}^{\beta} y(t)x'(t) \mathrm{d}t.
\end{aligned}$$

综合两种情况,

$$|D| = \left| \int_{\alpha}^{\beta} y(t)x'(t) \mathrm{d}t \right|.$$

对于一般情况, 可以类似考虑. 记 $\mathcal{T} = \{t \in [\alpha, \beta]: x'(t) = 0\}$. 则 $\mathcal{T}$ 由一些 $[\alpha, \beta]$ 内的子区间 I 和点集 $\{t_i, t_i < t_{i+1}, i = 1, \cdots\}$ 组成, 且在 I 上, $x'(t) = 0$.

确定 I 和 $\{t_i\}_{i=1,\cdots}$ 的具体方法是: 不妨假设 $x'(\alpha) = 0$. 定义

(1) $\bar{t}_1 = \inf\{t > \alpha, x'(t) \neq 0, \}$, $\underline{t}_1 = \inf\{t > \bar{t}_1, x'(t) = 0, \}$;

(2) $\cdots$;

(3) $\bar{t}_i = \inf\{t > \bar{t}_{i-1}, x'(t) \neq 0\}$, $\underline{t}_i = \inf\{t > \bar{t}_i, x'(t) \neq 0\}$;

(4) $\cdots$.

然后按每一项的数值由小向大排列, 得到 $\{(\underline{t}_i, \bar{t}_i)\}$, $i = 1, \cdots$. 后面按上面的做法进行.   □

例 10.3 求椭圆 $\dfrac{x^2}{a^2} + \dfrac{y^2}{b^2} = 1$ 所围的面积.

解 用参数方程表示椭圆: $x = a\cos t$, $y = b\sin t$, $t \in [0, 2\pi]$. 椭圆所围成的面积为

$$S = \left| \int_0^{2\pi} y(t)x'(t)\mathrm{d}t \right| = \left| \int_0^{2\pi} b\sin t \cdot a\sin t\,\mathrm{d}t \right| = ab \int_0^{2\pi} \sin^2 t\,\mathrm{d}t = ab\pi. \qquad □$$

(III) 由极坐标方程确定的平面图形.

曲线 L 的极坐标方程 $r = r(\theta)$, $\theta \in [\alpha, \beta]$, $\beta - \alpha \leqslant 2\pi$. $r(\theta)$ 在 $[\alpha, \beta]$ 上连续.

由曲线 L 和 $\theta = \alpha$, $\theta = \beta$ 所围成的平面图形称为曲边扇形, 其面积为

$$|D| = \frac{1}{2} \int_\alpha^\beta r^2(\theta)\mathrm{d}\theta.$$

公式推导 如图 10.6, 对区间 $[\alpha, \beta]$ 作任意剖分 $\mathbb{T} : \alpha = \theta_0 < \theta_1 < \cdots < \theta_{n-1} < \theta_n = \beta$. 射线 $\theta = \theta_i, i = 1, 2, \cdots, n-1$ 把扇形分成 n 个小扇形. 由于 $r(\theta)$ 在 $[\alpha, \beta]$ 上连续, 因此当 $\|\mathbb{T}\|$ 很小时, 在每个 $\Delta_i = [\theta_{i-1}, \theta_i]$ 上 $r(\theta)$ 的值变化也很小. 任取 $\xi_i \in \Delta_i$. 记 $\Delta\theta_i = \theta_i - \theta_{i-1}$. 小扇形 D_i 的面积 $|D_i|$ 满足

$$\inf_{\xi \in [\theta_{i-1}, \theta_i]}\{r^2(\xi)\}\Delta_i \leqslant |D_i| \leqslant \sup_{\xi \in [\theta_{i-1}, \theta_i]}\{r^2(\xi)\}\Delta_i.$$

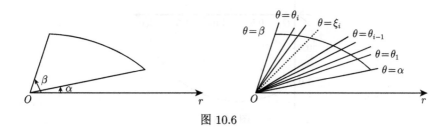

图 10.6

由于 $r(\theta)$ 在 $[\alpha, \beta]$ 上连续, 所以, 由黎曼积分理论知道

$$|D| = \lim_{\Delta\theta \to 0} \sum_{i=1}^{n} \frac{1}{2} r^2(\xi_i) \Delta_i = \frac{1}{2} \int_{\alpha}^{\beta} r^2(\theta)\, \mathrm{d}\theta. \qquad \Box$$

例 10.4   求双纽线 $r^2 = a^2 \cos 2\theta$ 所围成的面积 (图 10.7).

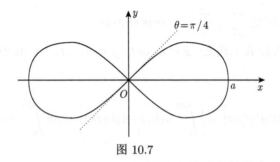

图 10.7

解 θ 的变化范围: $\left[-\dfrac{\pi}{4}, \dfrac{\pi}{4}\right], \left[\dfrac{3\pi}{4}, \dfrac{5\pi}{4}\right]$. 由图形的对称性, 所围成的面积为

$$|D| = 4 \cdot \frac{1}{2} \int_{0}^{\frac{\pi}{4}} a^2 \cos 2\theta \mathrm{d}\theta = a^2 \sin 2\theta \Big|_{0}^{\frac{\pi}{4}} = a^2. \qquad \Box$$

注 10.1   求曲线围成的面积, 必须对曲线有充分的了解. 画曲线图是必要的了解手段. 然后再结合曲线方程的参数方程形式确定积分区间.

例 10.5   求心脏线 $r = a(1 + \cos\theta)$ 所围的面积 (图 10.8).

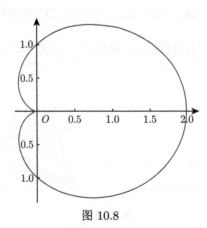

图 10.8

解 利用对称性, 只需求位于上半平面的面积. 从而心脏线所围面积为

$$|D| = \frac{1}{2} \int_0^{2\pi} a^2 (1 + \cos\theta)^2 \, \mathrm{d}\theta = a^2 \int_0^{\pi} (1 + \cos\theta)^2 \, \mathrm{d}\theta$$

$$= a^2 \left[\theta + 2\sin\theta + \frac{1}{2} \left(\theta + \frac{\sin 2\theta}{2} \right) \right] \Big|_0^{\pi} = \frac{3}{2} \pi a^2.$$ □

习　题

1. 求由抛物线 $y = x^2$ 与 $y = 2 - x^2$ 所围图形的面积.
2. 抛物线 $y^2 = 2x$ 把圆 $x^2 + y^2 \leqslant 8$ 分成两部分, 求这两部分面积之比.
3. 求心形线 $r = a(1 + \cos\theta)(a > 0)$ 所围图形的面积.
4. 求三叶形曲线 $r = a\sin 3\theta (a > 0)$ 所围图形的面积.
5. 求由曲线 $\sqrt{\dfrac{x}{a}} + \sqrt{\dfrac{y}{b}} = 1 (a, b > 0)$ 与坐标轴所围图形的面积.
6. 求两椭圆 $\dfrac{x^2}{a^2} + \dfrac{y^2}{b^2} = 1$ 与 $\dfrac{x^2}{b^2} + \dfrac{y^2}{a^2} = 1 (a, b > 0)$ 所围图形的面积.

10.1.2　由截面面积求体积

设三维空间中的立体 V 夹在垂直于 x 轴的两个平面 $x = a$, $x = b$ 之间 (图 10.9). 对 $x \in [a, b]$, 设垂直于 x 轴的立体 V 的截面面积为 $A(x)$, $A(x)$ 为 $[a, b]$ 上的连续函数. 则 V 的体积为

$$|V| = \int_a^b A(x) \mathrm{d}x.$$

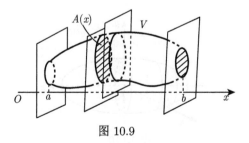

图 10.9

公式推导 对 $[a, b]$ 做剖分: $a = x_0 < x_1 < \cdots < x_n = b$, $\Delta x_i = x_i - x_{i-1}$. 由平面 $x = x_{i-1}, x = x_i$ 所截柱体记为 V_i, 则体积 $|V_i|$ 满足

$$\inf_{\xi \in [x_{i-1}, x_i]} A(\xi) \Delta x_i \leqslant |V_i| \leqslant \sup_{\xi \in [x_{i-1}, x_i]} A(\xi) \Delta x_i.$$

记 $\underline{V_i}$ 是由 $\inf\limits_{\xi\in[x_{i-1},x_i]} A(\xi)$ 为底面积、Δx_i 为高的圆柱体; $\overline{V}_i$ 是由 $\sup\limits_{\xi\in[x_{i-1},x_i]} A(\xi)$ 为底面积、Δx_i 为高的圆柱体. 则 V_i 包含在 $\underline{V_i},\overline{V}_i$ 之中, 所以 $\sum\limits_{i=1}^n |\underline{V_i}| \leqslant |V| \leqslant \sum\limits_{i=1}^n |\overline{V}_i|$.

由于 $A(x)$ 为 $[a,b]$ 上的连续函数, 由黎曼积分理论

$$|V| = \lim_{\Delta x\to 0}\sum_{i=1}^n |\underline{V_i}| = \lim_{\Delta x\to 0}\sum_{i=1}^n |\overline{V}_i| = \int_a^b A(x)\,\mathrm{d}x .\qquad\square$$

例 10.6　求椭球的体积: $\dfrac{x^2}{a^2}+\dfrac{y^2}{b^2}+\dfrac{z^2}{c^2}=1,\ a,b,c>0$.

解　如图 10.10 所示, 椭球在 yz 平面内的横截面为椭圆面, 满足

$$\frac{y^2}{b^2}+\frac{z^2}{c^2} \leqslant 1-\frac{x^2}{a^2} \quad \text{或} \quad \frac{y^2}{b^2\left(1-\dfrac{x^2}{a^2}\right)}+\frac{z^2}{c^2\left(1-\dfrac{x^2}{a^2}\right)} \leqslant 1.$$

椭圆截面的面积为

$$A(x) = \pi\cdot b\sqrt{1-\frac{x^2}{a^2}}\cdot c\sqrt{1-\frac{x^2}{a^2}} = \pi bc\left(1-\frac{x^2}{a^2}\right).$$

所以椭球的体积为

$$V = \int_{-a}^a \pi bc\left(1-\frac{x^2}{a^2}\right)\,\mathrm{d}x = \frac{4}{3}\pi abc .\qquad\square$$

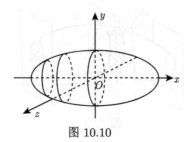

图 10.10

例 10.7　求柱体 $x^2+y^2\leqslant a^2$ 与 $x^2+z^2\leqslant a^2$ 相交部分的体积.

解　由图形的对称性, 我们只需要计算立体在三维坐标系第一卦限中的体积 (图 10.11), 这部分图形内任一点的坐标满足: $0\leqslant x\leqslant a, 0\leqslant y\leqslant \sqrt{a^2-x^2}, 0\leqslant z\leqslant \sqrt{a^2-x^2}$. 从而对 $x\in[0,a]$, 横截面是边长为 $\sqrt{a^2-x^2}$ 的正方形. 所以

$$V = 8V_1 = 8\int_0^a \left(a^2 - x^2\right) \mathrm{d}x = \frac{16}{3}a^3 . \qquad \square$$

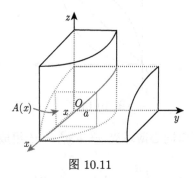

图 10.11

设 $f(x)$ 是 $[a,b]$ 上的连续函数, 考虑平面图形 $S = \{(x,y) : 0 \leqslant y \leqslant |f(x)|,$ $a \leqslant x \leqslant b\}$. S 绕 x 轴旋转一周所得的旋转体为 $V = \{(x,y,z) : a \leqslant x \leqslant b, \ y^2 + z^2 \leqslant f^2(x)\}$, 在 x 点的截面面积为 $A(x) = \pi f^2(x)$, 则 $|V|$ (图 10.12) 体积为

$$|V| = \int_a^b \pi f^2(x) \, \mathrm{d}x .$$

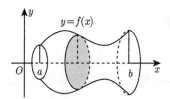

图 10.12 绕 x 轴旋转得到的旋转体

例 10.8 求抛物线 $f(x) = x^2$ 与 $g(x) = \sqrt{x}$ 所围区域绕 x 轴旋转所得旋转体的体积.

解 如图 10.13, 显然两条曲线交于点 $(0,0)$ 和 $(1,1)$. 从而所围区域的体积为

$$|V| = \pi \int_0^1 \left[g^2(x) - f^2(x)\right] \, \mathrm{d}x = \pi \int_0^1 \left(x - x^4\right) \, \mathrm{d}x = \frac{3\pi}{10} . \qquad \square$$

例 10.9 求半径为 R 的球的体积.

解 方法一: 把球看成上半圆面 $x^2 + y^2 \leqslant R$ 绕 x 轴旋转得到的旋转体

$$|V| = \int_{-R}^R \pi y^2 \, \mathrm{d}x = \int_{-R}^R \pi \left(R^2 - x^2\right) \, \mathrm{d}x = \frac{4}{3}\pi R^3 .$$

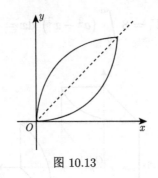

图 10.13

方法二: 把球看成一串同心薄球壳 $x^2 + y^2 = r^2$ 组成

$$|V| = \int_0^R 4\pi r^2 \, \mathrm{d}r = \frac{4}{3}\pi R^3 \,.$$

$\square$

习　　题

1. 求曲线 $y = \sin x, x \in [0, 2\pi]$ 绕 x 轴所围图形的体积.
2. 求由摆线 $x = a(t - \sin t), y = a(1 - \cos t), a > 0$ 的一拱绕 x 轴所围图形的体积.
3. 求双纽线 $r^2 = a^2 \cos 2\theta (a > 0)$ 绕极轴 $(\theta = 0)$ 旋转所得旋转曲面的面积.

10.1.3　曲线的弧长和曲率

10.1.3.1　平面曲线的弧长

设 $\boldsymbol{L} = \overset{\frown}{AB}$ 是一条非自交、非闭的平面曲线. 如图 10.14 所示, 在 $\boldsymbol{L} = \overset{\frown}{AB}$ 上从 A 到 B 依次取分点

$$A = P_0, \ P_1, \ P_2, \ \cdots, P_{n-1}, \ P_n = B.$$

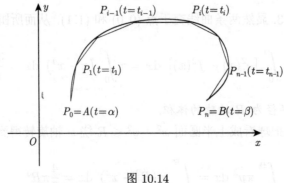

图 10.14

这些分点构成为曲线 L 的一个分割, 记为 $\mathbb{T}$. 用直线段连接 $\mathbb{T}$ 中相邻的两点, 得到曲线 L 的 n 条弦 $\overline{P_{i-1}P_i}, i = 1, 2, \cdots, n$. 这 n 条弦形成了曲线 L 的一条折线. 弦 $\overline{P_{i-1}P_i}$ 的长度记为 $|P_{i-1}P_i|, i = 1, 2, \cdots, n$. 令

$$\|\mathbb{T}\| = \max_{1 \leqslant i \leqslant n} |P_{i-1}P_i|, \quad s_{\mathbb{T}} = \sum_{i=1}^{n} |P_{i-1}P_i|,$$

分别表示最长弦的长度和折线的总长度.

定义 10.2 如果 $\lim\limits_{\|T\| \to 0} s_{\mathbb{T}} = s \in \mathbb{R}$, 即对任意的 $\epsilon > 0$, 存在 $\delta > 0$, 使得对曲线 L 的任何分割, 只要 $\|\mathbb{T}\| < \delta$, 就有 $|s_{\mathbb{T}} - s| < \epsilon$, 则称曲线 $\mathbb{C}$ 是可求长的, 并把极限 s 定义为曲线 L 的弧长.

注 10.3 闭区间上的连续函数所形成的曲线 $\{(x, f(x)) : x \in [a, b]\}$ 可能是不可求长的; 分形中的 Koch 曲线是不可求长的. 见下面例 10.15.

命题 10.1 设 $\overset{\frown}{AB}$ 是非自交的闭的平面曲线. P 是 $\overset{\frown}{AB}$ 上的一点. 如果 $\overset{\frown}{AP}, \overset{\frown}{PB}$ 都是可求长的, 则 $\overset{\frown}{AB}$ 是可求长的, 并且 $\overset{\frown}{AB}$ 的弧长 = $\overset{\frown}{AP}$ 的弧长 $+ \overset{\frown}{PB}$ 的弧长.

由定义 10.2 和命题 10.1, 容易证明 $\overset{\frown}{AB}$ 是否可求长与 P 点选取无关, 并且当 $\overset{\frown}{AB}$ 可求长时, $\overset{\frown}{AB}$ 的弧长与 P 点选取无关.

定理 10.2 (弧长公式) 设曲线 L 非自交、非闭的平面曲线, 参数方程是: $x = x(t)$, $y = y(t)$, $t \in [\alpha, \beta]$. 若 $x(t), y(t)$ 在 $[\alpha, \beta]$ 上连续可微, 则曲线 L 是可求长的, 弧长为

$$s = \int_{\alpha}^{\beta} \sqrt{[x'(t)]^2 + [y'(t)]^2} \mathrm{d}t.$$

证明 设曲线 L 的分割 $\mathbb{T} = \{P_0, P_1, \cdots, P_n\}$, 与分割 $\mathbb{T}$ 对应的 $[\alpha, \beta]$ 的分割为

$$\mathbb{T}' := \alpha = t_0 < t_1 < t_2 \cdots t_{n-1} < t_n = \beta.$$

其中 $P_0 = (x(\alpha), y(\alpha)), P_i(x_i, y_i) = (x(t_i), y(t_i)), i = 1, \cdots, n-1, P_n = (x(\beta), y(\beta))$.

首先证明 $\lim\limits_{\|\mathbb{T}\| \to 0} \|\mathbb{T}'\| = 0$.

用反证法: 假若 $\lim\limits_{\|\mathbb{T}\| \to 0} \|\mathbb{T}'\| \neq 0$. 则存在 $\epsilon_0 > 0$, 对任意 $\delta > 0$, 都可以找到分割 $\mathbb{T}$ 满足: $\|T\| < \delta, \|T'\| > \epsilon_0$. 从而可以找到曲线 $\mathbb{T}$ 上两点 Q', Q'' 使得 $|Q'Q''| < \delta$, 其对应的参量 t', t'' 满足 $|t' - t''| \geqslant \epsilon_0$.

依次取 $\delta = \dfrac{1}{n}, n = 1, 2, \cdots$, 得到两个点列 $\{Q'_n\}, \{Q''_n\}$ 和对应的参量数列

$\{t_n'\}, \{t_n''\}$, 满足

$$|Q_n'Q_n''| < \frac{1}{n}, \quad |t_n' - t_n''| \geqslant \epsilon_0.$$

由致密性定理知道, 存在两个子列 $\{t_{n_k}'\}, \{t_{n_k}''\}, t^*, t^{**} \in [\alpha, \beta]$ 使得

$$\lim_{k\to\infty} t_{n_k}' = t^*, \quad \lim_{k\to\infty} t_{n_k}'' = t^{**}.$$

由子列取法知道, $|t^* - t^{**}| \geqslant \epsilon_0$. 设 t^*, t^{**} 对应 $\mathbb{T}$ 上的点为 Q^*, Q^{**}. 由于 $|Q_n'Q_n''| < \frac{1}{n}, (x(t), y(t)), t \in [\alpha, \beta]$ 连续, 所以 $|Q^*Q^{**}| = 0$. 这与曲线 $\mathbb{T}$ 是非自交、非闭曲线矛盾. 因此, $\lim\limits_{\|\mathbb{T}\|\to 0} \|\mathbb{T}'\| = 0$.

在 $\mathbb{T}'$ 所属的每个小区间 $\Delta_i = [t_{i-1}, t_i]$ 上, 由微分中值定理得到

$$\Delta x_i = x(t_i) - x(t_{i-1}) = x'(\xi_i)\Delta t_i, \quad \xi_i \in \Delta_i;$$
$$\Delta y_i = y(t_i) - y(t_{i-1}) = y'(\eta_i)\Delta t_i, \quad \eta_i \in \Delta_i.$$

从而曲线 $\mathbb{T}$ 的内接折线总长为

$$s_{\mathbb{T}} = \sum_{i=1}^{n} \sqrt{(\Delta x_i)^2 + (\Delta y_i)^2} = \sum_{i=1}^{n} \sqrt{[x'(\xi_i)]^2 + [y'(\eta_i)]^2}\Delta t_i.$$

下面证明

$$\lim_{\|\mathbb{T}\|\to 0} s_{\mathbb{T}} = \lim_{\|\mathbb{T}'\|\to 0} \sum_{i=1}^{n} \sqrt{[x'(\xi_i)]^2 + [y'(\eta_i)]^2}\Delta t_i \left(= \int_{\alpha}^{\beta} \sqrt{[x'(t)]^2 + [y'(t)]^2}\mathrm{d}t \right).$$

记

$$\sigma_i = \sqrt{[x'(\xi_i)]^2 + [y'(\eta_i)]^2} - \sqrt{[x'(\xi_i)]^2 + [y'(\xi_i)]^2},$$

则有

$$s_{\mathbb{T}} = \sum_{i=1}^{n} \sqrt{[x'(\xi_i)]^2 + [y'(\xi_i)]^2}\Delta t_i + \sum_{i=1}^{n} \sigma_i\Delta t_i.$$

由于 $\sqrt{[x'(t)]^2 + [y'(t)]^2}$ 在 $[\alpha, \beta]$ 上连续, 从而第一项的极限是 $\int_{\alpha}^{\beta} \sqrt{[x'(t)]^2 + [y'(t)]^2}\mathrm{d}t$. 下面只需要证明当 $\|T\| \to 0$ 时, $\sum\limits_{i=1}^{m} \sigma_i\Delta t_i \to 0$.

由三角不等式: $\|A\| - \|B\| \leqslant |A - B|, A, B \in \mathbb{R}^2$, 得到

$$|\sigma_i| = |\sqrt{[x'(\xi_i)]^2 + [y'(\eta_i)]^2} - \sqrt{[x'(\xi_i)]^2 + [y'(\xi_i)]^2}| \leqslant |y'(\eta_i) - y'(\xi_i)|.$$

由于 $y'(t), t \in [\alpha, \beta]$ 连续, 从而一致连续, 所以对任意给定的 $\epsilon > 0$, 存在 $\delta > 0$, 当 $\|\mathbb{T}'\| < \delta$ 时, 只要 $\xi_i, \eta_i \in \Delta t_i$, 就有

$$|\sigma_i| \leqslant \frac{\epsilon}{\beta - \alpha}, \quad i = 1, 2, \cdots, n.$$

因此

$$\left| \sum_{i=1}^{n} \sigma_i \Delta t_i \right| \leqslant \sum_{i=1}^{n} |\sigma_i| \Delta t_i < \epsilon.$$

由此得到

$$\lim_{\|\mathbb{T}\| \to 0} s_{\mathbb{T}} = \lim_{\|\mathbb{T}'\| \to 0} \sum_{i=1}^{n} \sqrt{[x'(\xi_i)]^2 + [y'(\xi_i)]^2} \Delta t_i. \qquad \square$$

定理 10.2 可以应用到一般平面曲线.

(1) $\widehat{AB}$ 是非自交的平面闭曲线. 在 $\widehat{AB}$ 上任取一点 P, 其对应的参数是 $\gamma \in [\alpha, \beta]$, 由命题 10.1, $\widehat{AP}, \widehat{PB}$ 都是可求长的, 并且

$$\widehat{AP} \text{ 的弧长} = \int_{\alpha}^{\gamma} \sqrt{[x'(t)]^2 + [y'(t)]^2} \mathrm{d}t,$$

$$\widehat{PB} \text{ 的弧长} = \int_{\gamma}^{\beta} \sqrt{[x'(t)]^2 + [y'(t)]^2} \mathrm{d}t,$$

$$\widehat{AB} \text{ 的弧长} = \widehat{AP} \text{ 的弧长} + \widehat{PB} \text{ 的弧长} = \int_{\alpha}^{\beta} \sqrt{[x'(t)]^2 + [y'(t)]^2} \mathrm{d}t.$$

(2) $\widehat{AB}$ 是有自交点的平面闭曲线. 假设只有一个自交点 P (图 10.15). 则存在参数 $t_1, t_2 \in [\alpha, \beta], t_1 < t_2$, 曲线在 $[\alpha, t_1], [t_1, t_2], [t_2, \beta]$ 上分别是: 没有自交的曲线 $\widehat{AP}$、闭曲线 $\widehat{PP}$、没有自交的曲线 $\widehat{PB}$. 由定理 10.2、命题 10.1 和 (1) 知道它们都是可求长的, 并且

$$\widehat{AB} \text{的弧长} = \widehat{AP} \text{的弧长} + \widehat{PP} \text{的弧长} + \widehat{PB} \text{的弧长} = \int_{\alpha}^{\beta} \sqrt{[x'(t)]^2 + [y'(t)]^2} \mathrm{d}t.$$

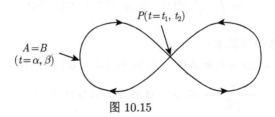

图 10.15

(3) $\widehat{AB}$ 是有自交点的平面非闭曲线. 与 (2) 类似可得.

定义 10.4 (光滑曲线)　设曲线 L 的参数方程是: $x = x(t)$, $y = y(t)$, $t \in [\alpha, \beta]$. 若 $x(t), y(t)$ 在 $[\alpha, \beta]$ 上连续可微, 且 $[x'(t)]^2 + [y'(t)]^2 \neq 0, t \in [\alpha, \beta]$, 则称 L 是光滑曲线.

推论 10.3　设 L 是光滑曲线. 则 L 的弧长为 $s = \int_\alpha^\beta \sqrt{[x'(t)]^2 + [y'(t)]^2} \mathrm{d}t$.

弧长公式的两种特殊情况

(1) 曲线 L 由直角坐标方程 $y = y(x)$, $x \in [a,b]$ 表示, 且 $y(x), x \in [a,b]$ 导函数连续, 则

$$\text{曲线的弧长} = \int_a^b \sqrt{1 + |y'(x)|^2} \mathrm{d}x.$$

(2) 曲线 L 由极坐标方程 $r = r(\theta)$, $\theta \in [\alpha, \beta]$ 表示, 且 $r(\theta), \theta \in [\alpha, \beta]$ 导函数连续, 则

$$\text{曲线的弧长} = \int_\alpha^\beta \sqrt{r^2(\theta) + [r'(\theta)]^2} \mathrm{d}\theta.$$

证明　由于

$$x'(\theta) = r'(\theta)\cos\theta - r(\theta)\sin\theta,$$
$$y'(\theta) = r'(\theta)\sin\theta + r(\theta)\cos\theta.$$

所以, $[x'(\theta)]^2 + [y'(\theta)]^2 = r^2(\theta) + [r'(\theta)]^2$, 由此得到

$$\text{曲线的弧长} = \int_\alpha^\beta \sqrt{r^2(\theta) + [r'(\theta)]^2} \mathrm{d}\theta. \qquad \square$$

类似平面曲线的弧长公式, 可以得到

定理 10.4　对于三维空间中的非自交、非闭的曲线 L, 设其参数方程为: $x = x(t)$, $y = y(t)$, $z = z(t)$, $t \in [\alpha, \beta]$, $x(t), y(t), z(t) \in C^1[\alpha, \beta]$, 则 L 的长度公式为

$$s = \int_\alpha^\beta \sqrt{[x'(t)]^2 + [y'(t)]^2 + [z'(t)]^2} \mathrm{d}t.$$

例 10.10　求曲线弧长:

(1) 直线段 $y = kx + b, k \neq 0$, $x \in [a,b]$. $|s| = \sqrt{1 + k^2}(b - a)$.

(2) 悬链线 $y = \dfrac{e^x + e^{-x}}{2}$ 从 $x = 0$ 到 $x = a > 0$ 的一段.

$$y'(x) = \frac{e^x - e^{-x}}{2}, \quad 1 + [y'(x)]^2 = \frac{(e^x + e^{-x})^2}{4}.$$

$$s = \int_0^a \sqrt{1 + [y'(x)]^2}\, dx = \int_0^a \sqrt{\frac{(e^x + e^{-x})^2}{4}}\, dx = \int_0^a \frac{(e^x + e^{-x})}{2}\, dx = \frac{e^a - e^{-a}}{2}.$$

(3) 半径为 R 的圆的周长.

方法一: 利用极坐标方程: $r = R$, 可得

$$s = \int_0^{2\pi} \sqrt{r(\theta)^2 + r'(\theta)^2}\ d\theta = \int_0^{2\pi} \sqrt{R^2}\ d\theta = 2\pi R.$$

方法二: 利用直角坐标方程: $y = \pm\sqrt{R^2 - x^2}$, 可得

$$s = 2\int_{-R}^{R} \sqrt{1 + y'(x)^2}\ dx = 2\int_{-R}^{R} \sqrt{1 + \frac{x^2}{R^2 - x^2}}\ dx = 2R\arcsin\frac{x}{R}\Big|_{-R}^{R} = 2\pi R.$$

(4) 心脏线 $r = a(1 + \cos\theta)$ 的长度.

$$s = 2\int_0^{\pi} \sqrt{r(\theta)^2 + r'(\theta)^2}\ d\theta = 2a\int_0^{\pi} \sqrt{(1 + \cos\theta)^2 + \sin^2\theta}\ d\theta$$

$$= 2\sqrt{2}a\int_0^{\pi} \sqrt{1 + \cos\theta}\ d\theta = 4a\int_0^{\pi} \cos\frac{\theta}{2}\ d\theta = 8a.$$

例 10.11 求摆线 $x = a(t - \sin t), y = a(1 - \cos t), a > 0$ 一拱的弧长.

解 $x'(t) = a(1 - \cos t), y'(t) = a\sin t$. 由弧长公式,

$$s = \int_0^{2\pi} \sqrt{[x'(t)]^2 + [y'(t)]^2}\, dt$$

$$= \int_0^{2\pi} \sqrt{[a(1 - \cos t)]^2 + [a\sin t]^2}\, dt$$

$$= \int_0^{2\pi} \sqrt{2a^2(1 - \cos t)}\, dt = 2a\int_0^{2\pi} \sin\frac{t}{2}\, dt$$

$$= 8a. \qquad \square$$

例 10.12 求椭圆 $\dfrac{x^2}{a^2} + \dfrac{y^2}{b^2} = 1,\ a > b > 0$ 的周长.

解 设 $x = a\cos\theta,\ y = b\sin\theta, \theta \in [0, 2\pi]$. 则

$$s = 4\int_0^{\frac{\pi}{2}} \sqrt{(x'(\theta))^2 + (y'(\theta))^2}\, d\theta$$

$$= 4\int_0^{\frac{\pi}{2}} \sqrt{(a\sin\theta)^2 + (b\cos\theta)^2}\, d\theta$$

$$= 4 \int_0^{\frac{\pi}{2}} \sqrt{a^2 - (a^2 - b^2)\cos^2\theta} \, \mathrm{d}\theta$$

$$= 4a \int_0^{\frac{\pi}{2}} \sqrt{1 - k^2\cos^2\theta} \, \mathrm{d}\theta, \quad k = 1 - \frac{b^2}{a^2}.$$

由于 $\sqrt{1-x} = 1 + \dfrac{1}{2}(-x) + \dfrac{\dfrac{1}{2}\left(1 - \dfrac{1}{2}\right)}{2!} x^2 + \cdots + \dfrac{\dfrac{1}{2}\left(\dfrac{1}{2} - 1\right) \cdots \left(\dfrac{1}{2} - n + 1\right)}{n!}(-x)^n$

$+ \cdots, |x| < 1$, 所以

$$s = 4a \cdot \frac{\pi}{2} \left(1 - \sum_{i=1}^{\infty} \frac{[(2i-1)!]^2 k^{2i}}{[(2i)!]^2 (2i-1)} \right). \qquad \square$$

称 $E(k) := \displaystyle\int_0^{\frac{\pi}{2}} \sqrt{1 - k^2\cos^2\theta} \, \mathrm{d}\theta$ 为**第二类完全椭圆积分**. **第一类完全椭圆积分**定义为: $F(k) = \displaystyle\int_0^{\frac{\pi}{2}} \frac{1}{\sqrt{1 - k^2\cos^2\theta}} \mathrm{d}\theta$. **第三类完全椭圆积分**定义为: $G(k,l) = \displaystyle\int_0^{\frac{\pi}{2}} \frac{1}{\sqrt{1 - k^2\cos^2\theta}\sqrt{1 + l\cos^2\theta}} \mathrm{d}\theta, k \in (0,1)$. 这三类不定积分不能用初等函数值表示. 这三类积分来源于 Ames Bernoulli (1694) 研究弹性问题. 在天文、单摆的周期问题计算中都会出现这种类型积分. Legendre (椭圆函数的研究, 1826) 给出了系统的研究.

例 10.13　试证曲线 $y = \sin x, x \in [0, 2\pi]$ 的弧长 s_1 等于椭圆 $x^2 + 2y^2 = 2$ 的周长 s_2.

证明

$$s_1 = \int_0^{2\pi} \sqrt{1 + [y'(x)]^2} \mathrm{d}x = \int_0^{2\pi} \sqrt{1 + \cos^2 x} \, \mathrm{d}x.$$

椭圆 $x^2 + 2y^2 = 2$ 的参数方程为 $x = \sqrt{2}\cos t, \ y = \sin t, \ t \in [0, 2\pi]$.

$$s_2 = \int_0^{2\pi} \sqrt{[x'(t)]^2 + [y'(t)]^2} \mathrm{d}t$$

$$= \int_0^{2\pi} \sqrt{[-\sqrt{2}\sin t]^2 + [\cos t]^2} \mathrm{d}t$$

$$= \int_0^{2\pi} \sqrt{1 + \sin^2 t} \, \mathrm{d}t$$

$$= 4 \int_0^{\frac{\pi}{2}} \sqrt{1 + \sin^2 t} \, \mathrm{d}t$$

$$= 4 \int_0^{\frac{\pi}{2}} \sqrt{1 + \cos^2 t} \, dt$$

$$= \int_0^{2\pi} \sqrt{1 + \cos^2 t} \, dt.$$

所以, $s_1 = s_2$. □

例 10.14 试证内切于一给定正方形的所有椭圆中, 以圆的周长为最大, 并求出此周长.

解 由题设知道, 内切椭圆的两轴一定分别在正方形的两条对角线上. 设正方形边长为 l. 以正方形的中心为坐标原点, 两条对角线分别为 x 轴和 y 轴, 建立直角坐标系. 设椭圆方程为 $\dfrac{x^2}{a^2} + \dfrac{y^2}{b^2} = 1$. 正方形一条边所在的直线方程是 $x + y = \dfrac{\sqrt{2}}{2} l$. 设椭圆与该直线的切点为 (x_0, y_0), 在该点的切线斜率 $-\dfrac{b^2}{a^2} \dfrac{x_0}{y_0}$ 应等于直线的斜率 -1, 所以 $-\dfrac{b^2}{a^2} \dfrac{x_0}{y_0} = -1$, 即 $x_0 = \dfrac{a^2}{b^2} y_0$. 将 x_0 代入椭圆方程, 得到

$$x_0 = \frac{a^2}{\sqrt{a^2 + b^2}}, \quad y_0 = \frac{b^2}{\sqrt{a^2 + b^2}}.$$

由于 $x_0 + y_0 = \dfrac{\sqrt{2}}{2} l$, 知 $\sqrt{a^2 + b^2} = \dfrac{\sqrt{2}}{2} l$. 设 $x = a \cos \theta, y = b \sin \theta, \theta \in [0, 2\pi]$. 则椭圆周长为

$$s = 4 \int_0^{\frac{\pi}{2}} \sqrt{[x'(\theta)]^2 + [y'(\theta)]^2} \, d\theta$$

$$= 4 \int_0^{\frac{\pi}{2}} \sqrt{a^2 \sin^2 \theta + b^2 \cos^2 \theta} \, d\theta$$

$$= 2 \int_0^{\frac{\pi}{2}} \left[\sqrt{a^2 \sin^2 \theta + b^2 \cos^2 \theta} \, d\theta + \sqrt{a^2 \sin^2 \theta + b^2 \cos^2 \theta} \right] d\theta$$

$$= 2 \int_0^{\frac{\pi}{2}} \left[\sqrt{a^2 \sin^2 \theta + b^2 \cos^2 \theta} \, d\theta + \sqrt{a^2 \cos^2 \theta + b^2 \sin^2 \theta} \right] d\theta$$

$$\left(\theta = \frac{\pi}{2} - \theta', \ \theta' \to \theta \right).$$

利用不等式 $\sqrt{x} + \sqrt{y} \leqslant \sqrt{2} \sqrt{x + y}, x, y \geqslant 0$, 且等号成立的充要条件是 $x = y$, 得到

$$\sqrt{a^2 \sin^2 \theta + b^2 \cos^2 \theta} + \sqrt{a^2 \cos^2 \theta + b^2 \sin^2 \theta}$$

$$\leqslant \sqrt{2}\sqrt{(a^2\sin^2\theta + b^2\cos^2\theta) + (a^2\cos^2\theta + b^2\sin^2\theta)}$$

$$= \sqrt{2}\sqrt{a^2 + b^2} = \sqrt{2}\cdot\frac{\sqrt{2}}{2}l = l,$$

所以周长 $s \leqslant \pi l$, 且等号成立的充要条件是

$$a^2\sin^2\theta + b^2\cos^2\theta = a^2\cos^2\theta + b^2\sin^2\theta, \quad \theta \in \left[0, \frac{\pi}{2}\right],$$

由此 $a = b$. 此时, 周长最大值是 πl (图 10.16).

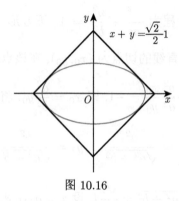

图 10.16

例 10.15　　不可求长的例子: 可微但微分后的函数不连续的曲线

$$y(x) = \begin{cases} x\sin\dfrac{1}{x}, & x \in (0, 1], \\ 0, & x = 0. \end{cases}$$

解　　如果利用定理 10.2 的公式计算:

$$\text{曲线的弧长} = \int_0^1 \sqrt{1 + [y'(x)]^2}\,\mathrm{d}x$$

$$= \int_0^1 \sqrt{1 + \left[\sin\frac{1}{x} - \frac{1}{x}\cos\frac{1}{x}\right]^2}\,\mathrm{d}x$$

$$= \int_1^\infty \frac{1}{z^2}\sqrt{1 + [\sin z - z\cos z]^2}\,\mathrm{d}z$$

$$\geqslant \int_1^\infty \frac{|\sin z - z\cos z|}{z^2}\,\mathrm{d}z = \infty.$$

事实上, 只需要计算 $\displaystyle\int_1^\infty \frac{|\cos z|}{z} = \infty.$

$$\int_1^\infty \frac{|\cos z|}{z}\mathrm{d}z \geqslant \int_\pi^{2\pi} \frac{|\cos z|}{z}\mathrm{d}z + \int_{2\pi}^{3\pi} \frac{|\cos z|}{z}\mathrm{d}z + \int_{3\pi}^{4\pi} \frac{|\cos z|}{z}\mathrm{d}z + \cdots$$

$$\geqslant \int_{\frac{\pi}{2}}^{\frac{3\pi}{2}} \frac{\cos z}{z}\mathrm{d}z + \int_{\frac{3\pi}{2}}^{\frac{5\pi}{2}} \frac{\cos z}{z}\mathrm{d}z + \int_{\frac{5\pi}{2}}^{\frac{7\pi}{2}} \frac{\cos z}{z}\mathrm{d}z$$

$$+ \cdots + \int_{\frac{(2k-1)\pi}{2}}^{\frac{(2k+1)\pi}{2}} \frac{\cos z}{z}\mathrm{d}z + \cdots$$

$$\geqslant \sum_{k=1}^\infty \int_{\frac{(2k-1)\pi}{2}}^{\frac{(2k+1)\pi}{2}} \frac{\cos z}{z}\mathrm{d}z$$

$$\geqslant \sum_{k=1}^\infty \int_{\frac{(2k-1)\pi}{2}}^{\frac{(2k+1)\pi}{2}} \frac{2\cos z}{(2k+1)\pi}\mathrm{d}z$$

$$= \sum_{k=1}^\infty \frac{1}{2k\pi + 2\pi} \int_{\frac{(2k-1)\pi}{2}}^{\frac{(2k+1)\pi}{2}} \cos z\mathrm{d}z$$

$$= \sum_{k=1}^\infty \frac{1}{2k\pi + 2\pi} \int_{-\frac{\pi}{2}}^{\frac{\pi}{2}} \cos z\mathrm{d}z = \infty.$$

或

$$\int_1^\infty \frac{|\cos z|}{z}\mathrm{d}z \geqslant \int_1^\infty \frac{\cos^2 z}{z}\mathrm{d}z = \int_1^\infty \frac{1 - \sin 2z}{2z}\mathrm{d}z$$

由于 $\displaystyle\int_1^\infty \frac{\sin 2z}{2z}\mathrm{d}z < \infty$, $\displaystyle\int_1^\infty \frac{1}{2z}\mathrm{d}z = \infty$, 所以 $\displaystyle\int_1^\infty \frac{|\cos z|}{z}\mathrm{d}z = \infty.$ □

弧微分: 由弧长公式定理 10.2, 曲线 L 由端点 P_0 到动点 $P(x(t), y(t))$ 的弧长为

$$s(t) = \int_0^t \sqrt{[x'(\tau)]^2 + [y'(\tau)]^2}\mathrm{d}\tau.$$

由于被积函数是连续的, 所以 $\mathrm{d}s = \sqrt{[x'(t)]^2 + [y'(t)]^2}\mathrm{d}t$. $\mathrm{d}s$ 称为**弧微分** (图 10.17).

对光滑曲线 $L = \{(x(t), y(t)) : t \in [\alpha, \beta]\}$, 由于 $s'(t) = \sqrt{|x'(t)|^2 + |y'(t)|^2} > 0$, 所以 $s(t), t \in [\alpha, \beta]$ 是严格增函数, 其反函数 $t(s), s \in [s(\alpha), s(\beta)]$ 也是可导的严格增函数. 于是曲线 L 可以表示为以 $s(t), t \in [\alpha, \beta]$ 为参数的参数曲线. 利用

定理 10.2 中的公式,

$$曲线的弧长 = \int_{s(\alpha)}^{s(\beta)} \sqrt{|x_s'(t(s))|^2 + |y_s'(t(s))|^2} \mathrm{d}s$$

$$= \int_{s(\alpha)}^{s(\beta)} \sqrt{|x'(t(s))t'(s)|^2 + |y'(t(s))t'(s)|^2} \mathrm{d}s$$

$$= \int_{s(\alpha)}^{s(\beta)} \sqrt{[|x'(t(s))|^2 + |y'(t(s))|^2]^2} t'(s) \mathrm{d}s$$

$$= \int_{\alpha}^{\beta} \sqrt{[|x'(t)|^2 + |y'(t)|]} \mathrm{d}t.$$

此时, 曲线是以其上固定点 P_0 到动点 P 的曲线弧长 $s = \widehat{P_0P}$ 为参数. 此表示有时不仅方便还有明确的实际意义. 例如在弯曲道路上的距离标牌的设置、卷尺子上的刻度等.

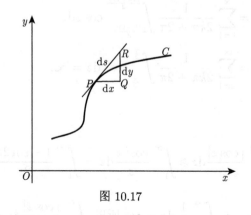

图 10.17

10.1.3.2　平面曲线的曲率

曲率是描述曲线弯曲程度的量, 是研究曲线局部性态的重要概念. 设光滑曲线 $L : x = x(t), y = y(t), t \in I$. 任取曲线 L 上两点 P, Q, 令 τ_P, τ_Q 分别为两点处切向量. 记 $\alpha(t)$ 为曲线 L 上点 $P(x(t), y(t))$ 处切线的斜率. Δs 为曲线 L 在 P, Q 两点之间的弧长. $\Delta \alpha$ 为 τ_P, τ_Q 之间的夹角. 则 P, Q 之间曲线的平均弯曲程度可以表示为 $\dfrac{\Delta \alpha}{\Delta s}$. 该值越大, 表示曲线弯曲越厉害.

定义 10.5　若极限 $\left| \lim\limits_{P \to Q} \dfrac{\Delta \alpha}{\Delta s} \right|$ 存在, 则称极限值的绝对值为曲线在 P 点的

曲率, 记为

$$\kappa = \left| \lim_{P \to Q} \frac{\Delta \alpha}{\Delta s} \right| = \left| \lim_{\Delta s \to 0} \frac{\Delta \alpha}{\Delta s} \right|.$$

如果曲线 L 充分光滑 (二阶可微, 见下面的 (1) 和 (2)), 则 $\kappa = \left| \dfrac{\mathrm{d}\alpha}{\mathrm{d}s} \right|$. κ 的值越小, 表示曲线弯曲程度越小, 曲线越接近直线.

(1) **函数表示的曲线 L**: $y = f(x)$, $x \in [a,b]$, f 二阶可微.

设在 x 处曲线 L 的切线与 x 轴夹角为 $\alpha(x)$, 则切线的斜率为: $\tan \alpha(x) = f'(x)$, 见图 10.18. 从而

$$\alpha(x) = \arctan f'(x), \quad \mathrm{d}\alpha(x) = \frac{f''(x)}{1 + f'(x)^2}\,\mathrm{d}x, \quad \mathrm{d}s(x) = \sqrt{1 + f'(x)^2}\,\mathrm{d}x.$$

从而可以得到曲率公式为

$$\kappa = \left| \frac{\mathrm{d}\alpha}{\mathrm{d}s} \right| = \frac{|f''(x)|}{[1 + f'(x)^2]^{3/2}}.$$

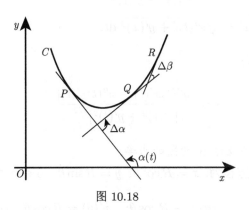

图 10.18

例 10.16 *求半径为 R 的圆的曲率.*

证明 圆在直角坐标系下的函数表达式为

$$y = \pm\sqrt{R^2 - x^2}, \quad -R \leqslant x \leqslant R.$$

从而可以求得

$$y' = \mp \frac{x}{\sqrt{R^2 - x^2}}, \quad y'' = \mp \frac{R^2}{(R^2 - x^2)^{3/2}}.$$

所以圆周上任一点的曲率为

$$\kappa = \frac{|y''(x)|}{[1 + y'(x)^2]^{3/2}} = \frac{R^2}{(R^2 - x^2)^{3/2}} \times \left(1 + \frac{x^2}{R^2 - x^2}\right)^{-3/2} = \frac{1}{R}.$$

这说明圆的半径越大, 曲率越小. 如我们感觉地球表面像平面一样.   □

(2) **参数方程表示的曲线 L**: $x = x(t),\ y = y(t),\ t \in [a, b]$, $x(t), y(t)$ 二阶可微.

曲线 L 在点 x 处切线与 x 轴之间的夹角为

$$\alpha(x) = \arctan \frac{\mathrm{d}y}{\mathrm{d}x} = \arctan \frac{y'(t)}{x'(t)}.$$

从而

$$\mathrm{d}\alpha(x) = \frac{1}{1 + y'(t)^2/x'(t)^2} \frac{y''(t)x'(t) - x''(t)y'(t)}{x'(t)^2}\,\mathrm{d}t$$

$$= \frac{y''(t)x'(t) - x''(t)y'(t)}{x'(t)^2 + y'(t)^2}\,\mathrm{d}t,$$

$$\mathrm{d}l(x) = \sqrt{x'(t)^2 + y'(x)^2}\,\mathrm{d}t.$$

由此得到曲率公式为

$$\kappa = \frac{|y''(t)x'(t) - x''(t)y'(t)|}{[x'(t)^2 + y'(t)^2]^{3/2}}.$$

例 10.17   求半径为 R 的圆的曲率.

解   圆的参数方程为: $x = R\cos\theta,\ y = R\sin\theta$, $0 \leqslant x \leqslant 2\pi$. 从而可以求得

$$x'(\theta) = -R\sin\theta, \quad x''(\theta) = -R\cos\theta; \quad y'(\theta) = R\cos\theta, \quad y''(\theta) = -R\sin\theta.$$

直接计算可得

$$x'(\theta)^2 + y'(\theta)^2 = R^2, \quad x'(\theta)y''(\theta) - x''(\theta)y'(\theta) = R^2.$$

所以圆周上任一点的曲率为 $\kappa = \dfrac{1}{R}$.   □

例 10.18   求椭圆 $x = a\cos t, y = b\sin t,\ t \in [0, 2\pi]$, $0 < b < a$ 的曲率和最大、最小曲率点.

解

$$x'(t) = -a\sin t, \quad x''(t) = -a\cos t;$$

$$y'(t) = b\cos t, \quad y''(t) = -b\sin t, \quad 0 \leqslant t \leqslant 2\pi.$$

从而

$$\kappa = \frac{ab}{(a^2\sin^2 t + b^2\cos^2 t)^{\frac{3}{2}}} = \frac{ab}{[(a^2 - b^2)\sin^2 t + b^2]^{\frac{3}{2}}}.$$

所以椭圆圆周上最大、最小曲率点和曲率分别为

$$(a, 0), \kappa_{\max} = \frac{a}{b^2}; \quad (0, b), \kappa_{\min} = \frac{b}{a^2}. \qquad \square$$

例 10.19 某工件内部表面的截痕为椭圆. 现要用砂轮磨削其内表面, 问选择多大的砂轮合适?

解 设 $x = a\cos t, y = b\sin t,\ t \in [0, 2\pi], 0 < b < a$. 则由例 10.17 知道

$$\kappa_{\max} = \frac{a}{b^2}, \quad \kappa_{\min} = \frac{b}{a^2}.$$

需要砂轮半径

$$R = \frac{1}{\kappa} \leqslant \frac{b^2}{a}.$$

即砂轮半径为 $\dfrac{b^2}{a}$ 比较合适. $\qquad \square$

例 10.19 中的砂轮的半径是由椭圆最小曲率确定的, 数学上砂轮可以用 "曲率圆" 描述.

定义 10.6 设 P 是曲线上点, 在 P 处与曲线相切, 且与曲线有相同的曲率和凸性的圆, 称为曲线在 P 处的**曲率圆**. 曲率圆的圆心称为**曲率中心**, 半径称为**曲率半径**.

性质 10.5 在曲线上点 P 的一个邻域内, 曲线和它在 P 处的曲率圆都位于曲线的同一侧 (图 10.19).

例 10.20 设函数 $f(x)$ 在点 x_0 的二阶导数非零, 求曲线 $y = f(x)$ 在点 $(x_0, y_0), y_0 = f(x_0)$ 处的曲率圆.

解 设曲率圆的方程为: $(x - \xi)^2 + (y - \eta)^2 = R^2$. 则利用隐函数求导法则, 对上式两端关于 x 求导可得

$$x - \xi + (y - \eta)y' = 0 \implies y' = -\frac{x - \xi}{y - \eta},$$

$$1 + (y')^2 + (y - \eta)y'' = 0 \implies y'' = -\frac{1 + (y')^2}{y - \eta}.$$

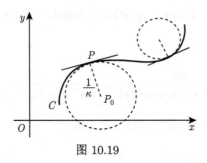

图 10.19

从而得到方程组

$$-\frac{x_0 - \xi}{y_0 - \eta} = f'(x_0), \quad -\frac{1 + f'(x_0)^2}{y_0 - \eta} = f''(x_0).$$

解关于 ξ, η 的方程组, 得到曲率圆的圆心 (ξ, η) 和半径 R:

$$\xi = x_0 - \frac{f'(x_0)}{f''(x_0)} \left[1 + f'(x_0)^2\right], \quad \eta = y_0 + \frac{1}{f''(x_0)} \left[1 + f'(x_0)^2\right],$$

$$R = \frac{1}{|f''(x_0)|} \left[1 + f'(x_0)^2\right]^{3/2}. \qquad\qquad \square$$

性质 10.6 两条光滑曲线 $y = f(x), y = g(x)$ 在点 (x_0, y_0) 有相同的曲率圆等价于

$$f(x_0) = g(x_0) = y_0, \quad f'(x_0) = g'(x_0), \quad f''(x_0) = g''(x_0).$$

性质 10.7 光滑曲线的曲率 κ 与曲率半径满足: $\kappa = \frac{1}{R}$.

例 10.21 如图 10.20 所示, 火车轨道从直道进入半径为 R 的弧形弯道 $\overset{\frown}{AB}$ 时, 为了行车安全, 必须经过一段缓冲轨道 $\overset{\frown}{OA}$, 使得曲率由零连续地增加到 $\frac{1}{R}$, 从而使得火车的向心加速度 $a = \frac{v^2}{\rho}$(或向心力) 也连续地变化. 试分析缓冲轨道曲率的变化形式, 并设计缓冲轨道.

解   图中 $\overset{\frown}{AB}$ 是半径为 R 的圆弧形轨道, Q 为圆心. 虚线表示的是弧长为 l 的缓冲轨道 $\overset{\frown}{OA}$, 采用三次曲线 $y = \frac{x^3}{6Rl}$ 缓冲轨道的曲率公式为

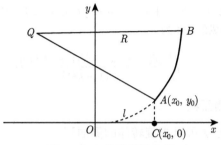

图 10.20 铁路弯道分析

$$\kappa = \frac{|y''(x)|}{[1 + y'(x)^2]^{3/2}} = \frac{x}{Rl} \times \left[1 + \frac{x^4}{4R^2l^2}\right]^{-3/2} = \frac{8R^2l^2x}{(x^4 + 4R^2l^2)^{3/2}} \,.$$

当从缓冲弧长的起点 $x = 0$ 变化到终点 $x = x_0$ 时, 曲率连续地从 0 变化为

$$\kappa_0 = \frac{8R^2l^2x_0}{(x_0^4 + 4R^2l^2)^{3/2}} = \frac{1}{R} \cdot \frac{8l^2x_0}{(x_0^4R^{-2} + 4l^2)^{3/2}} \,.$$

当 $x_0 \ll R$ 时, $\dfrac{x_0^4}{R^2} \ll 4l^2$. 此时 $x_0 \approx l$, 且

$$\kappa \approx \frac{1}{R} \,.$$

所以, 取弧长 $l \approx x_0$ 时, 铁轨曲率连续的变化起到了缓冲作用. □

<h2 style="text-align:center">习　题</h2>

1. 计算下列曲线的弧长.

(1) $y = x^{\frac{3}{2}}$, $0 \leqslant x \leqslant 4$.

(2) $y^2 = 2px(p > 0)$, $0 \leqslant x \leqslant a$.

(3) $x = a\cos^3 t$, $y = a\sin^3 t(a > 0)$, $0 \leqslant t \leqslant 2\pi$.

(4) $r = a\theta(a > 0)$, $0 \leqslant \theta \leqslant 2\pi$.

2. 求下列曲线在指定点处的曲率

(1) $y = \ln x$, 在点 $(2, \sqrt{2})$.

(2) $x = a\cos^3 t, y = a\sin^3 t(a > 0)$, 在 $t = \dfrac{\pi}{4}$ 的点.

3. 求 a, b 使椭圆 $\dfrac{x^2}{a^2} + \dfrac{y^2}{b^2} = 1$ 的周长等于正弦曲线 $y = \sin x$ 在 $0 \leqslant x \leqslant \pi$ 上一段的弧长.

4. 求曲线 $y = e^x$ 上曲率最大的点.

5. 设 $y = f(x)$ 在 $[a, b]$ 上导函数连续, 在直线 $L : y = kx + c$ 的上方且与 (a, b) 无交点, $f(a) \leqslant f(b)$. 记 $(A(a, f(a)), B(b, f(b)))$, P 为曲线上点 $Q(x, f(x))$ 到直线 L 的垂足. C, D

分别是点 A, B 到直线 L 的垂足. 证明: 由 $y = f(x)$, $y = kx + c$, AC, BD 所围面积绕 $y = kx + c$ 旋转一周所围成的体积为

$$V = \pi \int_a^b \frac{[f(x) - kx - c]^2 |1 + kf'(x)|}{\sqrt{(1 + k^2)^3}} \mathrm{d}x.$$

10.1.4　旋转立体的侧面积

利用黎曼积分的方法可以求旋转体的侧面积.

(1) **函数形式**　设平面曲线 L 的方程为: $y = f(x)$, $x \in [a, b]$, $f' \in C([a, b])$.

不妨设 $f(x) \geqslant 0$. 平面曲线 L 绕 x 轴旋转一周得到旋转曲面 (图 10.21), 试推出曲面面积 S 的计算公式.

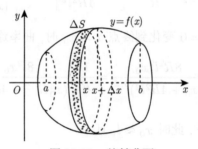

图 10.21　旋转曲面

过 x 轴上两点 x_{i-1}, x_i 分别做 x 轴的垂直平面, 它们将旋转体截成一个高度为 $\Delta x_i := x_i - x_{i-1}$ 的曲边小圆台. 以 $\Delta x_i = x_i - x_{i-1}, \Delta y_i = f(x_i) - f(x_{i-1})$ 为直角三角形斜边为母线的直圆台侧面积为

$$\Delta S_i = \pi \left[|f(x_{i-1})| + |f(x_i)| \right] \sqrt{(\Delta x_i)^2 + [\Delta y_i]^2}.$$

由于

$$\left[|f(x_{i-1})| + |f(x_i)| \right] \sqrt{(\Delta x_i)^2 + (\Delta y_i)^2}$$

$$= \left[|f(x_{i-1})| + |f(x_i)| \right] \sqrt{1 + \left(\frac{\Delta y_i}{\Delta x_i} \right)^2} \Delta x_i$$

$$= \left[|f(x_{i-1})| + |f(x_i)| \right] \sqrt{1 + (f'(\xi_i))^2} \Delta x_i, \quad \xi_i \in [x_{i-1}, x_i]$$

$$= \left[|f(\xi_i) - f'(\xi_{i1})(\xi_i - x_{i-1})| + |f(\xi_i) \right.$$
$$\left. + f'(\xi_{i2})(x_i - \xi_i)| \right] \sqrt{1 + [f'(\xi_i)]^2} \Delta x_i, \quad \xi_{i1} \in [x_{i-1}, \xi_i], \ \xi_{i2} \in [\xi_i, x_i]$$

$$\leqslant 2|f(\xi_i)| \sqrt{1 + [f'(\xi_i)]^2} \Delta x_i + \left[|f'(\xi_{i1})| + |f'(\xi_{i2})| \right] \sqrt{1 + [f'(\xi_i)]^2} \left(\Delta x_i \right)^2$$

$$\leqslant 2|f(\xi_i)| \sqrt{1 + [f'(\xi_i)]^2} \Delta x_i + M \left(\Delta x_i \right)^2,$$

其中 $M = 2 \sup\limits_{x \in [a,b]} \left[|f'(x)| \sqrt{1 + [f'(x)]^2} \right]$.

同理

$$[|f(x_{i-1})| + |f(x_i)|] \sqrt{(\Delta x_i)^2 + [\Delta y_i]^2} \geqslant 2|f(\xi_i)| \sqrt{1 + [f'(\xi_i)]^2} \Delta x_i - M (\Delta x_i)^2 .$$

由于 $|f(x)| \sqrt{1 + [f'(x)]^2}$ 在 $[a,b]$ 上连续, 由定积分理论,

$$S = \int_a^b 2\pi |f(x)| \sqrt{1 + [f'(x)]^2} \, \mathrm{d}x .$$

我们称上述积分值 S 为**曲边圆柱的侧面积**.

(2) **参数方程**   设平面非自交曲线 $\boldsymbol{L}$: $x = x(t)$, $y = y(t)$, $t \in [a,b]$, $x'(t), y'(t) \in C([a,b])$.

旋转体的侧面积为

$$S = \int_a^b 2\pi |y(t)| \sqrt{[x'(t)]^2 + [y'(t)]^2} \, \mathrm{d}t .$$

证明类似 (1) 和求曲线长度的方法.

(3) **极坐标方程**   设平面曲线 $\boldsymbol{L}$ 的方程: $r = r(\theta)$, $\theta \in [\alpha, \beta]$, $r' \in C([\alpha, \beta])$.

由于旋转曲面是函数曲线围绕极轴 $\theta = 0$ 旋转得到的, 在直角坐标系内参数方程表达式为 $x(\theta) = r(\theta)\cos\theta$, $y(\theta) = r(\theta)\sin\theta$. 由 (2) 知道, 旋转体的侧面积为

$$S = \int_\alpha^\beta 2\pi r(\theta) |\sin\theta| \sqrt{r^2(\theta) + [r'(\theta)]^2} \, \mathrm{d}\theta.$$

例 10.22   求抛物面 $z = x^2 + y^2$ ($0 \leqslant z \leqslant 1$) 的面积 (图 10.22).

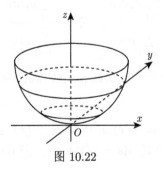

图 10.22

解   抛物面可以看成函数曲线 $y = \sqrt{z}$, $z \in [0,1]$ 绕 z 轴旋转一周得到. 所以

$$S = \int_0^1 2\pi |y| \sqrt{1 + y'^2} \, \mathrm{d}z = \int_0^1 2\pi \sqrt{z} \sqrt{1 + \frac{1}{4z}} \, \mathrm{d}z = \frac{\pi}{6} \left(5\sqrt{5} - 1 \right). \qquad \square$$

例 10.23　求心脏线 $r = a(1 + \cos\theta), a > 0$ 绕极轴 $(\theta = 0)$ 旋转一周所得到的旋转体的侧面积.

解

$$S = \int_0^\pi 2\pi |r(\theta)\sin\theta| \sqrt{r(\theta)^2 + r'(\theta)^2}\, d\theta$$

$$= 2\pi a^2 \int_0^\pi (1 + \cos\theta)\sin\theta \sqrt{(1 + \cos\theta)^2 + \sin^2\theta}\, d\theta$$

$$= \frac{32}{5}\pi a^2. \qquad\qquad \square$$

习　　题

1. 求下列平面曲线绕指定轴旋转所得旋转曲面的面积.

(1) $y = \sin x,\ 0 \leqslant x \leqslant \pi$ 绕 x 轴.

(2) $x = a\cos\theta, y = b\sin\theta,\ \theta \in [0, 2\pi]$ 绕 y 轴.

2. 求双纽线 $r^2 = 2a^2 \cos 2\theta (a > 0)$ 绕极轴旋转所得旋转曲面的面积.

10.2　定积分在物理中的应用

利用一元函数积分可以求特殊二维、三维几何体的质心、形心. 一般的平面和立体几何体的质心、形心需要用二元和三元积分.

10.2.1　质心计算

设平面质点系含有 n 个质点, 位置和质量分别为 (x_k, y_k), m_k, $k = 1, \cdots, n$. 则平面质点系的质心为

$$\bar{x} = \frac{\sum_{k=1}^n x_k m_k}{\sum_{k=1}^n m_k}, \quad \bar{y} = \frac{\sum_{k=1}^n y_k m_k}{\sum_{k=1}^n m_k}.$$

利用 "微元法", 可以计算平面曲线和旋转体的质心.

10.2.1.1　平面曲线的质心

(1) 设曲线 L 满足 $y = f(x), x \in [a, b]$, $f(x) \in C^1([a, b])$, 曲线密度 $\rho \in C([a, b])$. 应用弧长微元的公式 $ds = \sqrt{1 + [f'(x)]^2}\, dx$, 平面曲线的质心为

$$\bar{x} = \frac{\int_a^b x\rho(x)\sqrt{1 + [f'(x)]^2}\, dx}{\int_a^b \rho(x)\sqrt{1 + [f'(x)]^2}\, dx}, \quad \bar{y} = \frac{\int_a^b f(x)\rho(x)\sqrt{1 + [f'(x)]^2}\, dx}{\int_a^b \rho(x)\sqrt{1 + [f'(x)]^2}\, dx}.$$

注 10.7 古尔金 (Paul Guldin) 第一定理: 取 $\rho(x) = 1$, 则

$$2\pi\bar{x}\int_a^b \sqrt{1+[f'(x)]^2}\,\mathrm{d}x = \int_a^b 2\pi x\sqrt{1+[f'(x)]^2}\,\mathrm{d}x,$$

$$2\pi\bar{y}\int_a^b \sqrt{1+[f'(x)]^2}\,\mathrm{d}x = \int_a^b 2\pi f(x)\sqrt{1+[f'(x)]^2}\,\mathrm{d}x.$$

可以看出: 曲线 $y = f(x)$ 绕 y 轴 (或 x 轴) 旋转得到的旋转体的侧面积等于一个圆柱的侧面积, 其中圆柱的底面半径为 $\bar{x}$(或 $\bar{y}$), 高为曲线 $\boldsymbol{L}$ 的弧长.

(2) 设曲线 $\boldsymbol{L}$ 满足参数方程: $x = x(t), y = y(t), t \in [a,b]$, $x(t), y(t) \in C^1([a,b])$. 曲线密度 $\rho(t) \in C([a,b])$. 应用弧长微元的公式 $\mathrm{d}s = \sqrt{[x'(t)]^2 + [y'(t)]^2}\,\mathrm{d}t$, 曲线的质心为

$$\bar{x} = \frac{\displaystyle\int_a^b x(t)\rho(t)\sqrt{[x'(t)]^2 + [y'(t)]^2}\,\mathrm{d}t}{\displaystyle\int_a^b \rho(t)\sqrt{[x'(t)]^2 + [y'(t)]^2}\,\mathrm{d}t}, \qquad \bar{y} = \frac{\displaystyle\int_a^b y(t)\rho(t)\sqrt{[x'(t)]^2 + [y'(t)]^2}\,\mathrm{d}t}{\displaystyle\int_a^b \rho(t)\sqrt{[x'(t)]^2 + [y'(t)]^2}\,\mathrm{d}t}.$$

10.2.1.2 旋转体的质心

设 $f(x)$ 是 $[a,b]$ 上的连续函数, 平面图形 $S = \{(x,y): 0 \leqslant y \leqslant |f(x)|,\ a \leqslant x \leqslant b\}$ 绕 x 轴旋转一周所得的旋转体为 V, 体积为 $|V|$ (图 10.23), 即

$$V = \left\{(x,y,z):\ a \leqslant x \leqslant b,\ y^2 + z^2 \leqslant f^2(x)\right\},$$

$$|V| = \int_a^b \pi f^2(x)\,\mathrm{d}x.$$

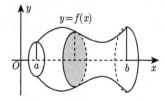

图 10.23 绕 x 轴旋转得到的旋转体

则旋转体质心在 x 轴的位置是

$$\bar{x} = \frac{\displaystyle\int_a^b x f^2(x)\mathrm{d}x}{\displaystyle\int_a^b f^2(x)\mathrm{d}x}.$$

注 10.8　旋转体质心在 y, z 轴上的位置, 需要借助三元积分.

例 10.24　求一个高位 H, 顶角为 α 的倒立锥体的质心 (图 10.24).

解　由对称性知质心位于 y 轴上. 函数 $x = f(y) = y \tan \alpha$. 则

$$\bar{y} = \frac{\displaystyle\int_0^h y(y\tan\alpha)^2 \mathrm{d}y}{\displaystyle\int_0^h (y\tan\alpha)^2 \mathrm{d}y} = \frac{3}{4}H.$$

质心位置与顶角的大小无关！　　　　　　　　　　　　　　　　　　　□

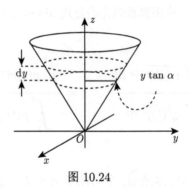

图 10.24

10.2.2　形心计算

平面曲边图形的形心公式为: $f, g \in C([a, b])$,

$$\bar{x} = \frac{\displaystyle\int_a^b x\left[f(x) - g(x)\right]\,\mathrm{d}x}{\displaystyle\int_a^b \left[f(x) - g(x)\right]\,\mathrm{d}x}, \quad \bar{y} = \frac{\displaystyle\int_a^b \frac{f(x) + g(x)}{2}\left[f(x) - g(x)\right]\,\mathrm{d}x}{\displaystyle\int_a^b \left[f(x) - g(x)\right]\,\mathrm{d}x}.$$

如图 10.25.

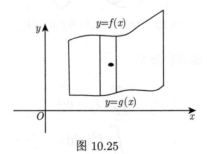

图 10.25

注 10.9 古尔金第二定理: 取 $g(x) = 0$, 则

$$2\pi\bar{x}\int_a^b f(x)\,\mathrm{d}x = 2\pi\int_a^b xf(x)\,\mathrm{d}x, \quad 2\pi\bar{y}\int_a^b f(x)\,\mathrm{d}x = \int_a^b \pi f^2(x)\,\mathrm{d}x.$$

可以看出, 曲边体形绕 y 轴 (或 x 轴) 旋转一周所得旋转体的体积等于以 $\bar{x}$ (或 $\bar{y}$) 为半径的圆的周长乘以曲边梯形面积.

例 10.25 求由 $y = k|x|(k>0)$ 与 $y = k$ 所围的三角形的形心 (图 10.26).

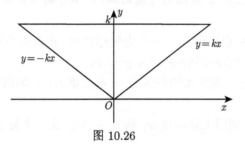

图 10.26

解 设形心坐标为 $(\bar{x}, \bar{y})$. 根据对称性可知 $\bar{x} = 0$, 并且只需要利用第一象限的图形来计算 $\bar{y}$. 为简便起见, 我们把 y 看作自变量, 则第一象限的三角形夹在直线 $x = \dfrac{y}{k}$ 和 $x = 0$ 之间. 从而

$$\bar{y} = \frac{\displaystyle\int_0^k y\left(\frac{y}{k}+\frac{y}{k}\right)\mathrm{d}y}{\displaystyle\int_0^k \left(\frac{y}{k}+\frac{y}{k}\right)\mathrm{d}y} = \frac{2}{3}k. \qquad\square$$

例 10.26 求抛物线 $x = y^2\ (k>0)$ 与 $x - y = 2$ 所围图形的形心 (图 10.27).

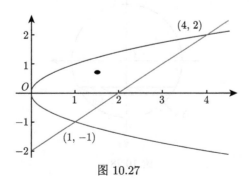

图 10.27

解　设形心坐标为 $(\bar{x}, \bar{y})$.

$$\bar{x} = \frac{\displaystyle\int_{-1}^{2} \frac{(y+2)+y^2}{2}\left(y+2-y^2\right)\mathrm{d}y}{\displaystyle\int_{-1}^{2}\left(y+2-y^2\right)\mathrm{d}y} = \frac{8}{5}, \quad \bar{y} = \frac{\displaystyle\int_{-1}^{2} y\left(y+2-y^2\right)\mathrm{d}y}{\displaystyle\int_{-1}^{2}\left(y+2-y^2\right)\mathrm{d}y} = \frac{1}{2}. \quad \square$$

10.2.3 压力计算

例 10.27　半径为 3 米圆形管道的阀门, 水平面齐及直径时, 求闸门所受水的静压力.

解　如图 10.28, 以圆形阀门中心为坐标原点, 垂直向下和平行于水面的直线为 x 轴和 y 轴. 则圆形阀门满足 $x^2 + y^2 \leqslant 9$.

物理定律　立方体侧面水的静压力 = 水比重 $(\nu) \times$ 侧面面积 $(S) \times$ 水深度的一半.

当 Δx 很小时, 阀门上从深度 x_i 到 $x_i + \Delta x_i$ 这一狭条 ΔS_i 的面积满足

$$2\sqrt{9 - (x_i + \Delta x_i)^2}\Delta x_i \leqslant \Delta S_i \leqslant 2\sqrt{9 - x_i^2}\Delta x_i.$$

ΔS_i 上所受的静压力 $\Delta P_i = \nu x_i \Delta S_i$ 满足

$$2\nu x_i\sqrt{9 - (x_i + \Delta x_i)^2}\Delta x_i \leqslant \Delta P_i \leqslant 2\nu x_i\sqrt{9 - x_i^2}\Delta x_i,$$

由于函数 $x\sqrt{9 - x^2}$, $x \in [-3, 3]$ 连续, 由定积分理论,

$$P = \int_0^3 2\nu x\sqrt{9 - x^2}dx = 18\nu. \quad \square$$

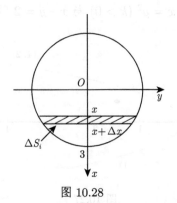

图 10.28

10.2.4 引力计算

例 10.28 质量为 M、长为 l 的均匀细杆, 在其中垂线上相距细杆为 a 处有一质量为 m 的质点, 求细杆对质点的万有引力.

解 如图 10.29, 细杆位于 x 轴上的 $\left[-\dfrac{l}{2}, \dfrac{l}{2}\right]$, 质点位于 y 轴上的点 a. 任取 $[x, x+\Delta x] \subseteq \left[-\dfrac{l}{2}, \dfrac{l}{2}\right]$, 当 Δx 很小时, 可以把这一小段细杆看作一质点, 其质量为 $\Delta M = \dfrac{M}{l}\Delta x$. 设它对 a 处的质点的万有引力为 F.

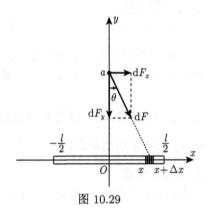

图 10.29

万有引力定律 质量为 m_1, m_2 (千克) 的两物体之间的万有引力为: $F = G\dfrac{m_1 m_2}{r^2}$. 其中 r 是两物体之间的距离 (千米), G 是万有引力常数.

由于细杆上各点对质点的万有引力方向不同, 为此将万有引力 F 分解到 x 轴和 y 轴两个方向上, 得到

$$F_x = F\sin\theta, \quad F_y = -F\cos\theta,$$

负号表示合力与 y 轴方向相反. 由于质点位于细杆中垂线上, 所以 x 轴方向上的合力为 0, 即

$$F_x = 0.$$

利用**万有引力公式**, 在 y 轴方向上

$$\Delta F_y = -\frac{Gm\Delta M}{r^2}\cos\theta = -\frac{Gm}{a^2 + x^2} \cdot \frac{M}{l}\cos\theta \cdot \Delta x.$$

由于 $\cos\theta = \dfrac{a}{\sqrt{a^2 + x^2}}$,

$$
\begin{aligned}
F_y &= -\int_{-\frac{l}{2}}^{\frac{l}{2}} \frac{Gm}{a^2 + x^2} \cdot \frac{M}{l} \cos\theta \cdot \mathrm{d}x \\
&= -\int_{-\frac{l}{2}}^{\frac{l}{2}} \frac{Gm}{a^2 + x^2} \cdot \frac{M}{l} \cdot \frac{a}{\sqrt{a^2 + x^2}} \mathrm{d}x \\
&= -\int_{-\frac{l}{2}}^{\frac{l}{2}} \frac{GmMa}{l} (a^2 + x^2)^{-\frac{3}{2}} \mathrm{d}x \\
&= -\frac{2GmM}{a\sqrt{4a^2 + l^2}}.
\end{aligned}
$$

$\square$

例 10.29　设半径为 r 的圆弧形导线, 均匀带电, 电荷密度为 δ, 在圆心正上方距圆弧所在平面为 a 的地方有一电量为 q 的电荷. 求圆弧形导线与点电荷之间作用力.

解　把点电荷置于原点, z 轴垂直向下, 圆弧形导线置于水平平面 $z = a$ 上.

库仑定律　电量为 q_1, q_2 的两个点电荷之间的作用力的大小为: $F = \dfrac{kq_1 q_2}{\rho^2}$, ρ 是两个电荷之间的距离, k 是库仑常数.

把中心角为 $\Delta\varphi$ 的一小段导线看作一点电荷, 其电量为 $\Delta Q = \delta\Delta s = \delta r\Delta\varphi$. 它对点电荷的作用力为

$$
\Delta F = k \cdot \frac{q\Delta Q}{\rho^2} = \frac{k\delta rq}{a^2 + r^2}\Delta\varphi.
$$

如图 10.30, 把 F 分解为 z 轴方向的垂直分力 F_z 和水平方向的分力 F_x. 由于点电荷位于圆弧导线的对称轴 Oz 上, 且导线上的电荷密度恒为常数 (因为均匀带电), 所以水平方向分力 F_x 相互抵消. 利用 $\cos\theta = \dfrac{a}{\sqrt{a^2 + r^2}}$,

$$
\mathrm{d}F_z = \Delta F \cdot \cos\theta = \frac{k\delta rq}{a^2 + r^2}\Delta\varphi \cdot \frac{a}{\sqrt{a^2 + r^2}} = k\delta rqa(a^2 + r^2)^{-\frac{3}{2}}\Delta\varphi,
$$

所以, 垂直方向的合力为

$$
F_z = \int_0^{2\pi} k\delta rqa(a^2 + r^2)^{-\frac{3}{2}} \mathrm{d}\varphi = \frac{2\pi k\delta rqa}{(a^2 + r^2)^{\frac{3}{2}}}.
$$

这就是圆弧形导线与电荷之间作用力的大小.

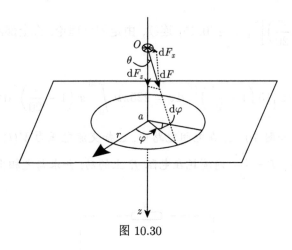

图 10.30

10.2.5 做功计算

例 10.30 池口直径 30 米、深 20 米的圆锥形水池盛满水. 求抽空池中水需做的功.

解 **物理定律** 抽出圆柱体中水需做的功 = 水的比重 $(\nu) \times$ 圆柱体底面积 $\times$ 水的深度.

如图 10.31, 建立直角坐标系, x 轴向下, y 轴向右. 将池中深度为 x_i 到 $x_i + \Delta x_i$ 的薄层水 ΔV_i 抽至池口. 记以 x_i 为圆心的圆的半径是 r_i, 利用相似三角形, 可得到

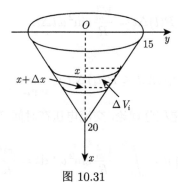

图 10.31

$$\frac{15}{20} = \frac{r_i}{20 - x_i}, \quad r_i = 15\left(1 - \frac{x_i}{20}\right).$$

则把薄层水 ΔV_i 抽至池口需要做的功满足

$$\nu\pi\left[15\left(1 - \frac{x_i + \Delta x_i}{20}\right)\right]^2 \Delta x_i \leqslant \Delta W_i \leqslant \nu\pi\left[15\left(1 - \frac{x_i}{20}\right)\right]^2 \Delta x_i.$$

由于 $x\left[15\left(1-\dfrac{x}{20}\right)\right]^2$, $x \in [0,15]$ 连续, 由定积分理论, 将全部池水抽出池外需要做的功

$$W = \int_0^{20} \pi\nu x\left[15\left(1-\frac{x}{20}\right)\right]^2 \mathrm{d}x = 225\pi\nu \int_0^{20} x\left(1-\frac{x}{20}\right)^2 \mathrm{d}x = 7500\pi\nu. \quad \square$$

例 10.31　如图 10.32, 在电阻电路中, 已知交流电压为 $V(t) = V_m \sin\omega t$. 求在一个周期 $[0,T], T = \dfrac{2\pi}{\omega}$ 内消耗在电阻 R 上的功, 并求与之相当的直流电压.

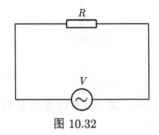

图 10.32

解　在直流电压 $V = V_0$ 下, 功率是 $P = \dfrac{V_0^2}{R}$.

在交流电压下, 瞬时功率为 $P(t) = \dfrac{V^2(t)}{R} = \dfrac{V_m^2}{R}\sin^2\omega t$. 在 $[t, t+\Delta t]$ 时间段内, 功为

$$P(t)\Delta t = \frac{V_m^2}{R}\sin^2\omega t \Delta t.$$

由于

$$\min_{t\in[t_{i-1},t_i]} P(t)\Delta_i t \leqslant P(t_i)\Delta_i t \leqslant \max_{t\in[t_{i-1},t_t]} P(t)\Delta_i t,$$

$P(t)$ 在 $[0,T]$ 上连续, 由定积分理论, 交流电压在时间 T 内所做的功为

$$\int_0^T P(t)\mathrm{d}t = \int_0^{\frac{2\pi}{\omega}} \frac{V_m^2}{R}\sin^2\omega t\,\mathrm{d}t = \frac{\pi V_m^2}{R\omega}.$$

所以交流电压在时间 T 内所做的平均功率为

$$\bar{P} = \frac{1}{T}\int_0^T P(t)\mathrm{d}t = \frac{\omega}{2\pi}\cdot\frac{\pi V_m^2}{R\omega} = \frac{V_m^2}{2R}.$$

为使 $P = \bar{P}$, 只需 $V_0 = \dfrac{V_m}{\sqrt{2}}$. 所以与之相当的直流电压为 $V_0 = \dfrac{V_m}{\sqrt{2}}$. $\quad\square$

习 题

1. 有一等腰梯形闸门, 其上、下两条边各长为 10 米和 6 米, 高为 20 米. 计算当水面与上底边相齐时闸门一侧所受的静压力.

2. 直径为 6 米的球侵入水中, 其球心在水下 10 米处, 求球面上所受的浮力.

3. 设有两条各长为 l 的均匀细杆在同一直线上, 中间离开距离为 c, 每根细杆的质量为 M. 求它们之间的万有引力.

4. 一物体在某介质中按 $x(t) = ct^3$ 做直线运动, 介质的阻力与速度 $\dfrac{\mathrm{d}x(t)}{\mathrm{d}t}$ 的平方成正比. 计算物体由 $x = 0$ 到 $x = a$ 时克服介质阻力所做的功.

10.3 定积分的近似计算

利用牛顿–莱布尼茨公式计算定积分需要求出被积函数的原函数, 这在实际应用中一般很难做到, 通常采用近似方法计算. 这节简单介绍四种常用方法.

设

$$I = \int_a^b f(x) \, \mathrm{d}x .$$

下面我们仅考虑区间 $[a, b]$ 的等距剖分

$$\mathbb{T} = \{T_1, \cdots, T_n\}, \quad T_i = [x_{i-1}, x_i], \quad x_i = a + ih, \quad h = \frac{b-a}{n} \quad i = 1, \cdots, n.$$

定积分的近似计算就是用分段多项式函数近似替换 $f(x)$, 即在每个剖分区间 T_i 上用多项式函数 $f_h(x)$ 近似函数 $f(x)$, 于是

$$I \approx I_h = \int_a^b f_h(x) \, \mathrm{d}x.$$

由此导出一个重要问题是: 剖分的细度对误差 $I - I_h$ 的影响!

10.3.1 一阶误差近似——矩形法

如果 $f \in C^1[a, b]$, 在 T_i 上, 对函数 $f(x)$ 做常数逼近

$$f_h(x) = f\left(\frac{x_{i-1} + x_i}{2}\right), \quad x \in [x_{i-1}, x_i].$$

每个面积微元用底为 h, 高为 $f_h(x)$ 的矩形面积来近似. 从而得到

矩形公式

$$I \approx I_h = \int_a^b f_h(x)\,\mathrm{d}x = \sum_{i=1}^n \int_{x_{i-1}}^{x_i} f\left(\frac{x_{i-1}+x_i}{2}\right)\,\mathrm{d}x = \sum_{i=1}^n f\left(\frac{x_{i-1}+x_i}{2}\right)h\,.$$

误差估计为

$$|I - I_h| \leqslant \int_a^b |f(x) - f_h(x)|\,\mathrm{d}x \leqslant Ch,$$

其中 C 为与 h 无关的常数.

证明

$$\int_b^a |f(x) - f_h(x)|\mathrm{d}x = \sum_{i=1}^n \int_{x_{i-1}}^{x_i} \left| f(x) - f\left(\frac{x_{i-1}+x_i}{2}\right)\right|\,\mathrm{d}x$$

$$= \sum_{i=1}^n \int_{x_{i-1}}^{x_i} \left| f'(\xi_i)\left(x - \frac{x_{i-1}+x_i}{2}\right)\right|\,\mathrm{d}x, \quad \xi_i \in [x_{i-1}, x_i]$$

$$\leqslant \frac{3}{2}\sup_{x\in[a,b]}|f'(x)|(b-a)h, \quad C = \frac{3}{2}\sup_{x\in[a,b]}|f'(x)|(b-a).\quad \square$$

10.3.2　二阶误差近似——梯形法

如果 $f \in C^2[a,b]$, 在 T_i 上, 对函数 $f(x)$ 做线性逼近

$$f_h(x) = f(x_i)\frac{x - x_{i-1}}{h} + f(x_{i-1})\frac{x_i - x}{h}, \quad \forall\, x \in [x_{i-1}, x_i]\,.$$

此时, $f_h(x_{i-1}) = f(x_{i-1}), f_h(x_i) = f(x_i)$. 每个面积微元用高为 h, 上下底分别为 $f(x_{i-1}), f(x_i)$ 的梯形面积来近似. 从而得到

梯形公式

$$I \approx I_h = \int_a^b f_h(x)\,\mathrm{d}x = \sum_{i=1}^n \int_{x_{i-1}}^{x_i} \left[f(x_i)\frac{x - x_{i-1}}{h} + f(x_{i-1})\frac{x_i - x}{h}\right]\,\mathrm{d}x$$

$$= \sum_{i=1}^n \frac{f(x_i) + f(x_{i-1})}{2}h\,.$$

误差估计为

$$|I - I_h| \leqslant \int_a^b |f(x) - f_h(x)|\,\mathrm{d}x \leqslant Ch^2,$$

其中 C 为与 h 无关的常数.

证明

$$\int_b^a |f(x) - f_h(x)| \mathrm{d}x$$

$$= \sum_{i=1}^n \int_{x_{i-1}}^{x_i} \left[f(x) - f(x_i)\frac{x - x_{i-1}}{h} - f(x_{i-1})\frac{x_i - x}{h} \right] \mathrm{d}x$$

$$= \sum_{i=1}^n \int_{x_{i-1}}^{x_i} \left[(f(x) - f(x_i))\frac{x - x_{i-1}}{h} + (f(x) - f(x_{i-1}))\frac{x_i - x}{h} \right] \mathrm{d}x$$

$$= \sum_{i=1}^n \int_{x_{i-1}}^{x_i} \left[f'(\xi_i)(x - x_i)\frac{x - x_{i-1}}{h} \right.$$

$$\left. + f'(\eta_i)(x - x_{i-1})\frac{x_i - x}{h} \right] \mathrm{d}x, \quad \xi_i \in [x, x_i], \eta_i \in [x_{i-1}, x]$$

$$= \sum_{i=1}^n \int_{x_{i-1}}^{x_i} [f'(\eta_i) - f'(\xi_i)]\frac{(x - x_{i-1})(x_i - x)}{h} \mathrm{d}x$$

$$= \sum_{i=1}^n \int_{x_{i-1}}^{x_i} f''(\zeta_i)(\xi_i - \eta_i)\frac{(x - x_{i-1})(x_i - x)}{h} \mathrm{d}x \quad \zeta_i \in [\eta_i, \xi_i]$$

$$\leqslant \sup_{x \in [a,b]} |f''(x)|(b-a)h^2, \quad C = \sup_{x \in [a,b]} |f''(x)|(b-a). \qquad \Box$$

10.3.3 三阶误差近似———辛普森法

如果 $f \in C^3[a, b]$, 在 T_i 上对函数 $f(x)$ 做二次多项式逼近使得

$$f_h(x) = f(x_i)\frac{2(x - x_{i-1})(x - x_{i-\frac{1}{2}})}{h^2} + f(x_{i-\frac{1}{2}})\frac{4(x_i - x)(x - x_{i-1})}{h^2}$$

$$+ f(x_{i-1})\frac{2(x_i - x)(x_{i-\frac{1}{2}} - x)}{h^2}, \quad x \in [x_{i-1}, x_i], \text{ 其中 } x_{i-\frac{1}{2}} = \frac{x_{i-1} + x_i}{2}.$$

此时, $f_h(x_{i-1}) = f(x_{i-1})$, $f_h(x_{i-\frac{1}{2}}) = f(x_{i-\frac{1}{2}})$, $f_h(x_i) = f(x_i)$. 从而得到

辛普森 (Simpson) 公式

$$I \approx I_h = \int_a^b f_h(x) \mathrm{d}x = \sum_{i=1}^n \frac{f(x_i) + 4f(x_{i-\frac{1}{2}}) + f(x_{i-1})}{6} h.$$

误差估计为

$$\int_a^b |f(x) - f_h(x)| \mathrm{d}x \leqslant Ch^3,$$

其中 C 为与 h 无关的常数.

10.3.4　高阶误差近似———高斯-勒让德积分公式

这种逼近方法代数精度可提高到 $2n+1$ 次, 并且允许区间 $[a,b]$ 的分割点不均匀, 也取消了 $x_0 = a, x_n = b$ 的要求.

高斯-勒让德 (Gauss-Legendre) 积分公式　设 $f \in C^{2n+2}([-1,1])$. 则

$$\int_{-1}^{1} f(x) \, \mathrm{d}x \approx \sum_{i=1}^{n} w_i f(x_i),$$

其中 x_i, $i = 1, \cdots, n$ 是 $[-1,1]$ 上 Legendre 多项式 $P_n(x) = \dfrac{1}{2^n n!} \dfrac{\mathrm{d}^n}{\mathrm{d}x^n} (x^2 - 1)$ 的零点.

ω_i, $i = 1, \cdots, n$ 用下面方法确定:

$n = 1$ 时: $P_1(x) = x$ 的零点 $x_1 = 0$. 令 $\displaystyle\int_{-1}^{1} g(x) \, \mathrm{d}x = \omega_1 g(0)$, 其中 $g(x) = 1$.

$n = 2$ 时: $P_2(x) = \dfrac{1}{2}(3x^2 - 1)$ 的零点 $x_1 = -\dfrac{1}{\sqrt{3}}, x_2 = \dfrac{1}{\sqrt{3}}$. 令 $\displaystyle\int_{-1}^{1} g(x) \, \mathrm{d}x = \omega_1 g\left(-\dfrac{1}{\sqrt{3}}\right) + \omega_2 g\left(\dfrac{1}{\sqrt{3}}\right)$, 其中 $g(x) = 1, x$. 解出 ω_1, ω_2.

$\cdots\cdots$

n 时: $P_n(x)$ 的零点 $x_1, x_2, \cdots, x_n$. 令 $\displaystyle\int_{-1}^{1} g(x) \, \mathrm{d}x = \sum_{i=1}^{n} \omega_i g(x_i)$, 其中 $g(x) = 1, x, \cdots x^n$. 解出 $\omega_1, \omega_2, \cdots \omega_n$.

误差估计为

$$\left| \int_{a}^{b} \left[f(x) - \sum_{i=0}^{n} w_i f(x_i) \right] \mathrm{d}x \right| \leqslant \frac{2^{2n+3}[(n+1)!]^4}{(2n+3)[(2n+2)!]^3} f^{2n+2}(\xi)$$

$$= \frac{8(n+1)!}{(2n+3)2^n(2n+1)!!} f^{2n+2}(\xi), \quad \xi \in [-1,1].$$

对于一般区间上的积分, 可以通过坐标变换来计算

$$\int_{a}^{b} f(x) \, \mathrm{d}x = \frac{b-a}{2} \int_{-1}^{1} f\left(\frac{b}{2}(1+x) + \frac{a}{2}(1-x) \right) \, \mathrm{d}x \approx \frac{b-a}{2} \sum_{i=1}^{n} t_i f(t_i),$$

$$t_i = \frac{b}{2}(1+x_i) + \frac{a}{2}(1-x_i).$$

注10.10 (1) Legendre 多项式具有正交性: $\displaystyle\int_{-1}^{1} P_n(x) P_m(x)\, \mathrm{d}x = \frac{2}{2n+1}\delta_{mn}$.

(2) Legendre 多项式递推关系式: $(n+1)P_{n+1}(x) = (2n+1)xP_n(x) - nP_{n-1}(x)$.

(3) 在比较大的区间上, 利用 Gauss-Legendre 积分公式计算误差会增加.

习　题

1. 用矩形法、梯形法计算: $\displaystyle\int_1^2 \frac{\mathrm{d}x}{x}$ (将区间十等分).

2. 用辛普森法近似计算: $\displaystyle\int_0^\pi \frac{\sin x}{x}\mathrm{d}x$ (分别将区间二等分、四等分、六等分).

3. 证明: 辛普森法近似计算的误差估计.

4. 证明: Gauss-Legendre 积分公式的误差估计.

第 11 章 反常积分

黎曼积分有两个必要条件: (1) 积分区间有限; (2) 被积函数有界. 这两个条件给实际应用带来很大局限, 因此需要推广定积分的定义, 拓展其应用范围. 积分区域或被积函数是无界时的积分统称为**反常积分**.

例 11.1 (第二宇宙速度) 在地球表面垂直发射火箭, 要使火箭克服地球引力远离地球, 试问出速度 v_0 至少要多大 (图 11.1).

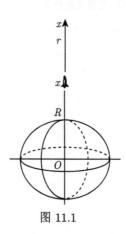

图 11.1

解 设地球半径为 R, 火箭质量为 m, 地面上的重力加速度为 g. 由万有引力公式, 在距地心 $x\,(\geqslant R)$ 处火箭所受的引力为

$$F = \frac{mgR^2}{x^2}\,.$$

利用微元法可知, 火箭从地面上升到距离地心为 $r\,(>R)$ 处所需做的功为

$$\int_R^r \frac{mgR^2}{x^2}\,\mathrm{d}x = mgR^2\left(\frac{1}{R} - \frac{1}{r}\right),$$

当 $r \to +\infty$ 时, 其极限 mgR 就是火箭远离地球所需要至少做的功. 将这个极限形式地写为

$$\int_R^{+\infty} \frac{mgR^2}{x^2}\,\mathrm{d}x = \lim_{r \to +\infty} \int_R^r \frac{mgR^2}{x^2}\,\mathrm{d}x = mgR\,.$$

若在火箭运行中不受其他外力作用, 由机械能守恒定律, 火箭初始速度 v 至少应该是

$$\frac{1}{2}mv^2 = mgR, \quad v = \sqrt{2gR} = \sqrt{2 \times 9.8 \times 6.37} \approx 11.2(\text{km/s}). \qquad \square$$

11.1 反常积分概念和基本计算

11.1.1 无界区间上的积分

定义 11.1 (无界区间上的积分) 设 $a \in \mathbb{R}, f(x)$ 在 $[a, +\infty)$ 内任意一个有界子区间上可积. 则称极限

$$\lim_{A \to \infty} \int_a^A f(x) \, \mathrm{d}x$$

为无界区间 $[a, +\infty)$ 上的反常积分. 如果极限存在, 则称反常积分收敛, 也称 f 在 $[a, +\infty)$ 上可积, 记为

$$\int_a^\infty f(x) \, \mathrm{d}x.$$

否则称这个反常积分发散. 此外, 若

$$\int_a^{+\infty} |f(x)| \mathrm{d}x$$

收敛, 则称 f 在 $[a, +\infty)$ 上绝对可积.

类似地, 可以定义其他类型无界区间上的反常穷积分

$$\int_{-\infty}^b f(x) \, \mathrm{d}x = \lim_{B \to -\infty} \int_B^b f(x) \, \mathrm{d}x \,,$$

$$\int_{-\infty}^{+\infty} f(x) \, \mathrm{d}x = \int_{-\infty}^a f(x) \, \mathrm{d}x + \int_a^{+\infty} f(x) \, \mathrm{d}x \,. \qquad (11.1)$$

在 (11.1) 中, 反常积分的收敛性以及收敛的值都与实数 a 的选取无关, 读者可以自己证明.

例 11.2 研究无界区间反常积分 $\int_1^{+\infty} \frac{1}{x^p} \, \mathrm{d}x$.

解 对任意给定的 $A > 1$, 我们有

$$p \neq 1 : \qquad \int_1^A \frac{1}{x^p} \, \mathrm{d}x = \frac{1}{1-p} x^{1-p} \Big|_1^A = \frac{A^{1-p} - 1}{1-p},$$

$$p = 1: \qquad \int_1^A \frac{1}{x^p}\, dx = \ln x\big|_1^A = \ln A.$$

所以无界区间反常积分在 $p \leqslant 1$ 时发散, 在 $p > 1$ 时收敛且

$$\int_1^{+\infty} \frac{1}{x^p}\, dx = \frac{1}{p-1}. \qquad\qquad \square$$

注 11.2 (柯西主值)　研究无界区间反常积分 $\displaystyle\int_{-\infty}^{+\infty} \frac{x}{1+x^2}\, dx$.

对任意 $A > 0$, 由于

$$\int_0^A \frac{x}{1+x^2}\, dx = \frac{1}{2}\ln(1+x^2)\bigg|_0^A = \frac{1}{2}\ln(1+A^2), \qquad \lim_{A\to+\infty}\ln(1+A^2) = +\infty,$$

所以无界区间反常积分 $\displaystyle\int_{-\infty}^{+\infty} \frac{x}{1+x^2}\, dx$ 发散. 如果定义

$$\mathrm{P.V.}\int_{-\infty}^{\infty} \frac{x}{1+x^2} := \lim_{A\to+\infty}\int_{-A}^{A} \frac{x}{1+x^2}\, dx,$$

则 $\displaystyle\mathrm{P.V.}\int_{-\infty}^{\infty} \frac{x}{1+x^2} = 0$. 这种方式定义的积分称为 "柯西主值". 在这种意义下,

$$\int_{-A}^{A} \frac{x}{1+x^2}\, dx = \frac{1}{2}\ln(1+x^2)\bigg|_{-A}^{A} = \frac{1}{2}\ln\left(\frac{1+A^2}{1+(-A)^2}\right) = 0,$$

则

$$\mathrm{P.V.}\int_{-\infty}^{\infty} \frac{x}{1+x^2} = 0.$$

11.1.2　无界函数的积分 (瑕积分)

定义 11.3　设 $c \in [a,b]$ 且函数 $f(x)$ 在 $[a,b] \setminus \{c\}$ 上有定义. 若 $f(x)$ 在任一空心邻域 $U^o(c,\delta) \cap [a,b]$ 内无界, 则称 c 为 $f(x)$ 的一个瑕点.

定义 11.4 (无界函数积分)　设函数 f 在区间 $[a,b)$ 上有定义且 b 为 f 的一个瑕点. 若 $f(x)$ 在任何闭区间 $[a,u] \subset [a,b)$ 上都有界且可积. 则称极限

$$\lim_{u\to b^-}\int_a^u f(x)\mathrm{d}x$$

为无界函数 $f(x)$ 在 $[a,b)$ 上的瑕积分. 如果极限存在, 则称瑕积分收敛, 也称 $f(x)$ 在 $[a,b)$ 上可积, 记为

$$\int_a^b f(x)\,\mathrm{d}x.$$

否则称瑕积分 $\displaystyle\int_a^b f(x)\mathrm{d}x$ 在 $[a,b)$ 上发散.

若 f 的瑕点 $c \in (a,b)$ 且在 $[a,c) \cup (c,b]$ 上有定义, 则定义瑕积分为

$$\int_a^b f(x)\,\mathrm{d}x = \int_a^c f(x)\,\mathrm{d}x + \int_c^b f(x)\,\mathrm{d}x.$$

若 f 在 (a,b) 上有定义且 a,b 均为 f 的瑕点, 则定义瑕积分为

$$\int_a^b f(x)\,\mathrm{d}x = \int_a^c f(x)\,\mathrm{d}x + \int_c^b f(x)\,\mathrm{d}x,$$

其中 $c \in (a,b)$. 与无界区间上的反常积分一样, 上述第二个等式瑕积分值不依赖于 c 的选取.

例 11.3 讨论瑕积分 $\displaystyle\int_a^b \frac{1}{(x-a)^p}\,\mathrm{d}x$ 的敛散性.

解 设 $\delta \in (0, b-a)$.

$$p \neq 1: \quad \int_{a+\delta}^b \frac{1}{(x-a)^p}\,\mathrm{d}x = \frac{(x-a)^{1-p}}{1-p}\bigg|_{a+\delta}^b = \frac{1}{1-p}\left[(b-a)^{1-p} - \delta^{1-p}\right].$$

$$p = 1: \quad \int_{a+\delta}^b \frac{1}{(x-a)^p}\,\mathrm{d}x = \ln(x-a)\bigg|_{a+\delta}^b = \ln(b-a) - \ln\delta.$$

所以, 当 $p<1$ 时, 瑕积分 $\displaystyle\int_a^b \frac{1}{(x-a)^p}\,\mathrm{d}x$ 收敛. 当 $p \geqslant 1$ 时, 瑕积分 $\displaystyle\int_a^b \frac{1}{(x-a)^p}\,\mathrm{d}x$ 发散. $\square$

例 11.4 讨论瑕积分 $\displaystyle\int_{-1}^1 \frac{1}{\sqrt{1-x^2}}\,\mathrm{d}x$ 的敛散性.

解 设 $\delta \in (0,1)$. 则

$$\int_{-1+\delta}^0 \frac{1}{\sqrt{1-x^2}}\,\mathrm{d}x = \arcsin x\bigg|_{-1+\delta}^0 = \arcsin(1-\delta).$$

$$\int_0^{1-\delta} \frac{1}{\sqrt{1-x^2}}\,\mathrm{d}x = \arcsin x\bigg|_0^{1-\delta} = \arcsin(1-\delta).$$

所以

$$\int_{-1}^{1} \frac{1}{\sqrt{1-x^2}} \, \mathrm{d}x = \int_{-1}^{0} \frac{1}{\sqrt{1-x^2}} \, \mathrm{d}x + \int_{0}^{1} \frac{1}{\sqrt{1-x^2}} \, \mathrm{d}x$$

$$= \lim_{\delta \to 0} \left(\int_{-1+\delta}^{0} \frac{1}{\sqrt{1-x^2}} \, \mathrm{d}x + \int_{0}^{1-\delta} \frac{1}{\sqrt{1-x^2}} \, \mathrm{d}x \right)$$

$$= \lim_{\delta \to 0} 2 \arcsin(1-\delta) = \pi .$$ □

11.1.3 反常积分的收敛准则

定理 11.1 (无穷区间积分的柯西收敛准则) $\int_{a}^{+\infty} f(x) \, \mathrm{d}x$ 收敛的充要条件是

$$\forall \, \varepsilon > 0, \ \exists \, N > 0, \quad 使得 \quad \left| \int_{A}^{B} f(x) \, \mathrm{d}x \right| < \varepsilon \quad \forall \, A, B > N.$$

定理 11.2 (瑕积分的柯西收敛准则) 设 a 为 $f(x)$ 唯一的瑕点. 则瑕积分 $\int_{a}^{b} f(x) \, \mathrm{d}x$ 收敛的充要条件是

$$\forall \, \varepsilon > 0, \ \exists \, \delta > 0, \quad 使得 \quad \left| \int_{A}^{B} f(x) \, \mathrm{d}x \right| < \varepsilon, \quad \forall \, A, B \in (a, a+\delta).$$

利用柯西收敛准则, 可以得到下列收敛的充分判别法.

推论 11.3 (收敛的充分判别法) (1) 设 $f(x)$ 在任意有限区间都可积, 则

$$\int_{a}^{+\infty} |f(x)| \, \mathrm{d}x \ 收敛 \quad \Longrightarrow \quad \int_{a}^{+\infty} f(x) \, \mathrm{d}x \ 收敛.$$

(2) 设 $f(x)$ 在任意有限区间 $[a+\delta, b]$ 都可积, 则

$$\int_{a}^{b} |f(x)| \, \mathrm{d}x \ 收敛 \quad \Longrightarrow \quad \int_{a}^{b} f(x) \, \mathrm{d}x \ 收敛.$$

定义 11.5 (绝对收敛与条件收敛) 设 $f(x)$ 的反常积分收敛.

(1) 若无穷积分 $\int_{a}^{+\infty} |f(x)| \, \mathrm{d}x$ 收敛, 则称 $\int_{a}^{+\infty} f(x) \, \mathrm{d}x$ 绝对收敛.

(2) 若无穷积分 $\int_{a}^{+\infty} |f(x)| \, \mathrm{d}x$ 发散, 则称 $\int_{a}^{+\infty} f(x) \, \mathrm{d}x$ 条件收敛.

例 11.5 证明无界区间反常积分 $\displaystyle\int_1^{+\infty} \frac{\cos x}{x}\,\mathrm{d}x$ 条件收敛.

解 (1) 收敛: 证明无界区间反常 $\displaystyle\int_1^{+\infty} \frac{\cos x}{x}\,\mathrm{d}x$ 收敛. 对任意 $A > 1$,

$$\int_1^A \frac{\cos x}{x}\,\mathrm{d}x = \frac{\sin x}{x}\bigg|_1^A + \int_1^A \frac{\sin x}{x^2}\,\mathrm{d}x = \frac{\sin A}{A} - \sin 1 + \int_1^A \frac{\sin x}{x^2}\,\mathrm{d}x.$$

因为 $\displaystyle\lim_{A\to+\infty} \frac{\sin A}{A} = 0$, 所以

$$\int_1^{+\infty} \frac{\cos x}{x}\,\mathrm{d}x \text{ 收敛} \quad\Longleftrightarrow\quad \int_1^{+\infty} \frac{\sin x}{x^2}\,\mathrm{d}x \text{ 收敛}.$$

$\forall\, \varepsilon > 0, \exists\, N = \dfrac{1}{\varepsilon} + 1$, 使得对任意 $B > A > N$,

$$\left|\int_A^B \frac{\sin x}{x^2}\,\mathrm{d}x\right| \leqslant \int_A^B \frac{1}{x^2}\,\mathrm{d}x = \frac{1}{A} - \frac{1}{B} < \frac{1}{A} < \varepsilon.$$

由柯西收敛准则, $\displaystyle\int_1^{+\infty} \frac{\cos x}{x}\,\mathrm{d}x$ 收敛.

(2) 绝对发散: 证明无界区间反常 $\displaystyle\int_1^{+\infty} \left|\frac{\cos x}{x}\right|\,\mathrm{d}x$ 发散.

$$\int_1^A \frac{|\cos x|}{x}\,\mathrm{d}x \geqslant \int_1^A \frac{\cos^2 x}{x}\,\mathrm{d}x = \int_1^A \frac{1 + \cos 2x}{2x}\,\mathrm{d}x$$

$$= \frac{1}{2}\int_1^A \frac{1}{x}\,\mathrm{d}x + \frac{1}{2}\int_2^{2A} \frac{\cos x}{x}\,\mathrm{d}x.$$

当 $A \to +\infty$ 时, 上式右端第一项发散, 第二项收敛. 所以无界区间反常 $\displaystyle\int_1^{+\infty} \left|\frac{\cos x}{x}\right|\,\mathrm{d}x$ 发散. 即 $\displaystyle\int_1^{+\infty} \frac{\cos x}{x}\,\mathrm{d}x$ 条件收敛. $\qquad\square$

11.1.4 反常积分的简单计算

定理 11.4 (牛顿–莱布尼茨公式) 设函数 $f(x)$ 在 $[a, +\infty)$ 上可积, 且有原函数 $F(x)$. 则

$$\int_a^{+\infty} f(x)\mathrm{d}x = F(+\infty) - F(a), \quad F(+\infty) := \lim_{x\to+\infty} F(x).$$

同理可证 $(-\infty, a]$, $(-\infty, +\infty)$ 情况.

证明

$$\int_a^{+\infty} f(x)\mathrm{d}x = \lim_{A\to+\infty} \int_a^A f(x)\mathrm{d}x = \lim_{A\to+\infty} [F(A) - F(a)] = F(+\infty) - F(a). \quad \square$$

类似可以证明:

定理 11.5 (牛顿–莱布尼茨公式) 设函数 $f(x)$ 在 $[a,b)$ 上可积, b 是瑕点, 且有原函数 $F(x)$. 则

$$\int_a^b f(x)\mathrm{d}x = F(b^-) - F(a), \quad F(b^-) := \lim_{x\to b^-} F(x).$$

同理有其他情况.

定理 11.6 (换元法) 若函数 $\phi(t)$ 在 $[\alpha,\beta)$ 上单调, 有连续导函数, $\phi(\alpha) = a, \phi(\beta^-) = b$ (β 可以是无穷大或有限实数), 则

$$\int_a^b f(x)\mathrm{d}x = \int_\alpha^\beta f(\phi(t))\phi'(t)\mathrm{d}t.$$

定理 11.7 (分部积分法) 若 $u(x), v(x)$ 为 $[a,b)$ (b 可以是无穷大或有限实数) 上的可导函数, 则

$$\int_a^b u(x)v'(x)\mathrm{d}x = u(x)v(x)\Big|_a^{b^-} - \int_a^b u'(x)v(x)\mathrm{d}x.$$

注 11.6 在定理 11.4—定理 11.7 中, 极限若不存在, 说明反常积分发散.

例 11.6 计算 $\displaystyle\int_0^1 t^n(\ln t)^m\mathrm{d}t, \quad n, m \in \mathbb{N}.$

解 对 $m = 0$,

$$I_0 = \int_0^1 t^n\mathrm{d}t = \frac{1}{n+1}.$$

对 $m \geqslant 1$,

$$\begin{aligned}
I_m = \int_0^1 t^n(\ln t)^m\mathrm{d}t &= \frac{1}{n+1}\int_0^1 (\ln t)^m\mathrm{d}t^{n+1}\\
&= \frac{1}{n+1}(t^{n+1}\ln t)^m\Big|_0^1 - \frac{m}{n+1}\int_0^1 t^n(\ln t)^{m-1}\mathrm{d}t\\
&= -\frac{m}{n+1}I_{m-1},
\end{aligned}$$

由此得到递推公式:

$$I_m = \left(-\frac{m}{n+1}\right)\left(-\frac{m-1}{n+1}\right)\cdots\left(-\frac{1}{n+1}\right)I_0 = (-1)^m \frac{m!}{(n+1)^{m+1}}. \qquad \square$$

例 11.7 设 $a > 0$, 计算 $\displaystyle\int_0^{+\infty} e^{-ax}\cos bx\mathrm{d}x$.

解 (1) $b = 0$. $\displaystyle\int_0^{+\infty} e^{-ax}\mathrm{d}x = \frac{1}{a}$

(2) $b \neq 0$. 利用分部积分公式

$$\begin{aligned}
\int_0^{+\infty} e^{-ax}\cos bx\mathrm{d}x &= \frac{1}{b}\int_0^{+\infty} e^{-ax}\mathrm{d}\sin bx \\
&= \frac{1}{b}\left[e^{-ax}\sin bx \big|_0^{+\infty} + a\int_0^{+\infty} e^{-ax}\sin bx\mathrm{d}x \right] \\
&= \frac{a}{b}\int_0^{+\infty} e^{-ax}\sin bx\mathrm{d}x \\
&= -\frac{a}{b^2}\int_0^{+\infty} e^{-ax}\mathrm{d}\cos bx \\
&= -\frac{a}{b^2}\left[e^{-ax}\cos bx \big|_0^{+\infty} + a\int_0^{+\infty} e^{-ax}\cos bx\mathrm{d}x \right] \\
&= -\frac{a}{b^2}\left[-1 + a\int_0^{+\infty} e^{-ax}\cos bx\mathrm{d}x \right] \\
&= \frac{a}{b^2} - \frac{a^2}{b^2}\int_0^{+\infty} e^{-ax}\cos bx\mathrm{d}x,
\end{aligned}$$

所以

$$\int_0^{+\infty} e^{-ax}\cos bx\mathrm{d}x = \frac{a}{a^2+b^2}. \qquad \square$$

例 11.8 计算 $\displaystyle\int_{-\infty}^{+\infty} |t-x|^{\frac{1}{2}} \frac{y}{(t-x)^2+y^2}\mathrm{d}t$, $y > 0$.

解 设 $u = t - x$, 则

$$I = \int_{-\infty}^{+\infty} |t-x|^{\frac{1}{2}} \frac{y}{(t-x)^2+y^2}\mathrm{d}t = \int_{-\infty}^{+\infty} |u|^{\frac{1}{2}} \frac{y}{u^2+y^2}\mathrm{d}u = 2\int_0^{+\infty} |u|^{\frac{1}{2}} \frac{y}{u^2+y^2}\mathrm{d}u.$$

设 $v = \dfrac{\sqrt{u}}{\sqrt{y}}$，则

$$I = 4\sqrt{y} \int_0^{+\infty} \frac{v^2}{v^4 + 1} \mathrm{d}v.$$

设 $w = \dfrac{1}{v}$，则

$$\int_0^{+\infty} \frac{v^2}{v^4 + 1} \mathrm{d}v = \int_0^{+\infty} \frac{1}{1 + w^4} \mathrm{d}w = \int_0^{+\infty} \frac{1}{1 + v^4} \mathrm{d}v.$$

所以

$$
\begin{aligned}
I &= 4\sqrt{y} \int_0^{+\infty} \frac{v^2}{v^4 + 1} \mathrm{d}v \\
&= 4\sqrt{y} \cdot \frac{1}{2} \int_0^{+\infty} \frac{1 + v^2}{v^4 + 1} \mathrm{d}v \\
&= 2\sqrt{y} \int_0^{+\infty} \left(\frac{1}{1 + \sqrt{2}v + v^2} + \frac{1}{1 - \sqrt{2}v + v^2} \right) \mathrm{d}v \\
&= 2\sqrt{y} \cdot \frac{\sqrt{2}}{4} \left[\arctan(\sqrt{2}v + 1) + \arctan(\sqrt{2}v - 1) \right]\Big|_0^{+\infty} \\
&= 2\sqrt{y} \cdot \frac{\sqrt{2}}{4} \pi \\
&= \sqrt{2y}\pi.
\end{aligned}
$$

　　　　　　　　　　　　　　　　　　　　　　　　　　　　　　　　□

　　对简单的反常积分, 可以计算其值. 但对一般函数, 这是做不到的. 退一步, 是否可以判定其收敛? 下面两节分别研究一般非负函数和一般函数的反常积分收敛判别法.

习　　题

1. 讨论下列无界区间反常是否收敛, 若收敛, 则求其值.

(1) $\displaystyle\int_{-\infty}^{+\infty} xe^{-x^2} \mathrm{d}x$;　　　　　　　　　　(2) $\displaystyle\int_0^{+\infty} \frac{1}{\sqrt{e^x}} \mathrm{d}x$;

(3) $\displaystyle\int_{-\infty}^{+\infty} \frac{1}{4x^2 + 4x + 5} \mathrm{d}x$;　　　　(4) $\displaystyle\int_0^{+\infty} \frac{1}{\sqrt{1 + x^2}} \mathrm{d}x$.

2. 讨论下列瑕积分是否收敛, 若收敛, 则求其值.

(1) $\displaystyle\int_0^1 \frac{1}{(x - a)^p} \mathrm{d}x$;　　　　　　　　　(2) $\displaystyle\int_0^1 \frac{1}{1 - x^2} \mathrm{d}x$;

(3) $\displaystyle\int_0^2 \frac{1}{\sqrt{|x-1|}}\mathrm{d}x$;

(4) $\displaystyle\int_0^1 \sqrt{\frac{x}{1-x}}\mathrm{d}x$;

(5) $\displaystyle\int_0^1 \sqrt{\frac{1}{x-x^2}}\mathrm{d}x$;

(6) $\displaystyle\int_0^1 \frac{1}{x(\ln x)^p}\mathrm{d}x$.

3. 设 f 在 $(0,+\infty)$ 上绝对可积. 证明: $s(x):=\displaystyle\int_0^{+\infty} f(t)\sin xt\mathrm{d}t, c(x):=\int_0^{+\infty} f(t)\cos xt\mathrm{d}t$, 在 $(0,+\infty)$ 上一致连续.

4. 计算下列反常积分.

(1) $\displaystyle\int_0^{+\infty} \frac{\ln x}{1+x^2}\mathrm{d}x$;

(2) $\displaystyle\int_0^{+\infty} e^{-ax}\sin bx\mathrm{d}x\ (a>0)$;

(3) $\displaystyle\int_0^1 \frac{x^n}{\sqrt{1-x}}\mathrm{d}x$.

5. 证明瑕积分 $I=\displaystyle\int_0^{\frac{\pi}{2}} \ln\sin x\mathrm{d}x$ 收敛, 且 $I=-\dfrac{\pi}{2}\ln 2$.

6. 证明下列等式.

(1) $\displaystyle\int_0^1 \frac{x^{p-1}}{1+x}\mathrm{d}x=\int_1^{+\infty} \frac{x^{-p}}{1+x}\mathrm{d}x, 0<p$;

(2) $\displaystyle\int_0^{+\infty} \frac{x^{p-1}}{1+x}\mathrm{d}x=\int_0^{+\infty} \frac{x^{-p}}{1+x}\mathrm{d}x, 0<p<1$.

7. 证明下列不等式.

(1) $\dfrac{\pi}{2\sqrt{2}}<\displaystyle\int_0^1 \frac{1}{\sqrt{1-x^4}}\mathrm{d}x<\dfrac{\pi}{2}$;

(2) $\dfrac{1}{2}\left(1-\dfrac{1}{e}\right)<\displaystyle\int_0^{+\infty} e^{-x^2}\mathrm{d}x<1+\dfrac{1}{2e}$.

8. 设函数 f 在 $[0,+\infty)$ 上连续, $0<a<b$.

(1) 若 $\displaystyle\lim_{x\to+\infty} f(x)=k$, 则 $\displaystyle\int_0^{+\infty} \frac{f(ax)-f(bx)}{x}\mathrm{d}x=(f(0)-k)\ln\dfrac{b}{a}$.

(2) 若 $\displaystyle\int_0^{+\infty} \frac{f(x)}{x}\mathrm{d}x$ 收敛, 则 $\displaystyle\int_0^{+\infty} \frac{f(ax)-f(bx)}{x}\mathrm{d}x=f(0)\ln\dfrac{b}{a}$.

9. 证明: 设 $f(x)$ 定义在 $[0,+\infty)$. 若 $f(x)$

(1) 非负连续, $\displaystyle\int_0^{+\infty} xf(x)\mathrm{d}x$ 收敛, 则 $\displaystyle\int_0^{+\infty} f(x)\mathrm{d}x$ 收敛.

(2) 递减、可微, $\displaystyle\lim_{t\to+\infty} f(x)=0$, 则 $\displaystyle\int_0^{+\infty} f(x)\mathrm{d}x$ 收敛的充要条件是 $\displaystyle\int_0^{+\infty} xf'(x)\mathrm{d}x$ 收敛.

10. 设 $f(x)=\displaystyle\int_0^x \cos\left(\dfrac{1}{t}\right)\mathrm{d}t$, 求 $f'(0)$.

11. 设 $f(x)$ 在任意区间 $[0,a]$ 上可积, $\displaystyle\lim_{x\to+\infty} f(x)=c$. 证明: $\displaystyle\lim_{t\to 0^+} t\int_0^{\infty} e^{-tx}f(x)\mathrm{d}x=c$.

12. 设 $f(x)$ 在 $[a, +\infty)$ 上绝对可积, $g(x)$ 是周期为 T 的函数, 在 $[0, T]$ 上黎曼可积. 证明:

$$\lim_{n\to\infty} \int_a^\infty f(x)g(nx)\mathrm{d}x = \frac{1}{T}\int_0^T g(x)\mathrm{d}x \int_a^\infty f(x)\mathrm{d}x,$$

并求: $\displaystyle\lim_{n\to\infty}\int_0^\infty f(x)|\sin nx|\mathrm{d}x$.

13. 设 $f(x)$ 是 $[0, +\infty)$ 的周期为 T 的函数, 在 $[0, T]$ 上黎曼可积. 则

$$\lim_{n\to\infty}\int_n^\infty \frac{f(x)}{x^2}\mathrm{d}x = \frac{1}{T}\int_0^T f(x)\mathrm{d}x.$$

(提示: 利用 9 的结论.)

11.2 非负函数反常积分判别法

11.2.1 无界区间反常积分的比较判别法

定理 11.8 设非负函数 $f(x), g(x)$ 在任何有界区间 $[a, A] \subset [a, +\infty)$ 上可积.

(1) 若 $\exists N > 0$, 使得 $f(x) \leqslant g(x), \forall\, x \geqslant N$. 则

$$\int_a^{+\infty} g(x)\,\mathrm{d}x \ \text{收敛} \implies \int_a^{+\infty} f(x)\,\mathrm{d}x \ \text{收敛}.$$

(2) 若 $\exists N > 0$, 使得 $f(x) \geqslant g(x), \forall\, x \geqslant N$. 则

$$\int_a^{+\infty} g(x)\,\mathrm{d}x \ \text{发散} \implies \int_a^{+\infty} f(x)\,\mathrm{d}x \ \text{发散}.$$

(3) 设对任 $x \geqslant a$ 都有 $g(x) > 0$ 且 $\displaystyle\lim_{x\to+\infty} \frac{f(x)}{g(x)} = c$.

$$c \in (0+\infty): \int_a^{+\infty} g(x)\,\mathrm{d}x \ \text{收敛} \iff \int_a^{+\infty} f(x)\,\mathrm{d}x \ \text{收敛}.$$

$$c = 0: \qquad \int_a^{+\infty} g(x)\,\mathrm{d}x \ \text{收敛} \implies \int_a^{+\infty} f(x)\,\mathrm{d}x \ \text{收敛}.$$

$$c = +\infty: \quad \int_a^{+\infty} g(x)\,\mathrm{d}x \ \text{发散} \implies \int_a^{+\infty} f(x)\,\mathrm{d}x \ \text{发散}.$$

证明 (1) 设 $\displaystyle\int_a^{+\infty} g(x)\,\mathrm{d}x$ 收敛. 由柯西收敛准则,

$$\forall\, \varepsilon > 0, \ \exists\, N_1 > N, \quad \text{使得} \quad \int_A^B g(x)\,\mathrm{d}x < \varepsilon, \quad \forall\, B > A > N_1.$$

从而

$$\int_A^B f(x)\,\mathrm{d}x \leqslant \int_A^B g(x)\,\mathrm{d}x < \varepsilon, \quad \forall\, B > A > N_1.$$

由柯西收敛准则, $\displaystyle\int_a^{+\infty} f(x)\,\mathrm{d}x$ 收敛.

(2) 反证: 若 $\displaystyle\int_a^{+\infty} f(x)\,\mathrm{d}x$ 收敛, 由 (1) 知 $\displaystyle\int_a^{+\infty} g(x)\,\mathrm{d}x$ 收敛, 与假设矛盾, 故结论成立.

(3) 只证明第一个结论. 设 $\displaystyle\int_a^{+\infty} g(x)\,\mathrm{d}x$ 收敛且 $c \in (0, +\infty)$, 则存在 $N_0 > 0$, 使得

$$\left|\frac{f(x)}{g(x)} - c\right| < \frac{c}{2} \ \Rightarrow\ \frac{c}{2}g(x) < f(x) < \frac{3c}{2}g(x), \quad \forall\, x > N_0.$$

由 (1) 知 $\displaystyle\int_a^{+\infty} f(x)\,\mathrm{d}x$ 收敛. $\qquad\qquad\qquad\qquad\qquad\qquad\qquad\qquad\square$

推论 11.9 (p-判别法) 设非负函数 $f(x)$ 在任何有界区间 $[a, A] \subset [a, +\infty)$ 上可积.

(1) 若 $\exists\, p > 1$, 使得 $f(x) \leqslant \dfrac{1}{x^p}, x \in [a+\infty)$, 则 $\displaystyle\int_a^{+\infty} f(x)\,\mathrm{d}x$ 收敛.

(2) 若 $\exists\, p \leqslant 1$, 使得 $f(x) \geqslant \dfrac{1}{x^p}, x \in [a+\infty)$, 则 $\displaystyle\int_a^{+\infty} f(x)\,\mathrm{d}x$ 发散.

推论 11.10 (p-判别法) 设非负函数 $f(x)$ 在任何有界区间 $[a, A] \subset [a, +\infty)$ 上可积.

(1) 若 $\exists\, p > 1$, 使得 $\displaystyle\lim_{x \to +\infty} x^p f(x) = c \in [0, +\infty)$, 则 $\displaystyle\int_a^{+\infty} f(x)\,\mathrm{d}x$ 收敛.

(2) 若 $\exists\, p \leqslant 1$, 使得 $\displaystyle\lim_{x \to +\infty} x^p f(x) = c \in (0, +\infty]$, 则 $\displaystyle\int_a^{+\infty} f(x)\,\mathrm{d}x$ 发散.

证明 本定理是无穷积分比较判别法的直接推论. $\qquad\qquad\qquad\qquad\qquad\square$

例 11.9 研究 $\displaystyle\int_2^{+\infty} \frac{1}{x^p \ln^q x}\,\mathrm{d}x$ 的敛散性.

解 当 $p > 1$ 时,

$$\lim_{x \to +\infty} x^{\frac{1+p}{2}} \frac{1}{x^p \ln^q x} = \lim_{x \to +\infty} \frac{1}{x^{\frac{p-1}{2}} \ln^q x} = 0,$$

由推论 11.10(1), $\displaystyle\int_2^{+\infty} \frac{1}{x^p \ln^q x}\,\mathrm{d}x$ 收敛.

当 $p < 1$ 时,

$$\lim_{x \to +\infty} x^{\frac{1+p}{2}} \frac{1}{x^p \ln^q x} = \lim_{x \to +\infty} \frac{x^{\frac{1-p}{2}}}{\ln^q x} = +\infty,$$

由推论 11.10(2), $\displaystyle\int_2^{+\infty} \frac{1}{x^p \ln^q x}\,\mathrm{d}x$ 发散.

当 $p = 1$ 时,

$$\int_2^A \frac{1}{x \ln^q x}\,\mathrm{d}x = \begin{cases} \dfrac{\ln^{1-q} A - \ln^{1-q} 2}{1-q}, & q \neq 1, \\[2mm] \ln\ln A - \ln\ln 2, & q = 1. \end{cases}$$

所以 $\displaystyle\int_2^{+\infty} \frac{1}{x \ln^q x}\,\mathrm{d}x$ 当 $q > 1$ 时收敛, 当 $q \leqslant 1$ 时发散.　　　□

11.2.2　瑕积分的比较判别法

定理 11.11 (比较判别法)　设对 $\forall\, \delta > 0$, 非负函数 $f(x), g(x)$ 在 $[a+\delta, b]$ 上黎曼可积.

(1) 若 $\exists\, \delta > 0$, 使得 $f(x) \leqslant g(x)$, $\forall\, x \in (a, a+\delta)$. 则

$$\int_a^b g(x)\,\mathrm{d}x \text{ 收敛} \implies \int_a^b f(x)\,\mathrm{d}x \text{ 收敛}.$$

(2) 若 $\exists\, \delta > 0$, 使得 $f(x) \geqslant g(x) \geqslant 0$, $\forall\, x \in (a, a+\delta)$. 则

$$\int_a^b g(x)\,\mathrm{d}x \text{ 发散} \implies \int_a^b f(x)\,\mathrm{d}x \text{ 发散}.$$

(3) 设对任 $x \in (a, b]$ 都有 $g(x) > 0$ 且 $\displaystyle\lim_{x \to a^+} \frac{f(x)}{g(x)} = c$. 则

$$c \in (0, +\infty): \int_a^b g(x)\,\mathrm{d}x \text{ 收敛} \iff \int_a^b f(x)\,\mathrm{d}x \text{ 收敛}.$$

$$c = 0: \qquad \int_a^b g(x)\,\mathrm{d}x \text{ 收敛} \implies \int_a^b f(x)\,\mathrm{d}x \text{ 收敛}.$$

$$c = +\infty: \int_a^b g(x)\,\mathrm{d}x \text{ 发散} \implies \int_a^b f(x)\,\mathrm{d}x \text{ 发散}.$$

证明 (1) 设 $\int_a^b g(x)\,\mathrm{d}x$ 收敛. 由柯西收敛准则,

$$\forall\, \varepsilon > 0,\ \exists\, \delta_1 \in (0,\delta),\quad \mathrm{s.\,t.}\qquad \int_A^B g(x)\,\mathrm{d}x < \varepsilon,\qquad \forall\, 0 < A < B < \delta_1.$$

从而

$$\int_A^B f(x)\,\mathrm{d}x \leqslant \int_A^B g(x)\,\mathrm{d}x < \varepsilon,\qquad \forall\, 0 < A < B < \delta_1.$$

由柯西收敛准则, $\int_a^b |f(x)|\,\mathrm{d}x$ 收敛.

(2) 若 $\int_a^b f(x)\,\mathrm{d}x$ 收敛, 由结论 (1) 可知 $\int_a^b g(x)\,\mathrm{d}x$ 收敛. 与假设矛盾, 从而结论成立.

(3) 我们只证明第一个结论. 设 $\int_a^b g(x)\,\mathrm{d}x$ 收敛且 $c \in (0,+\infty)$. 则存在 $\delta_1 \in (0,\delta)$, 使得

$$\left| \frac{f(x)}{g(x)} - c \right| < \frac{c}{2} \ \Rightarrow\ \frac{c}{2} g(x) < f(x) < \frac{3c}{2} g(x), \quad \forall\, x \in (a, a+\delta_1).$$

由结论 (1) 可知 $\int_a^b |f(x)|\,\mathrm{d}x$ 收敛. □

推论 11.12 (p-判别法) 设对任何 $\delta > 0$, 非负函数 $f(x)$ 在 $[a+\delta, b]$ 上黎曼可积.

(1) 若 $\exists\, p < 1$, 使得 $f(x) \leqslant \dfrac{1}{(x-a)^p}$, 则 $\int_a^b f(x)\,\mathrm{d}x$ 收敛.

(2) 若 $\exists\, p \geqslant 1$, 使得 $f(x) \geqslant \dfrac{1}{(x-a)^p}$, 则 $\int_a^b f(x)\,\mathrm{d}x$ 发散.

证明 本定理是瑕积分比较判别法的直接推论. □

推论 11.13 (瑕积分的 p-判别法) 设对任何 $\delta > 0$, 非负函数 $f(x)$ 在 $[a+\delta, b]$ 上黎曼可积.

(1) 若 $\exists\, p < 1$, 使得 $\lim\limits_{x \to a^+} (x-a)^p f(x) = c \in [0, +\infty)$, 则 $\int_a^b f(x)\,\mathrm{d}x$ 收敛.

(2) 若 $\exists\, p \geqslant 1$, 使得 $\lim\limits_{x \to a^+} (x-a)^p f(x) = c \in (0, +\infty]$, 则 $\int_a^b f(x)\,\mathrm{d}x$ 发散.

证明　本定理是瑕积分比较判别法的直接推论.　　　　　　　　　　　　　□

例 11.10　判别下列瑕积分的敛散性:

(1) $\displaystyle\int_0^1 \frac{\ln x}{\sqrt{x}}\mathrm{d}x$;　　　(2) $\displaystyle\int_1^2 \frac{\sqrt{x}}{\ln x}\mathrm{d}x$.

证明　由于两个瑕积分的被积函数在 $(0,1]$ 保持同号, 所以它们的收敛性同绝对收敛性.

(1) 瑕点是 $x = 0$. 由于

$$\lim_{x\to 0+} x^{\frac{3}{4}} \frac{\ln x}{\sqrt{x}} = \lim_{x\to 0+} x^{\frac{1}{4}} \ln x = 0.$$

由推论 11.13(1), 瑕积分收敛.

(2) 瑕点是 $x = 1$. 由于

$$\lim_{x\to 1+} (x-1) \frac{\sqrt{x}}{\ln x} = \lim_{x\to 1+} \frac{x-1}{\ln x} = 1,$$

由推论 11.13(2), 瑕积分发散.　　　　　　　　　　　　　　　　　　　　□

例 11.11　讨论 $\displaystyle\int_0^1 \left(1 - \frac{\sin x}{x}\right)^{-\frac{1}{3}} \mathrm{d}x$ 的收敛性.

解　$x = 0$ 是瑕积分的瑕点. 因为 $\left(1 - \dfrac{\sin x}{x}\right) > 0, x \in (0,1)$ 所以是非负函数的瑕积分.

利用 $\sin x$ 的带有佩亚诺余项的泰勒公式,

$$\sin x = x - \frac{1}{3!}x^3 + \cdots + (-1)^{n-1}\frac{1}{(2n-1)!}x^{2n-1} + o(x^{2n+1}),$$

取 $n = 2$, 有

$$\sin x = x - \frac{1}{3!}x^3 + O(x^5),$$

所以

$$1 - \frac{\sin x}{x} = \frac{1}{6}x^2 + O\left(x^5\right) = \left(\frac{1}{6} + O\left(x^3\right)\right)x^2.$$

注意到

$$\left(1 - \frac{\sin x}{x}\right)^{-\frac{1}{3}} = \left(\frac{1}{6} + O\left(x^3\right)\right)^{-\frac{1}{3}} x^{-\frac{2}{3}}$$

与 $x^{-\frac{2}{3}}$ 同价, 由瑕积分收敛的比较判别法, $\displaystyle\int_0^1 \left(1 - \frac{\sin x}{x}\right)^{-\frac{1}{3}} \mathrm{d}x$ 收敛.　□

例 11.12 考虑函数 $\Gamma(a) = \displaystyle\int_0^{+\infty} e^{-x} x^{a-1}\,\mathrm{d}x,\ a \in \mathbb{R}.$

解 同时含两类反常积分, $x = 0\,(\alpha < 1)$ 是被积函数的瑕点, 将积分分解为

$$\int_0^{+\infty} e^{-x} x^{a-1}\,\mathrm{d}x = \int_0^1 e^{-x} x^{a-1}\,\mathrm{d}x + \int_1^{+\infty} e^{-x} x^{a-1}\,\mathrm{d}x.$$

(1) 瑕积分: $\displaystyle\int_0^1 e^{-x} x^{a-1}\,\mathrm{d}x$ 的敛散性:

(i) 当 $a > 0$ 时, 由于

$$\lim_{x \to 0} x^{1-a}\left(e^{-x} x^{a-1}\right) = 1,$$

所以 $\displaystyle\int_0^1 e^{-x} x^{a-1}\,\mathrm{d}x$ 收敛.

(ii) 当 $a \leqslant 0$ 时,

$$\int_0^1 e^{-x} x^{a-1}\,\mathrm{d}x \geqslant e^{-1} \int_0^1 x^{a-1}\,\mathrm{d}x = +\infty,$$

所以 $\displaystyle\int_0^1 e^{-x} x^{a-1}\,\mathrm{d}x$ 发散.

(2) 无穷区间积分: $\displaystyle\int_1^{+\infty} e^{-x} x^{a-1}\,\mathrm{d}x$ 的敛散性: 由于对 $a \in \mathbb{R}$,

$$\lim_{x \to +\infty} x^2 e^{-x} x^{a-1} = \lim_{x \to +\infty} e^{-x} x^{a+1} = 0,$$

所以 $\displaystyle\int_1^{+\infty} e^{-x} x^{a-1}\,\mathrm{d}x$ 收敛.

综合有

$$\int_0^{+\infty} e^{-x} x^{a-1}\,\mathrm{d}x \text{ 收敛} \iff a > 0. \qquad \square$$

例 11.13 讨论反常积分 $\Phi(\alpha) = \displaystyle\int_0^{\infty} \frac{x^{\alpha-1}}{1+x}\,\mathrm{d}x$ 的收敛性.

解 把反常积分 $\Phi(\alpha)$ 写成

$$\Phi(\alpha) = \int_0^1 \frac{x^{\alpha-1}}{1+x}\,\mathrm{d}x + \int_1^{\infty} \frac{x^{\alpha-1}}{1+x}\,\mathrm{d}x = \Phi_1(\alpha) + \Phi_2(\alpha).$$

(1) 先研究 $\Phi_1(\alpha)$.

(i) $\alpha \geqslant 1 : \Phi_1(\alpha)$ 是定积分, 可积.

(ii) $\alpha < 1 : \Phi_1(\alpha)$ 是瑕积分, 瑕点 $x = 0$. 由于

$$\lim_{x \to 0+} x^{1-\alpha} \frac{x^{\alpha-1}}{1+x} = 1.$$

由瑕积分比较原理的推论 11.13,

(i) $0 < \alpha < 1$ 时, $0 < p = 1 - \alpha < 1$, 瑕积分 $\Phi_1(\alpha)$ 收敛;

(ii) $\alpha < 0$ 时, $p = 1 - \alpha \geqslant 1$, 瑕积分 $\Phi_1(\alpha)$ 发散.

(2) 注意到 $\Phi_2(\alpha)$ 是无穷积分.

由于

$$\lim_{x \to \infty} x^{2-\alpha} \frac{x^{\alpha-1}}{1+x} = \lim_{x \to \infty} \frac{x}{1+x} = 1.$$

由无穷积分比较原理的推论 11.19,

(i) $\alpha < 1 :$ 此时 $p = 2 - \alpha > 1$, $\Phi_2(\alpha)$ 收敛;

(ii) $\alpha \geqslant 1 :$ 此时 $p = 2 - \alpha \leqslant 1$, $\Phi_2(\alpha)$ 发散.

综合有, 当 $0 < \alpha < 1$ 时, 反常积分 $\Phi(\alpha)$ 收敛. □

例 11.14 已知反常积分 $\displaystyle\int_0^{+\infty} f(x)\,\mathrm{d}x$ 收敛, 能否断定 $\displaystyle\lim_{x \to +\infty} f(x) = 0$?

解 不能! 取 $f(x) = \sin x^2$. 显然 $\displaystyle\lim_{x \to +\infty} \sin x^2$ 不存在. 但反常积分 $\displaystyle\int_0^{+\infty} \sin x^2 \mathrm{d}x$ 收敛. 这是由于

$$\int_0^{+\infty} \sin x^2 \,\mathrm{d}x \text{ 收敛} \iff \int_1^{+\infty} \sin x^2 \,\mathrm{d}x \text{ 收敛} \iff \lim_{A \to +\infty} \int_1^A \sin x^2 \,\mathrm{d}x \text{ 存在.}$$

令 $t = x^2$, 利用分部积分公式可得

$$\int_1^A \sin x^2 \,\mathrm{d}x = \int_1^{A^2} \frac{\sin t}{2\sqrt{t}} \,\mathrm{d}t = -\frac{\cos t}{2\sqrt{t}} \Big|_1^{A^2} - \frac{1}{4} \int_1^{A^2} \frac{\cos t}{t\sqrt{t}} \,\mathrm{d}t.$$

由于

$$\int_1^\infty \frac{|\cos t|}{t\sqrt{t}} \mathrm{d}t \leqslant \int_1^\infty \frac{1}{t\sqrt{t}} \mathrm{d}t$$

收敛, 所以反常积分 $\displaystyle\int_1^{+\infty} \sin x^2 \,\mathrm{d}x$ 收敛. □

例 11.15 设有界函数 $f(x)$ 在 $[0,+\infty)$ 上一致连续, $\displaystyle\int_0^{+\infty} f(x)\,\mathrm{d}x$ 收敛. 则 $\displaystyle\lim_{x\to+\infty} f(x) = 0$.

解 用反证法: 不妨假设

$$\overline{\lim_{x\to+\infty}} f(x) = a \neq 0.$$

(1) 当 $a > 0$ 时, 由上极限定义, $\displaystyle\lim_{n\to+\infty}\ \sup_{n\leqslant x<+\infty}\{f(x)\} = a$, 所以

对 $\dfrac{a}{2}$, $\exists\, N := N(a) > 0$, 当 $n > N+1$, 时, $\left|\displaystyle\sup_{n\leqslant x<+\infty}\{f(x)\} - a\right| < \dfrac{a}{2}$.

由此得到

$$\sup_{n\leqslant x<+\infty}\{f(x)\} > \frac{a}{2},$$

由上确界定义, 进而存在 $x_n \geqslant n > N+1$, 使得

$$f(x_n) > \frac{a}{2}.$$

下面我们证明: 若 $f(x)$ 在 $[0,+\infty)$ 一致连续, 则此事实导致 $\displaystyle\int_0^{+\infty} f(x)\,\mathrm{d}x$ 发散.

因为 $f(x)$ 在 $[0,+\infty)$ 一致连续, 所以对 $\forall\, \varepsilon \in (0,a)$ 存在 $\delta \in (0,1)$, 使得

$$|f(x) - f(x')| < \frac{\varepsilon}{2}, \quad \forall\, x, x' \in [0,+\infty) \quad \text{满足} \quad |x - x'| < \delta.$$

取 $A_n = x_n - \dfrac{1}{3}\delta$, $B_n = x_n + \dfrac{1}{3}\delta$, 则

$$B_n > A_n = x_n - \frac{1}{3}\delta > n - 1 > N, \quad B_n - A_n = \frac{2}{3}\delta.$$

由前面的结论和 $f(x)$ 在 $[0,+\infty)$ 上一致连续性知道

$$f(x_n) \geqslant \frac{a}{2}, \quad |f(x_n) - f(x)| < \frac{\varepsilon}{2}, \quad \forall\, x \in (A_n, B_n).$$

所以

$$f(x) > f(x_n) - \frac{\varepsilon}{2} \geqslant \frac{a-\varepsilon}{2}, \quad \forall\, x \in (A_n, B_n).$$

由此得到对 $n > N + 1$,

$$\int_{A_n}^{B_n} f(x)\, \mathrm{d}x > \int_{A_n}^{B_n} \frac{a - \varepsilon}{2}\, \mathrm{d}x = \left(\frac{a - \varepsilon}{2}\right)(B_n - A_n) = \left(\frac{a - \varepsilon}{3}\right)\delta,$$

由于 $B_n > A_n > n - \dfrac{\delta}{3} > n - 1 > N$, 得知反常积分 $\displaystyle\int_0^{+\infty} f(x)\, \mathrm{d}x$ 发散. 与题设矛盾!

(2) 当 $a < 0$ 时, 由于 $-\sup\limits_{n \leqslant x < +\infty} \{f(x)\} = \inf\limits_{n \leqslant x < +\infty} \{-f(x)\}$, 用 $-f$ 和下确界代替 (1) 中的 f 和上确界, 余下步骤与 (1) 类似.

(3) 同第 (1) 和 (2), 可证 $\varliminf\limits_{x \to +\infty} f(x) = 0$. 由此知道 $\lim\limits_{x \to +\infty} f(x) = 0$.   □

习   题

1. 讨论下列无界区间积分的收敛性

(1) $\displaystyle\int_0^{+\infty} \frac{1}{\sqrt[3]{1 + x^4}} \mathrm{d}x.$

(2) $\displaystyle\int_0^{+\infty} \frac{x}{1 - e^x} \mathrm{d}x.$

(3) $\displaystyle\int_0^{+\infty} \frac{x \arctan x}{1 + x^3} \mathrm{d}x.$

(4) $\displaystyle\int_0^{+\infty} \frac{x^m}{1 + x^n} \mathrm{d}x (n, m > 0).$

2. 讨论下列瑕积分的收敛性

(1) $\displaystyle\int_0^2 \frac{1}{(1 - x)^2} \mathrm{d}x.$

(2) $\displaystyle\int_0^1 \frac{1}{\sqrt{x} \ln x} \mathrm{d}x.$

(3) $\displaystyle\int_0^{\frac{\pi}{2}} \frac{1 - \cos x}{x^m} \mathrm{d}x.$

(4) $\displaystyle\int_0^1 \frac{1}{x^\alpha} \sin \frac{1}{x} \mathrm{d}x.$

3. 设 $f(x)$ 在 $[1, +\infty)$ 上连续且正. 证明: 若 $\lim\limits_{x \to +\infty} \dfrac{\ln f(x)}{\ln x} = -\lambda < -1$, 则 $\displaystyle\int_0^{+\infty} f(x)\mathrm{d}x$ 收敛.

4. 证明: 若 $\displaystyle\int_0^{+\infty} f(x)\mathrm{d}x$ 绝对收敛, 且 $\lim\limits_{x \to +\infty} f(x) = 0$, 则 $\displaystyle\int_0^{+\infty} f^2(x)\mathrm{d}x$ 收敛.

5. 证明: 若 $\displaystyle\int_0^{+\infty} f(x)\mathrm{d}x$ 收敛, 且 $\lim\limits_{x \to +\infty} f(x) = A$, 则 $A = 0$.

6. 证明: 若 $f(x)$ 在 $[a, +\infty)$ 可导, 且 $\displaystyle\int_a^{+\infty} f(x)\mathrm{d}x, \int_a^{+\infty} f'(x)\mathrm{d}x$ 收敛, 则 $\lim\limits_{x \to +\infty} f(x) = 0$.

7. 设函数 $f(x), x \in \mathbb{R}$ 上可导. 证明: 若 $\displaystyle\int_{-\infty}^{+\infty} \left[|f(x)|^2 + |f'(x)|^2\right] \mathrm{d}x < \infty$, 则 $\lim\limits_{x \to \infty} f(x) = 0$.

8. 设 $\alpha, \beta \geqslant 0, \alpha - \beta < 2$, $\displaystyle\int_0^{+\infty} \left[x^\alpha (f'(x))^2 + x^\beta f^2(x)\right] \mathrm{d}x < \infty$, 则 $\lim\limits_{x \to +\infty} x^{\frac{\alpha + \beta}{4}} f(x)$ 存在.

9. 设 f, g 在 $\mathbb{R}$ 上可积, 定义它们的卷积为: $f * g(x) = \displaystyle\int_{\mathbb{R}} f(x - y)g(y)\mathrm{d}y.$ 证明:

(1) 若 $\int_{\mathbb{R}} |f(x)|^p dx < \infty, \int_{\mathbb{R}} |g(x)|^q dx < \infty, p^{-1} + q^{-1} = 1$, 则

$$\sup_{x \in \mathbb{R}} |f * g(x)| \leqslant \left(\int_{\mathbb{R}} |f(x)|^p dx \right)^{\frac{1}{p}} \left(\int_{\mathbb{R}} |g(x)|^q dx \right)^{\frac{1}{q}}.$$

(2) 若 $\int_{\mathbb{R}} |f(x)|^p dx < \infty, 1 \leqslant p < \infty, \int_{\mathbb{R}} |g(x)| dx < \infty$, 则

$$\left(\int_{\mathbb{R}} |f * g(x)|^p dx \right)^{\frac{1}{p}} \leqslant \left(\int_{\mathbb{R}} |f(x)|^p dx \right)^{\frac{1}{p}} \left(\int_{\mathbb{R}} |g(x)| dx \right).$$

11.3 一般函数反常积分判别法

11.3.1 无界区间反常积分判别法

定理 11.14 设 $f(x), g(x), x \in [a, +\infty), g(x)$ 单调. 若下列两个陈述之一成立,

(1) **狄利克雷判别法** (i) $F(u) = \int_a^u f(x) dx$ 在 $[a, \infty)$ 上有界; (ii) $g(x) \to 0, x \to \infty$,

(2) **阿贝尔判别法** (i) $\int_a^{+\infty} f(x) dx$ 收敛; (ii) $g(x)$ 在 $[a, +\infty)$ 上有界, 则 $\int_a^{\infty} f(x) g(x) dx$ 收敛.

证明 只证 (1), (2) 证明类似. 由条件设 $\left| \int_a^u f(x) dx \right| \leqslant M, u \in [a, \infty), M > 0$. 任给 $\varepsilon > 0$, 由于 $\lim_{x \to \infty} g(x) = 0$, 因此, 存在 $A \geqslant a$, 当 $x > A$ 时, 有

$$|g(x)| < \frac{\varepsilon}{4M}.$$

由于 $g(x)$ 是单调函数, 利用积分第二中值定理, 对任何 $u_2 > u_1 > A$, 存在 $\xi \in [u_1, u_2]$, 使得

$$\int_{u_1}^{u_2} f(x) g(x) dx = g(u_1) \int_{u_1}^{\xi} f(x) dx + g(u_2) \int_{\xi}^{u_2} f(x) dx.$$

于是有

$$\left| \int_{u_1}^{u_2} f(x) g(x) dx \right|$$

$$\leqslant |g(u_1)| \left| \int_{u_1}^{\xi} f(x)\mathrm{d}x \right| + |g(u_2)| \left| \int_{\xi}^{u_2} f(x)\mathrm{d}x \right|$$

$$= |g(u_1)| \left| \int_a^{\xi} f(x)\mathrm{d}x - \int_a^{u_1} f(x)\mathrm{d}x \right| + |g(u_2)| \left| \int_a^{u_2} f(x)\mathrm{d}x - \int_a^{\xi} f(x)\mathrm{d}x \right|$$

$$\leqslant \frac{\varepsilon}{4M} \cdot 2M + \frac{\varepsilon}{4M} \cdot 2M$$

$$= \varepsilon.$$

根据反常积分的柯西收敛准则, 得证 $\displaystyle\int_a^{+\infty} f(x)g(x)\mathrm{d}x$ 收敛.　　　　　　□

注 11.7　$F(u) = \displaystyle\int_a^u f(x)\mathrm{d}x$ 在 $[a, +\infty)$ 上有界并不蕴含 $\displaystyle\int_a^{+\infty} f(x)\mathrm{d}x$ 可积, 除非 $f(x)$ 是非负的.

例 11.16　讨论 $\displaystyle\int_1^{+\infty} \frac{\sin x}{x^p}\mathrm{d}x$ 和 $\displaystyle\int_1^{+\infty} \frac{\cos x}{x^p}\mathrm{d}x, p > 0$ 的条件及绝对收敛性.

解　(1) 收敛性: 对任意 $u \geqslant 1$ 因为

$$\int_1^u \sin x\mathrm{d}x = \cos 1 - \cos u, \qquad \left| \int_1^u \sin x\mathrm{d}x \right| \leqslant 2,$$

而 $\dfrac{1}{x^p}$ 在 $[1, +\infty)$ 上单调下降趋于 0, 由狄利克雷判别法知道 $\displaystyle\int_1^{+\infty} \frac{\sin x}{x^p}\mathrm{d}x$ 收敛.

(2) 绝对收敛性: $p > 1$.

$$\int_1^{+\infty} \left| \frac{\sin x}{x^p} \right| \mathrm{d}x \leqslant \int_1^{+\infty} \frac{1}{x^p}\mathrm{d}x, \text{ 所以 } \int_1^{+\infty} \frac{\sin x}{x^p}\mathrm{d}x \text{ 绝对收敛}.$$

(3) 条件收敛性: $0 < p \leqslant 1$. 对任意 $x \geqslant 1$, 由于

$$\left| \frac{\sin x}{x^p} \right| \geqslant \frac{\sin^2 x}{x^p} = \frac{1}{2x^p} - \frac{\cos 2x}{2x^p}, \quad x \in [1, \infty),$$

其中

$$\int_0^{+\infty} \frac{\cos 2x}{2x}\mathrm{d}x = \frac{1}{2} \int_0^{+\infty} \frac{\cos x}{x^p}\mathrm{d}x,$$

满足狄利克雷判别法条件, 故收敛. 而 $\displaystyle\int_1^{+\infty} \frac{1}{x^p}\mathrm{d}x$ 发散, 因此它是条件收敛的.

　　　　　　　　　　　　　　　　　　　　　　　　　　　　　□

例 11.17 讨论 $\displaystyle\int_1^{+\infty}\left[\left(1-\frac{\sin x}{x}\right)^{-\frac{1}{3}}-1\right]\mathrm{d}x$ 的收敛性.

解 因为 $x>1$ 时, $\left|\dfrac{\sin x}{x}\right|<1$, 利用 $(1+x)^{\alpha}$ 的 Taylor 公式,

$$(1+x)^{\alpha}=1+\alpha x+\frac{\alpha(\alpha-1)}{2!}x^2+\cdots+\frac{\alpha(\alpha-1)\cdots(\alpha-n+1)}{n!}x^n+o(x^n),$$

取 $\alpha=-\dfrac{1}{3}$, 用 $\dfrac{\sin x}{x}$ 代替 x, 有

$$\left(1-\frac{\sin x}{x}\right)^{-\frac{1}{3}}-1=\frac{1}{3}\frac{\sin x}{x}+O\left(\frac{1}{x^2}\right).$$

由例 11.16, $\displaystyle\int_1^{+\infty}\frac{1}{3}\frac{\sin x}{x}\mathrm{d}x$ 条件收敛. 由推论 11.10, $\displaystyle\int_1^{+\infty}O\left(\frac{1}{x^2}\right)\mathrm{d}x$ 绝对收敛. 所以

$$\int_1^{+\infty}\left[\left(1-\frac{\sin x}{x}\right)^{\frac{1}{3}}-1\right]\mathrm{d}x$$

条件收敛. □

例 11.18 证明下列无界区间反常积分都是条件收敛的.

$$\int_1^{+\infty}\sin x^2\mathrm{d}x,\qquad\int_1^{+\infty}\cos x^2\mathrm{d}x,\qquad\int_1^{+\infty}x\sin x^4\mathrm{d}x.$$

解 第一、二个无界区间上反常积分: 设 $t=x^2$, 得到

$$\int_1^A\sin x^2\mathrm{d}x=\int_1^{A^2}\frac{\sin t}{2\sqrt{t}}\mathrm{d}t,\qquad\int_1^A\cos x^2\mathrm{d}x=\int_1^{A^2}\frac{\cos t}{2\sqrt{t}}\mathrm{d}t,$$

由例 11.16 知道, 它们条件收敛.

第三个无界区间上反常积分: 设 $t=x^2$, 得到

$$\int_1^A x\sin x^4\mathrm{d}x=\frac{1}{2}\int_1^{A^2}\sin t^2\mathrm{d}t,$$

所以, 它也是条件收敛. □

注 11.8 例 11.15 说明被积函数当 $x\to\infty$ 时不趋于 0, 甚至无界, 无界区间上积分仍可能收敛.

例 11.19　设单调下降函数 $f(x) > 0$. 试证 $\displaystyle\int_a^{+\infty} f(x)\mathrm{d}x$ 与 $\displaystyle\int_a^{+\infty} f(x)\sin^2 x\mathrm{d}x$ 同时收敛或发散.

证明　设 $\displaystyle\lim_{x \to +\infty} f(x) = A \geqslant 0$.

(1) 若 $A = 0$. 由狄利克雷判别法知道 $\displaystyle\int_a^{+\infty} f(x)\cos 2x\mathrm{d}x$ 收敛. 由于

$$\int_a^{+\infty} f(x)\sin^2 x\mathrm{d}x = \int_a^{+\infty} f(x)\frac{1 - \cos 2x}{2}\mathrm{d}x$$

$$= \frac{1}{2}\int_a^{+\infty} f(x)\mathrm{d}x - \frac{1}{2}\int_a^{\infty} f(x)\cos 2x\mathrm{d}x,$$

所以 $\displaystyle\int_a^{+\infty} f(x)\mathrm{d}x$ 与 $\displaystyle\int_a^{+\infty} f(x)\sin^2 x\mathrm{d}x$ 同时收敛或发散.

(2) 若 $A > 0$.

$$\int_a^{+\infty} f(x)\mathrm{d}x \geqslant A\int_a^{+\infty} \mathrm{d}x = \infty, \quad \int_a^{+\infty} f(x)\sin^2 x\mathrm{d}x \geqslant A\int_a^{+\infty} \sin^2 x\mathrm{d}x = \infty,$$

所以 $\displaystyle\int_a^{+\infty} f(x)\mathrm{d}x$, $\displaystyle\int_a^{+\infty} f(x)\sin^2 x\mathrm{d}x$ 同时发散.　　　　　□

11.3.2　瑕积分判别法

定理 11.15 (狄利克雷判别法)　设 a 为函数 $f(x)$ 的瑕点, 函数 $g(x)$ 在 $(a, b]$ 上单调. 若下列两个陈述之一成立,

(1) **狄利克雷判别法**　(i) $F(u) = \displaystyle\int_u^b f(x)\mathrm{d}x$ 在 $(a, b]$ 上有界; (ii) $\displaystyle\lim_{x \to a^+} g(x) = 0$.

(2) **阿贝尔判别法**　(i) 瑕积分 $\displaystyle\int_a^b f(x)\mathrm{d}x$ 收敛; (ii) $g(x)$ 在 $(a, b]$ 上有界, 则 $\displaystyle\int_a^{\infty} f(x)g(x)\mathrm{d}x$ 收敛.

证明　类似定理 11.14 的证明.　　　　　□

习　题

1. 讨论下列无界区间积分是绝对收敛还是条件收敛.

(1) $\displaystyle\int_1^{+\infty} \frac{\sin\sqrt{x}}{x}\mathrm{d}x$.

(2) $\int_e^{+\infty} \dfrac{\ln(\ln x)}{\ln x} \mathrm{d}x.$

2. 讨论积分 $\int_0^{+\infty} \dfrac{\sin bx}{x^\lambda} \mathrm{d}x$ 在 λ 取何值时是绝对收敛或条件收敛.

3. 讨论积分 $\int_0^\pi \dfrac{\sin^{\alpha-1} x \mathrm{d}x}{|1+k\cos x|^\alpha}$ 在 α 取何值时是绝对收敛或条件收敛.

4. 证明定理 11.15.

11.4 反常积分与数项级数收敛

定理 11.16 设非负减函数 $f(x), x \in [1,\infty)$. 则 $\sum\limits_{n=1}^{+\infty} f(n)$ 与 $\int_1^{+\infty} f(x)\mathrm{d}x$ 同敛散.

证明 对任何 $n \in \mathbb{N}$, 由于

$$f(n) \leqslant \int_{n-1}^n f(x)\mathrm{d}x \leqslant f(n-1),$$

所以

$$\sum_{n=2}^{+\infty} f(n) \leqslant \int_1^{+\infty} f(x)\mathrm{d}x \leqslant \sum_{n=2}^{+\infty} f(n-1) = \sum_{n=1}^{+\infty} f(n),$$

由此可知正项级数 $\sum\limits_{n=1}^{\infty} f(n)$ 与反常积分 $\int_1^{\infty} f(x)\mathrm{d}x$ 同时收敛或发散. $\qquad\square$

例 11.20 考察 p 级数 $\sum\limits_{n=1}^{+\infty} \dfrac{1}{n^p}$.

解 当 $p \leqslant 1$ 时, $\dfrac{1}{n} \leqslant \dfrac{1}{n^p}$, 由于调和级数 $\sum\limits_{n=1}^{\infty} \dfrac{1}{n}$ 发散, 所以 $\sum\limits_{n=1}^{\infty} \dfrac{1}{n^p}$ 发散.

当 $p > 1$ 时 (图 11.2),

$$S_N = \sum_{n=1}^N \frac{1}{n^p} = 1 + \sum_{n=1}^{N-1} \frac{1}{(n+1)^p} \leqslant 1 + \sum_{n=1}^{N-1} \int_n^{n+1} \frac{1}{x^p} \mathrm{d}x = 1 + \int_1^N \frac{1}{x^p} \mathrm{d}x$$

$$= 1 + \left.\frac{x^{1-p}}{1-p}\right|_1^N = 1 + \frac{1}{p-1}\left(1 - N^{1-p}\right) \leqslant 1 + \frac{1}{p-1}.$$

由于正项级数的有限和数列有上界, 所以级数收敛. $\qquad\square$

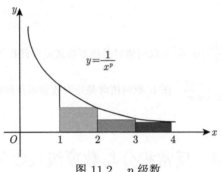

图 11.2 p 级数

例 11.21   讨论下列级数的敛散性.

(1) $\sum_{n=1}^{+\infty} \dfrac{1}{n^p}$;   (2) $\sum_{n=2}^{+\infty} \dfrac{1}{n(\ln n)^p}$;   (3) $\sum_{n=3}^{+\infty} \dfrac{1}{n \ln n (\ln \ln n)^p}$.

解   按 p 分成两种情况:

(1) 当 $p > 1$ 时, 无穷积分收敛, 级数收敛. $p \leqslant 1$ 时, 无穷积分发散, 级数发散.

(2)

$$\int_2^{+\infty} \frac{1}{x(\ln x)^p} \mathrm{d}x = \int_2^{+\infty} \frac{1}{(\ln x)^p} \mathrm{d}\ln x = \int_{\ln 2}^{+\infty} \frac{1}{x^p} \mathrm{d}x,$$

当 $p > 1$ 时, 无穷积分收敛, 级数收敛. $p \leqslant 1$ 时, 无穷积分发散, 级数发散.

(3)

$$\int_3^{+\infty} \frac{1}{x \ln x (\ln \ln x)^p} \mathrm{d}x = \int_{\ln 3}^{+\infty} \frac{1}{\ln x (\ln \ln x)^p} \mathrm{d}\ln x = \int_{\ln \ln 3}^{+\infty} \frac{1}{x(\ln x)^p} \mathrm{d}x,$$

当 $p > 1$ 时, 无穷积分收敛, 级数收敛. $p \leqslant 1$ 时, 无穷积分发散, 级数发散.

综合知道例题中三个级数: 当 $p > 1$ 时收敛, $p \leqslant 1$ 时发散.   □

判定数项级数收敛的一个重要工具就是将其与 p 级数相比较.

定理 11.17 (p-比较判别法)   设 $\sum_{n=0}^{\infty} u_n$ 为非负级数, 且满足 $\lim\limits_{n \to \infty} n^p u_n = \alpha$.

• 当 $p > 1, \alpha \neq \infty$ 时, 级数 $\sum_{n=0}^{\infty} u_n$ 收敛.

• 当 $p \leqslant 1, \alpha \neq 0$ 时, 级数 $\sum_{n=0}^{\infty} u_n$ 发散.

证明   本定理由定理 11.15 易证.   □

例 11.22   判断下列正项级数的收敛性:

• $\sum_{n=1}^{\infty} \dfrac{1}{2n^2 - n + 1}$ 收敛, 因为 $\lim\limits_{n \to \infty} n^2 \cdot \dfrac{1}{2n^2 - n + 1} = \dfrac{1}{2}$.

- $\sum\limits_{n=1}^{\infty} \dfrac{n+1}{\sqrt{n^3+2n+1}}$ 发散, 因为 $\lim\limits_{n\to\infty} n^{\frac{1}{2}} \cdot \dfrac{n+1}{\sqrt{n^3+2n+1}} = 1 \neq 0$.

- $\sum\limits_{n=1}^{\infty} \sin\dfrac{\pi}{n^2}$ 收敛, 因为 $\lim\limits_{n\to\infty} n^2 \cdot \sin\dfrac{\pi}{n^2} = \pi$.

定理 11.18 (拉贝判别法)　设 $\sum\limits_{n=1}^{\infty} u_n$ 是正项级数, 且存在某个正数 N_0 及常数 r,

(1) 若对一切 $n > N_0$,

$$n\left(1 - \frac{u_{n+1}}{u_n}\right) \geqslant r > 1,$$

则级数收敛.

(2) 若对一切 $n > N_0$,

$$n\left(1 - \frac{u_{n+1}}{u_n}\right) \leqslant 1,$$

则级数发散.

证明　(1) 由 $n\left(1 - \dfrac{u_{n+1}}{u_n}\right) \geqslant r$ 可得 $\dfrac{u_{n+1}}{u_n} \leqslant 1 - \dfrac{r}{n}$. 选 $p \in (1,r)$, 由于

$$\lim\limits_{n\to\infty} \frac{1 - \left(1 - \frac{1}{n}\right)^p}{\frac{r}{n}} = \lim\limits_{x\to 0} \frac{1 - (1-x)^p}{rx} = \lim\limits_{x\to 0} \frac{p(1-x)^{p-1}}{r} = \frac{p}{r} < 1,$$

所以, 存在正整数 N, 使得对任意 $n \geqslant N$,

$$1 - \left(1 - \frac{1}{n}\right)^p < \frac{r}{n}, \quad 即 \quad 1 - \frac{r}{n} < \left(1 - \frac{1}{n}\right)^p.$$

由此得到

$$\frac{u_{n+1}}{u_n} \leqslant 1 - \frac{r}{n} < \left(1 - \frac{1}{n}\right)^p = \left(\frac{n-1}{n}\right)^p.$$

所以, 对 $n \geqslant N$,

$$u_{n+1} \leqslant \left(\frac{n-1}{n}\right)^p u_n \leqslant \cdots \leqslant \left(\frac{n-1}{n}\right)^p \cdot \left(\frac{n-2}{n-1}\right)^p \left(\frac{N-1}{N}\right)^p u_N = \frac{1}{n^p}(N-1)^p u_N.$$

所以 $p > 1$ 时, 级数收敛.

(2) 由 $n\left(1-\dfrac{u_{n+1}}{u_n}\right)\leqslant 1$ 可得 $\dfrac{u_{n+1}}{u_n}\geqslant 1-\dfrac{1}{n}=\dfrac{n-1}{n}$, 所以,

$$u_{n+1}\geqslant \frac{n-1}{n}u_n\geqslant\cdots\geqslant\frac{n-1}{n}\cdot\frac{n-2}{n-1}\cdots\frac{1}{2}\cdot u_N=\frac{1}{n}\cdot(N-1)u_N.$$

所以级数发散. □

推论 11.19 (拉贝判别法的极限形式)　设 $\sum\limits_{n=1}^{\infty}u_n$ 是正项级数, 且

$$\lim_{n\to\infty}n\left(1-\frac{u_{n+1}}{u_n}\right)=r.$$

则

(1) 当 $r>1$ 时, 级数收敛.

(2) 当 $r<1$ 时, 级数发散.

例 11.23　讨论当 $s=1,2,3$ 时, 级数 $\sum\limits_{n=1}^{\infty}\left[\dfrac{1\cdot3\cdots(2n-1)}{2\cdot4\cdots(2n)}\right]^s$ 的敛散性.

解　由拉贝判别法极限形式,

$s=1$:

$$n\left(1-\frac{u_{n+1}}{u_n}\right)=n\left(1-\frac{2n+1}{2n+2}\right)=\frac{n}{2n+2}\to\frac{1}{2},\ n\to\infty\implies 级数发散.$$

$s=2$:

$$n\left(1-\frac{u_{n+1}}{u_n}\right)=n\left[1-\left(\frac{2n+1}{2n+2}\right)^2\right]=\frac{n(4n+3)}{(2n+2)^2}<1,\ n\to\infty,\implies 级数发散.$$

$s=3$:

$$n\left(1-\frac{u_{n+1}}{u_n}\right)=n\left[1-\left(\frac{2n+1}{2n+2}\right)^3\right]$$

$$=\frac{n(12n^2+18n+7)}{(2n+2)^3}\to\frac{3}{2},\ n\to\infty\implies 级数收敛. □$$

注 11.9　拉贝判别法的判别优于比式判别法, 但与根式判别法不可比较.

<h2 align="center">习　题</h2>

1. 设函数 $f(x)$ 在 $[0,+\infty)$ 上单调, 并且积分 $\displaystyle\int_0^{+\infty}f(x)\mathrm{d}x$ 存在, 证明:

$$\lim_{h\to0^+}h\sum_{n=1}^{+\infty}f(nh)=\int_0^{+\infty}f(x)\mathrm{d}x.$$

2. 判别级数 $\sum\limits_{n=2}^{+\infty} \dfrac{1}{n(\ln n)^p (\ln \ln n)^q}$ 的敛散性.

3. 设正项级数 $\sum\limits_{n=1}^{\infty} a_n$, $\lim\limits_{n\to\infty} \dfrac{\ln a_k}{\ln \frac{1}{n}} = a > 1$, 证明级数收敛.

4. 设 $\sum\limits_{n=1}^{+\infty} a_n$ 的每一项都是正数, $\{S_n\}$ 是其部分和数列, 那么若 $S = \sum\limits_{n=1}^{+\infty} a_n = +\infty$, 则

$$\sum_{n=1}^{\infty} \frac{a_n}{S_n^\alpha} \begin{cases} < +\infty, & \alpha > 1, \\ = +\infty, & \alpha \leqslant 1. \end{cases}$$

5. 用反常积分方法求下列极限, 其中 $p > 1$.

(1) $\lim\limits_{n\to+\infty} \left[\dfrac{1}{(n+1)^p} + \dfrac{1}{(n+2)^p} + \cdots + \dfrac{1}{(n+n)^p} \right]$;

(2) $\lim\limits_{n\to+\infty} \left(\dfrac{1}{p^{n+1}} + \dfrac{1}{p^{n+2}} + \cdots + \dfrac{1}{p^{n+n}} \right)$.

6. 用拉贝判别法证明下列级数收敛:

(1) $\sum\limits_{n=1}^{+\infty} \dfrac{1 \cdot 3 \cdots (2n-1)}{2 \cdot 4 \cdots (2n)} \cdot \dfrac{1}{2n+1}$;   (2) $\sum\limits_{n=1}^{+\infty} \dfrac{n!}{(x+1)(x+2)\cdots(x+n)} (x > 1)$.

7. 拉贝判别法的极限形式.

8. 证明: **拉贝判别法**优于**比式判别法**, 并举例说明其与**根式判别法**不可比较.

9. 证明: $\int_0^{+\infty} \dfrac{\mathrm{d}x}{1 + x^\alpha |\sin x|^\beta}$, $\alpha > \beta > 1$ 收敛. (提示: 分区间 $[n\pi, (n+1)\pi]$ 积分, 转化为数项级数收敛.)

参 考 文 献

[1] 华东师范大学数学系. 数学分析 (上、下册). 3 版. 北京: 高等教育出版社, 2001.

[2] 常庚哲, 史济怀. 数学分析教程. 北京: 高等教育出版社, 2017.

[3] 谢惠民, 恽自求, 易法槐, 钱定边. 数学分析习题课讲义. 北京: 高等教育出版社, 2004.

[4] 裴礼文. 数学分析中的典型问题与方法. 北京: 高等教育出版社, 2012.

[5] 韩云端, 张光远, 扈志明. 微积分教程. 北京: 清华大学出版社, 2007.

[6] 卓里奇 B A. 数学分析. 蒋铎, 钱佩玲, 等译. 北京: 高等教育出版社, 2012.

[7] 柯朗 R, 约翰 F. 微积分和数学分析引论. 刘嘉善, 等译. 北京: 科学出版社, 2001.

[8] Glordano F W. 托马斯微积分. 叶其孝, 等译. 北京: 高等教育出版社, 2013.

[9] Klambauer G. 数学分析. 孙本旺, 译. 长沙: 湖南教育出版社, 1981.

[10] 夏道行, 吴卓人, 严绍宗, 舒五昌. 实变函数论与泛函分析 (上册, 第二版修订本). 北京: 高等教育出版社, 1981.

[11] Adams R A, Fournier J J F. 索伯列夫空间. 2 版. 北京: 世界图书出版公司, 2013.

[12] 冯琦. 集合论导引 (第一卷: 基础理论). 北京: 科学出版社, 2019.

[13] Hirsch M W, Smale S, Devaney R L, Devaney R L. Differential Equations Dynamical Systems, and An Introduction to Chos. California: Academic Press Publication, 2013.

[14] 邹泽民. 余元公式的一个简洁证明. 梧州师专学报 (综合版), 1997, (3): 36-37.

[15] 应隆安, 腾振寰. 双曲性守恒律方程及其差分方法. 北京: 科学出版社, 1991.

[16] Dunham W. 微积分的历程: 从牛顿到勒贝格. 李伯民, 汪军, 张怀勇, 译. 北京: 人民邮电出版社, 2010.

[17] Dunham W. 数学那些事儿: 思想、发现、人物和历史. 冯速, 译. 北京: 人民邮电出版社, 2012.

[18] 斯科特. 数学史. 侯德润, 张兰, 译. 桂林: 广西师范大学出版社, 2002.

[19] 张芷芬, 丁同仁, 黄文灶, 董镇喜. 微分方程定性理论. 北京: 科学出版社, 2006.

[20] Lukaszewicz G, Kalita P. Navier-Stokes Equations: An Introduction with Applications. Advances in Mechanics and Mathematics 34. Berlin: Springer,

[21] Evans L C. Partial Differential Equation. 2nd ed. Providence American Mathematical Society, 2010.